万川
reflections

一步万里阔

从奴隶船到购物篮

棕榈油

的

全球史

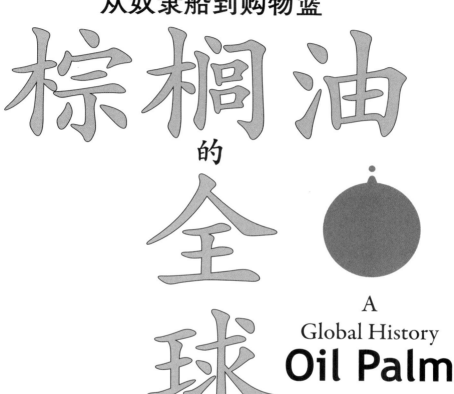

A
Global History
Oil Palm

Jonathan E.Robins

[美]乔纳森·E.罗宾斯｜著

徐海冰｜译

朱明｜译校

中国工人出版社

图书在版编目（CIP）数据

棕榈油的全球史：从奴隶船到购物篮 /（美）乔纳森·E.罗宾斯著；徐海冰译；朱明译校. --北京：中国工人出版社，2024. 7. -- ISBN 978-7-5008-8320-3

Ⅰ. TS225.1-091

中国国家版本馆CIP数据核字第2024CM9546号

著作权合同登记号：图字01-2023-2712

OIL PALM: A Global History (Flows, Migrations, and Exchanges)
by Jonathan E. Robins
Copyright © 2021 by Jonathan E. Robins
Foreword © 2021 The University of North Carolina Press
Published by arrangement with The University of North Carolina Press
Simplified Chinese translation copyright © (5 years)
by China Worker Publishing House
ALL RIGHTS RESERVED

棕榈油的全球史：从奴隶船到购物篮

出 版 人	董　宽
责任编辑	杨　轶
责任校对	张　彦
责任印制	黄　丽
出版发行	中国工人出版社
地　　址	北京市东城区鼓楼外大街45号　邮编：100120
网　　址	http://www.wp-china.com
电　　话	（010）62005043（总编室）　（010）62005039（印制管理中心） （010）62001780（万川文化出版中心）
发行热线	（010）82029051　62383056
经　　销	各地书店
印　　刷	北京盛通印刷股份有限公司
开　　本	880毫米×1230毫米　1/32
印　　张	14.625
字　　数	300千字
版　　次	2024年9月第1版　2024年9月第1次印刷
定　　价	88.00元

本书如有破损、缺页、装订错误，请与本社印制管理中心联系更换

目　录

图片、图表　　　　　　　　　　　　　　　　　　　　　　I

书中所用的缩略语　　　　　　　　　　　　　　　　　　Ⅲ

引　言　　　　　　　　　　　　　　　　　　　　　　001

第一章　非洲油棕　　　　　　　　　　　　　　　　　011

第二章　早期的接触与交流　　　　　　　　　　　　　032

第三章　从"合法贸易"到"瓜分非洲"　　　　　　　056

第四章　油棕与工业革命　　　　　　　　　　　　　　102

第五章　油棕林中的机器　　　　　　　　　　　　　　133

第六章　殖民统治下的非洲小农　　　　　　　　　　　168

第七章　东南亚的榨油机　　　　　　　　　　　　　　199

第八章　从殖民主义到自主发展　　　　　　　　　　　241

第九章　工业新领域　　　　　　　　　　　　　　　　273

第十章　油棕的新疆界　　　　　　　　　　302

第十一章　全球化与油棕　　　　　　　　　340

致　　谢　　　　　　　　　　　　　　　　367

注　　释　　　　　　　　　　　　　　　　371

图片、图表

图片

1.1　一名男子利用单绳技术爬上一棵高耸的油棕 / 013

1.2　马来西亚的一个种植园中的成熟油棕林 / 014

1.3　油棕叶尖刺上的一个软脑膜型棕榈果的横切面 / 015

1.4　一簇成熟的软脑膜型棕榈果 / 016

1.5　喀麦隆的一名男子在油棕上采酒 / 027

2.1　伊丽莎白·布莱克韦尔绘制的油棕插图 / 035

3.1　人们在维达生产棕榈油 / 072

5.1　捣碎棕榈果的捣碎机 / 142

5.2　刚果的一片清除了杂草的油棕林 / 155

6.1　杜赫舍尔榨油机 / 176

6.2　不同种类的棕榈果 / 180

7.1　种植园主协会的杂志《种植园主》封面图片（1931 年）/ 209

7.2　抬着一串德里油棕果束的两名苦力 / 211

7.3　保存完好的德里硬脑膜型棕榈果标本 / 219

7.4　对油棕实施人工授粉 / 235

9.1　美国大豆协会反棕榈油广告（1986 年）/ 286

9.2　寻找棕榈油替代品的壳牌公司广告（1943 年）/ 293

10. 1　抗议菲律宾油棕种植园的海报（约 1984 年）／ 305

图表

3. 1 1818—1914 年，英国棕榈油进口数量和平均价格／ 062

4. 1 1840—1914 年，英国、法国和德国从非洲进口的棕榈油数量／ 109

7. 1 1850—1939 年，全球棕榈油贸易量及平均价格／ 238

书中所用的缩略语

CDC Colonial Development Corporation（Commonwealth Development Corporation in 1963；CDC Group Plc. in 1999）
殖民地开发公司（1963 年称英联邦开发公司，1999 年称英联邦开发集团公司）

FAO Food and Agriculture Organization of the United Nations
联合国粮食及农业组织

FELDA Federal Land Development Authority
联邦土地开发局

FFA Free fatty acid
游离脂肪酸

FMS Federated Malay States
马来联邦

GOPDC Ghana Oil Palm Development Company
加纳油棕开发公司

H&C Harrisons & Crosfield
哈里森-克罗斯菲尔德公司

HCB Huileries Congo Belge
比属刚果榨油厂

INEAC Institut National pour l'Etude Agronomique du Congo Belge
比属刚果国家农业研究所

IRHO   Institut de recherches pour les huiles et oléagineux
            油暨含油物质研究所
MPOB   Malaysian Palm Oil Board
            马来西亚棕榈油委员会
NEI   Netherlands East Indies
            荷属东印度群岛
NES   Nucleus Estate-Smallholder
            核心种植园暨小农模式
NGPI   National Development Corporation-Guthrie Philippines
            国家开发公司暨菲律宾牙直利公司
NIFOR   Nigerian Institute for Oil Palm Research
            尼日利亚油棕研究所
PNG   Papua New Guinea
            巴布亚新几内亚
POEM   Palm Oil Estates Managers Ltd.
            棕榈油种植园管理者有限公司
PORIM   Palm Oil Research Institute of Malaysia
            马来西亚棕榈油研究所
RBD   Refined, bleached, deodorized
            精炼、漂白和除臭
RSPO   Roundtable for Sustainable Palm Oil
            可持续棕榈油圆桌倡议组织
SOCFIN   Société Financière des Caoutchoucs
            橡胶金融公司
UAC   United Africa Company
            联合非洲公司

UFC   United Fruit Company
           联合果品公司
WAIFOR   West African Institute for Oil Palm Research
           西非油棕研究所

引言

1841 年，一位利比里亚殖民者给正在考虑在这个新生的西非政权开启新生活的非裔美国人提供了一条建议：种植油棕。这种树木"无比好看"，此外，它的果实还可以榨油，"殖民者非常喜欢这种油而不是猪油"。油棕的嫩茎可以被当作蔬菜，割开成熟期油棕的树干，就会流出"可口的美酒"。在利比里亚的官方宣传中，油棕是非洲热带地区富饶多产的鲜活象征。一位作家预测，棕榈油很快将成为"商业世界中最重要的商品之一"。[1]

棕榈油确实已经成为世界上最重要的农产品之一。棕榈油提取自棕榈果的果肉，是世界上用途最广泛的油脂。食用油、花生酱、饼干、肥皂、化妆品、塑料和生物柴油都含有棕榈油。提取自果仁的棕榈仁油，同样用途广泛。19 世纪 40 年代的预言家错误地预测了这种情况将在何处以及如何发生。19 世纪，西非的农民和移民将棕榈油作为一种全球商品推向市场。然而，今天世界上绝大多数棕榈油来自东南亚。如今非洲进口的棕榈油数量是出口数量的 10 倍。

本书追溯了这一惊人逆转的历史，并讲述了油棕走出非洲的历程以及棕榈油作为一种商品的发展过程。这不是关于 *Elaeis guineensis*（油棕的学名）的自然史，而是关于人类如何利用油棕并与之共存的故事———段完全非自然的历史。[2] 人类塑造了油棕种植的地点和方式，以及它们的用途。棕榈油在当今食品体系中所处的主导地位，在一定程度上归功于这种植物的先天的生物特性，但更多的是得益于政治和经济力量。棕榈油在世界市场上廉价且充足的原因，是种植和收获油棕的人，而不是油棕。从历史上看，许多从事这种劳动的人，无法自由地选择如何使用这种植物。精英阶层、国家和公司创造了生产体系，塑造和重塑了油棕景观以满足自身利益。这是一个充斥着权力和不公、奴隶制、殖民主义和暴力的残酷现实的故事。然而，这也是一个关于机遇的故事：农民开始自发地种植油棕，或者加入拓荒者的定居点，在一排排整齐的油棕中看到了美好生活的希望。

在这个关于油棕的故事中，消费者同样十分重要。与大多数商品一样，棕榈油成为一个庞大的商品"网络"的一部分，连接着个体生产者、消费者和中间商。[3] 19 世纪英国的一家蜡烛厂作出的决定，可能会在尼日利亚的油棕林中引起反响，棕榈油生产商的人生成败与之息息相关。反之并非如此：化学技术使得制造商能够使棕榈油与其他油脂发生反应，从而削弱了油棕种植者的市场力量。价格便宜、用途广泛、对消费者的隐形性，最终成为棕榈油的主要卖点。

本书不是百科全书。我没有探讨棕榈油的一些历史用途（比如滑雪蜡），我也没有述及历史上从事棕榈油生产和贸易的一些地方（明显缺失的是葡语非洲）。为了讲述一个全球性故事，我使用了"非洲人""欧洲人"等语义宽泛的标签，它们可能过于笼统。我在这里收集的故事凸显了曾经最大的棕榈油生产者和消费者群体，我还列举了一些突出重要趋势或者例外情况的特定案例。

我主要是通过书面档案来讲述这个故事：信件、游记和回忆录，企业留下的记录，以及政府档案中的备忘录和报告。这些文件经受了时间、破产和收购、非殖民化以及随心所欲的记录管理员等诸多考验。这个故事的核心人物——非洲、亚洲和拉丁美洲的农民和工人——留下的书面记录相对较少。即使他们确实出现在档案中，但是他们的声音也常常被抱怨其行为的欧洲观察家所过滤。只要有可能，我就会使用口述史、民族志和 20 世纪至 21 世纪的新闻报道来补充档案资料。我想通过注释对相关研究者致以深深的谢意，他们写下了——仍在书写——与油棕一起生活的人们的故事和经历。

故事前奏

第一部分：非洲和大西洋世界

本书首先介绍了油棕及其在非洲的久远历史。除了让读者了解油棕这种实物，第一章还强调了人类在创造油棕景观中的作用。人类帮助油棕脱离了在沼泽和森林边缘的卑微存在。人类与油棕一起殖民了西非的整个草原和森林地区。哪里有油棕，哪里就有人类。油棕不只产出了油，还产出了酒、药品、燃料、木材、茅草和纤维。与你在大多数文献中读到的相反，古代，棕榈油并没有在遥远的地方进行交易，最终被埋在埃及人的坟墓里。糟糕的科学和欧洲中心论思维为油棕创造了一个虚假的过去，忽视了非洲人使用油棕的方式。

第二章叙述了15世纪欧洲人"发现"油棕。尽管欧洲的船只在西非的港口之间转运棕榈油，并将一些油运回欧洲，但这种贸易很快在横跨大西洋的奴隶贸易面前黯然失色。棕榈油维持并"润滑"了大西洋奴隶贸易，非洲奴隶利用自己对油棕的了解在美洲大陆生存下来，并抵抗奴隶制。油棕也远走高飞，在新大陆生根发芽。与此同时，欧洲人为了自身的利益，盗用了非洲人的棕榈油药用知识。17世纪，棕榈油在英国已成为一种常见药物。18世纪晚期，棕榈油开始在肥皂和其他物质中发挥新作用。

新的需求支撑了棕榈油贸易的增长，在许多教科书中，棕榈油贸易彻底取代了奴隶贸易。这个故事并非完全错误的：随着欧洲大国废除大西洋奴隶贸易，棕榈油确实成为非洲重要的出口商品。第三章指出，这种转变比人们通常想象的要复杂得多。奴隶贸易的核心体系以及奴隶制本身，适应了棕榈油贸易。遭受奴役的非洲人生产了大量的棕榈油，欧洲人将其奉为"合法"产品。大型种植园、新工具以及1840年前后出现的一种新产品——不可食用的"硬"棕榈油，向我们展示了生活在不同的政治和环境条件下的非洲人如何生产出销往世界各地的商品。然而，19世纪末，非洲棕榈油出口国的命运发生了剧变。在传教士和商人的怂恿下，英国在非洲海岸掠夺了越来越多的土地，从而引发了19世纪80年代"瓜分非洲"。棕榈油并不是这场"瓜分"发生的主要原因，但它对于英国的特殊意义有助于解释为什么是英国，而不是法国或德国，最终控制了油棕种植的核心地带。

英国人要棕榈油做什么？第四章追溯了棕榈油在英国乃至整个工业化世界中日益提高的重要性。棕榈油最初被用来给肥皂染色，后来在工业革命时期成为制造肥皂和蜡烛的主要原料。精炼和油脂改性的新技术使棕榈油的用途更加广泛，棕榈油取代了从陆地和海洋动物身上获取的油脂。精明的商人使人们树立起棕榈油是一种"合法商品"的观念，宣扬购买一支蜡烛就可以"消灭"奴隶制。对于棕榈油生产商来说，与非洲油棕林完全无关的一些事件意义重大：俄国的战争、南美潘帕斯草原上养牛的牛仔、太平洋上的捕鲸者、宾夕法尼亚开采石油的钻井工人，这些推动了世界对棕榈油需求的波动。19 世纪 50 年代，棕榈仁成为棕榈油生产商使用的一种油脂原料。化学家通过研究棕榈油和棕榈仁，找到了新的方法来去除欧洲人不喜欢的颜色、味道和气味。生产商很快又把棕榈油添加到人造黄油和其他食品中，起初这是非法的，后来这些人大胆地宣传，棕榈油是高级的植物性食品，可以取代不卫生的猪油和黄油。

第二部分：油棕和帝国

对于欧洲的肥皂和人造黄油生产商来说，寻找原材料的压力非常大，"瓜分非洲"来得正是时候。第五章讲述了他们努力夺取许多人所认为的广阔的、未开发的非洲油棕林的过程。他们的目标是将棕榈油从一种颜色、气味和质量令人眼花缭乱的手工制品，转变为一种单一的、可食用的商品。商品形态厌恶商品生产背景和细微差别，但正如欧洲人发现的那样，生产背景是至关重要的。棕榈油在不同的地方意味着不同的东西，非洲人并不热衷于把自己的油棕或劳动力卖给欧洲人。有时，帝国政府利用武力夺取土地和劳动力，这样欧洲人就可以享用廉价的人造黄油吐司了。然而，机械化生产遭遇的一连串的惨败，最终迫使欧洲人认识到人在油棕生态和经济中的重要性。20世纪30年代，机器可以生产优质的棕榈油是显而易见的，同样显而易见的是，非洲人只有在巨大的政治和经济压力下，才会为这些机器提供原料。只要能够作出选择，非洲人要么继续手工榨油，要么从事新工作。

　　然而，非洲实业家的失败并不意味着非洲棕榈油产业的失败。第六章展示了"传统"方法如何在简单的机器和新的基础设施的帮助下，为世界市场生产出大量棕榈油和棕榈仁。英国和法国官员开始同情这些"小农"[4]生产者，视其为蒸汽动力榨油机和种植园的有力的竞争对手。殖民者提供了新型工具和新的油棕品种来提高产量，但他们也实施了严厉的税收政策和严格的规定，从非洲榨取棕榈油和棕榈仁。从长远来看，殖民地官员被迫承认，"传统"方法很好地适应了西非的条件。

　　由于无法在非洲获得土地和廉价劳动力，资本家绕过半个地球来到苏门答腊岛和马来半岛，建立了第一批大型油棕种植园。第七章展示了他们如何在东南亚橡胶工业早期成功的基础上，利用缺乏自由的苦力清理热带森林，以实现油棕的单一种植。这些种植园无疑是高效的，它们的工厂生产了高质量的棕榈油。然而，种植者发现，油棕和其他单一种植的作物没有什么不同，他们很快就在与营养缺乏及很少在非洲出现的疾病作斗争。1939年，苏门答腊岛已经取代尼日利亚成为世界上最大的棕榈油出口地，但种植园的未来远未确定。

第二次世界大战粉碎了为种植园提供廉价土地和劳动力的殖民结构。正如第八章所示，战后帝国政府加倍努力地从殖民地榨取棕榈油和棕榈仁，而民族主义政治家看到了棕榈油出口的价值，这可以为他们的发展梦想提供资金。马来西亚南部的古来（Kulai）等地出现了新的模式——"核心种植园暨小农模式"（NES），这种模式试图将种植园制度的效率与小农所有制的社会优点结合起来。新独立的非洲国家也支持油棕实验，但内战摧毁了非洲主要的棕榈油生产国尼日利亚和刚果的工业。在国家补贴和世界银行及其他机构的贷款支持下，马来西亚（后来是印度尼西亚）一马当先，成为世界上主要的棕榈油生产国。

第三部分：油棕疆界的扩张

本书的最后一部分讲述了油棕的发展历程，直至帝国和"冷战"的终结，并以20世纪90年代"新自由主义转变"作为结尾。第九章回到消费者的角度，展示了食品和化工行业对棕榈油的几乎无限的需求是如何出现的。无论是完整使用，还是分解为分子并重新组合成新的化学物质，棕榈油出现在从方便面到口红的所有产品中。20世纪80年代，美国大豆游说团体对棕榈油生产商发起了一场激烈的"油战"，提高了这种"不知名"商品的知名度。20世纪末，由于对全球环境安全的担忧，棕榈油进入生物燃料行业，形成了一个极具争议的新市场。除了现有的食品和化学用途，生物燃料属性使油棕成为世界上首屈一指的"弹性作物"，由于棕榈油服务的市场多种多样，所以它不会受到生产过剩和周期性危机的影响。[5]

第十章追溯了棕榈油市场的大肆扩张给热带地区带来的改

变。虽然发展组织大力推广油棕和"核心种植园暨小农模式"，将其作为农民摆脱贫困的手段，但在许多地方，油棕已成为一种压迫工具和环境灾难的象征。在菲律宾，种植园主雇用准军事组织恐吓工人和当地的土地所有者。在苏门答腊岛、加里曼丹岛和伊里安查亚（Irian Jaya），油棕引发了争夺土地的暴力冲突。在拉丁美洲，油棕承诺重振被毁坏的香蕉种植园，但随之而来的是围绕土地和劳动力的流血冲突。

在最后一章中，跟随着油棕的故事，我们进入了 20 世纪 90 年代和 21 世纪初的"新自由主义全球化"时代。由于管制放松和自由化，油棕种植园这台机器以前所未有的速度在亚洲、非洲和拉丁美洲大行其道。这种树木为世界提供了大量廉价、多用途的原材料，以满足我们对食物和燃料的需求，但是它们的生长给热带森林和生活在其中的人们带来了巨大的灾难。

结　语

如今，油棕产业面临着诸多争议，其中最引人注目的是油棕种植对热带生态系统的影响。正如最近的一篇文章标题所示，"棕榈油无处不在——它正在摧毁东南亚的森林"。[6] 本书认为，棕榈油并非罪魁祸首。经济、政治、文化和环境因素的共同作用，使得油棕产业与其他任何产业相比，对地球上"最大数量的物种构成最直接的威胁"。[7] 对于许多消费者来说，一条简单的信息是，"棕榈油产品带着诅咒"进入了我们的家庭。[8]

棕榈油的辩护者认为，人们需要它，这才是最重要的。当欧洲人为是否应该在生物柴油中使用棕榈油而烦恼时，发展中国家大约有 20 亿人使用棕榈油来满足他们的基本热量需求。欧洲和北美的富有消费者也在食用更多的棕榈油，这要归功于迫使反式脂肪酸退出食品体系的法规。即使是那些从未接触过棕榈油的人——很少有人能够诚实地承认——也间接地受益于棕榈油对我们消费的其他油脂的价格的影响。对油棕有利的是它的高产特性。每公顷油棕产生的油脂比其他任何驯养植物或动物都多。[9]这种高产来自油棕将阳光和二氧化碳转化为植物物质的神奇效率，此外，油棕在碳中和或碳负燃料循环中的潜在作用，引起了关注气候变化的研究人员和决策者的极大兴趣。抵制运动也很少触及油棕故事背后的人文层面：尽管全球市场上的大部分棕榈油是由大型种植园生产的，但是数百万名小农依靠棕榈油谋生。

　　究竟要不要使用棕榈油？除非你重新开始准备所有的食物、肥皂和化妆品，避免使用柴油车并且（在一些国家）断开电网，否则你别无选择。了解油棕如何以及为什么会成为全球农业系统中如此重要的一种树，是弄明白现在所发生事情的关键。我们需要从更广阔的角度来看待这段历史，而不仅仅盯着种植园销售棕榈油的成功故事，以及与油棕开发有关的特定叙述，或者环保活动人士对栖息地破坏的可怕警告。我们还要考虑非洲人、亚洲人和拉丁美洲人的故事，他们以多种方式种植油棕并使用棕榈油。我认为，他们的故事为支持以其他方式与油棕共处——并非取代棕榈油——提供了一个令人信服的理由。

对翻译和数字的解释

　　引用的非英语资料，除非另有说明，否则都是我翻译的。本书中出现的所有数据，特别是 1950 年以前的数据，要有保留地看

待。即便是最近的时期，我使用的联合国粮食及农业组织
（FAO）的数据与美国农业部（USDA）和其他组织的数据相比也
有很大差异。从历史上看，棕榈油的计量方式往往很随意，如桶
（casks，barrels，pipes，tuns，其中"tuns"是鲸油的计量单位）、
大桶（puncheons）、英担（hundredweights）、吨（tons）、加仑
（gallons），以及诸多其他计量单位。除了另有说明，我们假定 1
吨是 2240 磅，并且，加仑指的是英制加仑，1 英制加仑约等于
1. 2 美制加仑。历史资料显示，棕榈油的重量相差很大，从每加
仑重 8 磅到 9. 5 磅不等。这些差异反映了测量的不准确性、掺假、
对加仑计量单位的混淆、温度的变化，以及不同生产方法导致棕
榈油化学结构的变化。当温度为 25 摄氏度时，1 英制加仑的纯棕
榈油重约 9. 2 磅。我已将一些以加仑计量的数据按照 1 加仑重 9
磅的比率换算成吨，这是最常被引用的历史数据。[10]

第一章 非洲油棕

认识油棕

正如 19 世纪的一位作家所言，油棕是"森林中最有用的栖息者之一，也是其中最伟大的装饰品之一"。[1] 凭借极其纤细的树干，健康的成熟油棕可达 30 米高。它的顶部长着深绿色的叶子，看起来与棕榈科（*Arecaceae*）的诸多亲戚相似。油棕耸立在西非的草原和"棕榈灌木丛"中；在较潮湿的地区，它们形成了茂密的树林，覆盖着蕨类植物和兰科植物。几千年来，这些油棕为非洲人提供了丰富的棕榈油。榨取的新鲜棕榈油呈浓郁的红橙色，在热带的高温下会自由流动，但在较冷的气候下会变稠。棕榈油尝起来可能是坚果味、植物味，甚至是烟熏味，并带有紫罗兰、南瓜或胡萝卜的香气，这在很大程度上取决于它的制备方法。

今天，没有植物能像油棕那样提供如此多的油脂。棕榈油通常是食品、肥皂和许多化学工业中最便宜的原料。几乎所有的棕榈油都来自种植园里的油棕。它们不再长得高耸入云，而是呈短粗型，并以间隔 9 米的距离排成整齐的队形。成熟的树干和顶部遮阴的树叶形成的长廊，呈现出令人愉悦的对称性。这番景象像是充满神圣感的大教堂，然而，尽管它们枝繁叶茂，但与被它们取代的热带森林有着惊人的不同。[2] 种植园里鲜有虫鸣鸟叫，也没有丰富多彩的植物。

离油棕越近，它的美就越褪色。这些绿色叶子的茎上排列着针状尖刺。小叶的边缘和尖端也很锋利。油棕的树干上满是修剪后留下的粗糙锋利的残枝。大多数种植园的油棕在树龄 25 年之前就会被电锯锯倒或推土机推倒，这个树龄的油棕的树干相对更容易拔出。油棕的果实也相当危险。它们像蜂巢一样成簇生长，挤在尖刺之间。人们最好与这种植物保持一定距离。尽管如此，刺伤在油棕种植园中也是经常发生的。[3]

人们之所以忍受这些刺，是由于某种进化的偶然性，导致棕榈果含有大量的脂肪。与坚果中的脂肪不同，棕榈果油脂对幼苗的滋养作用不大；相反，它会吸引动物来传播种子。[4] 大多数其他植物利用糖来达到这个目的。棕榈果和小李子一样大，果肉结实，富含细纤维。根据品种和成熟度的不同，棕榈果的外观可以是黑色、红色、黄色、橙色、绿色，甚至是白色。里面的果肉是典型的红橙色。当果肉被挤压时，就会流出油性汁液，这是棕榈油的来源。果肉还包裹着富含油脂的果仁。覆盖着木质外壳的棕榈仁看起来就像一个小椰子。当被碾碎时，它会流出棕榈仁油，这是一种类似椰子油的白色脂肪。

1763 年，荷兰植物学家尼古拉斯·雅克恩（Nikolaus Jacquin）将非洲油棕命名为 "*Elaeis guineensis*"，他将希腊语中表示油的单词，与非洲西海岸的几内亚（Guinea）这个词相结合，他

148. HALF-WAY UP   149. AT THE TOP

图片 1.1　在利比里亚，一名男子利用单绳技术爬上一棵高耸的油棕。它大约有 80 英尺高，周围是被清理干净的灌木丛。[H. H. 约翰逊（H. H. Johnston），《利比里亚》（*Liberia*）卷 1，第 148—149 页插图。]

推测几内亚是油棕的原产地。雅克恩是在马提尼克岛（Martinique）遇到这种植物的，但任何一个跨越大西洋的旅行者都会告诉他，这种植物在西非无处不在。化石证据显示，油棕在巴西出现之前，早就在非洲生长了，而巴西是非洲以外唯一拥有大量野生油棕的国家。[5] 目前人们普遍认为，在非洲和巴西分离进而形成南大西洋之前，非洲油棕和它的美洲表亲"*Elaeis oleifera*"（美洲油棕）在遥远的过去拥有共同的祖先。[6]

然而，20 世纪许多植物学家困惑于油棕在非洲似乎没有"天然"家园。外国作家往往认为油棕是森林树木（见第五章），但很明显，油棕和人类生活在一起。野生油棕生长在森林空地和潮湿低地，但它在成熟的热带雨林中并非无拘无束的。在这种环境

图片 1.2　马来西亚的一个种植园中的成熟油棕林。（本书作者摄，2017 年。）

中，落叶大乔木高耸于油棕之上，遮蔽了它们。芳蒂族人（Fante）的一句谚语告诉我们："无论油棕有多高，它都生长在木棉树腋下。"[7] 可能只需一个世纪，人为制造的森林空地中的油棕林不可避免地就会消失。[8] 油棕也作为机会主义的先锋生长在干燥的草原上，但季节性火灾会在其树冠长到足以逃脱伤害的高度之前，将大多数幼苗烧死。

图片 1.3　油棕叶尖刺上的一个软脑膜型（*tenera*）棕榈果的横切面。位于中心的白色果仁清晰可见，周围是一层薄薄的果仁壳和富含油脂的纤维状果肉。（本书作者摄，2017 年。）

今天，科学家指出，沼泽或洪泛平原是油棕最初的家园。这种环境中的油棕"看起来羸弱、纤细，冠小，花序也小"。它们的果肉很薄，果仁壳很厚。如果油棕来自沼泽，那么在人类的帮助下，它们已经转移到了更好的地方。[9] 显然，油棕出现在了非洲的某个地方，并经历了数百万年的变化，其间经历了智人的到来。然而，20 世纪油棕科学的领军人物哈特利（C. W. S. Hart-ley）断言，从"野生"棕榈和"自然"栖息地的角度来考虑油棕在非洲的分布，是一种"投机和无益"的想法。在他看来，数个世纪以来，很明显人是油棕生命周期中最重要的力量。[10]

图片 1.4　一簇成熟的软脑膜型棕榈果（业界术语为"鲜果束"）。(本书作者摄，2017 年。)

非洲人和油棕

在尼日利亚的尼瓦-伊博族（Ngwa Igbo）中，有这么一个传说，"人们来到这个世界，看到了油棕"。[11] 科特迪瓦①的古罗人（Guro）也有类似的传说，将油棕置于人类出现之前：造物主巴利（Bali）先是创造油棕以供养地球上的新生命，之后才创造人类。[12] 多哥北部的巴萨里族人（Bassari）称，当神造人（以及羚羊和蛇）时，"只有一棵［油］棕榈树，别无他树"。[13] 在伊博族人的传说中，当造物主楚库（Chukwu）命令恩里（Nri）献祭其儿子和女儿时，山药和芋头出现了。第二次献祭的是一名男奴和一名女奴，然后分别产生了油棕和面包树。这个传说将有名的主食——山药和棕榈油——与男人联系在一起，但它把油棕归入一个明显较低的类别。[14] 不论非洲人的传说是否赋予了油棕优先于人类的地位，他们总是认为这种树与农业和栽培作物关系不大。

然而，古代，棕榈果不仅仅是为补充农业食物而采集的野生食物，一位科学家问道："撒哈拉以南非洲人口最密集的地区是尼日利亚南部，在那里，山药种植和油棕开发……最为发达，这是巧合吗？"[15] 在整个油棕种植区内，根茎作物提供了人们消耗的大部分卡路里，但是棕榈果和棕榈油构成了炖菜和酱汁的基础，使山药和其他淀粉变得可口。棕榈油提供了重要元素维生素A（人体不能产生）和吸收它所需的脂肪。[16]

---

① 原文为"Ivroy Coast"，1986 年 1 月 1 日征得联合国同意后，象牙海岸共和国改为科特迪瓦共和国，本书中统一使用"科特迪瓦"。——编者注

从加纳博桑普拉洞穴（Bosumpra Cave）发掘的考古资料表明，人类食用棕榈果和棕榈仁的历史至少已有 5000 年。[17] 早期的农业种植者用火来清理土地，但保留了油棕和其他有用的物种。[18] 他们可能不会种植油棕，而是利用现有的树木，并促使其传播。在水下沉积物中发现的油棕花粉颗粒的激增可以追溯到 3000 年前，这与西非森林地区农业定居点的扩张时期相吻合。在考古遗址中，棕榈仁壳与陶器碎片、石器混合在一起，证明了油棕在日常生活中的广泛使用。[19]

多年来，科学家一直认为，非洲最早的农业种植者在从塞拉利昂延伸到刚果及更远地方的原始"几内亚—刚果热带雨林"中砍伐和焚烧森林。根据这种说法，油棕在非洲农民破坏森林的过程中幸免于难，"衍生的大草原"也随之出现。[20] 然而，新的研究推翻了这种解释。大约四五千年前的一次"干旱化事件"毁灭了森林，并促进了草原在西非的蔓延。油棕可能在人类定居之前就已经扩张到了这些空隙中，其种子是由动物传播的。[21]

然而，人类帮助油棕生存下来，保护它免遭草原大火和贪婪的大象的伤害。[22] 语言学证据表明，油棕的扩散与公元前 1000 年前后到达刚果盆地的讲班图语（Bantu）的农业种植者之间有着密切的联系。非洲中部和南部的语言很少使用非班图语的术语来形容油棕，这表明油棕是随着移民而来的，要么是由他们带来，要么是在森林中与移民共享相同的生态空间。[23] 喀麦隆北部说姆富特语（Mfumte）的人有一种说法，油棕"跟随人类"，随着人类活动而生长。[24] 气候和农业的相互作用将油棕的疆界推向了南部和东部，但进展缓慢。19 世纪的旅行者报告说，尽管环境条件适宜，但基伍湖（Lake Kivu）和坦噶尼喀湖（Tanganyika）周围只有零星的油棕。20 世纪接受采访的坦桑尼亚人明确地指出，油棕是最近才到来的，是由人类带来的，而不是动物。[25]

事实上，非洲农民可能不是森林砍伐的推手——油棕是生态破坏的证据——而是许多地方植树造林的责任人。人种学研究结合历史航空摄影表明，在废弃村庄的棕榈林的树荫下，遍布富含营养的潮湿土壤，森林在这里生长出来。地理学家凯斯·沃特金斯（Case Watkins）摒弃了早期的"半野生"或"半自发"分类，将这些棕榈林描述为"新兴"现象。它们并不纯粹是人类的创造，而是人类与一系列复杂的自然力量相互作用的结果。[26] 这些"新兴"的棕榈树经常让位于其他树种，然后在没有树木的地方创造出真正的森林。

早在 20 世纪 20 年代，刚果的老人们就告诉一位传教士，他们及其祖先不是在森林中砍伐出空地的"流动耕作者"——他们用自己的农业实践创造了森林。[27] 当时，愿意听这些话的欧洲人寥寥无几。一位殖民时期的林务员回忆说，他曾被刻板印象蒙蔽了双眼，"我曾经认为这是可追溯至大洪水时期的繁茂的原始［森林］，如今，经验丰富的我失望地发现，它们只不过是品质平平的次生林"。在当地导游的帮助下，看风景"就像看书"，自然环境揭示了人类的历史。[28] 在非洲西部和中部的大部分地区，森林可能在过去大约 1000 年的时间里一直在扩张而非退化，尽管有时降雨量很少。[29] 非洲各地的油棕非但没有反映出人类对森林的破坏性影响，反而证明了当地农业耕作方式的多样性、独创性和可持续性。

非洲物质文化中的油棕

考古学、人种学和西非各地的口头传说展示了油棕在食物系统中的价值及其在日常生活中的地位。对于西非的居民及其后代来说，这种树是一种丰富的资源：果实中的油脂和果仁、树干上的叶芽、树液中的酒，以及用于建造建筑和制作手工艺品的叶子和纤维。然而，油棕的生长时间和生长环境决定了人类如何利用它。幼龄油棕可以很容易地从地上采摘：走上前，砍下多刺的叶子，然后切掉茎上的果束。但是幼龄油棕只有在阳光直射下生长时才会结果。树荫下的油棕在爬过其他树木形成的冠盖时，可能在 10 年或更长的时间里不结果。在这种情况下，油棕在结果之前，可以长到令人望而生畏的高度。但是人类经常帮助油棕——在易发生火灾的地区移植和保护幼龄油棕，并砍掉灌木丛中与其竞争的植物。

成熟的果实最终从油棕上掉落，但它们会破损并迅速变质。人们将果实切割下来，以避免其腐烂，并按照自己的时间表收获。要想爬上高大的油棕，需要高超的攀爬技巧，人们通常利用一两根绳子来完成。[30] 在努佩族（Nupe）的传说中，一位开国功臣爬上一棵参天油棕，采集奇异果实治疗患病的国王，真可谓勇气可嘉。[31] 攀爬者在向上爬时必须砍掉多刺的叶子，而毒蛇有时潜伏在树冠中。如果绳子断了，或者攀爬者脚底打滑，那么"非死即伤"。当坠落的攀爬者试图抓住树干时，老叶子的残端"会把攀爬者搞得血肉模糊"。[32]

爬树的往往是男性。比如，在塞拉利昂的歇尔布罗（Sherbro），男人承担"危险的任务"，包括清理灌木丛、下海捕鱼和攀爬油棕。^[33]罕见的是，在尼日利亚东南部的一个城镇，未婚或寡居的女性可以攀爬油棕，不过无须系绳子。即便如此，她们也只能砍掉叶子，而不能采摘果实。^[34]虽然一些社群将爬树与男子气概联系在一起，但精英男性往往强迫年轻人或奴隶做这项艰苦的工作。20世纪，在高大的油棕林里，大部分的采收工作是由专业爬树人完成的。^[35]油棕果束的重量可达100磅或更重，这意味着远离村庄生产地的油棕无法收获。^[36]

　　19世纪的记载表明，油棕通常每年收获一两次，每棵树每年可以生产大约1加仑棕榈油。^[37]与目前的产量相比，这些数字是相当低的。气候是一个制约因素。在雨季——西非大约是4月至10月，刚果盆地是9月至次年5月——热带暴雨可能每天都倾盆而下。一年中的干旱期一次可以持续数周，限制了果实的生长。这种降雨模式为油棕的收获设定了自然节奏。农民通常在旱季末期果实成熟时收获。人们不愿爬上被雨水浸湿的树干，担心摔死。然而，榨油需要大量的水，这迫使干旱地区的生产者等待降雨的回归。随着雨水使地面变软，农民把注意力转移到了山药和其他农作物上。^[38]

　　油棕果束采摘下来后，通常要放置几天才能熟透。人们通过敲打果束或是切割使果实从茎上掉落。女性通常在捣碎果实之前将其煮熟，不过操作的顺序可以颠倒。男人也可能会捣碎果实，特别是在大规模生产中。煮熟的果肉用手挤压或用网拧出油分，然后将其煮沸并撇去浮沫，从而把油从剩余的果实汁液中分离出来。^[39]人们将果核从果肉中取出并晒干，然后用石头把它们打碎，去掉果仁外壳。20世纪初，在尼日利亚东南部，一个专门从事榨油的家庭每年可以生产180加仑棕榈油和56蒲式耳棕榈仁。[40] 根据不同的资料，生产1吨优质棕榈油少则需要120个小时，多则需要420个工作日。一项更详细的估计显示，生产每吨棕榈油至少需要315个工作日：收获和运输需要140个工作日，摘下和捣碎果实需要90个工作日，烹煮和提炼需要85个工作日。[41]

生产棕榈油相当费力，这种产品价值很高。随着西非城市中心的发展，它们为农民提供了有吸引力的市场，当水路运输可行时，农民会把棕榈油运到10英里、20英里甚至100英里以外的地方。当欧洲人在14世纪到来时，即使是相对偏远的地区也与区域性市场存在千丝万缕的联系，人们从事着食品、食盐和其他商品的长途贸易。[42] 棕榈油贸易也延伸到了油棕带之外：在油棕稀缺的西非大草原地区，棕榈油是一种备受欢迎的食物。在非洲中部，商人将一罐罐棕榈油长途运送到干旱地区。[43]

棕榈仁也是一种重要的食物来源：它们可以榨出食用油，可以被当作坚果吃，或者磨成粉。17世纪的一份资料描述了刚果河附近的一种用棕榈仁制成的面包。[44] 牲畜也吃棕榈仁，而棕榈仁壳则是一种上好的木炭，深受铁匠喜爱。[45] 所有这些用途都有详细的历史记载，令人困惑的是，20世纪的许多历史学家和科学家坚持认为，在19世纪出口贸易发展起来之前，非洲人根本不使用棕榈仁。[46]

除了用作食品，棕榈油在健康和卫生方面也十分重要。于1603—1604年到访非洲的一位德国人报告说，人们一天洗三次澡，"然后用动物油脂或棕榈油涂抹身体，后者是一种很好的药物"。[47] 棕榈油能够保护皮肤和头发，在很多文化中都有美容价值。女人（有时还有男人）会把棕榈油涂在皮肤上，使其看上去"一整天光彩夺目"。[48] 棕榈油也可用于给身体涂抹色彩和增加香气，类似于粉末状的鸡血檀。[49] 许多非洲人认为棕榈油本身就是一种药物，它是输送其他治疗物质的媒介。历史资料记载，治疗师将药草与棕榈油混合，用于治疗皮肤病或缓解头痛。[50] 17世纪葡萄牙的一份资料记载，棕榈油在安哥拉是一种"流行药物"，而油棕的"叶、根、皮和果"用于治疗从关节炎到蛇、昆虫咬伤的各种疾病。[51]

外国人对用棕榈油、棕榈仁油混合棕榈叶灰制成的肥皂赞不绝口。一位作家称，怪不得"黑人的衣服那么干净"。[52] 通常用于提取棕榈仁油的焙烧方法生产了著名的"黑肥皂"，这种具有独特颜色的肥皂是西非工匠的杰作。[53] 与今天的普通肥皂不同，棕榈油皂和棕榈仁皂是保质期短的"软"肥皂，但它们仍然在区域市场上广泛交易。

棕榈油和棕榈仁油也被用于照明。阿坎族（Akan）的金矿工人在深达 50 英尺的狭窄矿井中工作时，使用棕榈油灯挖掘矿道。[54] 黏土油灯为整个油棕带的房屋提供了暗淡的灯光，不过在19 世纪，许多人抛弃了它们，改用蜡烛和煤油灯。在户外，涂有棕榈油的火把成为旅行和夜间捕鱼的照明设备。[55]

当然，除了棕榈油，油棕还为人们提供了诸多有用的东西。一位到访者写道："这种棕榈树的用处难以尽述。"[56] 油棕提供了"制作物品、椽子和隔板的纤维［从叶子上剥离］，盖屋顶、做床和椅子的叶子，用作栅栏的板条，制作弓箭的材料，以及无数家用的打猎和钓鱼用具。最后，还有棕榈油和棕榈酒"[57]。虽然酒和纤维可以从其他棕榈树（如酒椰棕榈）获得，但油棕的广泛分布及其与人类农业的密切联系，意味着它往往是首选植物。建造房屋所需的大部分材料以及屋内家具的制作原材料都能够从油棕获取，将棕榈仁壳与沙子和石灰混合，甚至可以制成仿混凝土地板。[58] 20世纪后期对几内亚村庄的一项调查发现，几乎一半的垫子、篮子和网是用油棕材料制作的。[59]

猎人和战士可以用坚硬的棕榈叶中脉做箭。[60] 尼日利亚东部的蒂夫族（Tiv）战士将油棕叶变成致命的长矛。20世纪30年代的一份记录描述了这个过程，"一名将要展示勇武气概的男子折下了许多根油棕树枝，把它们削尖，然后放在火上烧至坚硬。如果你用它们刺进野兽的肋部，其肋骨势必断折"。[61] 在整个油棕带，人们用油棕叶编成的盾牌作战。制作结实钓鱼线和牢固篮子的油棕纤维，在战争中同样发挥作用，尽管火器的出现使许多人完全放弃了盾牌。[62] 手持枪支的战士仍然使用油棕，他们用油棕纤维做炮塞材料，甚至在危急时刻用棕榈壳炭制作火药。[63] 18世纪70年代，克罗博族（Krobo）战士将棕榈油倒在崎岖的山路上，以保护他们的山寨免遭阿桑特族（Asante）的入侵，这是棕榈油在军事上的特殊用途。阿桑特族军队在长矛和箭矢的密集攻击下，只得跟跄下山。[64]

对于一些非洲社群来说，棕榈酒在日常生活中甚至比棕榈油更重要。棕榈酒来自油棕的汁液，这种汁液在几个小时内会自然发酵成低度酒，在变成醋之前，其烈度会不断提高。1910年前后，人们记载了一个刚果库巴族（Kuba）关于油棕起源的故事，这个故事的核心是酒。当一个女人冒险进入一个满是棕榈酒的湖时，湖消失了，留下了一道长着四棵树的沟壑。一个男人在梦中学会了从油棕的花序中汲取酒，当人们知道这个秘密后，他们在全国各地种植油棕，以确保将来有充足的美酒供应。[65] 一位早期来到这个地区的欧洲人称，人们"像种葡萄藤那样种植油棕"，定期修剪，将"小管子或小罐子插在树上"采酒。他发现棕榈酒"令人愉悦"，并写道："它使人快乐和强壮，并且不像喝其他酒那样头疼。"[66]

人们最常用的采酒方式是在存活的树上切口，但一些社群采取的是"砍倒—采取"法。采酒者砍断油棕的树干或根部并将其推倒，然后在树的中心凿一个洞。树液从这个洞口流出，时间可长达一个月，有时人们会在树干下生火助力。这种方法无须爬上高大的油棕就可以获取大量的酒，据说它比切口采的酒更烈。1625 年的一篇文章称之为安哥拉"戛戛人"（Gagas，也称加戛人或因邦加拉人）的诸多野蛮行径之一，"无论待在哪个国家，他们都会砍倒大量油棕树采酒，一个月后再如法炮制。这样一来，没过多久，他们就糟蹋了这个国家"。这些战士把酒喝光后，就会寻找下一个受害者。[67] 然而，"砍倒—采取"法与永续农业并不相悖。在"黄金海岸"①，采酒者砍倒油棕是因为它们取之不

①　自 1471 年起，葡萄牙、荷兰、法国和英国殖民者相继入侵现加纳沿海地区，掠夺黄金、贩卖黑奴，这一带被称为"黄金海岸"。1897 年，黄金海岸全境沦为英国殖民地。1957 年 3 月 6 日，"黄金海岸"独立，改名加纳，原英国托管的"西多哥"并入加纳。——编者注

尽。在达荷美王国，采酒者管理着专门的棕榈"酒厂"。在油棕太多或太高而不值得攀爬的地方，实施"砍倒—采取"法是一种物尽其用的方式。

　　油棕在非洲物质文化中的无处不在与其在宗教活动中的地位相匹配。非洲宗教传统的多样性不能一概而论，但油棕在宇宙哲学和宗教仪式中发挥着重要作用。在整个油棕带，治疗师、占卜师和神职人员几乎利用了这种树的每个部分。果实、棕榈油、果仁、棕榈仁油、花朵、未发酵的树液、棕榈酒、树根、叶子、灰烬都有不同的功用，比如，祭祀祖先或敬神表演，或是治疗被疾病或超自然力量困扰的身体。[68] 约鲁巴族（Yoruba）医生用红色棕榈油治疗天花的红色痘痕，并向引发这种疾病的神祇萨波纳（Sapona）供奉白色棕榈酒和棕榈仁油。[69] 放在道路上的油棕叶通常用来辟邪或是标记田地或道路的界线。与尸体打交道或面临致命威胁的人，可能会携带寓意生命的油棕枝作为保护。[70] 占卜师用滚烫的棕榈油进行审判：那些将其喝下或者把手伸进去而不被灼伤的人是无辜的。[71] 占卜师仍在使用取自超凡油棕"神树"［旧称几内亚油棕（E. guineensis var. idolatrica）］的抛光的带壳果仁提供精神指引。这种油棕的小叶聚合在一起，有时会从多个"叶球"中长出来，形成别致的外观。许多社群专门将这种树保留给神职人员或占卜师使用。对于伊比比奥族（Ibibio）信教者来说，这种油棕产出的鲜红色棕榈油可以对抗巫术。据说这种油在锅里会剧烈沸腾，不适合日常使用。[72]

　　在某些文化中，人们给新生儿涂抹棕榈油，或者把婴儿的脐带埋在油棕树苗的根部。[73] 油棕可能会被某些社群授予荣誉称

图片 1.5　喀麦隆的一名男子在一棵生长着的油棕上切口采酒。他手中的小刀指向树上的口子，树液就是从其中流出的。[布彻（Bucher）、菲肯迪（Fickendey），《油棕》（*Die Olpalme*），图 4。]

号，或是被奉为崇拜对象，接受馈赠和供品。[74] 安哥拉的天主教神父为压制当地的宗教传统，徒劳无功地砍倒了被人奉若神明的油棕，但基督教与油棕持续存在的精神用途并不相悖。[75] 皈依基督教者只是将油棕融入了新的实践。村民可能会在圣枝主日携带油棕叶子，同时用它们"在村庄入口处驱除恶魔"。[76] 皈依基督教者（以及不少欧洲传教士）误认为《圣经》中提到了油棕，这是将枣椰树与他们熟悉的物种混为一谈了。对于这些信徒来说，油棕证明了《圣经》的真实性，让非洲人利用油棕（枣椰树）叶子和棕榈（橄榄或芥末）油深刻领悟《圣经》的教诲和精神隐喻。[77]

全球史中的棕榈油

1897 年，一位名叫夏尔·弗里德尔（Charles Friedel）的法国化学家打开了一扇了解西非以外油棕历史的窗户。他仔细研究了在埃及南部阿比多斯（Abydos）的古墓中出土的几个陶罐，这些陶罐可追溯至第一王朝时期（距今 5000 多年前）。经过一系列化学检验，他认为，其中一个陶罐里的凝固物质很可能含有棕榈油。[78] 阿比多斯的发现将西非与古地中海联系在了一起，棕榈油作为一个伟大文明从远方搜罗的众多奇珍异品之一进入世界历史。棕榄（Palmolive）肥皂公司（其同名产品由橄榄油和棕榈油制成）在 20 世纪 10 年代至 30 年代的广告中借鉴了这一点，向消费者承诺他们可以享用古埃及的美丽秘方。

这个故事很精彩，但并不真实。20 世纪 30 年代，化学家利用更先进的工具和技术，证明弗里德尔的论断是"明显错误"的。[79] 阿比多斯的陪葬陶罐中装的是牛油和猪油。[80] 这与关于埃及食品、化妆品和制作木乃伊使用动物脂肪的其他证据是一致的。[81] 棕榈树是埃及艺术中流行的装饰图案，但它们是枣椰树，而非油棕。[82] 许多历史学家和科学家未能注意到，化学家已经更正了弗里德尔的开创性检测的结果。1967 年，哈特利谨慎地指出，古埃及人可能使用过棕榈油，他引用了大量文献进行论证，其中一篇可追溯至 1897 年弗里德尔写的论文。[83] 最近，《剑桥世界食物史》（Cambridge World History of Food）将弗里德尔对单个陶罐的检测发现作为"古埃及很可能有棕榈油"的证据。作者声称，发现的棕榈油"数量相当多"，这表明它是"用于饮食，而不是作为油膏"。[84] 其他作者依据这种论述认为，古埃及人的"陪葬品中有一桶又一桶的棕榈油，反映出该产品具有的高社会价值"。[85] 一些作者更是信口开河：近期一本著作断言，棕榈油被"古埃及法老视为神圣的食物"。[86]

　　在源自非洲的书面证据缺失的情况下，一些作者凭借零碎的线索，虚构了一段油棕的历史。如前所述，基督徒作者往往称《圣经》中出现了油棕，将其与枣椰树混为一谈。一位英国牧师在引用了两段有关油的《圣经》书文后宣称："在盛产油棕的非洲，那里的居民是对《圣经》这两部分内容的鲜活注解。"[87] 另一位作者认为，油棕证明了古希腊作家希罗多德是一位严谨的编年史作家，而不是一位富有想象力的讲故事者。希罗多德描述，"埃塞俄比亚人"在神奇的喷泉中沐浴，全身散发出油光。这位作者无视其余的叙述，认为希罗多德必定是在描述棕榈油，因为许多非洲人出于清洁和保护的目的将棕榈油涂在皮肤上。[88]

　　最近，一些学者声称希罗多德的《历史》提供了古埃及人在制作木乃伊的过程中使用棕榈油的证据。20 世纪中期，一份经常被引用的希腊语文献的英译本宣称，埃及的殡葬专家使用棕榈油清洗死者的体腔。[89] 希罗多德明确指出，用于这一目的的是棕榈酒而非棕榈油，此处的偷换概念实在让人费解。西西里的狄奥多罗斯（Diodorus）的希腊语著作也指出，制作木乃伊使用的是棕桐酒而非棕榈油。[90] 棕榈酒呈弱酸性并含有酒精，有助于对尸体进行清洁和消毒。这种酒来自枣椰树（*Phoenix dactylifera*），也可能是埃及姜果棕（*Hyphaena thebaica*），抑或是几近灭绝的阿尔贡棕榈（*Medemia argun*）。[91] 这种极易变质的液体不可能是从非洲带入埃及的。

在非洲的口头传统和考古记录之外，关于棕榈油和油棕的最早可信记述来自阿拉伯语文献。14 世纪，地理学家迪马什奇（Al-Dimashqi）描述了生长在萨马坎达（Samaqanda）的一种树，据说这里是古加纳王国的一个省。剥开这种树的果实，里面的果肉"富含油脂，香甜可口"。"正因如此，人们利用它来榨油。"[92] 像那个时代的其他地理学家一样，他的著作将旅行者的新记述与一些已经消失在历史中的旧作品的片段相结合，我们不清楚这种描述源自何处。如果迪马什奇确实是在描写油棕，那么这段话并未提供棕榈油在北非或其他地方进行交易的证据。尽管中世纪伊斯兰世界的作者描述了许多种油，但在大量关于外来商品和药品的文献中，还未发现其他关于棕榈油的记载。[93]

我们追寻的棕榈油和油棕的古代历史，反映了一种以欧洲为中心的世界观，这种世界观认为，某种植物及其产品，或是与之一起生活的人们，在进入西方叙事之前毫无意义。但是，这不应该削弱油棕以及古代使用油棕之民族的重要性。非洲人将油棕的树干、叶子、根、果实和果仁变成各种令人印象深刻的产品。非洲拓荒者在非洲西部开拓新定居点时，带来了油棕。虽然关于西非森林地带最早的城市中心，还有很多需要了解的内容，但我们从早期的记载中得知，该地区拥有大型城市和复杂的社会。16 世纪的贝宁城的人口数以万计，可与里斯本、阿姆斯特丹或马德里相媲美。贝宁坐拥一个从广阔腹地吸引劳动力和资源的"大型盈余谋取机构"，类似的国家可以在从今天的塞内加尔到安哥拉的整个森林地带找到。[94] 城市中心从内陆地区进口了大量的棕榈油、棕榈酒和其他食品，这反映了复杂的经济和政治制度的存在。

如第二章所示，欧洲人适应了非洲西部的经济，而不是非洲适应欧洲。他们的船只最初运载非洲区域贸易货物，后来越来越多地从事跨大西洋的奴隶贸易。奴隶贸易在 18 世纪后期达到了骇人听闻的高潮，深刻地改变了整个西非的国家、社会，甚至地貌。这种贸易也使欧洲人认识了油棕及无数油棕产品，创造了非洲以外的首个棕榈油和棕榈仁市场，并为 19 世纪的工业巨大繁荣奠定了基础。

第二章　早期的接触与交流

大西洋上的接触

1455—1456 年，威尼斯人阿尔维斯·卡达莫斯托（Alvise Cà da Mosto，或写作 Cadamosto）加入了两支葡萄牙探险队，前往现在的塞内加尔。在一个月的时间里，他享受了卡约尔（Cayor）统治者的热情款待，并观察了当地人的风俗、服饰和饮食。他描述了一种在树上切口获取棕榈酒的方法，称这种酒"与世界上最甜的酒一样甜"。卡达莫斯托"更喜欢它而非我们的酒"，并赞叹这些棕榈树"遍布森林，每个人都可以在树上切口采酒"。他还描述了"当地人吃的一种油"，它有"紫罗兰的香味、橄榄油的味道，并像藏红花一样可以给食物染色，但更富吸引力"。棕榈酒可能来自诸多种类的棕榈树，但对这种油的描述完全符合油棕的特征。尽管卡达莫斯托坦言自己从未见过这种油或酒是如何制作的，但这可能是欧洲人对油棕及油棕产品的首次描述。[1] 卡达莫斯托当然不是在一次美食之旅中畅饮棕榈酒并品尝棕榈油的。他是来用马匹换取奴隶的。

卡达莫斯托并非第一个到非洲寻求奴隶的欧洲人。15 世纪，购买黄金、象牙、香料和奴隶的欧洲商人已成为非洲大西洋沿岸的常客。杜阿尔特·帕谢科·佩雷拉（Duarte Pacheco Pereira）在 1506 年的记述中，首次专门描述了购买棕榈油、奴隶、黑豹皮、棉布和奇异贝壳的情形。这些商品中的大多数都不是运往欧洲的。据佩雷拉称，"它们在米纳的圣乔治堡［castle of S. Jorze da Mina，位于加纳的埃尔米纳］价格不菲，在这里，国王的代理商将其卖给黑人商人换取黄金"。[2] 这种模式是欧洲人在非洲从事贸易活动的典型模式，实际上沿用至 17 世纪初。非洲商人接受欧洲、亚洲和美洲的产品，以换取欧洲人想要的奴隶和商品，但欧洲人也想要非洲的商品，无论是奢侈品（比如佩雷拉提到的黑豹皮），还是普通消费品（比如棕榈油和山药）。非洲商人利用外国船只沿着海岸来回运输货物和奴隶。

正是这种海上贸易将油棕及油棕产品从非洲推向了世界其他地区。从 15 世纪开始，棕榈油和棕榈酒支撑并促进了非洲大西洋沿岸的贸易。一些棕榈油作为一种新的药用商品进入大西洋贸易，但棕榈油的主要作用是为奴隶贸易服务。本章探讨了棕榈油在跨大西洋奴隶贸易中的重要性，以及棕榈油和油棕如何在非洲之外找到了新的利基市场。

欧洲人初识油棕

16、17 世纪，欧洲访客记录了诸多关于油棕及油棕产品的细节。关于油棕的最早的生物学描述争议颇大，部分原因是现代早期的生物学家是拒不认错的剽窃者。马蒂亚斯·德·洛贝尔（Mathias de L'Obel）基于水手带回的故事和植物体，在 16 世纪

70 年代作出的此类描述可能是最早的。洛贝尔称油棕是"印度小坚果"树，并认为棕榈油是从果仁中压榨的。夏尔·德·莱克吕兹（Charles de L'Ecluse，也称 Carolus Clusius，即卡罗卢斯·克卢修斯）和其他人的早期描述犯了同样的错误。[3] 1600 年，一篇关于荷兰人西非之旅的文章明确指出，棕榈果的果肉是棕榈油的来源，但是文章也对棕榈仁油进行了描述，这可能加剧了学术上的混乱。[4]

　　一旦某种权威解释出现在印刷品上，即使实物证据或第一手证词也不能轻易地推翻它。17 世纪初，当一位旅行者带着一束完整的棕榈果来到欧洲，让伦伯特·多东斯（Rembert Dodoens）描画时，这位植物学家把干瘪的果肉当作果仁外面的一层无关紧要的外壳，并将之比作椰子壳。[5] 有关棕榈油来源的困惑延续了几个世纪之久。久负盛名的爱丁堡大学出版的《药典》（Pharmacopoeia）错误地将棕榈油归于棕榈仁，1832 年，有人写信对此予以了纠正。[6] 著名的博物学家汉斯·斯隆爵士（Sir Hans Sloane，此人在牙买加靠剥削奴隶赚得盆满钵满）写道："油脂对于维持生命和促进生产是必不可少的，在几种可提供油脂的植物中，我只知道这种 [油棕] 果实和橄榄树果实，它们的果肉大有用处。""这种奇异的特性令他感到十分惊讶"，以至于亲自用棕榈果做实验。斯隆觉得用石磨碾碎果仁才能得到油，但令他震惊的是，果肉产出的油竟然那么多。斯隆做实验用的棕榈果是"在那里 [几内亚] 做生意的一艘商船上的优秀医生斯塔普霍斯特（Staplehurst）先生"带来的。[7]

　　斯隆向颇有造诣的植物插画家伊丽莎白·布莱克韦尔（Eliz-

图片 2.1　伊丽莎白·布莱克韦尔绘制的油棕叶和棕榈果的插图，从中可以看出棕榈果成簇生长，图中附有果壳和果仁的剖面图。她对"油棕"（*Palma oleosa*）的描述如下："1. 这种树在原产地长得很高大，叶子呈草绿色，果实呈栗色。2. 它生长在几内亚海岸。3. 从这种树的果实中提取的油，被认为是治疗各种疼痛和神经衰弱、四肢抽筋、拉伤和瘀血的良药。"［《奇趣的芳草》（*A Curious Herbal*），生物多样性遗产图书馆，由密苏里植物园提供。］

abeth Blackwell）分享了自己的样品和画作。布莱克韦尔在《奇趣的芳草》（1737—1739 年）中所画的"油棕"抓住了这种植物的关键细节，并纠正了关于棕榈油来源的旧观念。她指出，棕榈油在治疗"各种疼痛和神经衰弱、四肢抽筋、拉伤和瘀血"方面效果很好。[8] 然而，布莱克韦尔的著作如今几乎已被人遗忘。荷兰博物学家尼古拉斯·雅克恩因 1763 年的描述和插图而博得大名，他还给油棕起了一个新的学名——*Elaeis guineensis*。雅克恩在 18 世纪 50 年代的美洲之旅中，在马提尼克岛上画出了油棕的草图，他注意到这种树在该地区并不常见。[9]

　　当欧洲的专家绞尽脑汁地对油棕进行描述和分类时，前往非洲的访客们却毫不费力地将油棕产品作为他们日常饮食的一部分。欧洲贸易据点的驻军消耗了大量的棕榈油和棕榈酒，以及山药和其他非洲主食。[10] 在英国皇家非洲公司（Royal African Company）控制的康曼达（Commenda，也称 Komenda）堡，指挥官豪斯利·弗里曼（Howsley Freeman）称，这个堡垒中经常用到的 3 种重要物品是"火药、朗姆酒和棕榈油"。棕榈油主要用于照明，并供堡垒中的奴隶食用。[11] 由于与一个非洲国家发生冲突，当地的粮食运输被切断，为此，另一名英国指挥官抱怨道："这里买不到谷物、玉米和任何鱼类，如果没有可怜的奴隶们在灌木丛中捡来的棕榈果和此类东西，我们早已饿死了。"[12]

　　一些欧洲人讨厌棕榈油的味道，但大多数外国人学会了享受它。荷兰作家威廉·博斯曼（Willem Bosman）称，油棕"在这里占据［主导地位］，因为配上面包和鱼，它养活了大多数沿海居民"。他接着说，棕榈油"会让初来乍到者感到有点儿恶心，但对于习惯了它的人来说，它可不是粗劣的调味品"。博斯曼认为，经常食用棕榈油可使人变得"强壮和健康，我喜欢在做菜时加入棕榈油，而非橄榄油"。[13] 另一位荷兰旅行家肯定地说，棕榈油与肉类、鱼类一起食用时，"极其美味可口"。[14] 英国医生约翰·阿特金斯（John Atkins）抱怨说，西非的菜肴用"臭烘烘"的肉做成，而且放了太多的棕榈油和胡椒。即使阿特金斯也承认，自己喜欢喝用"胡椒、赭石和棕榈油"调味的"黑汤"。"起初我觉得它令人厌恶，但慢慢习惯后觉得它是这个国家最好的［食物］。"阿特金斯写道。[15]

安德烈·多内拉（André Donelha）在 1625 年的记述是对棕榈仁的早期描述，他将其比作"晒干的成熟椰子"。他说："这是一种可以长久保存的食品，对黑人非常有用。"[16] 芬奇（Finch）上尉对其兴趣不大，在他看来，棕榈仁"是一种没有味道的硬角质物"。[17] 无论是棕榈仁还是棕榈油，都无法与棕榈酒的重要性相提并论。如今，专注于棕榈油的专家往往忽视了棕榈酒。法国人弗朗索瓦·弗罗热（François Froger）称赞棕榈酒"在人们热的时候，喝起来十分舒服"。他提醒说："两三天后，它就变质了，并且很容易让人醉。"[18] 如果放置太久，发酵的树液就会变成醋，使得棕榈酒无法储存或出口。这对欧洲商人来说是一个挑战，因为在人们看来，他们向非洲的商业伙伴甚至普通劳工提供酒是理所应当的。温尼巴（Winneba）的一位英国商人曾请求上级送来朗姆酒，"这群乡巴佬儿满腹牢骚，因为我没有给他们弄到［酒］……［并且］我迫不得已给他们喝棕榈酒"。他抱怨说："在棕榈酒上的花费使我心烦意乱……这群年轻人在确定有东西喝之前，连一块石头都不会碰。"[19] 从美洲进口的朗姆酒比棕榈酒便宜，这一事实说明了对棕榈酒需求之大以及大规模获取之难。

旺盛的需求促使酒商稀释其商品。"这个国家的人通常在酒中掺水，以便在市场上赚取更多的金子。"一位来到"黄金海岸"的德国人抱怨说。欧洲人很容易买到掺假的酒，"除非他们事先从认识的农民那里订购，并以两倍于市场价的价格购买"。不过，这么做还是很划算的，"如此一来，他们就得到了品质上乘的烈性棕榈酒，人们绝对会说，这种棕榈酒比欧洲的大多数酒好喝"。[20] 除了醉人的特性，作者还声称棕榈酒具有药用价值，有助于排出肾结石。

如果棕榈酒的价格和品质是饮酒者面临的一个问题，那么过量饮用则是另一个问题。迪克斯科夫（Dixcove）的一名英国军官对拒绝值夜班的约翰·皮姆（John Pimm）颇有怨言。皮姆"当着我的面对我［说］，我无权指挥他……我无权不让他喝棕榈酒，也无权阻止他与我们的敌人待在一起［附近布特里（Butri）的荷兰人要塞］"。另一名英国军官抱怨说，他的手下"一窝蜂地跑出要塞，喝棕榈酒喝得烂醉，我管不了他们"。[21] 温尼巴的一位英国泥瓦匠以生病为借口逃避工作，但他"大快朵颐，喝棕榈酒喝到不省人事"。[22]

尽管经常与其他棕榈树（包括椰子树和酒椰）出产的酒混淆，但对于欧洲人来说，从油棕树获取的酒成为热带地区富饶多产的标志。未曾见过油棕的苏格兰诗人詹姆斯·汤姆森（James Thomson）在其脍炙人口的《夏季》颂歌中（1727 年），称赞棕椰酒是炎热的热带地区的众多欢愉之一：

> 来自油棕的清新宜人的美酒！
> 比酒神巴克斯倾倒的所有琼浆玉液都远为丰盛。[23]

然而，对于非洲人来说，棕榈酒不只是一种酒。这种甘甜的汁液富含维生素和矿物质，在某些地区，棕榈酒是旱季可饮用液体的重要来源。棕榈酒在宗教信仰中也扮演着重要的角色，人们用它祭拜神明和祖先。不过，欧洲人带来的朗姆酒、杜松子酒和其他酒类有时取代了棕榈酒。[24] 尽管如此，棕榈酒仍然是非洲大西洋沿岸的主要饮品和重要的商业润滑剂。

供给奴隶贸易

18 世纪，越来越多用棕榈酒进行的商业交易涉及奴隶，而非黄金、象牙或香料。正是在奴隶贸易期间，油棕迈出了其全球事业的第一步，为棕榈油在非洲以外地区开辟了新的市场，并为这种树在美洲找到了新的立足地。棕榈油在横跨大西洋的"中间航程"（Middle Passage）开始之前和进行期间维持了奴隶的生命。有时，它成为在美洲种植园里劳作的奴隶的口粮之一。棕榈油在标记和贩卖奴隶、将人变成可出售财产的仪式中扮演了残酷的角色。非洲人把油棕的相关知识带到了美洲，他们借此生存并抵抗奴隶制。

在非洲大部分地区，奴役人口是一个不争的事实，现代早期世界的其他地区也是如此，包括欧洲。[25] 在西非，孩子可能被当作债务的抵押品，如果债务人违约，他们就会成为债权人家庭的奴隶（或者更常见的是，孩子成为一名丧失独立性的家庭成员）。罪犯可能被当作奴隶出售，以代替处决，这样就可以在没有流血所带来精神危险的情况下将个人逐出社群。战俘通常被安排在精英战士和商人的农场里做农奴，他们的后代往往会融入当地社会。在萨赫勒（Sahel）地区，将囚犯当作财产直接出售的做法——奴役制度——可以追溯到几个世纪之前，当时来自北非的商人从当地购买奴隶，然后转运到撒哈拉沙漠的另一边。

非洲奴隶贩子没有理由把这种贸易的受害者视为同胞。正如历史学家帕特里克·曼宁（Patrick Manning）明确指出的那样，非洲人"并不比欧洲人拥有更多的共同认同"。[26] 与世界上的其他人一样，非洲人也因政治忠诚、语言、宗教和其他身份标志而彼此分裂。大西洋沿岸的非洲精英是欧洲奴隶贩子的第一批客户：16世纪30年代，欧洲奴隶贩子向"黄金海岸"的买家出售的奴隶人数比他们横跨大西洋带往美洲的还要多，这种贸易受到了金矿对劳动力旺盛需求的推动。[27]

然而，非洲以外地区对奴隶前所未有的需求很快使这种区域贸易黯然失色。对美洲的征服为那些能够在采矿和农业领域获得大量劳动力供应的人，创造了有利可图的机会，而这些工作是欧洲移民不愿意从事的。殖民者无所不用其极地奴役美洲土著，但战争和来自旧大陆的疾病使美洲土著人口大量减少。自15世纪以来，非洲奴隶一直在伊比利亚半岛劳动，1492年之后，葡萄牙人和西班牙人将这种奴隶劳动扩展到了美洲。

17世纪90年代，约翰·彼得·厄廷格（Johann Peter Oetinger）在日记中生动地记述了这样一个事实：在美洲，一名俘虏成为奴隶的过程通常始于棕榈油。作为理发师兼外科医生，他的任务是检查奴隶，并决定谁值得购买，"一旦抓来足够数量的不幸受害者，他们就由我进行检查：买走身强体壮者，留下体弱病残者（magrones），比如手指缺失、牙齿脱落或肢体残疾。当时被买的奴隶必须跪下，二三十人同时跪下；他们的右肩被涂上棕榈油，并用烙铁烙上［贸易公司的］首字母"。[28] 1694 年，托马斯·菲利普斯（Thomas Phillips）对一次贩奴航程的描述包含了类似的内容。或许是顾及读者对这种血腥描述的反应，菲利普斯坚称，在打烙印的位置涂抹棕榈油可以让火红的烙铁"仅带来轻微疼痛"。[29]

　　奴隶一旦被装上贩奴船，就必须在横渡大西洋的漫长"中间航程"里获得饮食。[30] 1729 年，有人撰文给贩奴船上的医生，称奴隶的饮食供应严重不足，"一天两顿饭，在供应 10 个人的食物中，［他们］吃不到两勺油"。棕榈油和马拉盖塔胡椒是山药和其他淀粉质食物最常用的佐料。吝啬的奴隶贩子可能会提供"少量棕榈油，它是如此之少，要不是奴隶看到放入了棕榈油，根本尝不出来"。医生敦促奴隶贩子提供更好的食物，"在甲板上放一桶棕榈油，每份食物都要放一些，还有胡椒，要让每个人都尽情地吃，因为有些人吃得多，有些人吃得少"。[31] 法国甘蔗种植园主让·巴蒂斯特·拉巴特（Jean Baptiste Labat）建议奴隶贩子在航行时带足棕榈油，"要是公司愿意多花钱采购 6 桶猪油以及二三百磅棕榈油，再加上盐给蔬菜调味，这样的话，就能确保奴隶健健康康地抵达西印度群岛"。[32] 一位作者声称，奴隶"由于没有吃到这种油而饿死"。这对于了解西非食物构成的基本概念至关重要。[33]

有时候，棕榈油在船上榨取，这些油是由被带到船上专职此工作的非洲妇女将鲜果束捣碎后制成的。剩下的棕榈仁有时也被奴隶吃掉。驶离安哥拉的贩奴船往往会额外购买数袋棕榈仁，作为日常供应的一部分。这种坚果富含脂肪和蛋白质，并且可以长时间储存，有些记述称，船上的口粮是树薯粉与磨碎的棕榈仁粉的混合物。[34]

奴隶被运抵美洲后，潜在买家会像检查马匹一样检查他们：查看牙齿、骨骼、皮肤，审视有无生病迹象。汉斯·斯隆爵士描述了奴隶贩子是如何让身患疾病、饿得奄奄一息的奴隶应对这种有辱人格的检查，"当来自几内亚的船只满载着黑人来到牙买加附近出售时，他们会非常小心地给黑人刮胡子、剪头发，并在其身上和头发上涂满棕榈油，这让他们好看了很多"。[35] 植物学家亨利·巴勒姆（Henry Barham）证实，给奴隶剃须、涂油是一种常见的做法，以使他们"看起来光滑、润泽、年轻"。[36] 事实上，棕榈油被用于"维持奴隶的生命、增色添彩、打上烙印、治疗疾病，并最终使其商品化"。[37] 因此，棕榈油也标志着奴隶的"中间航程"的结束。

美洲的油棕

欧洲的专家衷心地推荐棕榈油作为贩奴船的一种食物，但它并没有成为美洲大多数奴隶的主食。[38] 1797 年，作为加勒比地区人口最多的殖民地，圣多明各（今海地岛）的一份记录称，非洲人在拍卖台上被涂抹棕榈油后，就再也没有接触过这种东西。[39] 然而，早期的记载表明，非洲人及其后代在其他殖民地偶尔能够得到棕榈油。巴巴多斯的种植园主亨利·德拉克斯（Henry Drax）指示一名管理人员，如果"容易获取"，那么每隔几个月就要给其手下的奴隶提供"一桶棕榈油"。[40] 另一份资料称，在非洲花 6 美元可以购买一桶 20 加仑的棕榈油，但在巴巴多斯则以两倍之多的价格出售。[41]

德拉克斯和其他种植园主也尝试着种植油棕，不过我们并不十分清楚最早的种子是何时运抵美洲的。1647—1650 年，理查德·利根（Richard Ligon）在巴巴多斯辛苦地经营着一个甘蔗种植园，他的记录可能是对油棕进行的早期描述。利根称，在他待在这座岛上的那段时间，人们"刚刚开始种植"一种棕榈树，这种树因为"产出油和酒而受人重视"。利根描述了在树上切口采酒的过程，但对果实只字未提。他对棕榈油的唯一描述是，它来自"巴巴里"（Barbary），极受奴隶欢迎。[42] 一些学者认为这些树是椰子树，但利根肯定地说，他在佛得角群岛待过一段时间，对椰子"十分熟悉"。这样的话，他在巴巴多斯没有理由不对它们直呼其名。

17 世纪 70 年代，德拉克斯命令其管理人员"尽可能地种植 1500 棵或 2000 棵油棕"。[43] 他或许是想节省从非洲进口棕榈油的成本。大约在同一时间，科尔贝克上校（Colonel Colbeck）在自己的种植园里种植了油棕，这个种植园位于牙买加，面积达 1340 英亩。德拉克斯种下的是油棕种子，科尔贝克的种植园里种下的是幼苗，它们"长在盆子里，和其他幼苗一起从几内亚运来，一路上有人浇水"。[44] 几年后，植物学家亨利·巴勒姆注意到牙买加出现了油棕，并将这种"可以产出油和酒"的树与其他棕榈树区别开来。[45] 在牙买加，人们通常把油棕称作"abbay"或"abbey"，它们源自"黄金海岸"地区土著所讲的契维语（Twi）的"abe"一词，因为许多被卖到牙买加的奴隶来自"黄金海岸"。[46]

种植园主经常强迫奴隶在"空闲"时间种植粮食作物。[47] 几个世纪以来，奴隶赢得了经营通常位于种植园边缘的自己的"糊口地"的重要权利，尽管这一权利很脆弱。[48] 在这些土地上种植的作物和药草种类之多，"让所有看到的人无比震惊"。[49] 奴隶靠这些园地养活自己的家人，并经常在城市中心出售农产品赚钱。1774 年的一份报告称，油棕在"糊口地"找到了归宿，这种树"在牙买加并不常见，主要由黑人种植"。[50] 之后的作者注意到，棕榈油"作为食物和药物"在牙买加的非洲人后裔中"备受重视"。[51] 无论是种植园主带过来的油棕，还是奴隶用偷来的果仁培植的油棕，都属于存活下来的较大植物群体的一小部分，它与山药、豇豆、秋葵和其他非洲植物一起在新大陆创造了"新非洲景观"。[52]

然而，在加勒比地区的大多数角落里，油棕和棕榈油消失了。德拉克斯在巴巴多斯种下油棕的一个世纪之后，一位访客称："这些树在这座岛上稀少，除了在德拉克斯的庄园……甚至在那里，它们的数量也不超过 12 棵。"奴隶在油棕下捡拾经过暴晒的棕榈果，并从中获取"甘甜的油"，但他们不愿费工夫去种植奴隶主的这些树。[53] 在树上切口采酒可能阻碍了美洲油棕的生长，不过这方面的证据不足。对正在生长的油棕切口采酒会伤害它们，并妨碍树木结果。这件事情是在晚上悄悄进行的，奴隶可以借此获取酒和一种重要的宗教仪式用品。

早在 1652 年，将树砍倒后再采酒的做法已出现在大西洋彼岸：百慕大群岛的官员抱怨说，"各个岛上无所事事的黑人"大肆砍伐棕榈树以获取酒。这些树并非油棕，但非洲人显然把自己关于油棕的知识用在了美洲物种的身上。[54] 殖民官员认为，从树上采酒是在破坏环境，但对于非洲人来说，这是根据熟悉的文化习俗，行使自主权的一种方式（当然，在这个过程中还可以享受清爽的美酒）。让采酒者意想不到的是，这种做法还会对种植阶层构成伤害。[55] 非洲人学会了如何利用美洲诸多其他品种的棕榈树获取酒和食物。利根描述了巴巴多斯岛上的一名男子借助绳索爬上一棵高耸的"皇家棕榈"树采摘果实，以弥补口粮之不足。[56] 在巴西，非洲人从平多巴（pindoba）棕榈中提取油来给寡淡的饮食调味，这是将非洲的制油方法应用于一种美洲棕榈。[57]

无论是由于采酒还是被渴求土地的种植园主砍伐，油棕在加勒比地区并未呈现出繁茂生长的景象。19 世纪 50 年代，油棕在牙买加已经稀少，因此人们不得不从多米尼加再次引入。[58] 一名哥伦比亚研究人员在 20 世纪 40 年代参观了加勒比地区，他惊讶地发现这里的油棕屈指可数。[59] 然而，油棕在巴西的命运截然不同。在这里，油棕遍布于园地和森林空地，特别是河流沿岸。加勒比群岛上的油棕所面临的土地限制在广袤的巴西消失了。油棕在巴西的扩张是如此成功，以至于在 20 世纪，一些专家认为，跨大西洋的交流已调转方向，变成从巴西到非洲。[60]

尽管油棕显然是从非洲传入巴西的，但对此没有明文记载。1612 年，葡萄牙人命令殖民者在巴西种植"棕榈树"，专门用于榨油，最早的命令还提及了从这种棕榈树获取有用的纤维。沃特金斯认为，这或许是指从椰子壳中获得的椰壳纤维，但非洲人确实从油棕叶中制造了坚固的纤维。无论如何，葡萄牙鼓励将各种有用的植物移植到巴西，椰树和油棕可能都被广泛种植，从而为殖民地提供油和其他有用的物质。[61]

然而，在官方对油棕产生兴趣之前，这种植物或许已在巴西种植。1619 年，葡萄牙军队从法国人手中夺回圣路易斯（São Luis）后，一位葡萄牙上尉报告说，圣路易斯附近有"无数高大的棕榈树，［种类］不一"。这份文件特别指出"几内亚棕榈"在榨油方面颇具价值，并称它们数量众多。[62] 至迟在 1574 年，贩奴船已经抵达巴西，这给了非洲人和欧洲人充足的时间来移植棕榈仁。尽管如此，关于油棕出现在巴西的证据依然模棱两可，直至 1699 年英国私掠船船长威廉·丹皮尔（William Dampier）对"油棕树果"（dendê）进行了清晰地描述。他确信这些果实"与几内亚海岸盛产的用来榨取棕榈油的浆果或坚果是一样的，并且有人告诉我，这里的人们也用它们榨油"。丹皮尔补充说，在巴西，"人们有时会把它们烤着吃。我也烤了一个尝尝，感觉不好吃"。[63] "dendê"一词源自非洲，它是由讲班图语的安哥拉奴隶带来的，这与在牙买加由契维语演变而来的词语"abbay"的情况类似。[64]

与在加勒比地区一样，油棕在巴西也补充了种植园的口粮，并成为"糊口地"作物的一部分。但正如沃特金斯所说，油棕在巴伊亚（Bahia）取得成功的关键在于它与人类和木薯的关系。非洲的山药和美洲的木薯都属于轮作种植。通过砍伐和焚烧森林，种植木薯以维持生计的奴隶开辟了可供油棕立足的土地，并且，它们的种子由人类、鸟类等动物四散传播。人们返回成熟的油棕收获果实，同时在更远的地方为木薯开辟新空间，这开启了新一轮循环。随着巴伊亚地区的城镇发展成为熙熙攘攘的商业中心，可作为食物和肥皂制作原料的棕榈油成为非裔巴西人——无论是遭受奴役还是获得自由——的重要收入来源。[65]

在巴西和加勒比地区，油棕在非洲人及其后代的宗教活动中也发挥了重要作用。巴西的坎东布雷教（Candomblé）、古巴的萨泰里阿教（Santería）、海地的伏都教（Vodou）、牙买加的奥比巫术（Obeah）和迈尔巫术（Myal），以及诸多其他的宗教活动反映了非洲信仰的落地生根及其对美洲新的社会条件的适应。[66] 只要条件允许，非洲人会像在故乡那样使用宗教仪式用品：棕榈仁、棕榈油和棕榈叶在这些仪式中都发挥了重要作用。[67]

不过，当找不到油棕时，人们就用美洲的棕榈品种取而代之。在巴西，逃亡者来到偏远的森林定居点，即逃奴堡（quilombo），以摆脱种植园奴隶制的束缚。[68] 最大的"逃奴堡"（确切地说是逃奴堡群）叫帕尔马里斯（Palmares），这是一个建立在巴西森林里的综合性非洲王国。1645年，约翰·布拉埃尔（Johan Blaer）指挥一支荷兰军队进攻帕尔马里斯，他发现有证据表明，这里的饮食习惯反映了对非洲饮食传统的继承，并没有学习美洲土著的做法。帕尔马里斯的居民锻造铁制工具和炊具，利用当地的棕榈树榨油，并油炸许多食物。[69] 尽管一些学者认为帕尔马里斯是以油棕命名的，但它实际上反映了非洲人对平多巴棕榈的利用，这种棕榈树也产出油性果实。[70]

在苏里南，逃亡黑奴表现出了类似的适应新物种的能力。在16、17 世纪，由逃亡者建立的撒拉玛卡（Saramaka）社群，利用了至少 5 种美洲棕榈树来榨油，除此之外，他们还将其用作他途。[71] 1798 年，一位荷兰士兵的详细描述证实了这些逃亡黑奴的足智多谋，他们在热带雨林中种植并采集了一系列令人印象深刻的食物。[72]

油棕向美洲大陆的迁徙——以及棕榈油进入全球商圈——与奴隶制有着密不可分的联系。棕榈油使奴隶贸易得以跨越大西洋，并为新大陆的奴隶提供营养。油棕在美洲落地生根，但它并不是一种经济作物。欧洲殖民者在很大程度上忽视了这种树，他们将注意力和资金集中在糖、烟草、棉花、水稻和靛蓝植物等经济作物上。油棕一直在加勒比地区种植园社会的边缘地带生长，为一批又一批新来的非洲人及其后代提供油、酒和果仁。20 世纪30 年代，佐治亚州的非裔美国人还在用美洲蒲葵制酒，这表明，即使经历了奴役的创伤和适应美洲新环境的困难，非洲的文化习俗依旧是如此强大。[73] 一些社群开始在油中加入胭脂树橙，以保存用红色棕榈油烹饪的食物的独特颜色。[74] 虽然非洲人对棕榈树的利用在跨越大西洋的旅程中保存了下来，并在新大陆蓬勃发展，但油棕只是真正地扎根于巴西，它抓住了人类创造的生态系统，这种生态系统复制了油棕的非洲家园的关键要素。

"那些卓越的植物学家"：棕榈油在大西洋世界也是药物

除了作为食物，棕榈油还是大西洋两岸享受自由和遭受奴役的非洲人的药物。欧洲对油棕进行的最早的植物学描述源自药草园，这些文章旨在帮助医学专家使用植物物质——这绝非偶然。[75] 在非洲的旅行者经常谈到棕榈油的药用价值，有人说它"被医生认为是一种大有裨益的香脂油"。[76] 一名德国人撰写的关于"黄金海岸"的文章描述了棕榈油用于治疗几内亚龙线虫病的情况，几内亚龙线虫是一种生长在皮肤下的寄生虫，人们只能缓慢且痛苦地将其取出。将棕榈油涂抹在伤口上，再用一片不知其名的叶子覆盖，有助于保护伤口不受感染。棕榈油和这种叶子的组合还可以减轻疼痛，并作为一种通用的绷带。"他们用这种药物治疗所有的开放性伤口。"这名德国人指出。[77] 多内拉的记述称，棕榈仁油也可"用作药物，他们将其倒进气味浓烈的沸腾的草药汤，从而制成一种药膏"。[78]

一些欧洲访客对非洲治疗师持批评态度，因为在非洲文化中，医学、宗教与法术之间有着密切的联系。尽管如此，他们还是仔细地记录了非洲治疗师使用的特定物质，并且相信某种治疗方法或许有效，尽管质疑其背后的原因。[79] 1703 年，丹麦克里斯蒂安堡宫（Christiansborg Casble）的一名神职人员写道，棕榈油"使你的胃处于一种良好、健康的状态"。他摒弃了任何关于智力优越的想法，断言非洲人"在医疗保健方面，比我们更适应［热带地区］"。[80] 一位访问"黄金海岸"的英国勘测员同样称赞了"那些卓越的植物学家——黑人——的知识，他们知道每一种草药和植物的用途，并总能成功地应用它们，以至于它们所产生的疗效有时几乎是不可思议的"。他的非洲合作人告诉他，棕榈油"对背部和腹部都有好处。为了证明这一论断，他们不仅在吃任何东西的时候配上它，而且每天用它涂抹全身，这可以极大地振奋精神，等等"[81]。

　　跨越大西洋的贩奴船提供了将非洲医学知识转移到欧洲的另一条途径。船上医生的任务是在"中间航程"期间保证船员和奴隶的生命，他们在横渡大西洋的航行中，可以自由地混合使用欧洲和非洲的医疗方法。[82]一位法国作者克劳德·比隆（Claude Biron）指出，带到船上的棕榈果具有双重功用，既可以作为奴隶的食物，又可以用作药物。患有胃病的奴隶会被喂食棕榈仁，比隆称之为他所知道的"最好的收敛药"。他明确地说，他从非洲治疗师那里学到了这种做法，"模仿他们，有时我会成功"[83]。英国医生约翰·阿特金斯认为，"经常用棕榈油或动物油脂涂抹［身体］"的习惯对非洲人的健康极为有益。阿特金斯从合作人那里搜集了"非洲瘟热病"的情况，并且指出，局部使用棕榈油可以有效地治疗在"中间航程"的恶劣环境下可能出现的各种皮肤疾病。[84]

　　欧洲的博物学家和医生开始在非洲和美洲以科学方法采集植物，但他们也"从在日常生活中使用这些植物的奴隶那里了解它们"。[85]利根描述了被巴巴多斯的奴隶用作药物的"黑人之油"。他称这种来自"巴巴里"的东西"黄得像蜂蜡，但软得像黄油"。当人们感到不舒服时，"他们会要一些这种东西，并涂抹在身体上，如胸部、腹部、肋部，两天后他们就会康复"。他认为棕榈油"对治疗瘀血或拉伤极其有效"。[86] 另一位作者指出，非洲人在被迫横渡大洋的航行中，有时会随身携带少量棕榈油；他敦促种植园主允许非洲人继续使用棕榈油治疗皮肤病。[87] 一位来到牙买加的访客谈到了棕榈油在奴隶食物中的重要性，但他补充说："他们经常用它涂擦患处，治疗拉伤或缓解风湿性疼痛，效果相当不错。"[88]

奴隶保留了一些做法，并对这些做法的含义秘而不宣。尽管非洲各地的宗教信仰千差万别，但许多社会群体相信疾病或意外伤害与精神世界息息相关。即便是"一些小毛病，如消化不良、腹泻或轻微头痛"，也可能与自然界中起作用的精神力量有关。[89] 历史记载表明，"在来到美洲之前已经从事自身职业的非洲神职人员、草药医生、巫师，在新的城市或农村环境中尽可能地重操旧业"。虽然种植园主、传教士和政府官员对这些治疗师持谨慎态度，但"非洲的医学、巫术及与其相关的植物药典一直存在，并且在许多情况下在美洲蓬勃发展"。[90]

殖民当局对非洲的草药医生和治疗师心怀恐惧，并实施迫害——植物既可以治病，又可以毒害他人。此外，治疗师取得的精神权威使他们对非洲同胞产生了重大影响。欧洲人十分了解医学、巫术和政治权力在宗教传统中的联系。比如，牙买加的奥比巫术，对于信徒来说，它"神秘且令人恐惧"，兼具"治疗和伤害的力量"。[91] 奥比巫术的实施者被指控组织奴隶起义。[92] 英国人忽视了草药医生、巫医与占卜师之间的重要区别，虽然他们在同一个信仰体系中工作，但使用不同的工具和方法。[93] 随着时间的推移，欧洲人对非洲人医学知识的重视逐渐减弱。19 世纪，对非洲医学的尊重变成嘲笑，种植园地区的白人医生担心非洲疗法弊大于利。[94]

尽管如此，在那个时候，棕榈油作为一种治疗药物已在欧洲声誉卓著。我们不清楚棕榈油最早是什么时候运抵欧洲的，但早期前往非洲的葡萄牙探险队可能带回了一些。棕榈油进入英国的最早记录可追溯至 1588 年，当时威尔士（Welsh）船长航行到贝宁，带回了棕榈油和其他货物。1590 年，威尔士再次航行到贝宁，带回了 32 桶棕榈油，显然它在伦敦是畅销品。[95] 威尔士的记载证实，棕榈油是为英国客户准备的，而不是沿着非洲海岸转卖。他还描述了一种"带有紫罗兰味道"的肥皂，这无疑是用棕榈油制成的。[96]

棕榈油成为英国医生工具箱中的常用药品。伦敦的穷人曾因瘟疫和其他疾病而饱受痛苦，1665 年，一篇旨在减轻这种痛苦的文章将棕榈油作为一种舒缓药膏，以代替"猪油"。1692 年的一本著作将棕榈油作为治疗药膏和舒缓药膏的标准成分。没有任何资料表明棕榈油稀缺或特别昂贵。一份面向蹄铁匠的指南，甚至把棕榈油列为治疗马背酸痛的一种药物。[97] 1678 年的一部药学著作指出，棕榈油（Oleum Palmae）的价格是每磅 1 先令。这个价格并不便宜，但也没有高得离谱。柑橘油每盎司售价两先令八便士，肉豆蔻每磅售价 6 先令。[98] 18 世纪早期，皇家非洲公司定期在伦敦发布销售棕榈油的广告，同时销售的还有其他非洲产品，如象牙、非洲紫檀和蜂蜡。[99] 伦敦的进口记录显示，从 1699 年到 1744 年，大约有 4300 加仑棕榈油运抵。虽然这一数字肯定少于运往英国的总量，但这与少量棕榈油被用作药物的情况是一致的。[100]

英国人似乎特别喜欢一位旅行家所说的棕榈油的"非凡优点"。[101]有资料称，"普通人有时用它来治疗冻疮，并且如果早期使用，益处多多"。[102]虽然棕榈油不是奢侈品，但这种贸易利润丰厚，足以吸引奸商和造假者。购买者得到的建议是，"选择新鲜的棕榈油，要闻着香、尝着甜，这样它就像我们吃的新鲜黄油一样特别让人喜欢，并且颜色也要非常好"。药店经常出售因放置过久而失去色泽的棕榈油，以致于"有人认为棕榈油是白色的"。骗子出售的假棕榈油由蜡和橄榄油制成，他们掺入姜黄粉来染色，并用鸢尾根制造出紫罗兰般的香味。[103]尽管所有文章都认为新鲜的棕榈油最好，但没有一篇建议将其用作食物。一位英国作者指出，非洲人"用它代替黄油，但我们只拿它外用，作为一种强身健体剂和镇痛膏，用于各种身体不适，如疼痛、抽筋、瘀血、拉伤和肿胀"。[104]

来自殖民地弗吉尼亚的记述中有一则令人不解的轶事。1663年7月，丹尼斯（Dennis）先生收到米尔斯（Mills）太太的一封信，邀请他到她的磨坊工作。到达后，丹尼斯不幸被米尔斯太太的朋友们袭击了，"他照着这封信做了，却被她和其他人狠狠地鞭打了一顿，并且全身被涂满了散发恶臭的棕榈油"。[105]

我们对丹尼斯和米尔斯一无所知，也不知道他们拿棕榈油做了什么。在这个故事中，最引人注目的是"恶臭"一词。随着时间的推移，棕榈油会变得腐臭难闻，但在19世纪以前，人们很少将棕榈油与恶臭联系在一起——这个主题将在第三章讨论。18世纪的一篇文章对美洲的一种棕榈所产的油进行了描述，称它像

"几内亚的棕榈油，但有一股难闻的味道"，这表明非洲棕榈油通常不会发臭。[106] 药学指南坚称，真正的新鲜棕榈油有一股"强烈但并不难闻的味道"。[107]

然而，18 世纪末，阿奇博尔德·达尔泽尔（Archibald Dalzel）抱怨说，英国出售的棕榈油一点儿也不新鲜。他在非洲吃的棕榈油"与在药店卖的差别很大，就像是新鲜黄油与存放过久而变味变色的黄油的差别那么大"[108]。目前尚不清楚达尔泽尔的言论是否标志着非洲出口棕榈油质量的变化。然而，这与棕榈油商品市场新阶段的开始不谋而合。

17 世纪，油棕越过大洋，出现在新大陆。欧洲的奴隶贩子借助这种植物将数百万名非洲人强迫迁移到美洲，并且，它继续为生活在奴役之中以及积极反抗奴隶制的非洲人提供食物和药物。欧洲人将棕榈油添加进了自己的药物储备，但由于需求量太小，可能对非洲影响不大。非洲人已生产出大量棕榈油并供应贩奴船。然而，18 世纪末，欧洲出现了一个新的棕榈油市场——肥皂。

几个世纪以来，非洲人一直使用棕榈油和棕榈仁油制作肥皂。当一位不知姓名的葡萄牙航海家航行到贝宁时注意到，用灰烬和棕榈油制成的肥皂在清洗双手和亚麻制品方面"效果很好"，清洁效果"是普通肥皂的两倍"。棕榈油肥皂"受到居住在这些地区的葡萄牙人的高度重视，他们无法容忍将它出口到葡萄牙的任何地区，以免它让国内的煮皂工失业"。[109] 尽管一些肥皂无疑进入了大西洋贸易——包括西非与巴西之间的繁荣贸易——但非洲肥皂并不是一种主要商品。18 世纪 90 年代，英国人开始试制自己的棕榈油肥皂。

　　肥皂制造并非工业革命中最吸引人的产业。然而，工人的脏手需要清洗，供应英国工厂的堆积如山的羊毛和棉花也需要清洗。油棕即将进入工业时代。第四章追溯了棕榈油在欧洲工业化进程中扮演的角色的变化。但是，我们首先需要了解对棕榈油的新需求如何重塑了非洲与欧洲的关系，并在此过程中重塑了非洲社会和景观。正如第三章所示，棕榈油贸易建立在奴隶贸易的基础之上，导致了一些地方的渐进式变化以及另一些地方的革命性发展。

第三章　从"合法贸易"到"瓜分非洲"

废除奴隶贸易

18 世纪的最后 25 年，奴隶贩子带着 200 万名非洲奴隶横跨大西洋，标志着跨大西洋奴隶贸易达到顶峰。英国人贩卖的奴隶数量最多，然而该国却在 1807 年改弦易辙，废除了奴隶贸易。这是一场长期运动的结果，这场运动谴责了奴隶贸易和更广泛的奴隶制的惨无人道。[1] 正如格伦维尔勋爵（Lord Grenville）在 1806 年的一次演讲中所称，废除奴隶制将重塑英国与非洲的关系：英国商人将不再是"强盗和海盗，掠走无助的居民"，他们将进行"公正公平的贸易"。支持者坚信，这将引导非洲人"追求文明生活"。[2]

欧洲人在非洲购买的远不只是奴隶：黄金、象牙、棕榈油和其他许多东西都从非洲大陆流出。即便在奴隶贸易的鼎盛时期，一艘英国船也在一个主要的贩奴港口装载了 1280 根象牙、1 吨红木和 2.5 万加仑棕榈油。[3] 经营这些"合法"产品的商人坚信，废除奴隶制后，贸易将蓬勃发展。[4] 与塞拉利昂和利比里亚——建立这两个殖民地是为了检验商业和基督教的"教化"力量——

的移民一样，大多数商人把希望寄托在棉花、糖、靛蓝植物和烟草等经济作物上。[5]

然而，事实证明，这些作物令人失望。支持奴隶制的作家詹姆斯·麦奎因（James MacQueen），嘲笑塞拉利昂在大米和棕榈油等基本食品上对非洲邻国的依赖，并警告称，这块殖民地"是一个不切实际的幻想"，注定失败。[6] 然而，19世纪30年代末，塞拉利昂和邻国利比里亚的移民走了一种新兴商业的前沿，这种商业已经开始取代遥远东部尼日尔河三角洲的奴隶贸易，它就是棕榈油贸易。当利比里亚殖民者在1847年宣布独立时，他们的新国徽上骄傲地印着一位移民所说的话——"皇家油棕，国家的希望和力量"。[7] 马里兰州殖民协会（Maryland Colonization Society）夸耀道，"这种棕榈树具有的极好的多产性……以及它可以自然生长的无垠的土地，再加上聚集在这些富饶的森林里的随时准备为微不足道的利益而劳作的无数居民"，意味着棕榈油可以容易地生产出来，并便宜地卖给对油脂的需求日益增长的世界。他们预言，"这种油将成为商业世界中运输量最大的商品之一。"[8]

这种说法反映了西方人普遍存在的误解，即认为非洲是一块尚未开发的肥沃的大陆，非洲人是准备以低工资工作的、尚未开发的劳动力，油棕是一种在很大程度上被浪费的自然资源。除了沉迷于种族主义漫画，欧洲人和美国人还错误地将油棕视为非洲自然资源丰富的证据——上帝在伊甸园中种植的树木，而不是近年来密集农业活动的标志。在非洲大西洋沿岸，几个世纪的贩奴、战争、疾病、移民和气候变化已经从根本上改变了人口结构和土地利用模式，新的村庄和棕榈林被创造出来，其他的则被遗弃。移民和商人踏入的并不是原始森林，而是一片人类长期居住的土地。[9]

尽管棕榈油贸易发展迅速，但是它并没有立即终结奴隶贸易或奴隶制。非洲的精英在出售棕榈油的同时继续贩卖奴隶，这反映出历史的延续，而非突然中断。[10] 历史学家常常把棕榈油产量的增加视为对非洲社会影响不大的变化，不予理会。在这些说法中，真正的企业家是控制贸易路线的政治精英，他们将棕榈油添加入其商品库。[11] 事实上，出口贸易的增长包含了各种各样的社会关系和历史经验。装载到欧洲船只上的棕榈油可能是由妇女采集的"野生"果实生产的，或者是由种植园的奴隶生产的。

欧洲对棕榈油的需求事关重大，第四章探讨了棕榈油服务于欧洲工业化的多种方式。但是，棕榈油成为在某种程度上可以互换的商品之一；关键的事实不是欧洲的需求，而是非洲人创造盈余用于出口的能力。非洲社会通过扩大现有的生产体系、创新榨油方式以及劳动和土地组织方式，以适应棕榈油贸易。[12] 有些地方只受到这种变化的轻微影响，但有些地方却葆了深远的发展。一些非洲国家在"合法贸易"时代蓬勃发展，利用棕榈油出口积累财富和武器。

然而，贸易加剧了非洲人与当地竞争对手以及欧洲商人的冲突。在整个 19 世纪中期，全副武装的非洲国家往往占了上风。1823 年，一名英国总督挑起与阿桑特人的战争，阿桑特人击溃了英国及其盟友，并将该总督斩首。疟疾和其他疾病也给外来者造成了可怕的伤害，使永久占领非洲领土成为一项代价高昂的主张。[13] 但是这种平衡在 1850 年后开始发生变化：欧洲与非洲国家之间的冲突越来越多地由全副武装的欧洲蒸汽船来解决。正如本章最后一节所示，贸易冲突引发了一场席卷油棕带的"瓜分非洲"行动，并开启了长达 70 年的殖民统治。

奴隶与棕榈油的结合

奴隶贸易在 1807 年之后依然延续了很长时间，尽管英国努力执行其禁令并说服其他国家也接受它。美洲的种植园仍旧需要劳动力，并且许多资本家——比如在 1860 年安排贩奴船"克洛蒂尔达"号（Clotilda）远航至亚拉巴马州的那些人，这次航行可谓臭名昭著——为了获取奴隶，无视包括处决在内的法律惩罚。"克洛蒂尔达"号的船主和其他许多人坚信他们不会面临什么危险。英国的西非中队（West Africa Squadron）在 60 年里，抓获了 1600 多艘贩奴船，但仍有成千上万艘船成功地突破了封锁。一位商人抱怨道，19 世纪 30 年代，他经常看到在维达（Whydah）附近"有 20 多艘船只等待它们的奴隶货物"。这些船只的主人可以上岸卖掉货物购买奴隶，在"绝对安全"的情况下进行贸易，"除非船上真的有奴隶"。[14] "合法的"贸易商抱怨说，19 世纪 40 年代，贩奴活动在西非大部分地区仍然"极其活跃"，导致"棕榈油严重短缺"。这一方面是因为他们的非洲伙伴放弃了棕榈油而去贩奴，另一方面是因为暴力使棕榈油生产者远离市场。[15]

直至 1807 年，棕榈油并未给终结贩奴活动提供太大动力。尽管它在欧洲售价很高，但交易数量太少，不足以取代非洲精英或欧洲船主的贩奴收入。19 世纪 20 年代，当交易数量增长时，价格相应下降。1837年，麦格雷戈·莱尔德（MacGregor Laird）错误地称，在非洲"收集棕榈油是慵懒的表现"，但他认识到这比猎捕奴隶费劲儿。他认为，"猎捕奴隶就像狩猎一样令人兴奋"，而棕榈油"让人缺乏兴奋感，是沉闷乏味的商业"。[16]

奴隶贸易之所以持续存在，部分原因是它隐藏在棕榈油和其他合法商业背后。[17] 英国通过谈判签订了一系列条约，允许其海军登上涉嫌从事贩奴活动的船只，但很难证明某一艘船是贩奴船，除非在船舱里发现奴隶。早期，船长们撒谎了事。1821年，一名英国指挥官写道："我知道［某一艘船的］船长发誓说他是来获取棕榈油的，但他的船舱里堆满了水桶和［木薯］粉，这足以证明他别有所图。"[18] 铁镣铐是贩奴的明显证据，但其他东西则显得模棱两可。奴隶贩子需要大的容器为奴隶准备食物，但棕榈油贸易商也用它们提炼棕榈油，并使其成为液态，以便在甲板下泵送。一桶桶的淡水用来维持奴隶的生命，但它们也可以作为压舱物，并且还可以再装满棕榈油。[19] 1838年，悬挂美国国旗的"玛丽·库欣"号（Mary Cushing）的航行就是例证。从哈瓦那起航时，船长向英国军官出示文件，证明这艘船及船上的桶是用来装运棕榈油的。当"玛丽·库欣"号在巴西靠岸时，它运来了3桶棕榈油。真正的货物是388名奴隶，其中26人在航行中死亡。这艘船在1839年被当场抓获，400多名奴隶获释。[20]

臭名昭著的奴隶贩子西奥多·卡诺（Theodore Canot）指责英国人虚伪。英国人谴责奴隶贸易，但乐此不疲地出售维持本国经济的商品，"今天，英国怀着她的博爱之心，在海岸上送出……小册子《合法贸易》，她的伯明翰步枪、曼彻斯特棉花和利物浦子弹，所有这些都在塞拉利昂、[阿克拉]、"黄金海岸"公平交易，并在伦敦换成西班牙或巴西钞票。然而，有哪个英国商人不知道这些钞票是建立在哪一种交易之上的，他的货物又是在谁的支持之下售出的？"[21] 在 1827 年的一桩交易中，卡诺的古巴合作伙伴将一艘满载黄金和 20 万支雪茄的船驶往庞戈河（Rio Pongo）。卡诺用这些黄金在塞拉利昂购买英国制造的织物，并在沿海地区出售雪茄。他又用这些织物和其他货物购买了 220 名俘虏，其中活下来的 217 人在古巴被卖做奴隶。在另一桩交易中，卡诺用棕榈油交换他需要的织物和其他贸易品，从而购买更多奴隶。[22] 英国商人承认，奴隶"被卖给任何人，我们从不过问"。[23] 有时，奴隶贩子会买下整艘运载棕榈油的船，并在船上装满奴隶，让船员乘另一艘船回去。[24]

　　与废奴主义者的说法相反的是，奴隶贸易与合法贸易完全相容，甚至是互补的。邦尼国王奥普博（King Opubo of Bonny）对英国提出的停止向葡萄牙人出售奴隶的要求充耳不闻，但他开始涉足棕榈油贸易，以使英国船只带着广受欢迎的商品不断地驶往他的港口。[25] 英国商人抱怨说，当法国奴隶贩子加斯帕尔（Gaspard）在 1833 年驶进老卡拉巴尔（Old Calabar）时，"所有的合法贸易停止了，为了给他提供奴隶，一场普遍的抢劫和掠夺开始了"。[26] 当贩奴船离开后，棕榈油销售恢复原状。

　　在维达，奴隶贩子是"第一批参与出口棕榈油大规模生产的人"。奴隶被迫从事生产这种商品的工作，而该商品正是用来支付抓捕和出售他们及其同胞的费用的。[27] 一名传教士描述了对唐·何塞·多斯·桑托斯（Don José Dos Santos）的拜访，"虽说

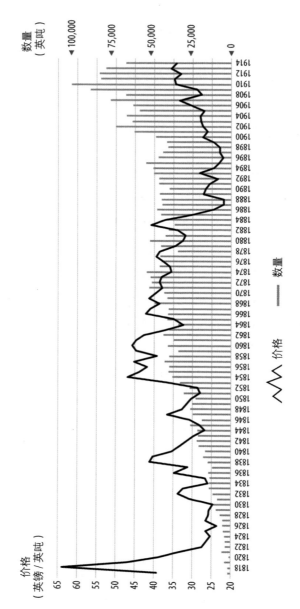

图表 3.1　这张图表展示的是 1818 年至 1914 年，英国进口的棕榈油数量（英吨）以及在英国的平均价格（英镑／英吨）。数据来自林恩（Lynn）的《商业与经济变化》，以及莱瑟姆（Latham）的《卡拉巴尔出口的棕榈油》。

他是一个大奴隶贩子，但在很大程度上也是一个棕榈油采购商"。多斯·桑托斯拥有自己的油棕种植园，但他的大部分棕榈油是从当地生产商那里购买的，"他的院子里挤满了商人，有些人只带了 1 加仑，另一些人则让奴隶抱着装满棕榈油的大葫芦，而他的几十个奴隶正在付钱"。[28] 另一个与巴西关系密切的奴隶贩子多明戈·马丁内斯（Domingo Martinez）表示，"奴隶贸易和棕榈油贸易互相帮衬"。他"不知道哪个最赚钱"，因而打算同时经营这两种生意。[29]

贸易机制

奴隶本身就是运输工具，把他们自己、他们的食物以及象牙等附属品运送到海岸。装棕榈油的葫芦不会自己行走。动物运输根本行不通，马、骆驼和其他驮畜很快在油棕带死去。一个人力搬运工大约能搬运四五十磅，而 1 英制加仑的棕榈油重约 9 磅。因此，一个人力搬运工的标准载重为 5 加仑。[30]

亨利·布罗德黑德（Henry Broadhead）是英国反奴隶制中队的指挥官，他认为运输棕榈油比生产棕榈油需要更多的奴隶劳动。一般来说，一艘船每次航行可能购买 6 万~8 万加仑棕榈油（240 吨~320 吨）。他说："当所有这些落在当地人的头上，并且每个人携带两三加仑时，你就会形成关于雇佣人数的概念，这还不算采集和种植。"[31] 19 世纪 30 年代，在沿海地区，一名奴隶的价值与一吨棕榈油相当。奴隶贩子可能会为每 5 个奴隶雇用 1 名武装警卫，但除此之外，这种"商品"会自行运输。运输 5 吨棕榈油大约需要 300 个搬运工，更不用说警卫了。[32]

尼日尔河三角洲（对于本书的叙述而言，这一地区在严格意义上包括尼日尔河三角洲以东的"油河"）的港口与油棕带其他地区相比有一个明显的优势：水运便利。[33] 维达、阿克拉和其他出口中心依赖从陆路人工运输而来的棕榈油。相比之下，尼日尔河和东部的河流深入内陆 100 多公里，尽管许多小河和支流会在某个季节因太浅而无法航行，或者被红树林堵塞。[34] 在尼日利亚西部，一旦搬运工将棕榈油运到河岸上的仓库，注入拉各斯潟湖的河流就提供了类似的运输服务。[35]

奴隶贸易已经把尼日尔河三角洲的国家从渔民和制盐者的社群变成强大的贸易"商行"或"商站"的集合。在有权有势的男人——有时是女人——的领导下，这些商行雇用奴隶划独木舟、当兵和耕种。事实证明，在所有贸易国，部署独木舟船队的能力在棕榈油贸易中的重要性丝毫不亚于奴隶贸易时期。[36] 贸易商行有时会提拔和释放有进取心的奴隶，并且，一些杰出的领袖是奴隶出身。然而，这种流动性在很大程度上仅由男性享有。大多数女奴要么从事繁重的家务劳动，要么从事辛苦的农业劳动。[37]

随着一名商人将棕榈油卖给另一名商人，这种产品在运往海岸的途中可能要转手十几次。大型贸易商行在河岸上收购棕榈油，将其从葫芦中转移入欧洲商人提供的大桶。商人们小心翼翼地守护着进入棕榈油市场的通道。一位商人抱怨说，沿海国家"不允许内陆居民把棕榈油带到海岸"。邦尼派出独木舟到上游 100 多英里的地方去购买棕榈油，最远到达尼日尔河上的阿博（Aboh）。"他们支付的价格极其低廉。"一位英国人愤愤不平地说。[38] 19 世纪 30 年代，棕榈油在阿博的售价为每吨四五英镑。

欧洲人在海岸地区支付的价格是每吨 12 英镑~20 英镑，而在利物浦的售价是每吨 30 英镑~40 英镑。[39]

由 40 个或更多的桨手划行的大型独木舟可以运载 12 大桶棕榈油，共接近 9 吨。[40] 一位英国访客曾目睹上百艘这样的独木舟同时驶向棕榈油港口布拉斯（Brass）。据称，克里克镇（Creek Town）的伊约国王（King Eyo）在其权力巅峰期可以召集 400 只独木舟。[41] 购买独木舟和奴隶桨手所需的财产使势单力薄的竞争对手望而却步。贸易商行也非常乐意使用独木舟携带的步枪和大炮来对付商业竞争对手，包括那些试图逆流而上的欧洲人。[42] 19 世纪 30 年代，当欧洲人开始用蒸汽船探测非洲水道时，相关贸易国对此持疑惧态度是理所当然的。杜克镇（Duke Town）的国王亚姆巴五世（King Eyamba V）对一伙试图沿卡拉巴尔河向上探险的英国人说："我听说你们的同胞蹂躏了西印度群岛。我认为他们也想蹂躏我们的国家。"[43]

与非洲的奴隶贩子一样，欧洲的奴隶贩子因其拥有的船只以及与供应商的信用关系，也处于进入棕榈油产业的最佳位置。1809 年，在从利物浦出发购买棕榈油的 17 个船长中，每一个人都曾是奴隶贩子。[44] 这些船只通常在非洲海岸停留几个月，在棕榈油和食品供应充足的雨季到达。许多人雇用非洲水手导航、操纵大船和小船，并装载货物。克鲁（Kru）水手在航海方面久负盛名，许多人还是熟练的修桶匠，负责组装在出航时为节省空间而被拆卸的大桶。[45] 疟疾和其他热带疾病迫使欧洲人尽可能地留在船上，他们把陆地上的业务交给了非洲人。一位作者警告说："如果可以避免的话，不应允许任何海员在岸上睡一晚。"[46] 金特尔·布朗（Gentle Brown）船长称，在邦尼花时间装载棕榈油危险重重，"上一次航行所有人平安归来，再上一次仅有一人死亡，但更早的那一次，19 个人中有 11 个人死于发烧"。[47]

新来者通常从事"沿海"贸易。这些船只在某个城镇附近抛锚并鸣炮召唤商人，当地人划着船来做生意时，船上的商人购买少量棕榈油。[48] 老牌公司利用沿海"工厂"（贸易站，并非制造场所）收购棕榈油，它们通常依靠非洲或非洲—欧洲代理商在船只逗留期间管理贸易。[49] 威廉·赫顿（William Hutton）证实，到 1846 年为止，他在维达的工厂收购的棕榈油足以每年装载 8~10 艘船。[50] 19 世纪 50 年代，英国公司开始把旧船拖到尼日尔河三角洲。这些"庞然大物"充当了漂浮工厂，使得相关公司可以全年收购棕榈油并销售商品。

若想弄清楚用什么商品来交换棕榈油是一件棘手的事情。[51] 每个停靠港要求不同的产品。1822 年，在邦尼购买 10 "批"棕榈油（大约 1/3 吨）所需的商品包括盐、火药、肥皂、帽子、织物和一个杯子。尽管棕榈油贸易与易货贸易有相似之处，但与奴隶贸易一样，它也是一种金钱交易。非洲人和欧洲人对棕榈油定价，并以标准货币进行商品交易。这 10 批邦尼棕榈油是用"铜币"标价的，铜币是用作货币的多种金属条、金属棒和金属环中的一种。伊比比奥内陆农村地区的棕榈油生产者，坚持要求邦尼商人用铜币而非货物支付，这反映了货币经济的发展。[52]

一种来自印度洋的小型软体动物黄宝螺（*Monetaria moneta*）成为非洲棕榈油故事的重要组成部分。黄宝螺俗称"宝贝"，它的壳和与其类似的贝壳长期以来在亚洲和非洲被当作货币。19 世纪，"宝贝"的进口量激增，布罗迪·克鲁克香克（Brodie Cruick-shank）船长将 19 世纪中期棕榈油出口量的激增归功于这种贝壳。一串串"宝贝"可以分成一个个贝壳，这样人们就可以买卖小罐的棕榈油。小规模的生产者将"宝贝"积攒起来，用于购买布、酒、枪支和其他曾经专供奴隶主使用的商品。[53] 克鲁克香克称，当"宝贝"稀缺时，"市场上没有棕榈油，即便有数量也非常少，这是为了满足即时消费的需要"。他明白，"宝贝""等同于现金，［非洲人］想怎么用就怎么用"。[54]

19 世纪 50 年代，埃格巴（Egba）商人出售棕榈油时只收"宝贝"。接受易货贸易的商品意味着需要额外的花费用于处理笨重的产品，并承受将商品转化为货币的损失，他们需要"宝贝"购买北方的奴隶。[55] "宝贝"成为西非广大地区的首选交易媒介。但是 19 世纪末，"宝贝"的价值暴跌，削弱了它作为货币的效用。欧洲人进口了大量不受欢迎的东非"宝贝"，而不是珍贵的马尔代夫"宝贝"，从而导致了通货膨胀。[56]

最终，贸易对社会资本的依赖不亚于对金钱和船只、独木舟等设备的依赖。商人需要信任他的商业伙伴；事实上，商人把棕榈油生意中使用的信用体系称为"赊购"。一些商人延续了奴隶贸易时代的做法，即提供抵押物作为赊购商品的担保，但由于没有现成的市场供奴隶①处置抵押物，因而大多数人依靠个人关系和对未来贸易的承诺来维持信任。[57] 正如一位英国商人在描述自己的第一次航行时写道，邦尼的商人不肯登上他的船，因为他们

_____

① 原文如此，但根据上下文，奴隶贩子似乎更为妥当。——译注

"不认识我"。[58]

最初，只有国王或贸易商行的头目可以做赊账生意，但随着贸易量的增加，欧洲人开始允许小商人赊欠。[59] 一位英国评论家在 1851 年说道："一个几乎赤身裸体的家伙会非常自信地向你赊购价值 3000 英镑、4000 英镑甚至 5000 英镑的商品，而他们往往也能够得到信任。"然而，在他看来，"在 10 个要求获取信任的人当中，没有一个人值得赊欠那么多钱"。[60]

当贸易伙伴违约或欺骗欧洲人时，后者可以向国王、酋长以及像卡拉巴尔的埃克佩会（Ekpe）这样的"秘密社团"寻求解决之道。[61] 埃克佩会的成员戴着面具举行仪式，对违法者处以罚款、监禁，甚至死刑。随着时间的推移，这个帮会以及其他城镇的类似帮会的会员资格，向奴隶、甚至支付入会费的外国人开放。塞缪尔·克劳瑟（Samuel Crowther）主教惊恐地写道："一些欧洲商人在非洲做了诸多怪诞的事情，可能令英国的基督教朋友们难以置信。"一名加入埃克佩会的商人参加了"需要参加的所有偶像崇拜仪式"，这花费了他 300 英镑。[62]

当信任崩塌时，欧洲商人的做法是从不幸的过路人那里"抢油"，欧洲人"强行占有"满载棕榈油的独木舟，这"往往发生在绝望的挣扎之后"。一旦将棕榈油搞到手，欧洲商人"仔细地检测和测量被扣押的棕榈油，并给货主一张标注了同等数量棕榈油的单据，但货主根本不知道谁要为这张单据负责"。在欧洲人看来，这不是盗窃：给"抢来的"棕榈油开出的纸质票据，可以交给对债务负责的国王或债务人，他们将偿还受害人，不过要扣除一笔佣金。[63]

欧洲商人争辩说，"抢油"只是迫使债务人履行合同的一种方式。[64] 欧洲的评论家认为这是由于热带环境或与"野蛮"人长期接触而导致的野蛮行径。暴力、酗酒、性滥交，以及诸多英国商人的卑微出身，为他们换来了"棕榈油恶棍"的恶名。典型的恶棍是一个"暴君"，他管理手下人时，除了"威胁说要用手枪打爆他们的脑袋"，别无他法。这种恶棍之所以对非洲商业伙伴表现出诚实，"只是因为担心受到当地人的残酷报复"。[65] 一个恶棍"坦率地承认，他认为任何从事棕榈油贸易的人宣称自己信仰宗教都是虚伪的。他无法践行信仰，也无法遵守上帝的诫命"。[66]

当"抢油"失去控制时——这种情况经常发生——非洲人以抵制贸易作为回敬。欧洲人明白，"非洲人会立即服从政府发出的任何'停止贸易'的命令"。[67] 利文斯顿（Livingston）领事在1870年警告说："本土商人团结一致，几乎总是赢。"利文斯顿夸大了非洲人的团结，但他仍然认识到，在短期内，欧洲商人想要采购的棕榈油数量超出了非洲商人的待售数量。利文斯顿抱怨说，人们急于将船舱装满，这导致出现了一些可耻的做法，"白人之间互不信任，结果一败涂地；有人开始怀疑，这些白人究竟是不是优等民族"。[68]

然而，英国商人拥有英国海军这个撒手锏。在1884年宣布成立油河保护地之前，该三角洲地区的商人在技术上并没有受到英国的特别保护。实际上，英国的火力解决了棘手的争端。非洲国王与英国代表的关系破裂后，尼日尔河三角洲的几个城镇遭到了海军的炮轰。[69]

棕榈油生产中的奴隶制与性别

"合法贸易"带来的后果之一是奴隶制在非洲的扩张。[70] 这实属意料之中：许多早期的废奴主义者反对的是奴隶贸易，而非奴隶制，一些人明确呼吁非洲精英成为种植园的主人。[71] 然而，19世纪中叶，大多数废奴主义者认为合法贸易会导致非洲本土奴隶制的逐渐消亡。他们大错特错了。一名英国军官指出："哪里的商业最繁荣，哪里的奴隶制就最猖獗。"[72]

在历史记载中定义奴隶制并非易事。与世界各地的社会一样，非洲社会也存在多种形式的"不自由"和人身依附。欧洲人的报告"急于根除奴隶制，并不总是熟悉当地用法的复杂性"，倾向于笼统地使用"奴隶"一词。那些本应被称作走卒、农奴或仆从的人都被归于"奴隶"这个标签之下。[73] 丹麦牧师安德烈亚斯·里斯（Andreas Riis）报告说，19世纪中叶，"黄金海岸"的"劳动者大多是奴隶"，他描述的是在各种社会条件下种植粮食和生产棕榈油的人。[74] 在"黄金海岸"的克罗博人中，家庭奴隶制司空见惯，但表现得相当温和，至少欧洲的资料是这么认为的。1867年，一名访客说："奴隶是家庭的一部分，主人和他同吃喝，他俩一起在种植园干活儿。"[75] "黄金海岸"的克罗博人和芳蒂人中的精英阶层可以从北方获得由战争带来的源源不断的奴隶。19世纪40年代，他们对棕榈油的价格非常满意，以致于"无意开展海外奴隶贸易"，而更乐意利用奴隶生产棕榈油。[76]

克罗博人的棕榈油生产规模很大，一群人在直径达12英尺的石头坑中捣碎棕榈果。[77] 东部的贝宁湾也出现了大规模生产。

1817 年，奥约帝国（Oyo Empire）的崩溃引发了约鲁巴各邦之间长达数十年的战争，约鲁巴精英利用战俘使自己"成为大地产的所有者"。[78] 达荷美也聚集了大量从事农业劳动的奴隶，为防止奴隶逃跑，道路和边境都处于严密的监视之下。[79] 国王将奴隶安置在首都阿波美（Abomey）周围，如此一来，首都的军队就可以快速地镇压叛乱。[80]

英国传教士威廉·克拉克（William Clarke）描述了约鲁巴地区在 19 世纪 50 年代前后广泛使用奴隶生产棕榈油的情况。一个生产组织"比其他劳动部门更像是一个制造厂"，在许多地方，"可能有 50 个人或更多的人从事劳动"。[81] 关于 19 世纪晚期以前油棕种植和收获的书面记载很少，但其他一些类似的记录证实，奴隶生产了大量的棕榈油用于出口。一群奴隶"跟随着站在一侧的监工所唱歌曲的节拍"，捶打或踩踏棕榈果。[82]

虽然尼日尔河三角洲出口的大部分棕榈油是家庭生产的，但这里的奴隶劳动也很重要。在尼日尔河沿岸的阿博、翁蒂莎（Ontisha）以及其他城镇，精英男性和女性聚集了数以百计的奴隶劳动力生产棕榈油。[83] 一名英国商人指出，人们使用奴隶"种植油棕，生产棕榈油"，不过他没有详细说明"种植"的真正含义。[84] 尼日尔河三角洲的伊比比奥棕榈油生产者是将奴隶用作家庭劳动力的典型，"任何被买来作为奴隶的陌生人都留在了购买他的家庭"。[85] 伊博地区的许多奴隶遭遇的也是这种情况，不过一些伊博人群体通过歧视可追溯数代的奴隶出身来遏制社会流动。

19 世纪末，尼日尔河三角洲的少数精英拥有数千名奴隶。他

图片 3.1　爱德华·奥古斯特·努斯沃（Édouard Auguste Nousveaux）画的素描。在这幅素描中，几个人正在一个池子里捣碎棕榈果，旁边站着一个身着西式服装的监工。右边还有一些人在火上煮棕榈果，或是提炼棕榈油。文字内容为"生产棕榈油""维达的两排油棕林"。（大都会艺术博物馆，67.539.326。）

们大多从事货物运输或粮食及棕榈油生产。19 世纪 80 年代，卡拉巴尔商人耶洛公爵（Yellow Duke）拥有大约 3000 名奴隶，而他之前也是一名奴隶。[86] 1865 年，英国领事理查德·伯顿（Richard Burton）忧郁地指出，棕榈油似乎推动了整个地区的奴隶贸易，"我认为［对奴隶的需求］根本没有下降……花几先令就可以买一个奴隶，然后让他采集棕榈油"。伯顿认为，大多数奴隶的境遇悲惨，"食品十分昂贵；当地士绅以低廉的价格买下这些人，几个月之内他们要么累死，要么饿死，然后再买一批"。[87]

不论一个社会是用自由劳动力还是奴隶生产棕榈油，这种工作都是有性别区别的。男人负责爬树，女人往往煮棕榈果和榨油。女性劳动与棕榈油之间的联系让一些男性精英十分不快。比如埃格巴战争的领导人索德克（Sodeke），他在回答英国人关于棕榈油的提问时反问道："男人怎么能像女人一样卖油？"[88] 但是男性精英发现，通过掠夺女性劳动力并将其用于出口生产，可以赚到很多钱。[89] 历史学家苏珊·马丁（Susan Martin）指出，在尼瓦-伊博人中，"男人在棕榈油商业生产中取得成功的关键是控制女性劳动力"[90]。

在整个西非，劳动的性别差异很大。比如，伊比比奥人和伊博人认为用臼捣碎棕榈果适合男人去干，但其余的生产过程要由女人完成。约鲁巴人认为捣碎棕榈果是女人的事情，无论这有多么难。[91] 出生在塞拉利昂的塞缪尔·约翰逊（Samuel Johnson）的父母都是约鲁巴人，他称，典型的约鲁巴人性别规范盛行于伊巴丹（Ibadan）这座城市：采摘棕榈果是男人的工作，而榨油是女人的工作。[92] 但在约鲁巴人的其他城镇，观察家明确指出，"生产棕榈油是男人的工作"。[93] 大约在 19 世纪 80 年代拍摄于拉各斯腹地的一张照片显示，只有男人在棕榈油作坊工作。[94] 这究竟是怎么回事？

事实证明，面对经济机会，性别角色是灵活的。从事棕榈油生产的男性通常是奴隶，他们的社会地位排在性别之前。一名生而自由的约鲁巴人妻子可以占有自己的产品，而一个男人的奴隶则对他们的劳动成果没有固有权利。[95] 棕榈油出口的增长和奴隶出口的下降同时出现，意味着约鲁巴精英阶层拥有越来越多的男性奴隶，以及从他们身上榨取价值的新方法。随着时间的推移，约鲁巴精英男性逐渐将农业劳作视为奴隶的工作，这颠覆了曾经将务农看作高尚工作的文化价值观。[96] 类似的过程也在整个油棕带开启。在刚果中部，蒙戈（Mongo）精英阶层强迫男性奴隶在棕榈油生产过程中从事女性的工作，"这是一项有辱人格的工作，使他们有别于社群中的其他男性"。[97] 在"黄金海岸"的芳蒂族人和其他阿坎族人中间，男性奴隶成为棕榈油出口产业的主要劳动力来源。而妇女则继续生产供家庭使用的棕榈油。[98] 一幅以维达的一个种植园棕榈油生产为题材的素描创作于1844年，清晰地描绘了男性从事捣碎水果的繁重工作，并从事照看陶罐和生火等女性化工作。

男性奴隶的劳动对于欧洲作者来说是显而易见的。女性奴隶的劳动不那么引人注目，并且很难（至少对于欧洲人来说）将其与一般的家务劳动区别开来。但是，即使女性奴隶在家庭生产的背景下工作，她们也可以利用棕榈油作为获得自由的途径。一位英国领事指出，在拉各斯腹地，女性奴隶靠自己的力量生产和销售棕榈油，"通过谨慎和节俭，[她们]很快就积攒了足够的'宝贝'，以支付赎回自己及其子女所需的一大笔钱"。[99] 拉各斯附近的男女奴隶可以购买为奴隶主工作时间之外采摘棕榈果的权利，这让他们获得了对自己生产和出售的棕榈油的所有权。[100]

废除奴隶制之前，大多数有权势的沿海商人都是男性，只有少数明显的例外。随着棕榈油贸易的扩大，这种格局逐渐改变，并为初出茅庐的商人提供了新的机会。凭借奴隶贸易起家的约鲁巴商人蒂努布夫人（Madame Tinubu），拥有一支至少360人的劳

动力队伍，专门从事棕榈油和象牙运输。[101] 在邦尼，女性作为
棕榈油商人的地位日益突出，男性被迫调整社会规范。禁止女性
前往上游的禁令被取消，这使得她们可以在内陆市场购买棕榈
油。胖嬷嬷（Fat Mammy）和奥鲁比（Orumbie）这两名妇女成为
贸易商行的负责人。[102] 虽然女性不能参加埃克佩会及类似组织
的所有秘密仪式，但如果她们有足够的钱，有时可以购买男性拥
有的头衔和特权。在其他情况下，女性组织自己的社团和头衔，
创造出一个平行的权力结构。女性继续主导着小规模的棕榈油贸
易，为国内消费者和更大的出口买家供货。历史学家弗朗辛·希
尔兹（Francine Shields）指出，最能体现女性在棕榈油贸易中重
要性的是，当她们无法参与贸易时出现的严重后果。1858 年，在
与英国人的一场争端中，阿贝奥库塔（Abeokuta）当局禁止女性
商人前往拉各斯。其结果是阿贝奥库塔附近的埃格巴地区的棕榈
油贸易几乎完全停顿。[103]

　　在油棕产业中，依照性别而分类的工作发生的最重大的转变
源自一种新型棕榈油的出现。19 世纪 40 年代之前，大部分用于
出口的棕榈油是非洲妇女按照生产家用棕榈油的方式生产的。尽
管从欧洲商人那里购买的铜锅（neptunes）和铁锅比传统的陶瓷
器皿更耐用，但就技术和工艺而言，几乎没有什么变化。[104] 随
着生产者逐渐认识到欧洲人不在乎油的味道，他们开始简化工
艺。[105] 腐臭的"硬"油随之出现。除非棕榈果被彻底煮熟，否
则果实中的酶会分解脂肪分子，释放出游离脂肪酸（FFA）。游
离脂肪酸给油添加了一种强烈的味道，并与氧气和水发生反应，
产生难闻的化学物质，这是所有脂肪出现"腐臭"气味和味道的

主要原因。

　　硬油很可能是在沿海地区的不同地方分几个阶段出现的。在一项技术应用中，生产者像往常一样生产棕榈油，但延长了果实的初始发酵时间，使其软化便于捣碎。如果及时食用，这种油仍然可以食用。生产者可以通过使用最基本的提炼方法来节省更多的劳动，比如，只用冷水冲洗一次棕榈果肉来分离油。一些生产硬油的方法根本不用加热，让果实发酵，直到油渗出来。在尼日尔河三角洲西部，乌尔赫博人（Urhobo）在地上挖出八英尺长、两三英尺宽（深度同样）的坑，并在坑里铺上木板，用来捣碎或踩碎已发酵的果实。尼瓦人把挖空的树桩当作巨大的臼，许多生产者还将破旧独木舟派上用场（后来专门造了"油舟"）。[106] 19世纪晚期，一名在利比里亚的旅行者指出，一年四季人们都在准备可食用的"软"油（这是厨房中最好、最受欢迎的油），但在结果的高峰期，当软油生产法"无法满足需求"时，他们就转向生产硬油。[107]

　　一位评论家认为，仅仅依靠发酵是"获取油脂的一种野蛮方式"，但硬油生产法对人们的生产率有着重要的影响。[108] 生产1吨软油需要420个工作日，男性和女性要根据性别分别开展工作。生产1吨无须烹煮的硬油大约需要132个工作日，并且根本不需要女性劳动。[109] 一位历史学家估计，多哥的家庭生产硬油的时间是生产软油的2倍，但硬油的产量较之软油可达10倍之多。[110]

　　单身的年轻男子或奴隶可以将汗水挥洒在修剪、攀爬以及采摘棕榈果方面，有时，他们还会在社区为生产出口级棕榈油而专门划出的偏远林地里劳作。[111] 在一些地区，硬油进入出口贸易实属无奈——获取足够多的木柴或淡水进而大规模生产软油是不切实际的。[112] 硬油生产法还消除了因煮锅的尺寸和寻找女性劳动力而形成的对大规模生产的限制。[113] 阿罗楚库（Arochukwu）附近的种植园主在地上挖出的坑宽达 10 英尺，足以容纳一大群人在里面捣碎果实，这种方法在主要的出口地区很常见。[114]

外国人对硬油的味道怨声载道（"一种完全无法形容的臭味"），但他们还是买了。[115] 事实证明，硬油的物理性质颇为有用。在热带高温之下，软油容易从大桶渗出，而硬油则呈固态或半固态。装满硬油的大桶的漂浮性比装满软油的大桶更好，在河流中处理它们相对容易。即使是用葫芦或陶罐装油的小商贩也看到了运输硬油的好处，"如果搬运工摔跤或跌倒，甘甜的液态软油就浪费了，但硬油还可以捡起来"。[116] 硬油很适合装在大桶里滚行，这种出现在"黄金海岸"和达荷美的贸易充分利用了改善道路的优势。[117] 在达荷美，有一个专门的词语指代滚动大桶的奴隶。[118]

不幸的是，历史记载并未述及硬油出现的确切时间。船长和商人在 19 世纪 40 年代早期描述棕榈油时没有提到臭味。他们经常将新鲜棕榈油与在欧洲出售的变味儿棕榈油区别开来，后者可能在船舱中放置了一年之久。[119] 19 世纪 40 年代末，欧洲的记载一致认为，"［在欧洲］交易的所有棕榈油，都像常见的油脂那样腐臭难闻"。[120] 一些欧洲人认识到了贸易用油与当地人食用的"优质品种"的不同，但他们把这种不同归结为掺假。直到 19 世纪 50 年代，我们才看到对硬油的明确描述。威廉·贝基（William Baikie）称，1854 年在阿博附近的市场上，颜色发黑、缺乏色泽的棕榈油比鲜红色的棕榈油售价便宜，但他对这种黑色棕榈油的可食用性和气味未予置评。[121] 威廉·科尔（William Cole）在同一时期的叙述中，明确指出"商人的油"是一种不同的产品，人们在独木舟中踩踏棕榈果而制成。科尔将其与美味的软油进行对比后称："要想让单身汉的山药变得可口，更好的调味料已无必要。"[122]

许多地区继续出口软油而非硬油，或者附带出口硬油。拉各斯以其高质量的棕榈油而闻名，这种油是通过将果实短暂发酵，然后在石膏内衬的锅中煮沸而制成的。厚实的锅使得生产者能够调节温度并节省燃料。人们在独木舟中踩碎果实时得把双脚"仔细清洗干净"，产生的"厚厚的橙黄色浮渣"要反复撇去、过滤，然后加热，直到纯油"接近血红色"。大部分工作在夜间进行，这样就可以利用早上较凉爽的天气分离油和水。这是一种劳动密集型产品，因其色泽、气味和美味在拉各斯和欧洲享有盛誉。[123]

然而，在海外购买软油的溢价并不能解释他们坚持生产软油的决定。在利物浦，软油的售价通常比硬油高出 20% 或 25%，但这不足以弥补生产软油在劳动力方面的更多投入。[124] 与尼日尔河三角洲内陆地区一样，拉各斯坚持生产软油的关键在于本地市场。国内消费者通常比出口买家支付更高的价格，未售出的部分才留给欧洲人（这个问题将在第六章进行更深入地探讨）。[125] 对于女性来说，从软油中获取稍高的回报往往是值得的，因为她们无法轻易地将劳动转移到采摘果实或其他赚钱的工作上。[126]

棕榈仁贸易

随着棕榈油出口在 19 世纪 50 年代到达新高度，另一种商品也加入进来：棕榈仁。大多数记载认为是欧洲人"发现了"棕榈仁的价值，声称它们"之前被扔掉或烧掉，尽管黑人很清楚它们含有油"。[127] "直到最近［1870 年］，这种果仁还被人认为毫无价值而遭到丢弃，"一位权威人士写道，"它们在一些地方堆得像小土丘，房屋和庭院的泥土地面，以及通往码头的道路都是用它们铺成的，它们几乎和水泥一样坚硬。"[128] 事实上，棕榈仁在非洲有多种重要用途，它们长期被用作食物、肥皂、药品和灯油。

不幸的是，直到 20 世纪，英国的记录员还将棕榈仁与"用于榨油的坚果和种子"混为一谈，这使得追踪其早期进口情况变得困难。[129] 大多数记载认为英国的 W. B. 赫顿父子（W. B. Hutton & Sons）公司在 1848 年或 1849 年首次进口了棕榈仁。[130] 一位海岸角（Cape Coast）的商人在 1842 年带着棕榈仁油和用其制成的蜡烛对棕榈仁大肆宣传，但并未找到感兴趣的买家。[131] 法国公司至迟自 1847 年就开始从达荷美购买棕榈仁。然而，有记载称，早在 1832 年棕榈仁就运抵马赛；又有记载称，英国公司实际上自"合法贸易"初期就开始进口少量棕榈仁。[132] 一名英国人确实在 1832 年获得了榨取棕榈仁油的专利权，使用的方法是"由一个居住在国外的外国人告诉他的"，与非洲人的工艺大同小异。[133]

不论首批棕榈仁是谁运来的，两位非洲先驱都厥功至伟：查尔斯·赫德尔（Charles Heddle）和塞缪尔·赫林（Samuel Herring）。赫德尔是苏格兰—塞内加尔后裔，身为商人的他最初从事的是花生贸易。19 世纪 40 年代初，他移居塞拉利昂，并声称在 1846 年从这里运出了首批价值 4 英镑的棕榈仁。[134] 1860 年，塞拉利昂的棕榈仁出口额几乎与棕榈油出口额相当；1880 年，这块殖民地从棕榈仁获得的收入已经是棕榈油的 4 倍。[135] 当赫德尔去世时，他是"迄今为止西非最富有的人"。[136]

作为那个时代的人，赫德尔接受了"合法贸易"的说辞，以及维多利亚时代人们所信奉的在非洲肩负"教化使命"的观念。但他也是欧洲种族主义的坚定反对者。他认为，完全由手工生产的大量棕榈油和棕榈仁，"有力地批驳了反复被提起的论断，即黑人只有在遭受强迫的情况下才会劳动"。[137] 他把棕榈仁描绘为一种典型的民主商品，可为任何人所用，"每个家庭的每个 3 岁以上的成员，在每一年的每一天的每一个小时，不仅有活儿可干，还有钱可赚"。生产棕榈油需要男性采摘果实，并投入大量艰辛劳动，与之不同的是，每个人都能够砸碎棕榈仁壳，获取棕榈仁。一年四季都可以工作的前景有助于培养"劳动习惯"，赫德尔确信这"会带来其他习惯和新的想法"。[138]

与邻国塞拉利昂人一样，利比里亚人也是棕榈仁贸易的早期参与者。这在一定程度上是由于他们的口味：非裔美国移民发现，与棕榈油相比，棕榈仁油能够更好地代替他们习惯食用的猪油和黄油。在利比里亚的市场上，棕榈仁油的售价是棕榈油的 2 倍。[139] 塞缪尔·赫林出生在弗吉尼亚的一个奴隶家庭，后来移民利比里亚，19 世纪 40 年代，他用棕榈仁油开发了一种类似黄油的产品——"非洲猪油"。他的产品在废奴主义者圈子里引起了轰动，但它从未成为一种成功的商品。[140] 他声称，棕榈仁油的"发现或者更确切地说实际应用"，以及"随之而来的法国商人的需求"，都是他的功劳，这未免有些夸大其词。[141] 在生命的最后阶段，赫林出版了一本小册子，宣称自己是"1850 年至 1854 年大规模棕榈仁贸易的唯一创始人"，并指出自己在 1848 年就已从事这项贸易。他从不羞于自抬身价，称自己是"供天命驱使的工具"。对赫林来说不幸的是，他走在了时代前列：北方的消费者在 20 年后才会食用人造黄油和其他由棕榈仁油制成的新型脂肪。由于赫林的棕榈仁油没有国外市场，他将其制成肥皂在利比里亚销售，这门生意大获成功，他一直经营至 1895 年去世。[142]

在非洲，即使是用赫林的机器生产棕榈仁油，在商业规模方面意义也不大。19 世纪 50 年代末的一份报告指出，一蒲式耳棕榈仁在利比里亚卖 50 美分，两蒲式耳棕榈仁可以生产一加仑棕榈仁油。但是一加仑棕榈仁油只值 75 美分：原材料比成品更值钱。[143] 从长远来看，出口棕榈仁更划算，因为榨油后剩下的棕榈仁"饼"在非洲市场毫无价值。

获取棕榈仁所需的大部分劳动已在生产棕榈油时完成了，砸碎棕榈仁壳，取出它们，只需两块石头就够了。一名英国商人看到妇女手工砸取成堆的棕榈仁时惊呼："真是浪费时间和劳力！"[144] 但这没有抓住重点——并非所有的时间和劳动都是等价的。妇女不用爬树采摘棕榈果。砸取棕榈仁也是断断续续进行的。妇女可以随时开始，随时停止，并且孩子也可以搭把手。[145] 一年下来，这种断断续续的劳动能够积攒大量棕榈仁，大约 167

天就可以达到 1 吨。[146] 妇女通常拥有棕榈仁的所有权，尽管她的丈夫宣称拥有成品棕榈油的所有权。[147]

运输问题阻碍了一些地区的棕榈仁贸易的发展：运输 1 吨棕榈仁至少需要 30 个搬运工，而一艘独木舟装载的棕榈仁的价值远远低于同等数量的棕榈油。[148] 环境因素也很重要。在西非的西部，由于漫长的旱季，棕榈果的果肉往往很薄。一般来说，与雨水充沛的尼日尔河三角洲的棕榈果相比，生产者从西部果实中可以获得较大的棕榈仁及较少的棕榈油。西部的油棕种群在基因上也与"达荷美缺口"东部的油棕种群不同，这进一步影响了棕榈仁的大小。这些自然力量，加之国内对棕榈油的巨大需求，意味着 19 世纪末，从塞拉利昂到拉各斯的这片地区，主导出口贸易的是棕榈仁而非棕榈油。[149]

环境变化

购买棕榈油的欧洲人很少见过油棕长在哪里，以及棕榈油是如何生产的。19 世纪 40 年代，"黄金海岸"的一位英国官员宣称："棕榈油产自一种树，不过人们种植这种树可能根本不是为了获取这种东西。"与许多欧洲人一样，他坚持认为油棕"是野生的，人们四处采集果实，当地的酋长只能这样役使他的奴隶；然而，这项贸易与稳定的产业体系毫无关系"。[150] 棕榈油商人威廉·赫顿对"种植油棕是否为了生产棕榈油""深感疑惑"。[151]但典型的商人"只看到一桶桶棕榈油"通过独木舟运达，"他的目的是尽快离开"。[152]

沿海地区的棕榈油买家得到的信息支离破碎。1842 年，米奇利（Midgley）船长证实，在邦尼后面的土地上"已经种植了油棕"。[153] 但"种植"与"种植园"的含义不明。"种植园"可以指小农场或依靠奴隶劳动的大型企业，有时，它还可以指由人类管理的"野生"小树林。正如历史学家马丁·林恩（Martin Lynn）所言，"将'人工种植的'油棕和野生油棕严格区分开来是错误的"。林恩认为，油棕种植最好被视为一种"连续统一体"。非洲人的确种植油棕，但他们也利用早期种植周期留下的油棕。[154]

零星的记述表明，非洲的地貌——包括油棕地貌——在 19 世纪发生了变化。[155] 国家的兴衰，战争、疾病和干旱的蹂躏，以及轮耕的模式，都在非洲大西洋沿岸留下了印记。一个明显的例子是 17 世纪晚期对喀麦隆火山附近地区的描述。近海的岛屿盛产油棕，产出大量的棕榈油和棕榈酒，但"在对面的大陆上看不到一棵［油棕］"。当理查德·伯顿在 19 世纪中期来到该地时，大陆上遍地是油棕。[156] 这种变化可能是由于气候变得更加湿润，但更可能是由于新的定居点创造了新兴的油棕林。[157]

关于系统性油棕农业的最明显的证据来自从"黄金海岸"延伸到约鲁巴各邦的这一地区。欧洲旅行者描述了几个地区的农民移植油棕苗或播种棕榈仁。[158] 里斯牧师证实，他曾在克罗博地区看到，19 世纪三四十年代，为了开展出口贸易，"当地人种植油棕"。他认为这项工作主要是由奴隶完成的。[159] 20 年后，施伦克（E. Schrenk）牧师说："沃尔特（Volta）河附近有一大片平原，大约 100 年前这里没有树木，如今则遍布油棕。"当被问及这些油棕来自人工种植还是自然传播时，施伦克明确回答它们是人工种植的。[160] 达荷美的油棕也来自人工种植、移植，或是对天然树苗进行间苗，从而得到相对矮小、易于采摘的油棕。在达荷美，一棵"得到精心照料"的油棕一年可以采摘三次，每人每天可以采摘 50 棵树。[161] 在"野生"棕榈林采摘不可能达到这个速度，因为它们的树干高达 20 余米。

克罗博人利用胡扎（huza）——特殊的土地所有权制度——获取和管理新的土地，从而种植油棕。与西非常见的以亲缘为基础的土地所有权制度不同，胡扎是一块归投资者所有的土地。他们用绳子仔细地测量土地，将其从土地所有者手中买下，然后把它分割为私人产业。工人对农场进行清理，并在此居住，他们可能是亲戚、奴隶或是来自其他族群的移民。这种制度给丹麦观察人士留下了深刻印象，他们指出，它使得克罗博人可以"年复一年地扩大油棕种植，从而建立油棕林"。[162] 这些"森林"实际上是广阔的种植园，与阿夸佩姆族（Akuapem）等邻人种植的油棕——生长在"未连成片的、像岛屿一样的地块"上——及其他作物形成鲜明对比。[163]

克罗博人用赚到的钱购买更多的土地，用一位人类学家的话说，这是在该地区进行"不流血的征服"。[164] 废除奴隶制之后，这些种植园对劳动力的需求使得"黄金海岸"的奴隶价格居高不下。[165] 在克罗博人居住地以西的芳蒂人社区，也出现了由奴隶和移民经营的种植园。一位观察家报告说："在一代人以前，非洲没有油棕这种财产。"19 世纪中期，"现在有了种植园……最近，一些种植园的所有权在'黄金海岸'的法庭上引起了争议"。[166] 虽然"野生"油棕传统上属于公共财产，但芳蒂的土地所有者现在主张对树木拥有个人所有权。他们禁止佃户种植新的油棕，因为这种做法可能标志着对土地的所有权。"习俗不允许任何人在自己的土地之外谋取利益。"一位著名的法学家写道。佃户通常将收获棕榈油的一半付给土地所有者，但树木所有者只能得到所采棕榈酒的四分之一。一种特殊的租佃形式使得芳蒂地主收取固定数额的棕榈油作为租金，这可以激发佃户从油棕中获得最大收益。[167]

类似的过程也在约鲁巴各邦展开。土地由氏族首领控制，他们将其分配给家庭、奴隶和新来者。佃户拥有土地而非树木的用益权。约鲁巴历史学家塞缪尔·约翰逊写的一句话警示道："受让人应该向下看，而不是向上看。"据称，一名奥约王子抓到了一个非法采摘棕榈果的佃户，他提出，如果这个佃户"能够再爬上树把果实放回去，就饶了他。这显然是无法做到的，于是他用棍子把他打死了！"农民被禁止种植油棕或其他标志着所有权的永久性作物。不过，氏族首领不可能自己去采摘所有的油棕。他们把收获权分配给妻子、孩子、奴隶和家仆。作为交换，受益人需要向所有权人支付现金或是多达一半的成品棕榈油。[168]

约鲁巴农民通过定期修剪油棕来"培育"它，他们"在清理农场时从不将［它］砍倒，除非它不再结果"。"雄"树——不育品种——会被人砍倒以获取棕榈酒。[169] 19世纪，约鲁巴平民开始与精英争夺棕榈油的生产和销售，"谁才有权利利用油棕"变得越来越有争议。在巴达格瑞（Badagry），宗教领袖试图通过宣称一些树木是"神树"而对进入公有林地施加限制，从而阻止平民采摘它们。[170] 从巴西或塞拉利昂重返家园的摆脱了奴隶制束缚的非洲人，也给精英带来了麻烦。当约鲁巴统治者给予他们土地供其定居时，这些人表现得好像这块土地给予了"个人对财产的绝对所有权，尽管当地的土地所有制不承认这种权利"。[171]

油棕种植在达荷美最显著，访客们经常提及眼前的景象就像是一片"壮观的油棕种植园"。[172] 达荷美是废奴主义者和支持奴隶制的作者们最喜欢谈论的话题：前者认为"合法贸易"将使这个好战的王国文明化；后者坚称这个国家迷恋暴力和活人献祭，说明它野蛮成性，实行奴隶制无可厚非。[173] 达荷美的领导人证明了这两个阵营是错误的，他们把资源转向棕榈油，在传统与创新之间取得了平衡。

1838 年，托马斯·赫顿（Thomas Hutton）从臭名昭著的奴隶出口商盖佐（Gezo）国王那里获得了开办第一家棕榈油厂的许可。[174] 法国雷吉斯（Régis）公司紧随其后，为奴隶贩子提供欧洲的制成品，以换取棕榈油。达荷美从 18 世纪 90 年代开始出口棕榈油，欧洲和巴西商人使得盖佐相信，这门生意值得经营，即便其重要的功能是吸引带来广受欢迎的英国商品的商人。[175] 皇家军官、非裔巴西移民和欧洲商人都利用奴隶建立了种植园。[176]

盖佐开始征收棕榈油税，他下令在每一处掩埋婴儿脐带的地方种植一棵油棕，以确保农民拥有足够多的幼龄油棕。[177] 他还禁止砍倒油棕采酒。[178] 盖佐自己的种植园由来自约鲁巴地区和北部地区的战俘耕种。这些由奴隶耕作的油棕和玉米"优良农场"给欧洲人留下了深刻印象。[179] 检查员在油棕旁边种上刺槐豆，"以显示国王对那些树的兴趣"。[180] 正如一位英国访客所指出的，"为了获得收益"，油棕甚至被单独编号。从国王的油棕偷取果实或采酒会受到严酷惩罚，其中包括棍棒殴打和沙地拖行。[181] 盖佐的继承人格雷雷（Glele）依然致力于棕榈油贸易，利用它来获取武器和商品，从而维持居于达荷美核心地位的军事型奴隶社会。

19 世纪 60 年代的一份法国记录描述了精英拥有的"广阔的油棕种植园"，但也记录了"每个自由黑人也拥有几棵"。甚至奴隶也可以分享油棕所带来的繁荣：他们"到处偷点儿东西"，然后生产棕榈油出售，并采集棕榈仁。[182] 然而，大型奴隶种植园在政治上面临重重危险，对叛乱的恐惧可能阻碍了达荷美油棕种植园的扩张。环境因素也限制了这项产业的发展：在人口密集的地区之外，幼龄油棕被草原大火吞噬。与生活在更南部的人们相比，生活在阿波美高原的人们面临着更低的地下水位，因此，他们的果实产量较少。由于缺乏水资源，一些家庭在烹煮棕榈果和提炼棕榈油时，只得将棕榈果运到河边的"工厂"进行加工。阿贾（Aja）农民通常将油棕作为"酒厂"进行管理，而不是开展棕榈油生产，他们利用这些树木为达荷美首都和其他城镇提供棕榈酒。[183]

没有证据表明，作为最重要的出口地区，尼日尔河三角洲的出口贸易改变了种植业。贸易国严格保护进入内地的通道。正如黄铜贸易头目博伊（Boy）国王所言，1834 年理查德·兰德（Richard Lander）之所以在沿尼日尔河航行时被杀死，是因为袭击者认为"这条河是他们的，白人不能溯流而上"。[184] 兰德的同胞麦格雷戈·莱尔德错误地称，油棕向内陆无尽延伸，其中大量被浪费了，但他看到的只是河岸上的情形。[185] 后来的旅行者认识到了尼日尔河三角洲腹地的人类居住区与油棕之间的关系。正如一位英国官员指出的，城镇周围的油棕数量是衡量其人口数量的一个很好的指标。[186] 人们种植并保护他们需要的树木，而真正的野生油棕却因干旱、大象、火灾或生长在其他树木的树荫下而枯死。

20 世纪 60 年代，这一地区接受采访的男男女女谈到了遥远的过去，当时没有人想着要去占有或者攀爬油棕。女人收集掉落在地上的成熟果实。出口繁荣改变了这一状况，导致了新的土地使用规则的出台。[187] 所有权与用益权制度混杂在一起，包括了个人、家族和共有权，它们往往互相重叠。在贝宁北部的一个城镇，居民们称："以前所有的油棕都有所有者，但现在它们是公共财产，除非对其的所有权主张可以追溯到个人所有权时期。"[188] 与之相反，一些伊博长者坚称，油棕原本是"一种野生公共资源"，只是在棕榈油贸易开始发展后才成为财产所有权的对象。[189] 虽然一些社群为了应对日益增长的出口贸易，废除了油棕的共有权，但另一些社群强化了这种权利，以确保每个人都有公平的机会收获果实。[190]

个人所有权通常属于植树人及其继承人，孩童可能在胎盘或脐带的掩埋地获得一棵油棕，这是他与生俱来的权利。[191] 在伊博族人当中，这棵"身份之树"构成了"社会抱负的基础"，它是一个生而自由的孩子的不可剥夺的财产。[192] 富商利用奴隶种植更多的树木并将其作为私有财产。[193] 早在 1835 年，英国商人就警告说，当奴隶劫掠正在进行时，邦尼腹地"不会被种上小树"。[194] 19 世纪后期，阿罗（Aro）商人让奴隶在大型种植园种植油棕。[195] 伊博精英阶层开始认为,"一个生而自由的人攀爬油棕或加工棕榈油几乎是一种禁忌"。[196]

来自伊博地区的证据表明,较为贫穷的家庭以及拥有奴隶的精英,都生产了供应出口贸易的棕榈油,但我们无法量化究竟哪个群体作出的贡献更大。[197] 显而易见的是,无论是平民还是精英,都无法轻易地获得无限数量的油棕。与整个油棕带的人们一样,农民必须平衡粮食和棕榈油生产对土地和劳动力的需求,许多专门生产棕榈油的人依靠购买的粮食生存。棕榈油产业的发展空间比欧洲人想象的要小,这个观点将在第六章进行深入探讨。[198]

走向"瓜分非洲"

19 世纪 50 年代是棕榈油贸易的鼎盛时期:克里米亚战争导致动物油脂短缺,欧洲棕榈油价格到达了每吨近 50 英镑的峰值。在这之后,棕榈油价格持续下跌,1887 年跌至每吨 19 英镑。非洲人用自己赚的钱购买的商品也更便宜了,但这并不能弥补棕榈油价格下跌带来的损失。[199] 商人们寻求更多的棕榈油,之后又寻求棕榈仁作为弥补。但对于那些真正生产油棕产品的人来说,这意味着工作量增加,收入却减少了。1871 年,非洲出口到英国的棕榈油首次超过了 5 万吨;30 年后,出口量在大致相同的水平上波动,这说明只要价格保持低位,非洲就缺乏扩大棕榈油产量的热情。一些生产商转而生产硬油,但品质较差的硬油价格也较低,棕榈油价格延续着螺旋式下滑的态势。[200]

然而,欧洲人需要越来越多的棕榈油和棕榈仁。麦格雷戈·

莱尔德在 1839 年称，尼日尔以东一块面积相当于爱尔兰的土地遍布油棕，"棕榈果如今烂在地里无人理睬"。[201] 伯顿同样指责达荷美忽视了自家门前的"财富宝库"。[202] "黄金海岸"的商人断言，"棕榈仁的数量应该是棕榈油的 8 倍"，他们呼吁英国动用自身的力量修筑铁路，从而拯救"内陆地区腐烂在地里的成百上千吨［棕榈油和棕榈仁］"。[203] 在欧洲人（尤其是英国人）的想象中，由于劳动力匮乏、交通不便、治理不善，"数以万计的油棕被弃置"。[204] 解决之道是"自由贸易"，实际上这意味着英国资本的自由统治和破坏沿海精英对贸易的垄断。在反奴隶制言论的支持下，追求自由贸易成为征服非洲的借口。其结果是对非洲的"争夺"，最终导致这片大陆被欧洲列强瓜分。

拉各斯是第一个落入英国直接控制的重要港口。19 世纪初，这座城市是一个主要的奴隶出口地，这得益于约鲁巴地区的战争。19 世纪 40 年代，从贩奴船上被解救下来并定居在塞拉利昂的约鲁巴人，开始来到拉各斯和内陆水道附近的城镇，他们带来了基督教和"合法贸易"的理念。传教士——尤其是英国圣公会差会（CMS）——在该地区兴建了教堂和学校。[205] 这些新来者被阿基托耶（Akitoye）玩弄于股掌之上，此人在 1845 年被赶下拉各斯国王（Oba）的宝座。阿基托耶把自己描绘成废奴和棕榈油贸易的拥护者。他通过传教士和商人，敦促英国帮他夺回拉各斯的控制权。

传教士警告说，推翻阿基托耶的科索科（Kosoko）是一个奴隶贩子，对基督教和贸易活动都是威胁。一位传教士质问："人们会甘愿冒着生命危险耕种土地吗？当他们知道有人悬赏要他们的脑袋时，他们还会去树林里寻找棕榈果吗？"[206] 1851年，科索科拒绝签署反奴隶制条约，这给了英国领事进攻的借口。科索科击退了第一次进攻，但第二次进攻使阿基托耶重新掌权。[207] 阿基托耶签署了一项反奴隶制条约，并同意了新的条款，即禁止尼日尔河三角洲的棕榈油商人使用"赊账"制度，这一制度使非洲商人对欧洲合作伙伴拥有很大的影响力。尽管如此，由于棕榈油商人在贸易和债务上的争斗，这位国王和他的继承人杜山姆（Dosunmu）一直面临着令人头痛的问题。欧洲人求助于掌握真正权力的英国领事而非这位国王。沮丧的英国官员决定在1861年吞并拉各斯，尽管有人担心这种"原罪"会导致更多的征服。最终这种担心应验了。[208]

1860年，英国首相巴麦尊勋爵（Lord Palmerston）写道："有人说商业将终结奴隶贸易。"他断言："同样正确的是，奴隶贸易终结了商业。"虽然巴麦尊同意"不能通过炮弹推行"自由贸易，但他主张在非洲采取强硬的军事行动。[209] 自由贸易如今是一项值得为之大开杀戒的事业。1861年，当波多诺伏（Porto Novo）的国王封锁了对拉各斯的棕榈油出口时，英国军舰炮击了该城，之后又用火箭弹袭击。英国领事"希望内地人能够注意到这一点"。[210] 约鲁巴地区及其周边的人们当然关注此事，特别是埃格巴人。这个讲约鲁巴语的族群在1830年建立了阿贝奥库塔，并在1841年接收了一些从塞拉利昂回来的人。他们由英国圣公会差会传教士亨利·汤森（Henry Townsend）陪同，此人帮助建立了与英国的政治和商业关系。

1851年，埃格巴人取得了抵抗达荷美人入侵的决定性胜利，这场胜利掩盖了早先发生在阿贝奥库塔的反基督教迫害，英国圣公会差会戏剧性地将这场冲突变成自由与奴隶制、基督教与野蛮人之间的战争。事实上，大多数埃格巴人并非基督徒，他们拥有奴隶，并继续买卖奴隶，但这并不重要——在英国人的想象中，阿贝奥库塔成为"热带地区的朝阳"。[211] 英国圣公会差会的代理人卖力地促进阿贝奥库塔和约鲁巴其他地区的棉花种植，当美国内战（1861—1865）引发棉花价格飙升时，他们获得了短暂的成功。[212] 但最终，棕榈油和棕榈仁成为主要的"合法"出口商品，而不是棉花。

尽管战争频繁，大量的棕榈油和棕榈仁还是从阿贝奥库塔和约鲁巴的其他邦流入了拉各斯。一名访客称，1863 年在阿贝奥库塔北部的一条道路上，"成千上万人携带着棕榈油和其他商品"。[213] 事实上，出售油棕产品使约鲁巴各邦获得了源源不断的武器。曾经是一名奴隶贩子的蒂努布夫人转行从事棕榈油贸易，在与达荷美的战争期间，她为阿贝奥库塔提供了武器。伊巴丹的军事领导人抱怨说，他们在南方的仇敌伊捷萨人（Ijesa）获得了一挺加特林机枪。1884 年，他们请求其在拉各斯的联络人送来斯耐德步枪，并宣称："我们承诺将为此支付棕榈油和棕榈仁。"[214] 贸易本身也是一种强大的武器。约鲁巴各邦利用陆路和水路交通的过路费作为收入来源之一。[215] 封锁不仅针对欧洲商人，而且针对敌对势力，随着 19 世纪七八十年代油棕产品价格停滞不前，封锁变得愈加频繁。[216]

尽管油棕扮演了为战争提供资金的角色，但欧洲和非洲的基督徒对它拥有的"教化"力量深信不疑。一位作者声称："事实证明，这种树是奴隶贸易的强大对手，甚至比不可征服的皇家海军还要强大。"大卫·利文斯通（David Livingstone）在其著名的穿越非洲中部的旅行中不断分发棕榈仁。[217] 约鲁巴主教塞缪尔·克劳瑟坚信，棕榈油出口不仅将终结奴隶贸易，而且"终将对现存的国内奴隶制造成无声但必然的致命打击"。克劳瑟了解到，"1000 多名奴隶通过额外的劳动和收入，为自己赎回了自由"，他们主要从事棕榈油和棕榈仁生产。[218]

1833 年，大英帝国宣布奴隶制为非法，这给拉各斯和"黄金海岸"（1867 年被吞并）的英国新臣民带来了麻烦。奴隶制在这里广泛存在，并对经济发展至关重要。一些人利用官方的废奴法令，在城市和传教站要求获得自由，但官员不鼓励大规模奴隶解放。曾经的奴隶面临着严重的社会障碍：没有赞助人，他们就无法获得土地或收入。[219] 尽管如此，拉各斯的棕榈油商人的抱怨说，1861 年后，由于奴隶离开农场走向自由，他们亏了不少钱。[220] 一名英国商人也在抱怨，"许多树上结的果实无人采摘"，因为逃走的奴隶不计其数。[221]

基督教、英国殖民主义和反奴隶制思想是一起向外传播的，随着英国势力渗透到尼日尔河三角洲地区，它们之间发生了冲突。在伊博地区西部，"奴隶主厌恶地看着自己的奴隶成群结伙地前往基督教教堂和工业中心"。内陆社群认为英国人要求废除人祭（通常是奴隶）是摧毁奴隶制的前奏。[222] 伊比比奥酋长和家族首领利用油棕作为反对解放奴隶和基督教的武器。"敌视福音"的精英禁止皈依基督教者采摘棕榈果，或是在树上刻上"Ju-Ju"标记，以表明它们是男性秘密社团的财产。[223] 在更远的西部，伊索科（Isoko）的皈依基督教者面临着类似的迫害：基督徒被告知，"你们要作出选择，要么放弃基督教，采摘棕榈果，要么继续当基督徒，别碰棕榈果"。在一个村庄里，只有 7 个人坚持信仰，后来他们逃了出去，建立了一个新的基督教村庄。[224]

与约鲁巴地区一样，尼日尔河三角洲地区也日益受到英国的影响。最初，英国海军指挥官手忙脚乱地开展外交，在缺乏任何连贯战略的情况下，应对英国商人、奴隶贩子和非洲领导人之间的冲突。威廉·达帕·皮彭（William Dappa Pepple）是英国棕榈油商人在邦尼的盟友，他在打败支持奴隶制的对手后，获得了阿曼亚纳博（Amanyanabo，土地所有者）的称号。他抱怨说："一个白人来到这里签署了协定，第二天又来了一个白人将其撕毁。"[225] 1836 年，英国扣押了 4 名西班牙奴隶贩子，一场危机随即在邦尼爆发。危机过后，英国官员认为，阿曼亚纳博实际上是国王，可以代表邦尼进行谈判。邦尼与英国签署了一项禁止奴隶出口的条约，从而换取每年 2000 美元的补贴，为期 5 年。[226]

与邦尼一样，老卡拉巴尔的领导人在 1841 年与英国签署了禁止奴隶贸易的条约以换取补贴。[227] 但在第二年，法国的奴隶贩子来了，当地人拒绝出售奴隶时，据称一艘法国军舰威胁炮轰该城。[228] 这些奴隶贩子没有离开，他们想要获取棕榈油，但为了阻止法国人溯河而上，国王埃约作出了一个重大决定——请求英国人插手此事。1849 年，英国在比夫拉湾（Bight of Biafra）任命了一名领事，尽管这名领事的正式权力有限，但他在地区政治中发挥了重要作用，他总是站在英国商人一边进行干预。[229]

正如威廉·达帕·皮彭所揭示的那样，英国的政策偏袒本国商人，而非其在非洲的表面盟友。英军帮助逮捕并驱逐了一名涉嫌煽动针对欧洲商人暴力行为的术士（据称是受邦尼支持奴隶制的商行的指使）。[230] 然而，当对手在 1854 年将阿曼亚纳博赶下台时，英国领事只是保证了他安全逃亡。[231] "皮彭国王"在伦敦的支持者印制了一本小册子，谴责"英国政府对他不仁不义"，并将他的倒台归咎于英国商人和其他邦尼商行耍的阴谋。"皮彭国王犯下的真正罪行，是在棕榈油贸易中与英国臣民展开竞争。"[232] 威廉·达帕最终以阿曼亚纳博的身份回到邦尼，但他的家人已遭屠戮，房屋被洗劫一空，他也失去了权势。[233]

19 世纪 60 年代，尼日尔河三角洲动荡不安，因为"棕榈油恶棍"为了应对价格下跌而发动了一场"野蛮的贸易战"。商人们竞相在自己的船上装满棕榈油，并给交易商提供了太多的贷款，这导致违约和报复性"抢"油频发。[234] 最初，贸易商行可以独善其身——有消息称，1864 年，邦尼的每个商行都能够集结 2500 名携带步枪的士兵，并以"充足"的弹药和大炮做后盾。[235] 在这一时期，布拉斯附近的河流上经常发生对商船和工厂的袭击，随后往往是英国炮艇的报复。[236] 利文斯顿领事抱怨道："人们大声呼吁领事立即出现在战舰上，惩罚无法无天的黑鬼，而不是无法无天的白鬼。"[237]

自 1852 年始，新型蒸汽船的投入使用加剧了竞争。蒸汽船的货舱向所有付费的人开放，这就把老旧的帆船和它们所属的公司赶进了废品堆。这一变化为非洲商人直接向欧洲出售货物创造了机会：一位商人夸口道，他可以按利物浦市场价格的一半出售棕榈油，仍然比在非洲海岸出售棕榈油多赚 50%。[238] 19 世纪八九十年代，幸存的欧洲公司进行了一系列合并。正如一位历史学家所言："过度竞争是一种疾病，而垄断是唯一的解药。"[239] 贸易垄断加上蒸汽船服务的寡头垄断，压低了非洲商品的价格，并很快遏制了非洲人直接向欧洲出售油棕产品的能力。[240]

　　垄断公司试图通过与当地酋长和国王签订条约来确保自己的地位。围绕这种"猎取条约"（treaty-hunting）的冲突，导致了欧洲列强瓜分非洲的柏林会议于 1884—1885 年召开。这次会议最初讨论的是刚果河流域，"猎取条约人"在这里的竞争引发了一场国际危机。1885 年，柏林会议通过的条约，通过将刚果①割让给比利时国王利奥波德二世（Leopold Ⅱ）解决了这个问题，并宣布欧洲打算根除奴隶制。该条约规定了对非洲大陆其他地区宣示主权的原则，并坚持"有效占领"。欧洲列强若想攫取一块土地，就必须证明——无论是否签署条约——自己实际上已对其实施管理。在油棕带，沿海的欧洲工厂成为入侵非洲内陆的跳板。[241]

　　1886 年特许成立的皇家尼日尔公司（RNC）宣称拥有尼日尔河三角洲西半部的油棕带。自 19 世纪 70 年代以来，在皇家尼日尔公司成立之前的一些公司就绕过沿海贸易商，乘坐武装蒸汽船在河流中穿行，并与内陆的国王和埃米尔签订条约。皇家尼日尔公司的幕后人物乔治·戈尔迪（George Goldie）认为，非洲的中间商在制定贸易条件方面拥有太大的权力，这鼓励了欧洲人之间

---

　　①　被划分给比利时国王的刚果王国的这一部分地区，被称为"刚果自由国"，后改称"比属刚果"，即现在的刚果民主共和国，简称刚果（金）。文中及注释未特别说明的，均为刚果（金）。——编者注

不计后果的竞争。[242] 皇家尼日尔公司在其位于尼日尔河上游的贸易站，以较低的价格收购油棕产品，并且一旦获得特许，就会征收贸易税，并通过一支私人军队执行自己的法律。

在西部，法国和英国通过贝宁湾向内陆国家发动进攻，以确保宝贵的贸易路线的安全，并防止对方——以及德国——垄断贸易。1883 年，法国吞并了波多诺伏，这对英国的殖民地拉各斯构成了威胁。法国代理商在约鲁巴地区和西部地区游荡，并对抗尼日尔河上游的皇家尼日尔公司的"猎取条约人"。1887 年，阿贝奥库塔与法国签订了一项条约，该条约为修建一条通往波多诺伏的铁路奠定了基础，而这条铁路将会使约鲁巴地区的油棕产品不再运往拉各斯。在商人和航运公司的怂恿下，英国在约鲁巴地区采取了更为强硬的立场。[243]

位于拉各斯东北部的伊杰布（Ijebu）控制着通往伊巴丹及更远地区的关键通道，长期以来一直拒绝与英国合作。毫无疑问，伊杰布的领导人懂得皈依基督教者是如何将阿贝奥库塔拉入英国轨道的，因而他们拒绝接触领事、传教士，甚至是从塞拉利昂回来的伊杰布人。[244] 1892 年，英国军队以蹩脚的借口攻击伊杰布，并迅速占领了首都。埃格巴人和其他约鲁巴人得到消息后开放了贸易通道，最终将自己置于英国的保护之下。[245]

法国人在约鲁巴地区遭受了挫败，但在达荷美取得了成功。达荷美国王贝汉津（Béhanzin）对于法国吞并波多诺伏愤怒至极：波多诺伏一直以来都是达荷美的附庸，并且是通往拉各斯的交通枢纽。1890 年，贝汉津在认识到法国帝国主义的经济意图后，派军队摧毁了波多诺伏周围的油棕种植园。法国人由于担心失去该地区的主要出口商品，通过谈判达成了和平解决方案。贝汉津利用这段时间购买了步枪、大炮和机关枪。然而，当 1892 年爆发新的敌对行动时，这些现代化武器未能保护达荷美。入侵的法国军队在进军过程中释放了约鲁巴奴隶，放任他们劫掠农田，储备粮食。达荷美军队为了保卫家乡纷纷开溜。1894 年初，战争结束——法国控制了这个国家，贝汉津成为阶下囚。[246]

那些选择谈判而非战斗的非洲领导人发现，他们签订的条约与废纸无异。在喀麦隆，德国公司认为，它们通过与杜亚拉（Duala）国王贝尔（Bell）和阿夸（Akwa）在 1884 年签订的条约，确保了在该地区的贸易权。这份条约承认杜亚拉人在内陆地区享有的权利，包括向商人征税的权利。当欧洲人最终溯河而上时，他们"发现油棕产品和象牙的成本比支付给沿海杜亚拉中间商的价格要低，因此满腹牢骚"。欧洲商人购买棕榈油的价格，是杜亚拉人在内陆支付费用的 8 倍，因此他们说服德国人废除该条约。国王贝尔和阿夸对此无能为力。[247]

奥波博（Opobo）国王贾贾（Jaja）的悲惨命运是非洲国家抵抗和屈服于帝国主义的生动例证之一。贾贾的一生与棕榈油密切相关：孩童时期，他在伊博地区遭人绑架，然后被卖到下游邦尼的安娜·皮彭（Anna Pepple）商行。贾贾没有成为划独木舟或生产棕榈油的苦力，而是被选中做了一名贸易商。由于魅力出众且颇具商业头脑，不久后他的同僚选他担任商行的负责人。英国领事若有所思地说："在短时间内，他要么被枪毙，要么击败所有对手。"[248]

贾贾的迅速崛起导致了 1869 年其与竞争对手玛尼拉·皮彭

（Manilla Pepple）商行的内战。双方在邦尼市场发生激烈的炮战后，贾贾撤退到东部。凭借天才的战略眼光，他在通往棕榈油产区的重要独木舟航线上兴建了一座新城奥波博。[249] 1873 年，贾贾几乎垄断了贸易，并与邦尼和英国签署了条约，它们承认贾贾是奥波博的国王。[250] 在接下来的 10 年里，贾贾吞并了更多的内陆土地，并对贸易课以重税。[251]

1885 年，英国公司试图抵制贾贾，但他为自己的棕榈油找到了其他出路，并以抵制带头的商人作为报复。英国领事要求贾贾重新开放贸易，停止征税，并招来了一艘炮艇。1887 年，贾贾作出了关乎命运的决定：登上这艘船去见英国领事。这位领事在未经授权的情况下，给了贾贾一个两难的选择：要么乘船前往阿克拉接受妨碍贸易的审判，要么与装甲战舰进行一场毫无胜算的战斗。贾贾选择了和平。他在流亡西印度群岛的途中去世。英国官员承认这是一桩令人发指的绑架事件，但在贾贾的继任者签署了一项新条约后，他们既没有悔过，又没有放弃对奥波博的控制。[252]

尼日尔河三角洲的其他大多数城镇也与英国签署了新的条约。勇于反抗的城市，如布拉斯，面临着压倒性的军事力量。皇家尼日尔公司切断了布拉斯的商人与上游市场的联系，这座城市无法获得粮食及棕榈油。[253] 该城的领导人认为与其挨饿，不如战斗，1895 年，他们袭击了皇家尼日尔公司的一个基地。皇家尼日尔公司和英军摧毁了这座城市。英国领事认为这一切极不公平，"贾贾被驱逐……因为他是一个大垄断商……现在我们把布拉斯人打得落花流水，因为他们攻击了最大的垄断商——皇家尼日尔公司"[254]。

19 世纪 90 年代末，英军开始穿过尼日利亚的油棕带向内陆推进，在接下来的 20 年里，他们将征服各邦，并镇压叛乱。1897 年贝宁沦陷，在此之前，反英首领屠杀了一个殖民地代表团，这引发了血腥的报复。1901 年，一支远征队摧毁了阿罗楚库，阿罗商人和他们的"长护符"（Long Juju）———一处对尼日利亚东南部棕榈油产区颇具影响力的神谕之所———顿时失势。[255] 惩罚性的远征在伊博地区及其北部和东部地区造成了巨大的破坏。尼日尔河三角洲的各邦互不统属，这对联合抵抗英帝国主义的入侵极其不利。但正如讽刺诗人希莱尔·贝洛克（Hilaire Belloc）的名言所示，这在很大程度上取决于技术：

> 不管发生什么，
>
> 我们有马克沁机枪，而他们没有。[256]

一位早期研究棕榈油贸易的历史学家写道，转向合法的棕榈油贸易对非洲社会"毫无影响"，这种说法大错特错。[257] 土地所有制、社会地位、性别角色、技术、政治和地貌都因出口产业而发生了变化。大多数变化没有动摇非洲社会制度或政治制度的基础，但它们是 20 世纪剧烈变革的一部分。

重要的是，油棕创造的财富吸引了帝国的掠食者。1900 年，除利比里亚外，非洲油棕带的所有地区都被欧洲列强占领。殖民化的鼓吹者夸夸其谈：非洲大陆的财富刚刚被开发。油棕是一种"被忽视的"资源，只有欧洲的资本、技术和创造力才能将其带到世界市场。一篇文章极其荒谬地称：棕榈油丰富无比，可以从未采摘树木下的土壤中"开采"出来。[258]

那些真正花时间探访过油棕林的作者，或者曾在其中工作的人，表现得较为谨慎。1859 年的一本小册子指出，在比夫拉湾，"棕榈油贸易吸收了所有可用的劳动力"，这打破了非洲到处都是闲人的观念。[259] 1872 年，一位英国领事警告说，考虑到可用的工人和油棕的数量，棕榈油贸易已接近其产出峰值。[260] 1892 年，一名与皇家尼日尔公司并肩作战的士兵若有所思地说："棕榈油贸易也许已经完全发展起来了。"他和其他人向油棕带北边望去，那里的乳木果、棉花和花生在向他们招手。[261] 19 世纪 90 年代，当殖民势力深入油棕带时，棕榈油的低迷价格抑制了棕榈油出口。[262]

这种情况即将改变。如第四章所述，欧洲工业在 19 世纪开发了利用棕榈油和棕榈仁的新方法。棕榈油在早期用于制作肥皂和蜡烛，如今它在镀锡、工业润滑剂和工业时代的新化学品中找到了新用途。欧洲工业使用棕榈油，但从不依赖它——棕榈油是其他商品的替代品，它本身也会被替代。非洲人几乎没有能力塑造这个市场。然而，19 世纪末，在日益发展的工业化食品体系中，人造黄油等新产品为棕榈油和棕榈仁创造了巨大的机遇。肥皂和人造黄油公司之间的激烈竞争使棕榈油价格飙升到新的高度，这促使在殖民统治下劳作的非洲生产者开始大规模扩大出口。

第四章　油棕与工业革命

在废除奴隶制之前，从真正意义上说，大部分棕榈油与奴隶贸易密切相关。从保存至今的"霍克"号（*Hawke*）运货单可见一斑：1777 年，这艘船在加里纳斯（Gallinhas）和巴萨（Bassa）装载了 359 名奴隶，其中 328 名活着运抵多米尼加。在返回利物浦的途中，这艘船带回了六大桶棕榈油。[1] 像这样的小型运输，每年的运输量可达几千加仑，英国港口官员对这些进口商品征收高额关税。鉴于其具有的药用价值，棕榈油在征税时被归为药物。

工业革命从根本上改变了棕榈油及其生产者和使用者的处境。棕榈油不再是一种奇异药物，它开始在肥皂、蜡烛和一系列看似无穷无尽的工业新产品中扮演新角色。英国在棕榈油消费方面处于领先地位，尽管 19 世纪末，法国和德国在非洲的出口贸易中占据了相当大的份额。德国成为棕榈仁的一个特别重要的消费国，它们被用于榨油，残渣则变成牛饲料。无论非洲供应多少棕榈油，工业化的欧洲都可以为己所用，但有一个条件——它的价格低廉，足以与其他油脂竞争。

在工业生产中，棕榈油是一种替代商品。新技术使得制造商能够漂白、精炼和转化棕榈油，将其与其他油脂发生反应。在许多情况下，棕榈油从人们的视野中消失，融入成品。然而，在其他时候，棕榈油极其显眼。一些广告商援引有关非洲、奴隶制和"合法贸易"的概念来销售他们的商品。19世纪，欧洲消费者以新的方式接触到了棕榈油，其中包括在铁路上特别让人作呕的用法，这强化了棕榈油是一种不可食用油脂的名声。19世纪末，非洲的棕榈油在欧洲的油脂供应中占据了相当大的比例，尽管北方国家人民对散发恶臭的棕榈油极其厌恶，但它开始进入工业食品体系。

肥皂与工业革命

当碱性化学物质（前工业化时代从草木灰中提取）与脂肪发生反应时，肥皂就形成了。碱能够分解构成所有脂肪的甘油三酯分子，并与甘油三酯中的三种脂肪酸之一结合。这样就得到了用于清洁的肥皂，因为它的分子可以吸附油和水。早期的记载显示，非洲人长期以来一直使用棕榈油和棕榈仁油，再配上棕榈叶和其他植物的灰烬制作肥皂，大多数观察人士称赞它们质量上乘、去污能力强。[2] 一名欧洲人抱怨道，圣多美岛（São Tomé）的非洲人洗得如此卖力，以至于岛上的主要河流里"满是漂浮植物，足以毒死我们"。[3] 葡萄牙商人对棕榈油肥皂赞不绝口，以至于葡萄牙国王"无法容忍将它出口到葡萄牙的任何地区，以免国内的煮皂工因此失业"。[4] 有个船长抱怨女人用"又脏又臭的棕榈油肥皂"洗衣服，这是一个罕见的例外。[5]

大约在18世纪70年代，英国牧羊人开始在剪羊毛之前，利用棕榈油作为一种浆料来保护羊毛和羊皮。那时棕榈油并不便宜，但它比传统浆料——黄油——要便宜。每只羊需要一磅棕榈油。虽然棕榈油会让羊毛"剪下来后有点发黄"，但这种颜色很容易用肥皂洗掉，清洗后的羊毛比"普通羊毛更纯白"。[6] 剪好羊毛后，梳毛工在梳理过程中使用棕榈油润滑纤维。随着时间的推移，纺纱工、织布工、印染工和染色工开始在整个纺织生产过程中使用棕榈油以及用它制成的肥皂。[7]

然而，人类的脏手和脏衣服造就了一个比纺织业更大的市场。欧洲的肥皂制造商发现，棕榈油的鲜艳颜色使普通的动物皂呈现出令人愉悦的黄色。棕榈油标志性的紫罗兰香味可以为肥皂增添香味，这节省了购买昂贵精油的费用。工业革命初期，"黄皂"在英国畅销，对于英国的肥皂制造商来说，棕榈油是一种受欢迎的原料。早期的配方并不需要太多的棕榈油，只要可以产生"美丽的颜色"，并掩盖动物油脂和松香的难闻气味就足够了，松香是一种用作填充剂的针叶树汁。（松香是"黄皂"中最初的染色剂。）[8] 这些硬质肥皂是采用适合大规模生产的"热工艺"制成的，在日常洗涤中，它们比家庭或小作坊用冷工艺制成的软质肥皂使用的时间更长。[9]

棕榈油作为护肤品的美名也让肥皂沾了光，19世纪初，零售商将"棕榈油肥皂"作为一种奢侈品进行广告宣传。伦敦的一位香水商出售的由"甜美芬芳的棕榈油"制成的肥皂球和肥皂块，每个售价高达1先令。[10] 信誉良好的商人强调，他们销售的是真正的棕榈油肥皂，不同于那些用姜黄染色、用鸢尾根制造香味的假冒产品。[11] 直到19世纪下半叶，很多公司一直兜售药用"棕桐油肥皂"，但在 19 世纪 50 年代以后，随着"象牙""卫宝"等知名肥皂品牌占据市场，这种产品逐渐消失了。

19 世纪 20 年代，法国化学家米歇尔·欧仁·谢弗勒尔（Michel Eugène Chevreul）发表了自己的发现：肥皂实际上是一种新的化学物质，而不是大多数科学家所认为的脂肪与碱的乳化物。他认为"脂肪酸"是油和脂肪的独特成分，与碱性物质结合形成肥皂。他分离出两种脂肪酸："软脂酸"（液态流动）和"硬脂酸"（珍珠般的白色固体）。[12] 在此基础上，化学家很快发现，植物脂肪和动物脂肪都依赖相同的化学结构。1840 年，埃德蒙·弗雷米（Edmond Frémy）在棕榈油中发现的棕榈酸也出现在牛脂及人体脂肪中——这是谢弗勒尔在一具挖出的尸体上进行可怕实验后发现的。[13]

最初，化学家在工业界没有用武之地。工匠们已经知道不同种类的油脂在肥皂中表现不同。他们可以用力挤压硬质脂肪来分离液体和固体部分，或者利用变化的温度作为"化学筛"来分出较硬和较软的脂肪。[14] 煮皂工不需要知道什么是脂肪酸，就能够认识到棕榈油在肥皂中具有与动物油脂相似的性质。但随着化学家数量的激增，他们的想法开始重塑肥皂业，当时这个行业正处于从手工生产向工厂生产转变的过程中。新工厂通常采用玻璃屋顶，在玻璃屋顶之下，用浅罐装的棕榈油和其他油脂在阳光下颜色逐渐变淡。许多公司聘请了化学家，并对新的化学物质进行实验——硫酸作为棕榈油的漂白剂曾风靡一时——他们将新的科学见解与手工实验相结合，开发出更有效的处理脂肪的方法。[15]

19 世纪 20 年代，随着棕榈油价格的下跌，制造商越来越多地使用棕榈油，直至完全取代动物油脂。这些油脂块儿"看起来更像是黏土而非肥皂"，这是由于为了最大限度地利用棕榈油而添加了其他物质。然而，它们价格便宜，洗涤效果好，因此赢得了英国消费者的青睐。[16] 1837 年，利物浦及周边地区的税务调查人员走访的几乎所有肥皂制造商，都在肥皂中使用了棕榈油。[17] 棕榈油肥皂的利润大约是伦敦煮皂工所偏爱的主要用动物油脂制成的"黄皂"的 3 倍。[18] 19 世纪 50 年代，利物浦地区已取代伦敦成为英国最重要的肥皂制造中心，这要归功于该港口与非洲的直接贸易以及当地的碱供应。[19]

棕榈油能够与动物油脂进行竞争是因为便宜，它之所以便宜是因为非洲人开始大量生产。不过，它在英国价格下降也因为肥皂公司和商人联合起来迫使政府废除了税收。商人们争辩说："当征收关税时，它［棕榈油］被认为是一种药物。"这种东西早已成为"制造'黄皂'的必要成分"。1807 年，每英担棕榈油征收关税 12 先令 2 便士，这比动物油脂的关税高 5 倍。一些活动人士指出，如果"合法贸易"像承诺的那样将根除奴隶贸易，那么英国人需要从非洲购买更多的东西，如棕榈油。煮皂工认为，他们已经为在英国制造的肥皂缴纳了消费税，不应该再对原材料征税。[20] 这项运动取得了成效。1819 年，棕榈油的关税被削减至 2 先令 6 便士，低于动物油脂的关税。[21] 1834 年，棕榈油的关税又下降了一半。[22] 肥皂销售商和商人声称，他们正携手"默默地、缓慢地但坚定地为非洲的解放事业而努力"。[23]

这项事业的确进展缓慢：英国议会在 19 世纪 40 年代展开调查，想弄清楚为什么奴隶贸易在被废除 30 年后仍然那么活跃。

商人向议会保证，购买更多的棕榈油才是解决问题的办法。正如一位发言人所说："摧毁人口贩卖的最佳方式是鼓励种植一种能够产出有价值油脂的植物。"对于英国来说，还有一个好处是棕榈油"完全由我们的制造业购买使用"。但对于棕榈油的主要竞争对手俄罗斯的动物油脂来说，情况就不同了。[24]

　　1845 年，英国议会废除了棕榈油的进口税，但活动人士继续反对征收肥皂的消费税。在这一点上，改革者把自由贸易、废除奴隶制与更宽泛的"文明理念"——无论是在英国还是在非洲——联系在了一起。一位化学家提出了著名的论断，"用一个国家消费肥皂的数量来衡量其财富和文明，这并非不准确的"。[25] 按照这个标准，英国的文明化进程较为缓慢。根据官方记录，1821 年至 1846 年，尽管肥皂的价格下降了一半，但肥皂的人均消费量只是从 6.55 磅缓慢上升到了 7.12 磅。[26] 改革者在19 世纪 40 年代印制小册子，教导城市贫民如何洗澡、洗衣服，并将肥皂消费与物质和道德进步联系起来。[27] 一名小册子作者满怀信心地说："向人们提供便宜的肥皂，他们就会迫不及待地购买，用它让家庭生活变得舒适，并促进民族的全面进步。"[28]

　　对城市贫民患病和道德品质担忧的精英阶层，使肥皂成为一种重要的"维多利亚时代的圣物"。[29] 广告商经常使用关于非洲人的、带有种族主义色彩的漫画来销售肥皂，漫画描绘的是黑人孩子经过仔细搓洗后变成白人。对于英国在非洲开展的"教化"工作，肥皂也占据着重要地位。1842 年，一名商人说，英国制造的棕榈油肥皂在邦尼"销量巨大"，这体现了贸易的教化作用。[30] 传教士满意地指出，非洲"正在养成穿着更为干净得体的习惯"，这得益于他们用棕榈油换取的肥皂和衣服。[31] 棕榈油贸易（据称）打击了奴隶贸易，在非洲人中间创造了"财富感和积累欲"。"它们无处不在，是新生文明的萌芽，"[32] 一位利物浦作家欣赏着堆放在码头上的大桶，若有所思地说，"克鲁人的桶和非洲之树的含油汁液［原文如此］对文明和基督教功莫大焉"。[33] 像这样的把非洲消费主义的产生归功于贸易的话语其实是本末倒置。事实上，非洲对消费品的需求由来已久，这支撑了跨大西洋奴隶贸易，也是非洲人生产并出口油棕产品的唯一原因。[34]

英国肥皂业的后来者利华兄弟公司（Lever Brothers）在广告中引入了维多利亚时代的清洁、进步和帝国建设理念，抛弃了 19世纪 40 年代的废奴主义情结。"阳光肥皂"让利华兄弟公司大获成功，它是 19 世纪化学知识和全球商品链变化的物质代表：这种坚硬的肥皂块儿由 41.9% 的棕榈仁油或椰子油、24.8% 的动物油脂、23.8% 的棉籽油和 9.5% 的松香制成，在硬水或盐水中都可以使用。[35] 利华兄弟公司用印有彩色广告的包装纸包装肥皂，这是杂货店柜台后面储存的散装商品向带有包装的品牌商品转变的一部分。[36] 然而，除了少数例外，肥皂的成分标签根本没有提及棕榈油或棕榈仁油。值得信赖的品牌卖的是肥皂，而不是让人们去关注成分是什么。

法国的肥皂制造商在使用棕榈油方面落后于英国。1823 年，桶装棕榈油首次运抵马赛，但由于无人问津，只得转口。1837年，一位商人敦促以生产橄榄油肥皂而闻名的马赛肥皂制造商尝试使用棕榈油。一些公司认真地开展了实验，但法国消费者认为

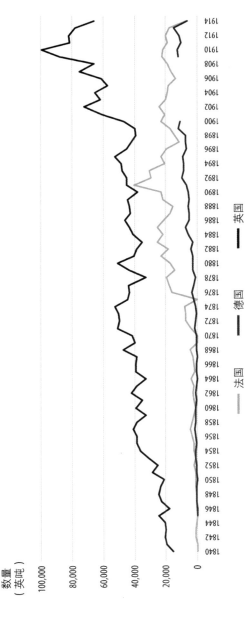

图表 4.1 1840—1914 年，英国、法国和德国从非洲进口的棕榈油（吨）。这些数据没有显示转口额，1914 年，转口额几乎占英国进口额的一半。1900 年之前的德国数据仅是汉堡进口的数量，1909—1914 年是整个德国的数据（1909 年之前，这项数据包括椰子油和棕榈油）。数据来自德意志帝国统计局，《德意志帝国统计年鉴》；柏林：普特卡默－穆尔布莱希特出版社（Putkammer &Muhlbrecht），1914 年；哈丁（Harding），《汉堡的西非贸易》；弗朗克马、威廉姆森和沃尔特耶（Frankema,Williamson and Woltjer），《经济学原理》，《商业与经济变化》；林恩，《经济学原理》；莱瑟姆，《卡拉巴尔出口的棕榈油》。

"黄皂"缺乏吸引力。雷吉斯公司是西非海岸最大的法国贸易公司，它为了说服肥皂制造商使用棕榈油进行了长期且艰苦的努力。税收减免起到了帮助作用，此外，1852 年研发的一种新型漂白工艺，最终让马赛的公司在白色肥皂中使用了棕榈油。[37]

在大西洋彼岸，美国消费的棕榈油数量也在不断增长。美国肥皂制造商反对对棕榈油征收 15% 的关税，他们认为这使得其肥皂价格昂贵，无法与进口的英国肥皂竞争。捕鲸者反驳说，为了保护他们的产业，征税十分必要。[38] 最终，肥皂制造商赢了，立法者把棕榈油从 1833 年的应课税品清单中删除了。[39] 19 世纪 40 年代，"棕榈油肥皂"在美国商店中十分常见，但随着肥皂工业发展成为工业巨头，许多企业无法获得足够的棕榈油来与国内动物脂肪供应竞争。像宝洁这样的大公司使用棕榈油主要是看重其颜色和气味，或者是利用棕榈油提高用猪油和牛油制成的肥皂的硬度和起泡性。[40]

蜡烛与化学

与其他许多肥皂制造商一样，宝洁公司以蜡烛和肥皂而闻名。这两种行业使用相同的原材料，在前工业时代，煮皂工可能会将较好的动物油脂倒入蜡烛模具，然后将其余的用于制造肥皂，反之亦然。谢弗勒尔的研究和随后的化学发现对制造肥皂几乎没有直接影响，但使蜡烛工业发生了革命性改变。[41] 动物油脂蜡烛是通过将热油脂凝固在烛芯周围而制成的，这种蜡烛价格昂贵，品质不佳。它们在天气炎热时容易融化，点燃时则烛泪四溅，并产生烟雾和恶臭味。蜂蜡蜡烛燃烧起来明亮且干净，但即使是富人也负担不起日常使用的开销。出现在 18 世纪晚期的鲸油蜡烛是由采集自抹香鲸身上的蜡质物质制成的，但这种蜡烛的价格仍然是动物油脂蜡烛的两倍。[42]

棕榈油并非解决蜡烛价格昂贵问题的显而易见的办法。蜡烛制造商认为，原始状态下的棕榈油"硬度不够，无法用于制造蜡烛"。[43] 换句话说，烛芯点燃后不久，蜡烛就会融化，在炎热的天气里融化得更快。不过，谢弗勒尔找到了答案。从动物油脂分离出液态软脂酸和甘油之后，硬脂酸形成一种白色固体物质，它可以明亮地燃烧数个小时，并且燃烧时不会产生烛泪和烟雾，也不会忽明忽暗或是出现烛花。[44] 但谢弗勒尔的方法存在缺陷，那就是浪费了太多的原材料，致使他发明的蜡烛无法量产。对于这种新型硬脂酸蜡烛来说，一种令人遗憾的生产诀窍也不利于它占有市场：为了改善外观而添加了少量砷，导致大众对这种可以让屋里的人中毒的"鬼火"心怀恐慌。[45]

1836 年，两名发明家找到了从棕榈油中提取硬脂酸（以及他们不知道的棕榈酸）的更好的方法，并申请了专利，但他们的酸处理过程在成品蜡烛中留下了难以去除的深颜色。英国人觉得它们相当难看。一则关于这种"工人的蜡烛"的广告承认，它们的确"丑陋"，但坚称它们"燃烧良好，不会忽明忽暗"。[46] 19 世纪 40 年代末，普莱斯专利蜡烛公司（PPCC）完善了一种从棕榈油中提取脂肪酸而不变色的方法。一位化学家无比兴奋地说，棕榈油"是在经历无数次挫折后才被提纯的。硫酸和高温去除了渣滓，透明的纯脂肪酸从蒸馏器的阀门流出"。[47] 棕榈油很快成为普莱斯专利蜡烛公司的主要原料。

1840 年，该公司在不含砷的"复合"蜡烛上取得了重大突破，这种蜡烛由纯硬脂酸和从椰子油中榨取的廉价硬脂酸混合而成。它呈白色（高品质蜡烛的标志），并且价格实惠，尽管有点儿"油腻和鼻烟味"。[48] 普莱斯这个人并不存在，这家公司是 10 年前由伦敦商人创立的，他们认为用自己的名字从事蜡烛制造这一臭烘烘的行业有失身份。[49] 从棕榈油中提取的纯棕榈酸解决了该公司制造"复合"蜡烛的难题，一个工业帝国就此诞生。

19 世纪 50 年代末，普莱斯专利蜡烛公司已经能用臭不可闻的棕榈油制造几乎没有气味的白色蜡烛。该公司以"贝尔蒙特鲸油"的名义出售纯净蜡烛，这种蜡烛比鲸油蜡烛品质更好，也更便宜。然而，普莱斯专利蜡烛公司毫不犹豫地以合适的价格购买椰子油、棕榈仁或动物脂肪。该公司的一位化学家指出，世界上"100 多个地区的产品"如今正处于直接竞争之中，这些地区遍布陆地和海洋。但从 1845 年取消进口关税到 19 世纪 80 年代，棕榈油一直是普莱斯专利蜡烛公司的最爱。在大多数年份里，棕榈油的价格低于动物油脂，并且每吨棕榈油产生的固体脂肪酸更多。[50] 1853 年，该公司在利物浦城外兴建了一家工厂，从而更方便地获取棕榈油。[51]

19 世纪，棕榈油成为许多公司的主要原材料，但它并不是作为一种无差别商品在流通（尽管化学家努力把它当作一种无差别商品来对待）。[52] 起运港就像棕榈油的品牌，标志着不同的品质。拉各斯以其纯正的黄色软油而闻名。邦尼、卡拉巴尔和"刚果"的棕榈油品质稍硬，呈"暗红色"；索尔特庞德（Saltpond）和迪克斯科夫的棕榈油由于掺有杂物而呈"灰色和棕色"。[53] 棕榈油的游离脂肪酸（FFA）含量因地而异。无论是硬油还是软油，在英国的气候条件下都需要加热才能让油脂从大桶中流出。杂质较多的棕榈油往往打折出售，以弥补精炼的成本。普莱斯专利蜡烛公司在 1852 年估算，要想获得 4000 吨清洁原料则需要 4800 吨棕榈油，考虑到动物油脂和其他替代品的价格，公司愿意承受这种损耗。[54]

　　普莱斯专利蜡烛公司转向使用棕榈油引发了 19 世纪中叶英国最著名的营销活动之一。普莱斯专利蜡烛公司迫不及待地采用了"合法贸易"和反奴隶制的说辞来推广其新型棕榈酸蜡烛。一位作者打趣道："它们的每一支燃烧的蜡烛都有助于解放一名奴隶。"[55] 英国商人指出，美国的鲸油蜡烛和"硬质"蜡烛（后者侵犯了普莱斯专利蜡烛公司的专利权）是非法奴隶贸易的主要产品；1807 年至 1865 年，大约有 1.5 亿支蜡烛被用来交换非洲奴隶。[56] 一则寓意明确的广告描绘了这样的情景：一个系着围裙的蜡烛制造商，身边摆放着模具，他正在把一顶自由帽递给一名非洲人。与此同时，他还在用手中的棕榈酸蜡烛烧断捆绑着这名非洲人的绳子。这则广告传递的信息显而易见：购买普莱斯专利蜡烛公司的蜡烛将打击非洲的奴隶制。

　　批评人士对这一观点嗤之以鼻。购买一支蜡烛怎么可能会像普莱斯专利蜡烛公司宣称的那样"助推消灭奴隶贸易"呢?[57]但是，这种观点已深入人心，19 世纪 50 年代，许多英国人——至少是英国作家——想当然地认为，使用棕榈油是消费者为加速奴隶制消亡所能做的最好的事情。正如另一位作家所强调的那样："人们购买普莱斯公司的蜡烛是因为他们觉得应该购买。"[58]

然而，这种反奴隶制论调纯粹出于营销目的。普莱斯专利蜡烛公司的负责人夸口道："这个国家每多进口 1 吨棕榈油，对于非洲来说是一种福祉。"[59] 但是，这家公司对非洲生产商毫无忠诚可言，哪种油脂最便宜，公司就购买哪种。与此同时，该公司为英国员工提供了一系列令人印象深刻的服务，赢得了社会改革者的赞誉。

普莱斯专利蜡烛公司的成功，在很大程度上归功于将蜡烛制造的副产品商业化作出的努力。棕榈油中的棕榈酸和硬脂酸用于制作蜡烛，剩余的油酸则被运往遍布着纺织厂的英格兰北部，用于制作肥皂和纤维精梳。普莱斯专利蜡烛公司开发了新技术来保存从甘油三酯中提取脂肪酸后留下的甘油，然后将其卖给药剂师，并兜售自己生产的保湿效果好、富含甘油的肥皂。甘油成为一种必不可少的皮肤护理品，它也是酊剂、萃取物和化妆品的基础物质。一些科学家认为，棕榈油作为一种防腐剂有着广阔的前景，它可以让肉块儿在数月之内保持新鲜。[60] 20 世纪，棕榈油含有的纯甘油比脂肪酸更有价值。[61] 这在一定程度上是因为从甘油中提取的一种化学物质——硝化甘油——为棕榈油创造了一个真正具有爆炸性的市场。阿尔弗雷德·诺贝尔（Alfred Nobel）发明的炸药使得矿工和工程师能够安全地处理这种易挥发的液体，炸开遍布全球的岩石山体。

润滑工业之轮

棕榈油清洗了双手和衣物，照亮了工业化欧洲的房间，但通过使工业革命的机轮保持运转，它也在更基本的层面上发挥了作用。由于棕榈油在欧洲的气候条件下黏度高且富含抗氧化剂，它成为最受人欢迎的润滑剂。虽然教科书经常把棕榈油与棉花机械联系在一起，以突出废除奴隶制前后非洲与大西洋资本主义之间联系的连续性，但兰开夏郡的纺纱机实际上依赖的是低黏度油。19 世纪 30 年代，几位发明家试图向棉花工业销售棕榈油润滑剂，但都以失败告终。[62] 棕榈油真正的利基市场是润滑重型机械，包括驱动机车和工厂的蒸汽机。

　　英国新建的铁路为棕榈油提供了除制作肥皂和蜡烛之外最具标志性的用途。1830 年，当利物浦与曼彻斯特之间的铁路开通时，载着乘客和货物的车厢飞驰而过，这让运河船和牛车望尘莫及。投资人亨利·布斯（Henry Booth）称赞它"让我们对时间和空间的看法……产生了突然而非凡的变化"。除了投资人的身份，布思还是发明家。1835 年，他获得了一项以棕榈油为主要成分的新型车轴润滑油的专利，这得益于利物浦销售的棕榈油数量不断增长。[63] 布斯将 6 磅棕榈油和 3 磅动物油脂混合在一起，加入水和苏打，制成一种类似肥皂的润滑油。这种润滑油被装进火车车轴上方的一个盒子；随着车轴的转动，它与润滑油发生摩擦，并使其融化。纯动物油脂太硬，纯棕榈油太软，火车行驶不到 40 英里就融化了。这种混合物的黏稠度刚刚好，可以行驶 1200 英里或更长的距离。苏打的皂化作用能够使这两种油脂混合在一起，并中和可能腐蚀车轴的游离脂肪酸。[64] 稍作改进后，这一配方令火车平稳行驶了一个多世纪。

　　火车头和其他蒸汽机的引擎的运动部件——比如活塞——使用了棕榈油。19 世纪 50 年代末的一项估计表明，在英国和美国运行的近 2 万个火车头和 5000 艘蒸汽船中，每个火车头和每艘蒸汽船 "每天至少需要 25 磅润滑油"。这项估计可能太高了，但它确实让我们了解到棕榈油作为润滑油的市场规模。[65] 即使是普通的牛车和农用四轮马车也需要润滑油，尽管大部分润滑油来自国内的动物油脂，但棕榈油也会被用到。19 世纪 60 年代，英国每年对车轴润滑油的需求量超过了 1.7 万吨，但实际上只有 25%～35%的重量是油脂，其余则是润滑油乳剂中的水分。[66]

从 19 世纪 60 年代起，石油开始进入这一市场。事实证明，矿物油能更好地润滑精密机械，并经受引擎蒸汽的考验。但棕榈油润滑油并没有在一夜之间消失。[67] 由于棕榈油与石油和其他油脂的竞争压低了价格，这让制造商获益良多，他们可以选择最便宜的产品。尽管美国的火车很快转向石油润滑油，但由于国内石油资源匮乏，英国的火车直到 20 世纪 40 年代仍继续使用棕榈油润滑油。[68]

车轴润滑油并非棕榈油用途的庞大市场，19 世纪 60 年代，用于润滑油的棕榈油数量可能不超过英国每年棕榈油进口量的10%。然而，这强化了英国人，甚至是更为广泛的欧洲人脑海中的一种特有观念：棕榈油是令人作呕的东西。很少有人有机会在造船厂、肥皂和蜡烛工厂闻到棕榈油的味道。但在铁路上，棕榈油润滑油触目皆是，气味逼人。迫不及待的乘客登上火车后，"注意力都集中在那个手持黄色软膏的人身上"，他在每一站都要从火车两边走过。"如果车轴饿了，他就把一把木刀伸进携带的润滑油盒，挖出一块儿诱人的油膏，放在车轴上方的盒子里并盖上盖子，然后快步走向下一对车轮。"[69] 有些作者吃惊地看到，老鼠打开装着润滑油的盒子，"尽情地享用里边的棕榈油和动物油脂"。[70]

这种感官体验令人颇为不适：棕榈油曾是肥皂和药膏中的一种奢侈成分，它可以涂在皲裂的皮肤上，并在手上和脸上留下一丝紫罗兰的香味。如今，人们在嘈杂不堪、烟雾弥漫的火车上看到的棕榈油却是一种臭气熏天的润滑剂。一位作者在查尔斯·狄更斯主编的杂志上不无惊讶地写道，他在铁路仓库里看到的棕榈油，闻起来根本不像教科书上说的那样有紫罗兰的香味；相反，它是"铁路搬运工抹在车轮盒里的那种看起来令人作呕的东西"。[71] 一位作家打趣地说，铁路中心里制作润滑油的小屋"很有趣，但最好别在饭前看到它们"。[72]

尽管在欧洲工业中，棕榈油与铁路润滑油之间的联系令人反胃，但随着工业食品体系的出现，棕榈油依旧扮演了重要角色。铁路和蒸汽船使得远距离运输食品成为可能，并将全球的生产者和消费者连接在一个经济和生态网络中。[73] 油棕产品最终将出现在许多新的工业食品中，但首先它们帮助制造了一种用来盛放其他食品的重要容器：锡罐。

镀锡铁和锡罐

20 世纪 20 年代之前，工业化国家很少有人大量食用棕榈油，但实际上每个人都吃罐头食品。[74] 锡涂层使罐头食品的出现成为可能，它形成的保护膜能够保护铁罐和里面的食物不受空气、水、细菌、真菌、酸和铁锈的侵蚀。棕榈油在镀锡铁中的作用至关重要，但消费者根本看不到。1891 年，一位英国殖民地官员在皇家地理学会发表演讲时提到，镀锡铁是棕榈油除生产肥皂之外的主要用途，这时他遭到了"怀疑的嘲笑"。博学的听众无法想象棕榈油与锡罐有什么关系。那位官员也解释不清：他读过相关资料，但不知道棕榈油有什么用途。[75]

英国的镀锡技术可以追溯到 17 世纪 70 年代，当时，一位企业家把这个行业的秘密（那时这个行业主要集中在萨克森）带到了威尔士。[76] 镀锡人和一群助手将薄铁片浸在酸中，然后将它们放入一锅热油。油清除了酸，留下一层防止氧化的薄膜。接下来，镀锡人将铁片放入一系列纯度不断提高的熔融锡液。锡的上面浮着一层油，以使其与氧气隔绝。清洗工在这个过程中登场，用刷子刷掉铁片上的熔融锡液滴。然后他把铁片放进一罐最纯的锡里，接着再放进另一盆油里。在这道工序的另一端，一群女孩儿用软质材料擦拭铁片，以去除残留的油脂。最后，另一群妇女用羊皮手工抛光铁片，这是镀锡铁准备出售前的最后一个步骤。[77] 用锡和铅的混合物涂层的镀铅锡铁板和锌板也采用了类似的工艺。其他作坊将这些闪亮的铁片轧制、折叠、冲压，制成成品罐、饼干罐、屋顶板等。

威尔士的镀锡人大约在 19 世纪 30 年代开始使用棕榈油代替动物油脂。[78] 除了成本，棕榈油的主要优点是其令人愉悦的气味。一位权威人士指出："动物油脂同样适用于所有实际用途，但令人不快的气味……使工人无法舒适地使用它。"[79] 19 世纪 50 年代，当非洲出口商转向硬油时，镀锡人坚持使用最新鲜的原料，他们对拉各斯的软油情有独钟。棕榈油的饱和脂肪酸与不饱和脂肪酸的平衡状态，对镀锡人开展工作来说可谓完美至极，尽管他们对此不明所以：它可以承受高温而不燃烧，但会逐渐分解出游离脂肪酸，而游离脂肪酸能够"润湿"铁片并吸收金属氧化物。[80]

19世纪下半叶，随着镀锡铁生产的蓬勃发展，发明家开发的新工艺减少了对棕榈油的需求。其中最重要的是一种滚压机，它能在生产工序的最后阶段从铁片上挤压出熔融锡和棕榈油。滚压机让铁片表面变得平滑，并且，正如一名工人不满地指出的那样，它"节省了大量棕榈油，[并]省去了给一名女孩儿和男孩儿支付工资"。[81] 自动滚压机很快取代了那些熟练地用钳子将铁片从一个容器放到另一个容器的工人。与此同时，一种用氯化锌制成的化学助熔剂取代了生产线上最初的棕榈油浴。

工人们与氯化锌和新机器抗争了多年。他们坚称，"最好的铁片……依旧是由使用棕榈油的工艺生产出来的"，并将铁片生锈和工人健康问题归咎于助熔剂。[82] 1907年，豪厄尔·刘易斯（Howell Lewis）做证，他在工作上毫无怨言地与棕榈油打了15年交道，但与氯化锌接触了7年多之后，退出了这个行业，"它产生的烟雾对人影响极大，很容易引发哮喘"。过去，人们在镀锡行业工作到60岁甚至65岁，但现在"你找不到一个45岁还在从事镀锡工作的人"。[83] 工人们声称，罐头食品也会受到助熔剂的毒害。氯化锌助熔剂在制作精良的镀锡铁的过程中绝对安全，而事实上棕榈油并不像工人们想象的那么无害。当它在热浴中逐渐分解时，工人们被丙烯醛环绕，这是一种在香烟烟雾中发现的有毒刺激物，形成于甘油燃烧时。[84]

然而，改用氯化锌助熔剂并没有标志着棕榈油在镀锡行业作用的终结。19世纪70年代和80年代，随着滚压机取代工人，棕榈油继续被用作润滑剂和抗氧化剂。熔融锡液的上面漂浮着氯化锌，人们将铁片放入这种炽热的液体，在被取出时，它们会穿过一层棕榈油。棕榈油能够将锡液和刚刚镀锡的铁片与空气隔绝。[85] 19世纪90年代，随着美国制造商在关税保护下提高产量，一些威尔士人呼吁回归使用棕榈油和劳动密集型生产方式，并预言凭借"卓越的品质"将赢得客户。美国人，其中许多是使用威尔士机器的威尔士移民，同样声称，"使用棕榈油的生产工艺"会在铁片上留下更多的锡，从而制造出更耐用——也更贵——的产品。[86] 然而，20世纪第一个10年，只有少数特色商店还在使用旧方法。1914年，威尔士的工厂只需要3500吨棕榈油，就能生产90多万吨镀锡铁及相关产品。在大西洋彼岸，美国钢铁公司生产同等数量的镀锡铁使用了2700多吨棕榈油，而在冷轧其他金属方面，钢铁公司使用的棕榈油比这要多。[87]

20世纪后期，电镀法进一步削弱了棕榈油在镀锡铁行业中的市场，但事实证明，冷轧是一个持久的利基市场。经过稍稍加热，棕榈油在通过强力滚压机时会融化在金属上。棕榈油能够形成一层薄膜，这有助于保护金属片和滚轴免受伤害。其他油脂和蜡往往会从金属上脱落，并产生难闻的气味，或是价格比棕榈油高。尽管人们努力寻找替代品，但直到今天，棕榈油"在冷轧方面仍然没有真正等效的替代品"。[88]

油棕与石油

镀锡铁的故事是棕榈油在19世纪作为工业替代品出现的又

一个例子。它所履行的所有使命曾是由其他物质完成的，这意味着更便宜或性能更好的替代品也将取代棕榈油。在化学家手中，棕榈油只是脂肪酸与甘油的集合。19 世纪 70 年代，这些化学物质可以与全球范围内的植物和动物油脂互换。肥皂制造商曾经看重的颜色和气味变成负担，他们被迫采用昂贵的漂白和除臭工艺。尽管棕榈油产量很高，但非洲的棕榈油生产者必须与遍布全球的农民、牧场主和捕鲸者竞争。19 世纪七八十年代，随着棕榈油价格跌至新低——1887 年降到每吨 19 英镑，这一事实变得非常明显。[89]

历史学家往往认为，石油、天然气和电力在 19 世纪末的出现是棕榈油价格暴跌的原因。尽管化学家已经从煤和页岩矿床中开发出蜡、石油和天然气，但 1859 年从宾夕法尼亚州的新型油井中喷涌而出的大量石油还是让人眼前一亮。[90] 化学家现在可以将廉价、丰富的化石燃料变成神奇的物质，这给农民带来了灾难性后果。由石油制成的合成橡胶蚕食了天然乳胶的市场。由煤焦油制成的廉价苯胺染料破坏了天然染料市场。矿物油取代了植物和动物油脂，成为润滑剂、照明产品的原料，并且它还有诸多次要用途，比如制成油墨和抛光剂。[91]

即便如此，石油对棕榈油的影响还是被夸大了。铁路润滑油最终仅是棕榈油用途的一个小市场，而棕榈油在石油润滑油出现后仍然存在了很长时间。石油只是蚕食了肥皂工业对天然脂肪的需求，而在整个 19 世纪，肥皂工业是棕榈油最大的工业用户。早期的以石油为原料的肥皂只适合清洗衣物，若用于清洁皮肤，则刺激性太强。[92]

棕榈油的确在蜡烛行业失去了市场份额，但这并不是由于新能源的出现使人们不再需要蜡烛。正如 1884 年普莱斯专利蜡烛公司的一则广告宣称的那样，"与许多人的预期相反，蜡烛并没有被天然气、石油或电灯取代，现在的消费量比以往任何时候都大"。[93] 从 19 世纪第一个 10 年开始，煤气灯开始在户外大量使用，但它们进入室内的速度较慢。燃烧菜籽油、鲸油、莰烯或煤油的油灯花费较大，并且添油时十分麻烦。莰烯灯因容易爆炸而臭名昭著；煤油不太容易挥发，但仍会引起烧伤和火灾。鉴于这些缺点，不起眼的蜡烛直到 20 世纪仍被放在写字台和床头柜上也就不足为奇了。据估计，1850 年英国的蜡烛消耗量几乎是 1750 年的 10 倍，并且一直稳定在每年 1000 亿流明左右，直到 20 世纪 20 年代电灯进入千家万户。[94]

石油确实减少了蜡烛行业对棕榈油的需求。普莱斯专利蜡烛公司是棕榈油和"合法贸易"的拥护者，也是最早从化石燃料中提取石蜡的公司之一。石蜡的高成本导致该公司在生产大多数蜡烛时将其与脂肪酸混合使用。[95] 即使石蜡的价格在 20 世纪下降了，但制造商还是继续添加脂肪酸来制造硬度更高、烟雾更少的蜡烛。纯硬脂酸和棕榈酸蜡烛仍然受到矿工和探险家的青睐——在紧要关头，可以把蜡烛吃掉。1886 年，普莱斯专利蜡烛公司销售了 80205 吨蜡烛和其他产品，大约是 19 世纪 60 年代销量的 2 倍。其中包括蜡烛、肥皂、纺织油以及用石油产品和天然脂肪混合制成的特种机器润滑油。据称，迟至 1880 年，该公司每年消耗 7000 吨棕榈油。[96]

关于非洲人对 19 世纪石油崛起的反应，我们无迹可寻。一些外国人表达了对油棕产业命运的担忧，并注意到了来自"美国石油"的竞争。[97] 但大多数人持乐观态度。一位作者指出，尽管 19 世纪七八十年代棕榈油价格暴跌，并且竞争日益激烈，但非洲的棕榈油出口仍保持稳定。他宣称："无论油棕的种植、果实的收获、油脂的生产面临何种环境和条件，[如果] 有一种商品能够适应市场的任何变化，那就是棕榈油。"[98] 与此同时，棕榈油还要面对一个巨大的"市场变化"：它从制造储存食品的工业容器的一种原料，摇身一变成为一种工业食品。

跻身食物链：油棕与工业食品

食品为油棕产品提供了一个几乎无限的市场，这仍然是当今棕榈油消费的主要因素。但将油棕产品打入非洲以外的食物链并非易事。第三章介绍的移民至利比里亚的塞缪尔·赫林是早期的开拓者之一。赫林和其他移民对棕榈仁油产生了兴趣，他们发现，相比于棕榈油，棕榈仁油寡淡的味道更适合代替黄油和猪油。虽然细节不详，但我们知道赫林制造了一台榨取棕榈仁油的机器，并生产出一种被称为"非洲猪油"的食物。它像一块白奶油，"看起来美不胜收，烹饪时，其味道远胜过最好的猪油"[99]。废奴主义者和传教士的出版物兴奋地转载了赫林的发明，指出这种食物"营养丰富，晶莹剔透，适合餐饮，人们不会想到这是非洲的产品"。[100] 赫林将其与棕榈油作了鲜明的对比："它们在外观和味道方面差异巨大，就像猪油与黄油大不相同一样。"[101]

赫林的"非洲猪油"可能从未出现在外国的杂货店里，但这并不意味着油棕产品被排除在工业食物链之外。大约在 1850 年，棕榈仁通过一种媒介——奶牛——开始进入欧洲人的口腹。碾碎棕榈仁榨油后会留下一种富含蛋白质的"饼"。农民用各种种子和坚果制成油饼，将其作为动物饲料和肥料。19 世纪 50 年代，G. L. 盖泽（Gaiser）公司开始向德国运输棕榈仁，公司在此经营着一家压碎厂。该公司说服当地农民用棕榈仁饼喂养奶牛。[102] 棕榈仁饼有助于提高牛奶的脂肪含量，并为"育肥家畜画上句号"。一位权威人士声称，用棕榈仁饼喂养的奶牛"可以少吃三分之一的牧草"。一位商人断言，棕榈仁饼是"自己卖出去的"。[103]

牛饲料是植物、动物、人与机器大集合的一部分。西非妇女用石头砸取的棕榈仁不远万里来到汉堡，这里的蒸汽动力机器利用液压压力将其压碎并榨油。大部分棕榈仁饼被用于喂养荷兰和丹麦的奶牛，然后，用牛奶制成的黄油最终被摆上了英国及其他地区富裕家庭的餐桌。[104] 最初，棕榈仁油被用于制造肥皂和蜡烛。然而，19 世纪 70 年代，制造商开始用剩下的脱脂牛奶搅拌棕榈仁油和其他脂肪，制造一种新的食品：人造黄油。法国化学家希波吕特·梅吉-穆希耶（Hippolyte Mège-Mouriès）响应拿破仑三世寻找廉价的黄油替代品的号召，于 1869 年获得了人造黄油的专利。梅吉-穆希耶利用了从牛脂中提取的"液态牛油"，声称自己的"人造黄油""在化学成分上与黄油相同"，因此作为替代品完全可以接受。[105]

这一说法是更广泛的"食品在化学方面重新定义"的一部分，该定义认为脂肪仅仅是脂肪酸的集合。从棕榈油中提取的棕榈酸和从动物油脂或搅拌成黄油的奶油中提取的棕榈酸没有什么不同。科学的语言帮助制造商将不常见的、有时是令人作呕的原料作为食品商品推向大众。[106] 尽管批评人士抱怨，"世界上所有含有油脂的垃圾"都以人造黄油的形式倾销给了消费者，但化学家一致支持人造黄油和其他替代食品。一位化学家坚称："对于用较为便宜的动植物脂肪替代昂贵的黄油，人们不会有丝毫的反对意见，这个行业应该发展壮大，这种做法相当可取。"[107]

19 世纪 80 年代，人们使产品变得"美味可口"的努力得到了回报，当时英国的洛德斯（Loders）公司申请了一项棕榈仁油除臭工艺专利。洛德斯公司将中性油卖给人造黄油制造商和工业面包店。精炼的棕榈仁油比黄油的抗氧化能力强得多，而且它能让饼干（当然是装在锡盒里）等食品在数月甚至数年之内保持新鲜。[108] 总部位于马赛的罗卡、塔西和德鲁（Rocca, Tassy and de Roux）公司从 19 世纪 70 年代开始向欧洲各地的客户出售自己的棕榈仁油，尽管其著名的多功能烹饪用油"维杰塔利尼"（Végétaline，植物油）据说是用椰子油制成的，而非化学成分相似的棕榈仁油。反正消费者也看不出区别。一位对食品的"合成时代"到来惊叹不已的专家说："眼睛看不见的、头脑也不知道的东西，不会让心灵悲伤。"[109] 虽然不可见性是棕榈油和棕榈仁油的主要卖点，但一些公司大胆地把将其产品称作"坚果黄油"来销售，并声称高度精炼的植物脂肪比动物产品更清洁、更健康。[110]

棕榈仁油很容易就隐没在了食品制造商的可替换脂肪库中。然而，棕榈油面临着严重的形象问题。1883 年，一位敦促在食品中使用棕榈油的作者坦言："棕榈油在蜡烛制造和铁路润滑油中的常见用途，将使许多敏感人群的神经因我的建议而大为震动。"
化学教科书坚持认为，"即使是新鲜的棕榈油，或多或少也带有
油脂的那股腐酸味"。迟至 20 世纪 50 年代，英国人还蔑称棕榈
油为"车轴润滑油"，不适合人类食用。他们是对的，因为大部
分运抵欧洲的棕榈油的游离脂肪酸含量很高，并且气味和味道令
人不适。[111]

　　这并没有阻止不择手段的黄油销售商在 19 世纪 60 年代就开
始使用棕榈油给自己的商品染色。[112] 随着欧洲的牛吃的草越来
越少，吃的谷物和油籽饼越来越多，用它们的奶制成的黄油颜色
越来越白，也越来越不受欢迎。少量的棕榈油可以使廉价的黄油
或人造黄油呈现出喜人的黄色。20 世纪初，制造商开始把漂白过
的棕榈油作为主要原料加入人造黄油。在英国销售的大部分"荷
兰黄油"是人造黄油与黄油的混合物，前者越来越多地用棕榈油
或棕榈仁油制成。[113] 一位专家断言，英国人正在食用的"相当
数量的精炼纯棕榈油……并不总是以棕榈油的名义出售的"。
1914 年，英国将从非洲进口的大约一半的棕榈油进行了再出口，
其中大部分又以精炼油、人造黄油和其他食品的形式通过德国和
荷兰的公司回到英国。荷兰和德国的人造黄油公司对使用棕榈油
讳莫如深，一位专家说，他们"喜欢以产品的优良品质而不是成
分说明来销售产品"。[114]

　　除了颜色，棕榈油还具有人造黄油的其他重要品质。棕榈油
中的天然脂肪酸混合物使其具有与黄油类似的物理性质：在 25
摄氏度左右时呈固态，但易于涂抹，入口即化。[115] 棕榈油也成
为 1902 年获得专利的氢化工艺的理想原料。通过向脂肪酸中添加

氢原子，制造商可以改变脂肪的物理特性。液态的不饱和脂肪酸变成固态的饱和脂肪酸。完全氢化的脂肪就像一块蜡一样诱人，但它可以与不饱和脂肪混合，或者更常见的是，进行部分氢化。这使得制造商可以通过微调熔点，创造出与自然界的任何物质质地相似或不同的产品。在棕榈油这样的油脂中，部分氢化针对的是最容易变质的脂肪酸，从而延长包装食品的保质期。这一过程还能去除油脂中的令人讨厌的气味和味道（尽管它会产生新的气味和味道）。一位化学家成功地将不能食用的硬棕榈油氢化为可用作可可脂替代品的东西，尽管事实证明，这种方法成本太高而无法推广。[116] 欧美两大洲的肥皂和人造黄油公司就氢化专利和氢化技术的改进进行了激烈的法律斗争，它们看到了重塑世界脂肪市场的潜力。[117]

氢化技术使相关公司能够提纯棕榈油并调整其稠度，具体做法是根据冬季或夏季的温度微调脂肪混合物。1913 年前后，利用经过漂白和氢化处理的棕榈油制成的廉价、白色的"烹饪油"进入市场，奥地利消费者争相抢购，用它来代替猪油。[118] 一位化学家对这种"将植物油转化为对人类有用的各种物质"的新能力赞叹不已，并预言，植物脂肪工业"将比伟大的钢铁工业对人类更重要"。[119] 撇开夸张成分不谈，1914 年，棕榈油和棕榈仁油对欧洲人的饮食作出了重要贡献。由于人造黄油与肥皂等行业对植物脂肪的争夺，导致其价格猛涨，制造商强烈要求生产更多的食用棕榈油。

与欧洲相比，美国关于棕榈油进入食品体系的争论更为明显。由于奶农的游说，美国政府于 1886 年对人造黄油征收每磅 2

美分的税，1902 年，如果人造黄油是"人工染色的"，税率则升至每磅 10 美分。聪明的制造商试图通过用棕榈油染色来规避税收，但棕榈油作为腐臭的铁路润滑油的负面名声让他们始料未及。

在一系列诉讼中，制造商辩称棕榈油是人造黄油中真正的食品成分。但一位受雇于政府的化学家发现，这些公司送来的棕榈油样品"令人作呕，味道和气味糟糕，而且……完全不适合用于人造黄油"。即使是精炼的棕榈油也会导致食品"对公众健康有害，并且味道和气味都令人反感"。[120] 法院裁定棕榈油是一种人工色素。1914 年，税务机关查封了俄亥俄州的一家工厂，该工厂因"非法掺入棕榈油并用其染色"而欠税 200 多万美元。1930 年，美国政府裁定棕榈油实际上是一种食品，但在这样做的同时，它将消费税扩大到天然染色的人造黄油。[121] 虽然美国消费者是东南亚新兴棕榈油产业的重要市场（见第七章），但在 1950 年以前，棕榈油和棕榈仁油在美国人造黄油和烹饪油提供的热量中只占很小的比例。

油棕与欧洲的"幽灵土地"

1961 年，食品科学家乔治·博格斯特伦（Georg Borgstrom）描述了一个奇特的历史现象：欧洲和美国社会对遥远生态系统所生产资源的依赖。这些被他称为"幽灵土地"的地区，使得工业社会能够以自己的土地无法承受的方式尽情消费。作为今天"生态足迹"计算的先驱，"幽灵土地"的概念使历史学家能够量化贸易和帝国对工业化国家的生态贡献。最近的一项估计表明，

1832 年英国消费的产品产自 1500 万英亩"幽灵土地"，1870 年增长至 6300 万英亩，1907 年则高达 1.86 亿英亩。[122] 最后的一个数据是大不列颠岛面积的三倍多。

维多利亚时代的作者非常清楚这种生态依赖。1858 年，一位作者十分夸张地称，如果从未进口棕榈油，那么"如今被转化为供穷人和商业阶层使用的肥皂和蜡烛的每一克脂肪，都将被用于铁路系统"。[123] 然而，19 世纪，棕榈油和棕榈仁对欧洲生态平衡表作出的贡献微乎其微。它们是替代产品，填补了较昂贵的商品的空缺。而且，它们并非像那些呼吁与非洲开展更多"合法贸易"的欧洲人经常想象的那样取之不尽。克里米亚战争（1853—1856 年）就是这方面一个很好的例子：这场战争将俄国的动物油脂赶出了全球市场。正如普莱斯专利蜡烛公司的一位主管所说的那样，这种短缺"给全世界的油脂采购商施加了压力"。[124] 战争期间，英国的棕榈油进口量从 3.1 万吨增加到 4 万吨以上，但是供应量停滞不前。10 年之后，这一数据突破了 5 万吨，又过了 30 多年，才突破 6 万吨。棕榈油的低廉价格是英国对其需求的关键，但这阻碍了非洲人在棕榈油生产上投入更多的土地和劳动力。干旱或许也在一定程度上抑制了产量，但数据并没有反映出明显的影响模式。[125]

1909 年，英国从非洲进口了超过 10 万吨棕榈油，不过其中近一半立即被运往欧洲和美洲的其他港口。如果我们从字面上理解"幽灵土地"这个比喻，那么这相当于英国增加了大约 28 万英亩土地。[126] 但是棕榈油取代了动物油脂，1900 年，英国国内的动物油脂产量达到了 10 万吨的峰值。另外，来自俄国、澳大拉西亚（Australasia）① 和美洲的 9 万吨动物油脂补充了国内供应。因此，非洲以棕榈油的形式提供了英国所需的另一部分动物油脂，这还不算棕榈仁。牧场主至少需要找到 320 万英亩土地来饲养足够多的牛来取代棕榈油。[127]

但是，油棕对欧洲工业化的全面影响并不能轻易地以吨或英亩来衡量。制约非洲生产的主要因素是劳动力，而非土地。由于油棕生长在森林休耕系统中，因此棕榈油出口具有显著的可持续性，与欧洲的许多"幽灵土地"上出现的榨取行为不同。在英国和欧洲，油棕产品走的是迂回路线。棕榈仁喂养了能够产出牛脂和黄油的牛群，减轻了欧洲生态系统的负担。剩余物脱脂牛奶——在早期工业时代几乎是废品——与棕榈油和棕榈仁油混合后成为人造黄油。用棕榈油制成的廉价锡罐，让食物得以被使用棕榈油润滑油的火车装载穿越大陆。其整体影响大于各部分之和。

隐身不见

1899 年，大约 70% 的人造黄油是用动物脂肪制成的。1928年，这一数字骤降至 6%，在荷兰等主要生产国，棕榈油和棕榈仁油占了人造黄油所用脂肪的一半。[128] 那个时候，英国人平均每天从脂肪中获得超过三分之一的热量，其中大部分是人造黄油。[129] 然而，欧洲人消费的油棕产品越多，似乎越注意不到这一点。1938 年，一名水手——他在一艘从非洲向利物浦运送棕榈

① 一般指澳大利亚、新西兰及附近南太平洋诸岛。——编者注

油的船上工作——在一封信中提到了一个很有说服力的例子：他请一位专家解释棕榈油是什么，以及棕榈油的用途可能是什么。这位专家及其他船员对他们运送的棕榈油一知半解，即使他们肯定在船上吃过人造黄油和罐头食品。[130]

名为维杰塔利尼、帕尔马（Palma）、帕尔米尼（Palmine）的人造黄油和起酥油的广告，以"棕榈树、蓝色潟湖和快乐土著等异国风情"吸引消费者的眼球，其中描绘"快乐土著"的通常是粗俗的漫画。[131] 然而，棕榈树往往以人们熟悉的椰子树的形象出现，而非长着一串串尖刺果实的油棕。大多数肥皂广告也是如此。不过也有指明真相的广告。利华兄弟公司的"卫宝"肥皂广告指出，它的橙红色源自"纯棕榈油的颜色"。[132] 利华兄弟公司和其他公司有时将棕榈油称作"棕榈之油"，这让它听起来更为雅致。美国的棕榄肥皂公司称其同名成分为一种异域的"东方之油"。[133] 当棕榄公司提到非洲时，它的广告文案和图像指向的是埃及，而非尼日利亚。在一则充满想象力的广告中，该公司声称，"3000 年前，［埃及］奴隶将热带树木的橄榄油与棕榈油相混合"，清洁和滋润皮肤。非洲与北方国家工业长达一个世纪的联系被归结为一个"古老的美丽秘方"。[134]

尽管棕榈油在欧洲工业中占有重要地位，但对于正在进行工业化的北方国家来说，棕榈油和棕榈仁都不是必不可少的商品。使棕榈油具有多种用途的化学技术也为来自各种植物、动物和海洋的脂肪的竞争打开了大门。19 世纪中期，棕榈油占西非对英国出口总额的 54% 以上，但这是一种严重不平等关系的一部分。[135] 英国与西非的全部贸易——棕榈油、棕榈仁以及黄金、象牙、胡

椒、木材和其他一切——在 19 世纪只占英国全球贸易的不足
1%。[136] 随着欧洲国家利用军事力量夺取非洲油棕林的控制权并
重塑油棕产业，19 世纪末，这种日益加剧的不平等给非洲带来了
严重的后果。

第五章　油棕林中的机器

特许权热潮

20世纪初，工业世界对油脂的需求量极大。肮脏的双手需要清洗，强大的机器需要润滑。更重要的是，人们对人造黄油的接受程度不断提高，这意味着越来越多的来自热带地区的油脂进入了北方国家人民的肚腹。在涉足人造黄油行业之前，肥皂制造商威廉·利华爵士曾抱怨说，在争夺原材料的斗争中，他"无力抗衡黄油制造商"。消费者更愿意花钱买食品而非肥皂。[1] 生产润滑油和抛光剂等低价值产品的公司不得不"翻遍船舱，寻找从棕榈油桶泄漏的油脂"。[2]

对于种植油棕的农民来说，这应该是个好消息：棕榈油和棕榈仁的价格终于上涨了，这个行业摆脱了长期的低迷状况。但这种复苏正值欧洲列强巩固对非洲的控制之际。1910年，除利比里亚外，所有的油棕带都处于欧洲人的控制之下。像利华这样的实业家对这些侵略活动十分赞赏。他声称，"本地人没有能力开发[棕榈油]"，并指责非洲农民采用"浪费、奢侈和昂贵"的方法生产棕榈油、砸取棕榈仁。[3] 他和其他人把目光转向了新型机器——1914 年，英国颁发了 20 多项专利——这些机器以人类双手所无法比拟的力量和速度，敲打、切碎棕榈果，并进行脱水和榨油。此外，人们承诺，用机器生产的棕榈油比在土坑中生产继而装在葫芦里的棕榈油更纯净。1910 年，科学家已经证明，棕榈油的腐臭味是由酶发酵引起的，及时高温烹煮棕榈果使这些酶失活是生产食用棕榈油的关键。[4]

但是生产棕榈油的机器并非新鲜事物。1852 年，一名利比里亚殖民者安装了一台从利物浦进口的螺旋榨油机，这让当地人"十分惊讶，赞叹不已"，以至于他们对"自己生产棕榈油的笨拙方法"大加嘲弄。[5] 1864 年，欧洲人预言，一旦合适的机器到位，手工榨油将在非洲消失，解放出来的劳动力可以砍伐更多树木。[6] 然而，早期的机器对于非洲的棕榈油生产者来说过于昂贵和笨重。富有的企业家可以通过购买奴隶或多娶妻妾，生产他们所需的所有棕榈油，这些人在棕榈油的非生产季节，还要履行其他职能。[7] 20 世纪的大多数新型机器都不是为非洲人开发的。蒸汽驱动的这些怪兽是为欧洲资本服务的。

为了吸引投资者，殖民地政府提供了商业特许权，授予土地和特殊权利。从理论上讲，殖民者与当地酋长和土地所有者合作授予特许权，但实际上，当地人民的利益被忽视了。例如，1900 年在"黄金海岸"爆发的"特许权热潮"，导致酋长们签字放弃了大量土地的权利，这些土地比整个殖民地的面积还要大。[8] 一些特许经营公司拥有非凡的权力；刚果盆地和尼日利亚内陆的公司组建了私人军队，并且可以与非洲国王和酋长通过谈判达成条约。[9]

利华兄弟、尤尔根斯（Jurgens）和其他肥皂及人造黄油公司，被有关棕榈油和棕榈仁"取之不尽"的报道所吸引，纷纷在非洲寻求特许权。[10] 这些公司对用作食用油的棕榈油尤其感兴趣，与橡胶、椰子或可可等其他热带商品相比，油棕对投资者具有特殊的吸引力。上述木本作物需要多年才能成熟，这使得机械不如土地和劳动力重要。相比之下，油棕林看起来就像是现成的种植园。一位殖民地官员承诺："投入的资本很快就会获得回报。"[11] 随着食用油的价格在 1914 年之前的几年里不断飙升（见图表 3.1），对于欧洲的资本家来说，用机械化方式经营非洲的油棕林似乎是一个非常明智的想法。[12] 然而，这些资本家最终发现，非洲的油棕林并非如看上去的那样。诚然，这里有很多油棕，但事实证明，从它们身上赚钱比欧洲人想象的要困难得多。收获时所需的劳动力才是关键因素。只有那些获得国家的高压手段支持的欧洲公司，才能以公司董事认为"合理"的价格获得足够多的劳动力。

法属非洲帝国的油棕种植特许权

可可、咖啡、橡胶和棉花吸引了资本进入法属西非，但法国的报道对潜在的投资者强调，油棕资源十分丰富。1902 年，一位作者声称，达荷美南部平均每公顷"森林"有 128 棵树，其中仅有 3 棵不是油棕。他认为达荷美人利用了大约 7 万公顷油棕林，尚有 23 万公顷留待欧洲人开发。[13] 另一位作者对科特迪瓦进行了估算。在考虑到树龄、树木健康状况、"本土"棕榈油生产的损耗和国内消费之后，他得出结论：5 万吨棕榈油和逾 12.5 万吨棕榈仁"被遗弃在树林中"，等待着欧洲人的机器将其回收利用。[14]

然而，法属西非的投资步伐缓慢。历史悠久的商业公司手段有限，最成功的是英国和德国公司，因此它们在政治上受到怀疑。某些地区的殖民战争直到 20 世纪才得到"和解"，这让投资者望而却步。尽管法国认为"空置的"土地是国家财产，但早期的官员并不急于将法属西非的大片土地转让出去。在科特迪瓦，克洛泽尔（Clozel）总督认为，空置的土地并不存在，因为他认识到了休耕林对于非洲农民的重要性。[15]

克洛泽尔的继任者安古尔旺（Angoulvant）并不认可"休耕林"这一观点。他赞同油棕产品"被遗弃"在森林中的说法，呼吁欧洲资本家用现代化方式经营该产业，不要顾及当地人的感受。[16] 当然，这些树林并不像欧洲人想象的那样是空无一人或无人使用的。来自科特迪瓦穆巴托（M'bato）村的渔民对一家法国公司获得的 1000 公顷特许经营地提出了抗议，他们指出，旱季时他们会在这片树林中采集棕榈仁。这种季节性的使用导致了房屋和日常维护的缺乏。一位官员抱怨道："这些人拥有的油棕太多了，他们根本用不完。"在科特迪瓦的另一个村庄洛科乔（Locod-jo），渔民坦言："我们生来不是要去攀爬油棕的，我们是渔民。"但他们仍然对一项威胁自己利用油棕的特许权提出了抗议。政府告诉他们，它无意夺走村民们一直在除草和修剪的油棕，但人们宣称："把我们的油棕留给我们！"[17]

尽管抗议不断，但外国公司还是获得了在法属西非开采油棕的特许权。然而，那些被认为能够给该行业带来革命性变革的机器表现不佳。1908 年，富尼耶（Fournier）公司在科托努（Cotounou）附近建造了一家工厂，利用液压活塞打碎棕榈果并榨油，从而取代用臼来捣碎棕榈果的数百名男人和女人。然而，这台机器很快就坏了。该公司继续收购棕榈果，"避免动摇当地人的信心"，但当几个月后这台机器修好时，由于库存的棕榈果发酵，结果生产出来的是不可食用的硬油。[18]

美国商人、发明家厄尔·W. J. 特雷弗（Earle W. J. Trevor）发现，即使机器正常运转，经营油棕林也比预期困难。1914 年，他的果皮联合集团（Pericarp Syndicate）在班热维尔（Bingerville）开设了一家工厂，使用的是特雷弗设计的拥有专利权的机器，不久之后，联合集团又在阿比让（Abidjan）开设了第二家工厂。[19] 他获得的特许权使他有权占有"除当地人家用之外的所有棕榈果"，但不拥有树木本身的所有权。他指出："如果订立一份合同，让当地人不能把自己想要的棕榈果全部用于家用或生产，这是不公平的。"特雷弗解释说，他非正式地处理冲突，让手下在远离村庄的地方收获油棕。村民可以自由地生产和出售他们想要的棕榈油，尽管特雷弗拒绝购买。[20]

该公司希望能够以生产棕榈油换取当地人采摘棕榈果，但后者拒绝了，于是特雷弗从北方招募了一批与当地社群没有关系的人。特雷弗坚称："这些人喜欢这种工作，不喜欢采矿。"[21] 当被问及这些人是如何被招募的时候——他们是契约劳工还是奴工——特雷弗回答说："这里是法国的殖民地。"他的意思是根本不需要正式契约：招募者利用激励和胁迫手段从北方招募外来劳工，由于这些人与当地人在种族、语言和宗教上存在差异，所以无法溜进村庄从事农业生产。有些人被精英阶层卖作了奴隶。通过引进劳动力，果皮联合集团每月生产约 100 吨棕榈油。虽然特雷弗吹嘘从他这里运走的棕榈油只含有 2% 的游离脂肪酸，但他指出，他的一些货物的游离脂肪酸含量高达 80%。[22] 其根本原因是，果皮联合集团无法快速地获得新鲜的棕榈果，从而保持机器以有效的速度运转。

事实证明，在法属西非殖民地，对于种植油棕的特许权而言，这种情况相当普遍。当地人拒绝按照给定的价格向工厂出售棕榈果，并且，实业家发现，用自己的雇员收获"野生"油棕林比预期的要付出更多劳动。当时没有收获机器，也不可能指望制造出收获机器。20 世纪 20 年代末，在法属西非的约 40 块大片特许经营地中，只有 28 块仍在运营，总面积不足 3 万公顷。其中，仅有少数继续从事油棕的特许经营，其他大多数转向生产咖啡、可可或橡胶。[23]

在法属赤道非洲，由于地广人稀，殖民官员授予公司的特许经营地面积辽阔，并且，这些公司还对生活在这片土地上的人们拥有极大的权力。[24] 虽然橡胶和采矿行业吸收的资本最多，但是1910 年有关无边无际的油棕林的报道引起了利华兄弟公司的兴趣。利华没有就自己的特许权进行谈判，而是买下了奎卢-尼阿里土地所有者公司（Compagnie Propriétaire du Kouilou Niara, CP-KN），该公司曾拥有世界上面积最广阔的特许经营地——600 万英亩，7 万英镑的收购价格看起来相当划算。然而，1911 年，一支探险队带来了坏消息：报道夸大了油棕的数量，它们"东一簇西一簇地生长，没有哪个邦能供应一座榨油厂"。[25] 不管怎样，利华还是兴建了一座榨油厂，但找不到采摘棕榈果的工人。1913年，利华将这些机器拆卸下来，运到了比属刚果。[26]

农学家伊夫·亨利（Yves Henry）抱怨道，非洲人拒绝为开采油棕"承担长期责任"，因为政府"不愿意采取强制性措施"。他总结说，让机器运转起来的唯一办法是"支付一笔费用，消除当地人对待遇的所有顾虑"。但这不是任何一个非洲人所能控制的，而是取决于欧洲的棕榈油和棕榈仁消费者，以及与之竞争的全球油脂行业。亨利在1918年写道，棕榈油产业走向机械化生产的唯一出路是种植园，在那里，管理者可以控制油棕及收获它们的人。[27] 尽管20世纪20年代，法国殖民地仍对资本家开放，但殖民当局越来越多地把出口棕榈油的希望寄托在小农身上。[28]

德属非洲帝国的"轻微强制措施"

从1885年的柏林会议到1914年德国失去多哥和喀麦隆，德国在西非作为殖民强国的时间比较短暂，甚至不足30年。尽管这两块殖民地的面积和环境大不相同，但殖民当局在给欧洲公司提供特许经营地和廉价劳动力方面，采取了强制性政策。[29]《科隆日报》（*Kölnische Zeitung*）的编辑普罗斯珀·米伦多尔夫（Prosper Müllendorff），在1902年的一次演讲中回应了早期对这种做法的批评，"我承认对工人们采取了一些轻微强制措施"。但他坚持认为，要想让获得特许权的公司经营下去，强制措施是必不可少的。他还声称，非洲人因为赚取了现金工资而过上了更好的生活。[30]

在喀麦隆和多哥工作的德国科学家是在油棕产业实施种植园

制度的早期倡导者，他们认为，依靠枝干参天、产量多变的"天然"油棕林会增加劳动成本。[31] 在 1902 年的一篇论文中，科学家保罗·普罗伊斯（Paul Preuss）认为，一公顷油棕种植园的收益超过一公顷可可，而正是可可吸引了许多非洲人放弃种植油棕。但这种算法假定用机器加工棕榈果。一位持怀疑态度的法国专家计算后认为，如果不用机器，仅仅是从一公顷油棕树上剥取棕榈仁（2235 千克），就需要四个人工作一年。榨取棕榈油（1095 千克）则需要两个人花九个月的时间。[32] 如果不采用机器生产，种植园种植将毫无意义。

德国殖民地经济委员会（Colonial Economic Committee）为首个实用棕榈油厂的兴建提供了奖励，这激发了人们对机械化生产的兴趣。1902 年，德国的哈克（Haake）公司凭借一套机器赢得了该奖项，这套机器可以将棕榈果煮熟并切碎，将果肉与果核分离，榨取棕榈油，并烘干果核、剥出果仁。喀麦隆的两个德国种植园和达荷美的一家获得特许权的法国公司，大张旗鼓地安装了这些机器。但对于非洲精英来说，这些机器过于笨重和昂贵，它们的目标客户是拥有大片土地的欧洲资本家。为了供应这些新机器，官员们命令喀麦隆的酋长们，每座村庄的每户人家需要种植 25 棵油棕，每新建一栋房屋则需要种植 50 棵。[33]

然而，农民对于为这些工厂种植油棕幼苗、采摘棕榈果缺乏热情。与成品棕榈油的价格相比，棕榈果束的价格较低。人们对农产品收购站唯恐避之不及，因为他们害怕"被招聘代理人抓住后，被迫在遥远的种植园或政府铁路上工作"。[34] 1913 年，至少有 1.8 万名非洲人在喀麦隆的 58 个由欧洲人所有的种植园里工作，他们往往身不由己，并且工作环境恶劣。[35] 这些种植园的所有者包括生产肥皂和人造黄油的荷兰公司尤尔根斯公司和范登伯格（Van den Bergh）公司。这两家公司的董事对在喀麦隆投资持谨慎态度，尽管政府提供了"轻微强制措施"。1908 年，这两家公司合作，共同开发一块面积达 3000 公顷的特许经营地，它们采用了哈克公司发明的机器，并计划逐步用种植园生产取代从村民那里收购棕榈果。然而，第一次世界大战爆发后，该项目陷入停滞并最终流产。[36]

在多哥，德国征服的是一个已经忙于棕榈油和棕榈仁贸易的国家。像邻国达荷美一样，多哥已经出现了一些由当地商人和非洲裔巴西人建立的油棕种植园，这些非洲裔巴西人以前大多是奴隶，后来以企业家的身份回到家乡。[37] 殖民地官员致力于改造非洲农业，他们引入了新的机器、农作物品种和耕作技术。[38] 但是，几家公司获得了大片特许经营地，其中一家在阿古（Agou）兴建了一座油棕种植园。这家公司安装了一种由油籽压碎机改造而成的捣碎机（见图片 5.1）。其工作原理与非洲的棕榈油生产方法相同，只不过是蒸汽动力取代了人力，钢钉锤取代了木杵。[39]

在阿古，至少有 960 人服务于这些机器。当英国军队在 1914 年占领这个种植园时，只有 184 人愿意回去工作，从中可以看出这项实验的受欢迎程度。[40] 不久，英国人收到了国王科菲（Kofi）和勒勒克勒勒（Leleklele）的联名信，他们细数了这个种植园的罪恶历史。两位国王写道，1898 年，一个叫作格吕纳博士（Dr. Grüner）的人来到这里，"让我卖给他们一些土地，但我和我的老人［长老们］不同意"。格吕纳说，"如果我们不给他，他

图片 5.1　洪保德（Humboldt）公司生产的用于捣碎棕榈果的捣碎机，与在阿古安装使用的那种机器类似。皮带驱动上凸轮轴，上凸轮轴将锤子举起并砸在斜槽中的棕榈果上。[索斯金（Soskin）《油棕》（*Die Ölpalme*），图 48。]

就让他的士兵攻打我们，用枪把我们杀死"。格吕纳"从我们手中把所有土地"夺走了，导致"我们无地可耕"。为了在殖民地法庭上为自己辩护，两位国王以 25 英镑的天价聘请了一名律师，但他一直没有来。收到这封信的英国军官注意到，科菲国王带来了"大约 9 年前硬塞给他的那个钱袋，至今未动"。[41]

　　尽管英国人赶走了德国人，但他们并没有归还土地。相反，他们让村民耕种种植园，作为交换，村民要为油棕除草并打理，英国人则想对机械化生产棕榈油这项实验开展研究。英国管理人员抱怨村民采集棕榈果供自己使用，并承认曾以收回种植园威胁村民，然后让他们继续从事修剪和除草工作。[42] 一年后，结果令人失望。一名英国军官报告，"多哥当地人生产的棕榈油质量很好，我们（在阿古）用机器生产的棕榈油只比当地人生产的好一点点"。机器生产的出油量比当地方法生产的多 12%，但这很难证明采用机器生产和种植园制度是合理可行的。[43]

从德国的油棕种植实验中得到的主要教训是，任何一座机械化工厂都需要稳定的劳动力储备。无论机器多么先进，还是油棕长得有多好，如果没有人采摘棕榈果，一切毫无意义。多哥和喀麦隆都没有为取得胜利的英国和法国提供榜样，因为德国的项目显然是依靠政治上不可接受的暴力才得以存在的。

英属西非的特许权

与法国和德国的同僚不同，英国官员在授予特许权方面非常谨慎，同时代的一些人认为他们过于谨慎。威廉·利华爵士曾多次申请在尼日利亚获得特许权，都遭到了拒绝。他将此归咎于殖民地官员对工业资本主义的傲慢态度，以及他所认为的对非洲土地所有权制度的错误尊重。[44] 然而，利华、尤尔根斯和其他公司在 1914 年之前已经收购了棕榈油和棕榈仁贸易公司的股份，并且，它们成功地在英国的另外两个殖民地——塞拉利昂和"黄金海岸"——取得了特许权。[45]

争夺特许权的竞赛始于 1907 年，当时，拥有棕榈果加工新机器专利的利华与塞拉利昂政府接洽。利华兄弟公司的计划简单粗暴：它将在"几乎荒废的"油棕林中兴建一座工厂和轻轨网络。[46] 政府授予其在工厂方圆 20 英里范围内拥有 99 年的棕榈果采购垄断权。该公司强调，"我们不希望使用任何强制手段给当地人民施压，他们完全可以自由地把产品运到我们的工厂或他们喜欢的任何地方"。但利华兄弟公司仅计划为每吨棕榈果支付1英镑。总督算了一笔账：一个棕榈果采摘工每天可赚约2.5便士。政府的一名领班搬运工——这可不是一份令人羡慕的工作——每天可赚7便士。[47] 总督还是同意了这个提议，只不过把租期缩短至21年，并且，一位勘测员带来了令人鼓舞的消息，在拟议地约尼巴拿（Yonibana）周围，"油棕长得比我所见过的任何地方都要茂盛"。[48] 但如今利华迟疑不决，拒绝回应塞拉利昂总督的还价。

如果非洲人声称对"空置的"土地拥有所有权，那么西非的英国官员不会提出异议，这种做法与法国人和德国人大相径庭。正如一位总督所言："油棕的所有权毫无争议：它们是当地人的财产。"[49] 欧洲人可以自由地与非洲的土地所有者进行谈判，有些人确实这样做了。一个代表英国肥皂公司的团体在"黄金海岸"中部和西部租赁了3.6万多公顷土地，并建立了一个小型机械化棕榈油厂网络，名为"棕榈油种植园管理者有限公司"（Palm Oil Estates Managers Ltd.，POEM）。[50]

"黄金海岸"和尼日利亚的官员告诉利华，欢迎他就租约和设置机器进行谈判，但官员拒绝授予他对工厂圈子以外的任何东西的垄断权。1910年，利华建造了3座棕榈仁压榨厂，但它们表现糟糕，无利可图。利华的管理人员不信任非洲人来管理这些机器，但雇用欧洲人增加了运营费用。[51] 棕榈仁饼在当地没有市场，并且，用来运输棕榈仁油的大桶发生泄漏，造成了"巨大浪费"。当利华兄弟公司派出专门的油轮运油时，激怒了垄断企业埃尔德·登普斯特（Elder Dempster）轮船公司，该公司威胁取消用于回报大客户的运费回扣。[52] 竞争对手也哄抬棕榈仁价格，迫使利华知难而退——他真的这么做了。

这一经历使利华相信，垄断对于防止竞争对手让自己的机器空转至关重要。1911 年，他重启了与塞拉利昂和其他殖民地的谈判，指出他的机器"已经日臻完美"。[53] 伦敦的一些高官敦促殖民地接受利华的提议，并预言他的机器"最终会降低棕榈油价格，以至于用本地方法生产棕榈油将不再有利可图"。[54] 但是非洲的精英强烈反对垄断这种特许权。一位作家警告自己的同胞，出租油棕林是一种"杀鸡取卵的政策"，这会剥夺非洲人从自己的树上获取食物和酒的权利。[55] 塞拉利昂的一位专栏作者写道："不要想当然地以为国家在为你着想。"[56]

利华并未在尼日利亚获得垄断权，但英国当局保证他和其他大投资者可以在塞拉利昂和"黄金海岸"租赁大片土地，而不必面对那些小公司的竞争，而正是这些小公司让利华创办棕榈仁压榨厂的冒险行动失败了。为了将小公司拒之门外，英国当局宣布，特许经营公司在第一年必须在机器和建筑方面至少花费 1.5 万英镑。这是一个至关重要的决定：棕榈油种植园管理者有限公司下属工厂的建造者，在其 14 块独立的特许经营地上仅花费了48714 英镑。设立在阿古的德国工厂只花了 3500 英镑。这项至少花费 1.5 万英镑的政策迫使特雷弗的果皮联合集团在科特迪瓦而非"黄金海岸"设立工厂。[57] 在这种情况下，利华兄弟公司最终就约尼巴拿的一块特许经营地签署了协议，并着手进行第二块经营地的文书工作。其他欧洲公司也加入了这股热潮，但 1914 年第一次世界大战的爆发使这些项目未能破土动工。[58]

　　与法国和德国的殖民地一样，塞拉利昂和"黄金海岸"投入运转的特许经营地，同样面临着劳动力不足的难题。欧洲人严重地高估了每个人每天可以割下多少串果束，同时低估了工资水平。利华兄弟公司的一名管理者称，每个人每天可以割下100串、甚至150串果束。塞拉利昂总督认为50串较为实际。在约尼巴拿工作的利华兄弟公司的一名雇员指出，他所在的工厂只希望每个人每天能够割下15串或20串果束。他报告说："我们已经成功地获得了几吨棕榈果，这多亏了酋长富拉·曼萨（Fulla Mansa）的斡旋。"这位酋长签署了一份通过他的奴隶和仆人供应棕榈果的合同。塞拉利昂政府威胁说，如果酋长们不能提供更多的棕榈果采摘工，那么每年价值160英镑的补贴将被收回。官员采取了"胡萝卜加大棒"的政策，指出利华兄弟公司的工厂愿意为一年的棕榈果采摘支付6000英镑的工资。[59] 总督敦促工厂提高收购价格——即使是暂时的——但利华兄弟公司拒绝让步。棕榈油必须从一开始就价格低廉并有利可图。[60]

　　在断言酋长们无法想象一吨棕榈果是什么样子之后，利华兄弟公司拿出了一堆棕榈果演示。酋长们收集了大小相当的一堆棕榈果，并手工制成棕榈油和棕榈仁。结果显而易见：利华兄弟公司每吨棕榈果出价1.5英镑，但成品棕榈油和棕榈仁价值4英镑。棕榈果的价格必须接近4英镑，酋长们才会考虑卖给工厂。棕榈油种植园管理者有限公司在"黄金海岸"也有同样的经历：公司给一天割下12束棕榈果的人们支付1先令6便士的工资，但这些人要求2先令，几乎与成品棕榈油的价格相当。"你无法让他相信，在免去榨油的辛苦而出售棕榈果时……他没有损失 6 便士。"
一位欧洲人抱怨道。他接着说："不管看起来多么荒谬，我认为
正是这种信念导致了全部的生产困难。"[61]

事实上，这项指控针对的是非洲人做事缺乏理性思考。他们
看不到节省劳动力的机器的价值。"对于当地人来说，当计算一
件成品的成本时，时间和劳动力不算数，也不在考虑范围之内。"
一位官员称。但也有官员指出，"如果棕榈果被送到工厂，女人
们将免于劳作"。只要男人们可以剥削妻子、孩子、奴隶和其他
依附者的劳动，那么对于他们来说，继续在家中生产棕榈油最明
智。女人们无法爬树采摘棕榈果，直到 1914 年，在塞拉利昂农村
等地，她们几乎没有其他赚钱的方式。一位官员说："我无法想
象塞拉利昂当地人会喜欢一种由男人包揽所有工作，而他的妻子
什么都不做的制度。"[62]

对于英国殖民地的特许经营公司来说，在劳动力问题之外，
还有土地问题。棕榈油种植园管理者有限公司发现，它在"黄金
海岸"的一份油棕租约卷入了一场围绕阿肯族（Ahanta）王权的
激烈争端。一位王位竞争者的追随者对工厂员工实施了"一系列
暴行"。[63] 棕榈油种植园管理者有限公司浑浑噩噩地度过了 20 世
纪 20 年代，它从尼日利亚引进劳动力，但发现自己未能占有足
够多的新油棕林来开展业务。一位不知姓名的英国人写下了自己
在塞拉利昂的一块特许经营地上寻找土地和劳动力的"痛苦经
历"。[64] 20 世纪 20 年代，许多英国人认为，棕榈油特许经营要
想取得成功，就必须"对土地和人民进行垄断，这意味着剥夺他
们与生俱来的权利"。[65] 殖民地官员知道，他们的权力并不稳固，

依赖于善变的酋长和国王的支持（殖民术语称作"间接统治"）。夺取土地将导致出现可能推翻现行制度的政治问题。

这并没有阻止利华兄弟与其他棕榈油和棕榈仁的大买家加入一个委员会，该委员会在1923年发起了一场旨在开放英国的殖民地、获取新特许权的运动。这个委员会宣称，"非洲的农民阶层不习惯有规律地工作"，认为只有欧洲资本才能发展油棕产业。[66] 他们向英国帝国政府提出了5点要求：

1. 对工厂的99年租约或永久业权。
2. 对棕榈果收购和工厂加工棕榈果的21年垄断期。
3. 5000英亩以下种植园的租赁或永久业权。
4. 政府强迫按合同规定交付棕榈果。
5. 对工厂周围机器运输的垄断。

该委员会实际上只提出了两条途径：征用非洲土地开辟为种植园，或者强迫非洲人在垄断条件下经营自己的油棕林。[67]

尼日利亚总督休·克利福德（Hugh Clifford）认真思考了对殖民地进行"托管"的想法，认为自己有责任促进实现其非洲臣民的最大利益（并决定这些利益是什么）。他对这些提议犹豫不决，更倾向于循序渐进而非彻底变革。[68] 其他官员提醒说，这个委员会的建议仅仅是"为了给西非的棕榈油和棕榈仁贸易重新戴上垄断的镣铐"，对非洲人毫无益处。[69]

克利福德指出了一个"令人不快的事实"，即像利华兄弟这样的公司对非洲人及油棕的需要，要甚于非洲人对它们的需要。[70] 如果英国企业愿意把长期的工业发展置于利润之上，克利福德愿意给予特权。[71] 但英国资本家坚持认为，企业必须迅速赚钱，并且，不能相信非洲农民会按市场价格提供棕榈果。至少，他们要寻找一块"核心"的种植园土地来维持昂贵机器的运转。[72]

尼日利亚副殖民大臣奥姆斯比-戈尔（Ormsby-Gore）最终决定采取一种不同的想法：向工厂提供补贴，帮助它们——以及当地农民——适应与油棕共处的新方式。尼日利亚的税收政策让人颇为不满，奥姆斯比-戈尔对此深感震惊，他急于"向尼日利亚本地人表明，这项政策不是由贪婪的特许权索取人或逐利的欧洲公司制定的，而是为了确保尼日利亚最伟大的天然产品的未来出口"。奥姆斯比-戈尔写道："我知道这是社会等级主义，但西非的其他事情也是如此，我们不能再奉行教条主义了。"[73]

第一家获得补贴的工厂开设在"黄金海岸"，克罗博国王长期以来一直在这里鼓动油棕产业的机械化生产和对其投资。[74] "非洲和东方公司"（A&E）报告说，布科诺（Bukonor）的新工厂附近的村民兴奋不已，"女人们［对这家工厂］的渴望比男人们更强烈"。男人们已前往可可农场劳作，女人们希望这家工厂可以将他们吸引回来，回到油棕林和家庭。克罗博国王承诺提供收获所需的所有男性劳动力。[75] 国王和他的酋长们同意了一份按固定价格交付棕榈果的合同，尽管这位国王对装载棕榈果箱子的价格和大小持保留态度，但坚称，他"会确保这些人接受合同"。[76] 由于意识到机器必须满负荷运转才能收回投资，所以殖民地政府答应给工厂提供以棕榈果采购量为基础的滚动补贴。[77]

工厂开业后，克罗博人发现棕榈果收购价格太低。女人们意识到工厂会让她们失去砸取棕榈仁的收入后，便开始反对它。克罗博国王无法说服或强迫其臣民攀爬油棕或将棕榈果卖给工厂。[78] 在整个 20 世纪 30 年代，这家工厂断断续续地经营着，但始终无法获得足够的棕榈果。考虑到设备成本和白人管理者的工资支出，该厂需要在利物浦以每吨 25 英镑左右的价格出售棕榈油。1933 年，棕榈油的价格每吨不足 15 英镑，并且还在下跌。1937 年，政府放弃了这项计划，将机器运往塞拉利昂，下一个补贴项目正在这里缓缓拉开帷幕。[79]

在塞拉利昂，"非洲和东方公司"同意投资 8000 英镑建一座工厂，条件是殖民地政府再提供 1.6 万英镑，并且当机器运抵时，要有一个"核心"种植园。[80] 令人惊讶的是，政府竟然同意了。在大萧条最严重的时候，让油棕产业实现现代化迫在眉睫。马桑基（Masanki）的核心种植园是用监狱劳动力建造的，它旨在教导当地农民如何从油棕中获得最大收益。由于进度缓慢及预算超支，当来自布库诺尔（Bukunor）的机器运抵时，这个种植园只有几百英亩的土地准备就绪。1939 年，联合非洲公司（UAC，1929 年收购了"非洲和东方公司"）提出接管这个项目，但条件是政府再提供 7000 英亩土地。政府拒绝了。利用手动榨油机进行短暂实验后，政府于 1941 年放弃了整个项目。

总督解释说："这项计划的主要目的不是让本届政府和［联合非洲公司］从事有利可图的贸易，而是提供一个'应用现代科学和商业方法种植油棕及加工其产品的实例'……在我看来，这个教训现在已经持续了足够长的时间，达到了目的。"[81] 尼日利亚官员在对联合非洲公司的一系列提议进行讨论后得出了类似的结论，这些提议包括取得补贴、要求数千英亩土地用作种植园。[82]

联合非洲公司在英属西非积累的经验使它认识到，"油棕种植园和工厂应该形成一个自给自足的单位，并且不应该以任何方式依赖非洲农民的棕榈果供应"。20世纪30年代中期，心生厌倦的尼日利亚政府最终允许联合非洲公司在尼日利亚东南部租借土地，用于开辟两个油棕种植园，但联合非洲公司称，从苏门答腊进口种子的初步结果"令人失望""不容乐观"。[83] 1936年，政府"认为自己过于开放，并再次［将门］关上"，不再向外国人提供土地。[84]

比属刚果

威廉·利华爵士在1911—1914年和1923年都未能在尼日利亚获得垄断经营特许权，但他在刚果的运气不错。刚果盆地拥有数片非洲最大的油棕林，但在19世纪，这里出口的棕榈油并不多。这一情况随着1885年柏林会议的召开发生了变化，此次会议让一个新的强权人物掌管了该地区：比利时国王利奥波德二世。利奥波德通过名为"刚果自由邦"的实体宣称该地区为个人封地。[85] 这是一种"超现实的怪诞现象：一个没有大都市的殖民地"，它由利奥波德——"以他想象中的刚果酋长联盟领袖的身份"——而非比利时统治。[86] 利奥波德对这个自由邦的残暴统治导致无数人死于暴力、劳役、饥饿和疾病。1890年，棕榈油和棕榈仁的出口关税占该自由邦财政收入的一半，但这种贸易很快就被野生橡胶所取代。[87] 成人和儿童因没有完成橡胶采集定额而被砍断手足的可怕照片，激起了欧洲对该自由邦的反对。1908年，比利时政府强迫利奥波德交出刚果，使其成为比利时的殖民地，而非国王的个人财产。[88]

比利时急于把刚果改造成一个模范殖民地。资本家乐意投资刚果的铜矿，但他们不愿涉足农业。1909年，殖民大臣朱尔·伦坎（Jules Renkin）派出代理人去吸引外国投资者的兴趣。政府把目光投向了橡胶，希望用种植园生产取代正在走向崩溃的野生橡胶产业。当利华与英国官员就油棕种植特许权进行谈判时，他听到了伦坎的宣传。利华派了两支队伍去调查刚果的油棕林。正如历史学家 D. K. 菲尔德豪斯（D. K. Fieldhouse）所言，"［利华的项目］将来能否成功，在很大程度上取决于这些人的工作表现"。对利华来说不幸的是，"他们干得很糟糕"。[89] 一位评论家声称，这项调查包括在 3 个地点 "步行几英里进入内陆"，加之来自商人和政府官员的 "不可靠的、模糊的信息"。[90]

利华想估算油棕的密度：和其他特许经营者一样，他打算在油棕林中安装机器，迅速投入棕榈油生产，免去重新种植油棕的麻烦。[91] 刚果似乎有 "几百万英亩" 油棕林，非洲人利用的只占一小部分。听到令人鼓舞的消息后，利华告诉比利时人："中非不是出产橡胶的地方，而是出产棕榈油的地方。"[92] 伦坎热情地表示同意，吹嘘刚果是 "一块不折不扣的滴着棕榈油的土地"。他大肆渲染大片油棕林被浪费的观点，并宣称，"当地人对这种天然产物的开发糟糕透顶"。[93]

当阿尔伯特·蒂斯（Albert Thys）——此人对刚果的人民和

森林资源相当了解——拒绝加入利华的新油棕项目时，利华本应给予更多关注。蒂斯写道："亲爱的先生，在上刚果地区成立一家公司开发野生油棕毫无前途，那里的油棕数量不值一提，我太了解刚果了。"蒂斯敦促利华在刚果河口附近投资，但利华对自己的专家深信不疑，一意孤行。[94]

　　1911 年，利华成立了一家名为比属刚果榨油厂（HCB）的新公司，该公司随后与比利时政府签署了一项条约。在油棕种植特许权方面，比属刚果榨油厂与其他公司有 3 点不同之处。第一，特许经营地极为辽阔。比属刚果榨油厂可以从 5 片面积都超过100 万英亩的"圈地"中，挑选最想要的土地。如果比属刚果榨油厂达到业绩基准，它可以在 1945 年将租赁转为永久业权。殖民地法律将非洲的财产权限制在村庄和长期耕作的农田，这使得大部分油棕林成为比属刚果榨油厂勘测员的囊中之物。第二，如果比属刚果榨油厂无法招募到劳动力，比利时政府将利用国家权力解决这个问题。第三，也是最后一点，利华本人对这个项目的大力支持是至关重要的。他将大量资金投入比属刚果榨油厂，当这个项目逐渐走下坡路时，没人能说服他放弃，或是削弱他的雄心。1912 年底，他亲自来到刚果，在"圈地"中为 3 座棕榈油厂选择了地址。[95] 据利华的儿子称，"每片油棕林、每个地址都是经他许可后选定的；每一栋房屋的建造，都是相关计划经他同意后才动工的，而这些计划往往大多数是他制定的"。[96] 利华事无巨细都要亲自过问，就连工人们的"食物运输箱"里面装了什么也不放过（他们看到他拿起羊舌罐头时吓坏了）。[97]

　　利华对自己的判断和对手下专家的坚信不疑，多年来一直困扰着比属刚果榨油厂。在利华看来，他的刚果圈地遍布着"茁壮成长"的油棕，"在杂乱的灌木丛中，油棕一棵挨着一棵，它们定会结出累累硕果"。[98] 为了"改良"油棕林，比属刚果榨油厂铲除了幼龄油棕和灌木丛。殖民地农业主管埃德蒙·勒普莱（Edmond LePlae）说："还是 30 英尺高的油棕更好看。"这是欧洲人对油棕种植园的看法——高大的树木中间是光秃秃的地面，这也许是受到了利华早年在南太平洋从事椰子种植园经营的影响。

然而，刚果农民明白，树龄较大的油棕由于树干太高而难以攀爬，不利于采摘果实。比属刚果榨油厂在经历惨痛教训后认识到，树龄在 10 年～20 年的油棕最合用。[99] 榨油厂还发现，灌木和杂草实际上是肥力的重要组成部分，能够保护和改良土壤。20世纪初，殖民地种植园的管理者痴迷于"清理杂草"，他们想将土地上的所有无关植物清除殆尽（见图片 5.2）。殖民地专家花了很多年才认识到这个错误。[100] 在刚果工作的科学家后来发现，茂盛的油棕林并不是土壤肥沃的标志，肥沃的土壤才会造就茂盛的油棕林。1942 年的一份报告得出结论，改良后的油棕林和成熟的种植园农业打破了营养循环，而"在营养循环的流失方面，腐殖质的腐烂和氧化仍在继续——事实上，暴露在热带阳光下加速了这一过程"。腐殖质"很快就消失得无影无踪"。[101]

在刚果工作的欧洲科学家最终给予了当地农业实践极大的尊重。他们称赞刚果农民是"天生的守护人"，通过砍伐不受欢迎的树木和保护有价值的树木来精心管理灌木丛。一位官员说："他们绝对不会砍伐油棕。"[102] 比属刚果榨油厂的一位原管理人

图片 5.2　1912 年前后的刚果，一棵修剪过的油棕矗立在一片只有零星杂草的油棕林中。(本书作者收藏的立体幻灯片。)

员解释道，尽管这里的土地"不像欧洲人的椰子种植园那样'耕种'"，但它仍然得到了集约化管理。农民们利用森林休耕周期轮作作物和土地。油棕在各个社群中备受重视，以至于人们开会讨论患病树木的命运。殖民者对油棕"叶芽"的喜好令农民们深恶痛绝，因为这会毁掉整棵树。这就像"为图省钱而烧掉房子去烤猪一样"。[103]

1915 年，比属刚果榨油厂打算在北部的 3 片圈地中用种植园取代油棕林，因为这些地方的油棕数量远低于预期。[104] 但这项工作进展缓慢。为发展种植园农业而清除原始森林和棕榈树林花费巨大。1935 年的一份报告估计，清除 1 公顷草地需要 50 个工作日，清除 1 公顷灌木丛需要 100 个工作日，清除 1 公顷不太茂盛的森林（指大片棕榈林）需要 200 个工作日，清除 1 公顷原始森林需要 400 个工作日。[105]

此外，被比属刚果榨油厂寄予厚望的机器表现得令人失望。利华的蒸汽船队故障不断，首批棕榈油榨油机和棕榈仁剥取机也暴露出严重的设计缺陷。比属刚果榨油厂的一名员工称，运到刚果的 16 台机器无异于"一堆废铁"，只得被拆卸组装成几台可以运转的机器。[106] 不久，它们被利用离心机而非压榨机来榨油的新设备所取代。20 世纪 20 年代，这些新设备生产了高质量的棕榈油，但就像整个西非的榨油厂一样，如果没有劳动力供应棕榈果，这些设备就毫无用处。

比属刚果榨油厂最初从 5 片圈地内的当地人那里收购棕榈果，榨油厂天真地以为，当地人任由棕榈果烂在林中是因为缺乏市场。如果这是造成比属刚果榨油厂止步不前的原因，那么它的遭遇与其他获得特许权的欧洲公司并无二致。然而，利华签署的条约赋予了其在特许经营区内从树上采摘果实的权利。该公司的员工可以在这些区域内采摘棕榈果，无论当地人是否声称拥有油棕的所有权。[107] 官员们本应在转让土地之前调查所控制土地的历史和法律习俗，但许多人根本无视法律，他们宣称，除了精耕细作的村庄土地，其他土地为国有财产。[108] 20 世纪 40 年代，比属刚果榨油厂的员工通过采摘假装是野生油棕的果实，为该公司提供了所需的大部分棕榈果。

1911 年的条约要求比属刚果榨油厂给工人支付最低工资，并提供食物、住房和医疗服务。[109] 然而，当 1911 年西德尼·埃德金斯（Sidney Edkins）到比属刚果榨油厂工作时，他发现尽管有这些福利，但愿意来此工作的人寥寥无几。在自由邦时期，猎取象牙者、橡胶商、奴隶贩子、铁路建造者造成了人口的锐减。埃德金斯抱怨说，在上刚果，铁路沿线"几乎看不到一个村庄"。强迫劳动"导致铁路两侧 50 英里范围内几乎不见一人，就连成千上万名外来劳工也踪影全无"。[110] 在他前往刚果的旅途中，触目所及，废弃的村庄和患昏睡病的"可怜人"比比皆是。"剩下的人虚弱不堪，他们无力驱赶大型野生动物。"大象和水牛摧毁了农田，并且"似乎在很大程度上已不再惧怕人类"。埃德金斯回忆说，1913 年，欧洲的一名年轻人在利华维尔（Leverville）被大象袭击而死，被发现时，他的枪管弯曲，面部血肉模糊。[111]

比利时人及一些当代学者认为，像这样的末日般描述有夸大其词之嫌。[112] 然而，当 1912 年利华来到刚果时，他承认确实存在劳动力短缺的问题。利华并未提高棕榈果的收购价，而是要求警察在农村巡逻，从而把人们集中起来去工作以缴纳税款。[113] 利华确信非洲人根本就不想工作。他抱怨道："在这些地方，油棕是当地人的银行账户……当他想取钱的时候，可以随时去银行取。"[114]

殖民税收是刚果的比属刚果榨油厂和其他企业寻找劳动力的两种手段之一。政府对男性征收人头税，并对其妻子征税，以此迫使富有的男性缴纳更多税款。值得注意的是，税款必须以现金支付，而非棕榈油。这意味着纳税人必须把农产品卖给商人，或是为外国公司工作。[115] 在利华的 5 个特许经营区之一的伊丽莎白圈地，纳税负担极重，以至于人们需要采摘棕榈果达 48 天之久才能支付。工人们在工作期间可以得到食物和住所，但他们要把这段时间内所赚的一切上缴国家。在巴伦布（Barumbu）圈地，比属刚果榨油厂的主管要求政府将税收征收分散到全年，希望借此防止工人们在工作几个星期赚够税款后，逃之夭夭。主管还要求在油棕种植区提高税收，此外，他希望在劝说酋长派其部属前来工作时得到"道义上的援助"。"我们所在地区的土著既冷漠又懒惰。"主管抱怨说。强迫人们工作事实上是在"维护黑人的最大利益"。[116] 第一次世界大战期间，比利时撤回了许多军队，这使得一些刚果人愉快地告诉比属刚果榨油厂的招募者："我们不会再去工作了，也不再需要钱了，因为政府如今不会再派士兵来征税了。"[117]

另一个寻找劳动力的手段是利用四处游走的招募者，他们以 3 年合同期招聘工人。招募者并不受人欢迎：1914 年，比属刚果榨油厂的代理人至少在 4 个地方"遭遇了箭雨袭击"。[118] 官员们付钱给为其提供劳动力的酋长，但如果酋长提供的工人数量达不到指标要求，他就会被废黜。酋长往往逼迫年轻人签订合同。不过，招聘模式参差不齐，这导致一些村庄"身强力壮者几乎被一扫而光，而另一些村庄基本上置身事外"。[119] 1925 年，一位比利时官员抱怨说，他"认为自己每天变得越来越像一个名副其实的人贩子，当村庄由于他的到来而变得空荡荡时，就像来了一个奴隶贩子"。[120]

1915 年，在卢桑加（Lusanga）圈地，比属刚果榨油厂的一名主管称，大多数劳动力实际上是奴隶，其中许多是不能胜任工作的孩童。[121] 1931 年的一份报告直言不讳地描述了发生在奎卢（Kwilu）的招募过程，"酋长提供奴隶。一旦沦为奴隶就只能听天由命。他们会拿到一个本子、一条毯子和一把砍刀。有人会告知他们要做些什么，总的来说，他们都很乐意去做"。奴隶们的 3 年合同到期后，往往会自动续签。"实际上，采摘工不会获得自由，他要采摘棕榈果直至死亡，或是干到年老力衰而被主人释放。"[122] 在刚果的一些地区，爬树采摘棕榈果被视为奴隶的工作，"自愿干这种活儿的人寥寥无几"[123]。1932 年的一份报告称，"当地人有一种根深蒂固的观念，认为一朝成为采摘工，一辈子都是采摘工。尽管这种职业可以拿到 10 倍报酬，但它依然遭人唾弃"。[124]

　　用绳子攀爬油棕是一项艰巨且可能致命的工作，许多刚果人甚至不知道该怎么做。[125] 法属西非的一位特许经营者宣称，由于存在摔死的风险，任何超过 35 英尺高的树都不值得采摘。除了人从树上掉下来，树也可能倒下：当人们来到摇摆不定的油棕的顶端时，自身重量会使这种扎根不深的树"颓然倒下"。[126] 采摘者还要冒着在棕榈树丛和树顶遇到毒蛇的风险。最大的风险来自采采蝇（*Glossina palpalis*）。这种昆虫携带可以导致昏睡病的锥虫寄生虫，它在潮湿阴凉的棕榈树林中会大量繁殖。村庄没有被置于"棕榈树林"之中是有充分理由的。[127]

　　比属刚果榨油厂认识到，在典型的油棕林中，每人每天只能收获 6~9 串棕榈果束。在达荷美密集种植的油棕园中，一名采摘工一天可以收获 50 串。影响这一结果的关键因素包括树木的生长状况、高度及分布情况，果束的大小，种植园与收集点的距离。[128] 尽管比属刚果榨油厂吹嘘"只需几分钟就能砍下三四串这样的果束"，但其他消息来源称，在一天之内砍下 7 串"被认为是一项艰巨的任务"。[129] 男人征召女人作为免费劳动力，他们让妻子、儿女把棕榈果从遥远的树林中运到收集点。一名医生指出，女人们由于从事这项繁重的工作而疾病缠身，未老先衰。[130] 采摘工发现自己面临着婚配难题，因为女人们知道，若是嫁给这种人，她们就得搬运棕榈果，这让采摘棕榈果变得更为不受欢迎。[131]

为了获得每周的食物供应，比属刚果榨油厂和其他公司的工人必须完成棕榈果交付定额。[132] 管理人员懒得关注棕榈果产量的季节性特点，或是油棕的高度及树之间的距离。相反，他们雇用了看守，一名官员抱怨说，每个武装人员"监督七八名采摘工"。[133] 尽管比属刚果榨油厂需要采摘工输送棕榈果以赚钱，但它还面临着 1911 年签署的条约的额外压力。如果比属刚果榨油厂未能达到出口基准，可能失去租约。比利时官员指出，当产量下降时，公司代理人采取的措施"很难说是合理的"。"在不去寻找产量下降原因的情况下"，代理人利用警察和酋长鞭打、胁迫工人。"我们要求他们源源不断地提供果实，尽管棕榈仁［原文如此］的产量是季节性的。"[134]

有时，比属刚果榨油厂没有按照 1911 年条约规定的标准去做，克扣工人的衣物和食物。颇具讽刺意味的是，一些工人无法定期获得棕榈油来给食物调味。[135] 或许最抠门的做法是禁止工人采集油棕叶，一名主管说："我们精确地计算出了他们参与部落生活、开展农业生产、修葺茅屋时所需的［油棕］叶。"该公司希望通过避免过度采集油棕叶，使油棕免受伤害。[136]

　　1917 年比利时颁布强制种植令后，刚果农民的处境急剧恶化。1914 年，殖民地农业主管埃德蒙·勒普莱在一篇文章中针对英语国家提出了这一想法，并指出，德国殖民地在强制劳动方面大获成功。勒普莱认为，"这将提供一种相当简单的方法来克服黑人的冷漠和漫不经心"。[137] 他后来声称，"对当地人说'如果你想工作，你就自由了'，这糟糕透顶……让人们参加工作，强迫他们生产和积累，并亲自引领他们，十分有必要"。[138] 种族主义政策要求刚果家庭按照官员的指示种植作物。对于一些人来说，这意味着种植粮食作物来供应比属刚果榨油厂和其他公司。在其他情况下，村民们种植新的油棕，为比属刚果榨油厂更新和扩大油棕林。20 世纪 30 年代，200 万名刚果人生活在强制种植令之下。[139] 不按命令种植作物会被判处两个月监禁。20 世纪 50 年代，多达十分之一的刚果成年男性在当年的某个时候因为这种罪行和其他罪行而身陷囹圄。[140]

　　无数刚果男女找到了抵制比属刚果榨油厂征用其劳动和油棕的办法。埃德金斯在密林中发现了一个躲避招募者的"秘密村庄"，这个偶然发现揭开了一种常见的生存策略。[141] 盗窃和破坏在早期也困扰着比属刚果榨油厂的运营：埃德金斯指出，当地人从利华维尔的首个定居点掠夺走了几乎所有可移动的金属物品。在其他三个地方，整条铁路踪影全无。5 名被派驻在布拉班塔（Brabanta）的欧洲人，据称有 3 人死于毒杀。[142]

　　最著名的公开反抗事件发生在 1931 年，当时一群彭德人（Pende）拒绝做采摘工。出于对比属刚果榨油厂和其他公司的愤怒，大量彭德人加入了一个致力于消除欧洲影响的新教派。随后这个教派杀害并肢解了一名比利时官员，并与前来逮捕他们的武装巡逻队发生了冲突。当这场叛乱被镇压下去的时候，至少有550名——可能更多——彭德人被杀害，其中包括女人。一名政客回到比利时后，对反叛分子流露出同情之心。他坚称，"［他们发起叛乱］的原因从本质上讲与经济有关"，即低价收购棕榈果和高昂的税收。"这场叛乱只是这种压迫合乎逻辑和不可避免的结果。"那名遇害官员的遗孀对此表示赞同，她告诉媒体，外国公司"虐待黑人，剥削他们"。[143]

所有这些胁迫和暴力有效吗？1930 年，比属刚果榨油厂至少直接雇用了 2.6 万人，20 世纪 30 年代末，该公司可以出口逾 6 万吨棕榈油。[144] 许多雇工是自愿工作的，他们赚到钱后会购买自行车和缝纫机等生活便利品。特许经营地的生活为那些想要逃离长老和酋长压迫，或是渴望摆脱奴隶身份的人提供了相对的自由。具有不同种族背景的人把年龄层作为一种组织和相互支持的方式，这导致殖民地的民族学家担心部落权威的瓦解和工人的"无产阶级化"。[145] 但是，大多数刚果人仍然不愿从事采摘棕榈果的工作，只要有更好的选择——向商人出售手工压榨的棕榈油以及手工剥取的棕榈仁，种植其他作物，或是从森林中采集柯巴脂（一种类似琥珀的树脂化石）——人们就会从事其他工作。[146] 比利时官员逐渐对这种脱逃行为进行了严厉打击，比如，严禁向小商贩出售棕榈油和棕榈仁。但任何政策都无法掩盖这样一个事实：攀爬油棕是一项辛苦且不受欢迎的工作。如果没有劳动力采摘棕榈果，那么不管刚果有多少棵油棕，利华兄弟公司的机器都没有用武之地。

认识油棕林

利华称，他在利华维尔周围看到的油棕林是"我在世界上所有地方见过的最壮观的景观"。[147] 但是，与大多数欧洲人一样，他认为它们是"大自然的馈赠"，这就大错特错了。[148] 比利时传教士亚森特·范德里斯特（Hyacinthe Vanderyst）是少数几个很早就认识到刚果油棕林的人为属性的外国人之一。通过与刚果奎卢地区农民的交谈，范德里斯特极力捍卫刚果人对油棕的所有权。他从口头传统中得知，在古代油棕和人类一起迁徙，并且他还了解到，农民播种油棕种子的明确目的是培育油棕林。草原和灌木丛中零星分布的油棕是早期村庄的遗痕，而不是遭受破坏的热带雨林的遗存。[149]

刚果河及其支流沿岸的许多社会对油棕的所有权都有明确规定：它们归种植者及其继承人所有，尽管生长在长期荒废土地上的油棕林可能对任何人开放。[150] 捣碎棕榈果的土坑可以作为村庄和宗族领地的标记；在历史上没有这种土坑的定居点"会受到质疑，理由是其祖先无能或压根就不存在"。[151] 范德里斯特强调，由于昏睡病的流行（还有殖民掠夺，不过这位牧师回避了这个话题），最近许多油棕林被遗弃了。[152] 在西非的其他地方也是如此，疾病、战争和干旱改变了油棕带大片土地的地貌，迫使农民舍弃了一些地区而另觅新居。[153]

然而，对于许多欧洲人来说，油棕林是"森林"的同义词，因而是野生的。在 19 世纪的记载中，油棕构成了"森林的主体"，或者"或多或少地与常见的森林树木混杂在一起"。[154] 在有关达荷美的记述中，经常出现的是茂密的油棕林，事实上，这是旅行者沿着两旁遍布种植园的皇家大道行进时看到的景象。[155] 一些关于油棕的早期作品是由殖民地的林务官撰写的，他们认为油棕是热带森林不可分割的一部分。[156]

法国植物学家奥古斯特·舍瓦利耶（Auguste Chevalier）给了欧洲人一记当头棒喝，他强化了范德里斯特同期在刚果的发现。舍瓦利耶以科特迪瓦和达荷美为例指出，从与人类毫无瓜葛的意义上说，真正天然的油棕林少之又少。在科特迪瓦，巴乌雷（Baoulé）的合作人告诉他，他们的祖先在向西迁徙时带着棕榈仁，在以前没有油棕的恩齐（E'i）和邦达马（Bandama）地区种植出属于家乡的油棕林。[157] 在别人看来是油棕"森林"的地方，舍瓦利耶学会了识别哪些油棕林处于被利用阶段，哪些处于未被利用阶段。

欧洲人也逐渐认识到，未被利用的油棕大有用处。它们可以给动物提供食物，并散播种子长出新油棕；随着果实、树叶、枝干落到地上并腐烂，土壤中的生物量因此大大增加。油棕的根系和枯枝层可以涵养雨水，防止水土流失。如果没有人类修剪枝叶、清除灌木，油棕就难以结果，并会过度生长。茂密树林中的油棕在争夺阳光的战斗中会变得又高又细。[158] 舍瓦利耶认为，与其说油棕林是森林，不如说是人造果园。他用地中海地区作了一个类比：哪个欧洲人会说橄榄树是森林的组成部分？[159]

在适当的森林环境中，高大的落叶树最终会长得高过油棕，致使它们在阴翳下枯萎。在这样的林木无法生长的地方，大龄油棕会压榨幼龄油棕，然后共同走向衰亡。正如 20 世纪五六十年代对尼日利亚东南部一个地点的详细研究所显示的那样，生长在一座于 1870 年遭到废弃的村庄附近的一片油棕林，1950 年时几乎消失殆尽，这里留下的是适合耕种的开阔土地，周围则散落着几棵幸存的油棕，这与科学家原先认为的茂密森林是油棕的天然家园相去甚远。在另一座于 1900 年遭到废弃的村庄，油棕林已变得稀疏，农田逐渐取而代之，但在一座于 1930 年遭到废弃的村庄，这里茁壮生长着茂密的油棕林。[160]

尼日利亚东南部河流流域和刚果河支流流域是仅有的大片野生油棕集中生长的区域，它们利用河岸和沼泽将森林物种拒之门外。然而，来自刚果的人种学证据表明，沼泽地带的油棕林在经济上不被人重视，大多数农民会在其农田附近种植油棕。[161] 在尼日利亚，一位殖民地的林务官得出结论，尽管水道沿岸遍布油棕，但实际上它是"一种半驯化植物"，生长在人们为其腾出空间的地方。[162]

当然，像"森林""农田"这样的概念是欧洲人看待世界的方式。非洲社会能够认识到耕地与荒地之间的差异，但这并非他们对环境认识的极限。[163] 塔玛拉·贾尔斯-韦尼克（Tamara Giles-Vernick）对姆皮埃穆人（Mpiemu）的环境知识的研究提供了一个例子。姆皮埃穆人生活在今天的中非共和国，他们通过人与自然的关系及叙述描述环境而不是僵化的生态学。比如，他们将一种森林视作"未开发的"林地，将另一种视作狩猎之地，还有一种林下植被稀疏，人们可遥相对望。这种理解会随着时间的推移而扩展，可以认识到或许不复存在的物种曾经的用途和数量。[164] 在尼日利亚，伊博农民同样使用至少 7 种要素对农田进行分类：地理位置、植被类型、土壤结构、土壤颜色、历史用途、排水特征以及所有权或使用权。[165]

非洲的油棕林反映了数代人对这片土地的耕种和管理。它们既非完全自然，又非完全人工种植，而是作为"一种文化创造和生活环境"出现。[166] 殖民地的科学家花了很长时间才接受这个事实，但 1949 年，比利时油棕研究的领头人宣称："在比属刚果，油棕并非处于真正的自然状态……它出现在哪里，哪里就有人类的踪迹。"[167]

人类在种植、维护和开发非洲油棕中的重要性，意味着任何一个资本家——无论他们的机器多么令人印象深刻——都必须解决生产中的人为因素。比属刚果是采用机械化模式成功地生产大量棕榈油和棕榈仁供应出口市场的唯一一个非洲殖民地。但正如一位英国官员所总结的那样，"毫无疑问，刚果的现有制度不仅伴随着垄断权，而且伴随着一些强制因素"。这种模式在"英国的保护国难以想象"。[168] 人道主义活动家 E. D. 莫雷尔（Morel）称："只有残忍无情地不断使用武力，你才能做到这一点，才能把他们变成欧洲资本主义的奴隶。"[169]

如果难以想象强迫人们爬树采摘棕榈果以供应榨油厂，那么还能做些什么呢？像尼日利亚这样的国家——这里的特许经营公司在油棕产业中无足轻重——是如何做到在 1910 年至 1930 年实现了棕榈油和棕榈仁出口量的翻倍，以至于令比属刚果榨油厂取得的成就相形见绌呢？第六章转向殖民故事的另一面，考察非洲人如何时而支持、时而反对殖民政府，以扩大和改造"传统"油棕产业。

第六章　殖民统治下的非洲小农

　　非洲的油棕并非如欧洲人想象的那么多，也没有那么高产。与它们生活在一起的人们守护着自己的土地和劳动，最成功的特许经营公司诉诸国家批准的暴力为其机器提供原料。然而，殖民统治之下的棕榈油故事还有另一面。整个非洲的小农（small-scale farmers，殖民话语为"smallholders"）仍在手工压榨棕榈油、剥取棕榈仁。他们养活了快速增长的国内人口，并在20世纪30年代后期努力出口棕榈油，数量比机械化生产商出口的多得多。

　　然而，单纯地生产更多的棕榈油是不够的：欧洲消费者想要优质棕榈油，他们不再满足于那种制作肥皂和蜡烛所需的散发着恶臭的东西。1900年，大部分从非洲运出的棕榈油散发着"一股难以言表的恶臭"，"其颜色介于金黄色与黑色之间"。[1] J. H. J. 法夸尔（Farquhar）讲述了自己在1912年前后试图让伊博地区的生产商生产优质软油的经历，"他们不变的回答是不知道该怎么做"，并在说话时"对你的建议表现出些许同情和蔑视"。法夸尔认为，"这种拿无知来辩解的话语""往往不足观"。在一个市场上，他指着"一些色泽难看、味道难闻的硬油，并问当地生产商是否愿意食用，他们说当然不会，但是'阿罗楚库人和卡拉巴尔人总为白人购买它'"。当法夸尔向一名酋长要一些棕榈油时，这名酋长"以为它是供我个人所用"，于是送来了"一瓶极其香甜的软油"。[2]

科学研究表明，在非洲市场上出售的食用棕榈油几乎与机器压榨的棕榈油一样好。[3] 但出口贸易商为软油支付的价格仅比硬油高一点点。[4] 一位观察人士称，捣碎棕榈果生产软油是"我所见过的最辛劳的工作"。他补充说："越早用机器完成这件事，对所有相关人员就越有利。"[5] 如果无法在节省劳动力方面实现创新，那么贸易商将不得不为软油支付更高的价格，以使所有的额外劳动获得价值。接受法夸尔采访的生产商还指出，他们"囊空如洗，无力购买彻底烹煮棕榈果所需的大铁锅"。[6] 在许多棕榈油出口地区，燃料和淡水匮乏，受这种环境制约，只能生产硬油。硬油专家还称，与软油生产法相比，他们的方法可以从棕榈果中多榨取 5%~10% 的油。[7]

蒸汽驱动的大型机器可以消除劳动力和物料的限制，但正如第五章所言，有能力购买这些机器的投资者要求获得全面的特许权。在西非，英国和法国官员对给予投资者过多的土地和权力持谨慎态度：随之而来的社会和政治混乱可能会把酋长抛在一边，推翻殖民统治脆弱的政治框架。然而，他们也不能什么都不做，东南亚新兴的种植园（见第七章）有可能占领棕榈油市场，使非洲数百万人失去一种卓有成效的经济作物。这两个帝国的官员和科学家都在寻找简单的机器和其他技术创新，以期既能给欧洲带来它所渴望的棕榈油，又能造成"最低程度的劳动［即社会］混乱"。[8] 这种想用现代化、标准化方式改良油棕产业的愿望——简而言之，对其实施控制，导致殖民地政府走上了强制性的、适得其反的道路。

小农的经营环境也在发生变化。1920 年，利华兄弟公司收购了尼日尔公司（前身为皇家尼日尔公司），这使该公司对非洲的棕榈油和棕榈仁市场产生了难以置信的影响力。尼日尔公司通过兼并或消灭竞争对手，在 1929 年成为垄断性的联合非洲公司（United Africa Company，UAC）。同一年，利华兄弟公司和它的荷兰竞争对手组成联合利华公司（Unilever），这是一家生产消费品的巨头，也是世界上最大的油脂买家。这家新公司还拥有联合非洲公司。农民们在艰难时期面临着前所未有的垄断。1929 年的大萧条导致棕榈油和棕榈仁价格暴跌。当非洲人对低价格和殖民压迫发起反抗时，他们的反抗迫使殖民者重新审视小农油棕产业的经济、社会和生态限制。

男人、女人与机器

小型棕榈油机器并非新鲜事物，比如 1852 年被带到利比里亚的榨油机。然而，这些机器销路不畅。20 世纪初，随着棕榈油价格上涨，欧洲和非洲的发明家再次着手研发小型榨油机。其中一位是"黄金海岸"的工程师约翰·巴克曼·埃苏曼-格维拉（John Buckman Esuman-Gwira）。"黄金海岸"作为棕榈油和棕榈仁的出口地之一，其重要性日趋减弱，正因为如此，殖民地政府才对埃苏曼-格维拉 1907 年的设计成果兴奋不已。[9] 这种机器结构简单，售价 10 英镑。工人将煮熟的棕榈果和热水放入一个金属圆筒，然后转动曲柄，曲柄带动镶有刀片的轴旋转。棕榈果被切碎后，工人打开阀门让油性汁液流出来。杰出的律师兼发明家埃苏曼–格维拉的表兄约翰·门萨·萨尔巴（John Mensah Sarbah）称，这种机器满足了"小生产者的所有需求"。他强调，非洲人的双手（和双脚）绝对不会接触煮熟的棕榈果和棕榈油，这可以打消欧洲人对食用采用"原始"方法制成的棕榈油的顾虑。[10]

　　然而，这种机器的测试结果令人失望。两个男人组成的小组，外加一个煮棕榈果的女人，每天可以生产 8 加仑～10 加仑棕榈油。人们认为这种机器太小，并且操作不便。在尼日利亚用类似机器进行的测试得到了相同的结果。[11] 这些早期的设计试图将人类劳动简化为机器动力，无休止地转动曲柄或轮子。[12] 一位比利时官员承认，这样的机器"比本土的生产方法需要更多的体力劳动，仅是这一点，农民就不太可能采用它们"。[13] 尼日利亚官员对此表示赞同："的确，他通常喜欢缓慢的方法，而非更快但需要在短时间内付出更多辛劳的方法。这是因为他是自己在劳动，所以他看待劳动的角度与按天或按小时付费的人不同。"[14]

　　剥取棕榈仁这项简单的工作似乎适合由机器完成。然而，当"黄金海岸"的农业官员让一群妇女和棕榈仁剥取机比拼时，他们发现这些妇女更具成本效益。在尼日利亚举行的另一项测试是一个女孩儿与一台机器比拼：这台机器每个工作日可剥取 16 磅干净的棕榈仁，这名女孩儿一小时可剥取 4 磅。[15] 人类的双手能够灵活地敲碎棕榈仁壳，并在不弄碎棕榈仁的情况下将其取出，同时，棕榈仁壳的碎片也不会与干净的棕榈仁相混杂。一名官员表示，"手工剥取棕榈仁是一项单调乏味的工作"，但这么做"并非像人们一直所认为的那样无利可图"。[16]

螺旋榨油机是表现最成功的小型机器，与单纯地用双手或网兜榨油相比，它可以从果肉中榨出更多的油。在卡拉巴尔进行的公开测试表明，螺旋榨油机比人工方法多榨出 50% 的油，在这之后，"一些小商人"开始购买这种机器。[17] 但螺旋榨油机仅触及部分劳动过程，烹煮并捣碎棕榈果仍须手工完成。此外，在生产棕榈油所需的劳动量中，采摘棕榈果至少占四分之一，并且机器不可能使这项工作变得轻松。[18]

一些社群对采摘棕榈果的困难巧加利用：对于尼日尔河三角洲的伊贾人（Ijaw）或塞拉利昂的门迪人（Mende）来说，砍下第一串果束是年轻人的成年礼。[19] 李维·乌佐齐（Levi Uzozie）讲述了 19 世纪 40 年代自己在一个伊博人社群与一棵油棕搏斗的经历：

> 为了向父亲证明我将成为一名合格的继承人，一天下午，我决定爬上一棵将近 10 米高的幼龄油棕采摘棕榈果。头顶的棕榈［果］在落下时砸到了我的攀爬绳，几乎使我失去平衡。我记得自己赶紧扔掉弯刀、松开绳子、抱住树干，在下来时粗糙的树干摩擦着我的胸腹，搞得鲜血淋漓。那是我第一次也是最后一次尝试攀爬油棕。每次看到身上的伤疤，我就会想起自己希望成为一名真正的伊博人的那一天。[20]

乌佐齐的家族认为他不是一名"真正的伊博人"，因为他接受了教会教育。男孩子接受的教育越多，他们爬树的可能性就越小。约翰·门萨·萨尔巴在"黄金海岸"抱怨过这个问题，他认为机器会让棕榈油行业对受过教育的人更有吸引力。[21]

在许多地方，爬树与奴隶劳动之间的联系也于事无补。尽管官方颁布了废除奴隶制的法令，但奴隶主往往控制着工人，迫使"依附者"充当采摘工。例如，1901 年，尼日利亚的《土著家庭管理条例》将奴隶重新归类为"家仆"，并赋予精英男性惩罚和控制他们的全面权力。[22] 在许多地区，曾经的奴隶及其子女"知道自己社会地位低下"，直到 20 世纪末，甚至在这之后，他们被迫屈从于精英阶层并向其纳贡。[23]

殖民统治下的和平（pax colonia）结束了造就大多数新奴隶的战争和掠夺，也意味着人们可以不必担心遭受奴役而自由迁徙。它引发了一股遍及整个大陆的劳动力迁徙热潮。在尼日利亚，干旱地区的工人来到油棕带寻找工作。[24] 阿罗人开始依靠雇佣的"绳工"攀爬油棕，他们认为这项曾经由奴隶完成的工作"有损阿罗人的尊严"。[25] 在尼日尔河三角洲西部，伊卡莱人（Ikale）不会用绳子爬树，只能采摘矮小油棕上的果实。20 世纪初，他们开始把油棕林租给乌尔赫博族的采摘工，这导致了一场大规模的迁徙。[26]

埃苏曼-格维拉发明的机器是为有钱人设计的，只有他们有能力雇用爬树工和机器操作工。但这些都是男人干的活儿：榨油机和棕榈仁剥取机"过于笨重，女人和孩子无法操作"，并且无论如何，严格地由男性操作机器与文化规范相契合。[27] 让女性从事男性劳动从而取代家务劳动的代价高昂，此外，女性也不愿意失去通过出售棕榈油和棕榈仁而获得的收入。一些女性在加工棕榈果时，获取的报酬是棕榈仁，户主则靠出售棕榈油获得收入。在一些社群，女性出售棕榈油和棕榈仁，并与男性分享收益。还有一种情况是，妇女用现金从丈夫那里购买棕榈果，然后自己出售棕榈油和棕榈仁。[28] 欧洲人关于父权制"家庭"或"家内"棕榈油生产者的概念，远远不足以反映现实。

　　一位商人回忆说，当棕榈仁剥取机到来时，妇女采取了"类似工会的做法"，她们组织起来以高于商人的价格采购棕榈仁。[29] 妇女试图阻止榨油机操作工在市场上购买棕榈果，她们的组织在这里拥有很大的权力。[30] 此外，相对于妇女的榨油方法，榨油机的优势并不明显。一般来说，榨油机可以从果肉中榨取65%的油，而非欧洲官员承诺的85%，这仅比手工榨油高一点点。[31] 一个男人可以在1.5小时内用机器压榨出1加仑的油，一名女性工人手工榨取1加仑的油则需要3.5小时。榨油机虽然效率高，但它仍需要女性烹煮棕榈果。[32] 女性还能做些什么呢？用金钱衡量的话，她们的时间确实不如男性的时间值钱。女性无法爬树采摘棕榈果，并且，由于需要生产粮食、准备食物、照顾孩子、从事买卖，这意味着女性没办法把所有时间用于搬运棕榈果或是为榨油机烹煮棕榈果。剥取棕榈仁和生产棕榈油都可以融入日常家务。

　　至少有两种发明是专门为女性设计的。第一种是铁制棕榈仁剥取器，它适用于缺乏坚硬石块儿的地区（这种情况在尼日尔河三角洲非常普遍）。然而，这种金属工具卖得比石块儿贵。另一种器具是1924年研发的"快速蒸汽锅"。它在蒸棕榈果时可以杀菌消毒，并节省燃料、淡水和烹煮时间。[33] 不幸的是，这种锅对于普通妇女来说太贵了。直到 1945 年以后，廉价的炊具——特别是另作他用的金属油桶——才出现。[34]

非洲妇女并非卢德分子。根据舍瓦利耶的说法，当棕榈仁剥取机出现在科特迪瓦时，人们欢呼不已。他声称，妇女"对这种设备报以热烈欢迎"。问题的关键在于，女性仍然拥有剥取后的棕榈仁的所有权。[35] 据说，为了摆脱繁重的劳动，伊博地区的女性会寻找拥有棕榈仁剥取机的男性作为婚配对象。[36]

与此同时，许多榨油机成为酋长和商人地位的象征。有些人则懒得装配榨油机。然而，有一种设计逐渐赢得客户，这就是通过改良葡萄榨汁机而制造的"杜赫舍尔"螺旋榨油机，与其他型号的榨油机相比，它表现得更强劲、更可靠（见图片 6.1）。[37] 1938 年，尼日利亚投入使用的榨油机已超过 800 台。[38] 法国和英国官员注意到了合作劳动在传统农业中的重要性，因此，他们希望人们能够组成合作社来购买榨油机。比如，尼日利亚的伊贾人组建的制油团体有的多达 60 人。人们用鼓召集团体成员在一个将近 30 英尺长的共有的凹槽里捣碎棕榈果。人们一起从事繁重的劳动，因为他们知道，在适当的时候，他们会叫上其朋友为自己做同样的事情。

欧洲人认为这样的团体很容易变成合作社。然而，一位人类学家在 20 世纪 60 年代采访伊贾人时发现，这些团体内部关系脆弱。人们对懒惰的邻居充满怨言，"只有在捣碎自家的棕榈果时，他们才用心劳作"。当棕榈酒蒸馏成为一种个人的收入来源时，人们争相从事这项工作。[39] 20 世纪二三十年代，类似的问题阻

图片6.1　一台运转中的杜赫舍尔榨油机。两名男子转动中央螺杆的把手，迫使金属片压碎木条桶里的棕榈果。油性汁液流出来后，一名男子把盆子里的油倒进另作他用的4加仑容量的煤油桶。这幅图片来自"黄金海岸"农业开发公司于1956年制作的宣传小册子《种植油棕的门萨》（Mensah the Oil Palm Farmer），这本小册子旨在说服"黄金海岸"的农民种植油棕，购买机器，并停止从树上采酒。

碍了法国为合作社配备机器的努力。官员选择的榨油机过于笨重，一个人无法与家人一起操作，但当归多个家庭所有的棕榈果被榨成油进行分配时，矛盾随之而来。合作社成员还担心榨油机出现故障，因为他们必须自己出资修理。结果，许多机器要么

"在仓库中生了锈"，要么"在官员视察时才拿出来使用"。[40]

　　尼日利亚的英国官员抱怨说，单是组织合作社就是一项"艰苦的工作"。人们担心国家对他们的收入了解得越多，就会对他们征越多的税，这种担心是合情合理的。[41]大多数榨油机最终落入了富商之手，这让官员对在一条连接农村农民与沿海出口商的长长的链条上创造一个"新的中间商（或女中间商）阶层"感到绝望。[42]这些棕榈油商人大多为男性：在尼日利亚的一个地区，130人拥有榨油机，其中只有罗斯·乌切（Rose Uche）夫人是女老板。女人很难筹到钱来购买榨油机，而男人选择把未剥壳的棕榈仁送给榨油机所有者以代替现金，导致这个问题变得更加复杂。[43]

　　尽管如此，这些企业家还是为那些要压榨许多棕榈果的人提供了有用的服务。在尼日利亚，一桶4加仑棕榈油的压榨费用很快下降了一半以上，仅为7便士；1946年，费用则降至2便士。这是棕榈油出口价格的一个重要组成部分，但它大致相当于较贫困家庭手工制油所投入劳动的现金价值。[44]

　　最终，自行车成为油棕带最具革命性的机械。事实证明，自行车在运输棕榈油和袋装棕榈仁方面非常高效，它能快速到达距离最近的河流或铁路几英里的村庄。仅在20世纪20年代，尼日利亚人就购买了逾10万辆自行车。在自行车出现之前，棕榈油卖家可能会带着他们的葫芦步行10英里来到河岸边，在这里商人将棕榈油装进大桶。把棕榈油装进重复利用的4加仑容量煤油桶之后，自行车载着它可以行驶相当于人力运输两倍的距离，并且运载量达两倍之多。[45]

一名骑自行车的普通商人可以购买 3 桶棕榈油，每桶的容量为 4 加仑，然后在遥远的市场将其卖掉，这样能赚 1 先令。将所得收入购买煤油和鱼干后再出售，又可以赚 1 先令。[46] 运气好的话，一名男子可以很快还清自行车的成本，并积累资本。由于文化规范将自行车与男性联系在一起，加之购买自行车的成本，因此女性在这方面处于劣势。一名伊博女性花了 9 年时间攒钱才购买了一辆 10 英镑的自行车。[47] 在这个不断变化的棕榈油经济中，女性保留了一个利基市场——散装油。几十年来，女人们坐在欧洲工厂的门外，从卖家那里买油，将其清洁并装在大型容器中，然后在工厂内出售。贸易商之所以容忍这种现象，是因为女性的利润率低于从事这些工作的男性的工资。[48]

手动榨油机和自行车的累积影响使"传统"棕榈油出口业在 20 世纪 30 年代达到了新的高度，尽管当时棕榈油和棕榈仁的价格大幅下跌。1936 年，尼日利亚出口了逾 14 万吨棕榈油，而 1905 年仅为 5 万吨左右。同期的棕榈仁出口量增长了三倍多，塞拉利昂和达荷美也取得了类似的成就。[49] 利华等实业家曾坚称，只有大型机器和欧洲资本才能提供欧洲工业所需要的棕榈油。现实对此种观点作出了有力的反驳。

改良油棕

除了小型机器，殖民地的科学家还试图改良非洲人采摘棕榈果的油棕。然而，可供他们依靠的科学成果寥寥无几。1910 年，科学家坦言，"关于油棕的不同种类存在诸多疑问"，他们对于如何从油棕类型或土壤类型的角度解释硬棕榈油与软棕榈油之间的差异，同样疑惑重重。[50] 棕榈果因地区而异，甚至在同一片油棕林中也存在很大差异。一种树可能结出壳厚、油少的果实，而另一种树结出肉多、油多的果实（见图片 6.2）。但研究油棕十分困难。除了油棕"神树"的聚合小叶，其他油棕的叶子、树干和花朵看起来都很相似。正如舍瓦利耶所言，"当地人承认，只有结出成熟果实时，他们才能分辨［油棕种类］"。这并非意味着非洲人缺乏关于油棕的知识。舍瓦利耶报告说，农民可以准确无误地认出自家周围的油棕，回想起是谁种植了它们以及用它们做了什么。[51]

　　舍瓦利耶记录了科特迪瓦的 10 种油棕，用于榨油的通常只有两种。[52] "黄金海岸"的官员发现了 8 种，但门萨·萨尔巴抱怨说，这份名单漏掉了一些众所周知的品种，比如长有超长尖刺的"豪猪油棕"，以及叶骨可做成上好扫帚的"扫帚油棕"。[53] 尼日利亚的官员通过比较埃菲克（Efik）、伊博、伊比比奥和约鲁巴农民的表述，得出了 4 种主要类型。农民指出哪种最适合榨油，哪种不会被采摘，比如油棕"神树"或果皮极薄的油棕。[54] "黄金海岸"的农民提醒官员不要种植那种果实含油多、没有果仁外壳的油棕（就像假型棕榈果）。动物会吃掉大部分果实，并且大多数样本都是不育的。[55] 殖民地的研究人员发现，塞拉利昂的门迪人在论及油棕时使用了一系列微妙的词汇，它们不仅描述了油棕的品种，而且描述了其生长阶段和果实的成熟度，这正是棕榈油和棕榈仁生产商的真正兴趣点。法国科学家 A. 瓦尔（A. Houard）抱怨说，这种分类的主观性太强，在科学界没有立足之地。但由于没有可行的替代方案，他和其他人多年来继续使用土著的名称和分类。[56] 最终，西方科学家用拉丁语确定了三种主观命名类型的名称：无果壳的假型（*pisifera*）、常见的硬脑膜型（*dura*）以及薄壳的软脑膜型（*tenera*）。

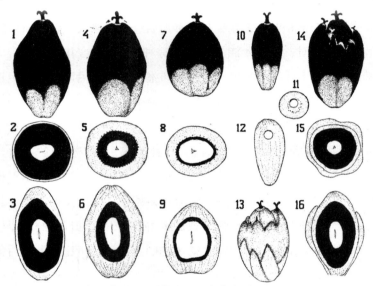

PLATE IV. Varieties of Elaeis guineensis. Explanation see text.

图片 6.2   基于果实特征的早期油棕类型学在每个截面图中，外环浅色阴影指的是富含油脂的果肉，其次是果壳（黑色）和果仁（白色）。序号 1—3 为果肉较少的"刚果型"硬脑膜棕榈果，序号 4—6 为"德里型"硬脑膜棕榈果，序号 7—9 为薄壳的软脑膜棕榈果，序号 10—12 为无壳的假型棕榈果，序号 13—16 为一种"覆膜"（*diwakkawakka*）棕榈果，长着不常见的肉质叶。[A. A. L. 拉特格斯（Rutgers）等人，《油棕调查》图片 4。]

　　1902 年，保罗·普罗伊斯发表的一份关于利索姆贝"*li-sombe*"油棕的报告在殖民地引发了热烈反响，这是一种生长在喀麦隆的薄壳型油棕，产油量比其他常见品种要高。[57] 按重量计算，典型的硬脑膜型棕榈果的含油量为 10%～15%，而利索姆贝棕榈果（现代分类为软脑膜型）的含油量高达 50%。大多数非洲油棕为硬脑膜型，这种油棕约占非洲油棕总量的 4%～6%。[58] 舍瓦利耶认为，利索姆贝油棕为科学家提供了"一项重大的研究课题"。[59] 科学育种已经把甜菜这样的植物变成经济发动机，欧洲的实业家一想到这种油棕的产油量是"野生"油棕的两三倍，就喜出望外。[60]

然而，正如英国皇家植物园邱园的植物学家所言，欧洲油棕育种爱好者的"核心利益并不一定与［殖民地］居民一致"。[61] 欧洲人想从油棕那里得到的并不总是非洲人想要的。当殖民地的科学家不厌其烦地向农民询问这个问题时，他们发现软脑膜型油棕广为人知。[62] 至于农民是否用它榨油，完全"取决于个人口味"。（软脑膜型棕榈果所榨的油不如硬脑膜型棕榈果所榨的油那么鲜红、美味。）

这也是一个商业问题。农民是要卖棕榈油，还是卖棕榈仁？抑或从油棕上采酒？薄壳棕榈果含油量大，但果仁较小，果束也小。[63] 在刚果，科学家发现软脑膜型油棕和假型油棕在一些成熟树林中较少，但在新生树林中较为常见。这表明农民主动砍伐了这些不受欢迎的树种。[64] 与之相反，刚果开赛（Kasai）地区的农民喜欢薄壳型油棕，而将其他品种铲除。[65] 在尼日利亚的一些地方，农民长途跋涉数英里去寻找薄壳棕榈果的果仁或种子，然后将其种在村庄附近。[66]

重要的是，农民知道薄壳型油棕不会按照原样繁殖。一位德国科学家在研究普罗伊斯提到的那种油棕时偶然发现了这一事实。在 17 棵实验油棕中，只有两棵结出了软脑膜型棕榈果，其余结的是厚壳硬脑膜型棕榈果。[67] 法夸尔了解到，"当地人并不认为这种油棕是真正的品种，因为他们凭经验知道它不会变成种子"[68]。舍瓦利耶在科特迪瓦听到了类似的说法，并正确地推断出软脑膜型油棕是杂交品种。[69]

1914 年，意大利植物学家奥多阿多·贝卡里（Odoardo Bec-cari）已将油棕分为 13 个品种和许多亚型。它们与非洲人以及欧洲人的分类存在差异。一位法国植物学家在 1917 年列出了 19 个品种，后来其他人削减了这份列表。[70] 20 世纪 20 年代，殖民地的科学家开始对油棕进行更为细致的研究。法国和英国的研究人员证实，降雨量与棕榈油产量密切相关。[71] 但是育种实验面临着各种挑战，如糟糕的计划、老鼠偷吃了苗圃中的棕榈仁。[72] 尼日利亚政府无法说服农民大量出售油棕中心地带的土地，用于开展大规模实验，这迫使农业部门只能在贝宁城附近选择一块不够好的土地。法国科学家在科特迪瓦和达荷美的实验站取得了较好的成果，这些实验站接受的资助来自法国政府对工业界征收的税款。[73]

对于科学家来说，软脑膜型油棕就像是白鲸。一些人哀叹，育种实验"几乎清楚地表明，它永远不会达到预期"。[74] 20 世纪 30 年代，在刚果工作的研究人员逐渐揭开了软脑膜型油棕的秘密。[75] 阿比隆·贝尔纳特（Abiron Beirnaert）通过在比属刚果国家农业研究所（INEAC）开展实验，证实软脑膜型油棕是一种"基因不纯"的油棕，携带厚壳硬脑膜型油棕和无壳假型油棕遗传特征的基因。贝尔纳特及其合作者范德维扬（Vanderweyen）

证实，硬脑膜型油棕和假型油棕杂交会形成软脑膜型油棕。他们的发现出现在第二次世界大战前夕，但其真正的影响直到20世纪50年代才显露出来。[76]

与此同时，殖民地的科学家希望说服非洲人用在"科学"条件下种植的高产品种取代现有油棕。这项"改良"计划在推行时采用了诸多方法。以比属刚果为例，当局规定农民必须进行"改良"。村民要在林中开辟小路，清除油棕周围的灌木丛，并定期对其修剪。他们不情愿地成为软脑膜型油棕育种实验的对象，这给他们留下了许多不育的假型油棕。[77] 法属西非紧随其后。正如舍瓦利耶在1931年的一篇文章中所说，农民有能力对自己的土地作出理性的选择。他敦促国家尽可能多地提供农民所需的援助，但不要强迫他们采取任何特定举措。[78] 官员为间伐和改种油棕提供了奖励，但农民无视专家的建议，往往将油棕与粮食作物间作种植，以避免将赌注全部押在油棕这一边。[79]

英国采取的是低成本、自由放任的措施。用当地语言出版的小册子解释了欧洲人提出的除草和间伐概念，并鼓励农民种植薄壳型油棕。[80] 示范田展示了"已获得改良的"油棕的成效，但官员只能提供少量补贴和其他激励措施来说服农民接受新思想。塞拉利昂的酋长们对矮小、易于攀爬的油棕的高产量"惊讶不已"。但像所有西非的农民一样，他们必须在棕榈油与食物之间取得平衡。在塞拉利昂，农民"生活中最关心的是水稻作物，他知道水稻不能在油棕密布的土地上苗壮成长"。油棕茂盛的根系"夺走了其他作物的养分"。[81] 农民明智地选择了水稻而非单一种植油棕。[82] 酋长们也对重新种植油棕持谨慎态度，因为这威胁了土地所有制：种植油棕是所有权的标志。[83] 此外，农民和酋长知道，政府会对已获得改良和登记在册土地的所有者征收更高的税。[84]

一位正在考虑马桑基项目（第五章）的官员在 1935 年的一份备忘录中指出了油棕改良工作的根本问题，"颇为矛盾的是，塞拉利昂棕榈油生产的诅咒似乎是油棕本身！" 如果他能够把这片土地上的油棕清除殆尽，新的油棕"就会得到栽培"，从而形成由矮小、高产的油棕构成的种植园。[85] 然而，要说服土地所有者砍倒成熟的油棕，代之以实验性幼苗，却是一桩难事。尼日利亚官员认为，土地所有者不会"采取极端措施，砍倒上好的油棕"。[86]

长期研究表明，"改良"策略适得其反。比属刚果榨油厂发现，在比属刚果，1 公顷"天然"油棕林每年产出多达 1000 千克棕榈果。采取修剪和除草措施后（见图片 5.2），其产量为 500 千克~5000 千克。在比属刚果榨油厂管理的 5.9 万公顷油棕林中，平均产量低于每公顷 1000 千克，换句话说，产量还不如优良的"天然"油棕林。[87] 这在很大程度上是因为油棕林改良举措打破了保持土壤肥沃的轮作休耕循环。蒙塔古·迪克（Montague Dyke）曾是比属刚果榨油厂的一名员工，致力于研究尼日利亚的油棕林，他发现这里的农民"很久以前就从类似的实验中得到了教训"。农民对大部分油棕不闻不问，但对"油棕下所谓的'厕所'"非常关心，这指的是围绕结果最好的油棕根部清理出一个小圆圈。由于一个人一天只能攀爬几棵树，所以最重要的是每棵树的产量，而非每公顷的产量。迪克驳斥了"天然油棕林只被开发了很少一部分"的普遍观点，他宣称，"对最容易采摘的油棕的开发已接近极限"。[88]

　　为了保护已经存在的油棕林，许多政府禁止砍伐和采酒。[89]相对来说，很少有非洲人为了吃油棕叶芽而毁掉整棵树，大多数人将其视作美味佳肴或救荒食物。他们"十分清楚，毁掉一棵油棕就是减少一种财富来源"。[90]但在少数地区，为了采酒而砍倒油棕较为普遍，并且，有些油棕就是为了采酒而存在的。科纳克里（Conakry）附近的油棕由于被频繁采酒而显得"孱弱不堪"；在多哥和达荷美，农民把油棕当作"酒厂"来看管。据说，有些人将 2000 棵油棕种植在 1 公顷土地上（现代种植园中的密度为150 棵）。[91]

　　采酒人爬上生长着的油棕采酒，他从 6~10 棵树上可以采集 1加仑棕榈酒。一截被砍倒的油棕树干可以产出 8 加仑甚至更多的棕榈酒。如果一个农民拥有多余的油棕，那么将其砍倒采酒不失为一个好办法。[92]然而，法国当局在 1906 年开始禁止采酒行为以及砍伐油棕，希望借此促进棕榈油出口。[93]德国人紧随其后：多哥的一项法律规定，农民每砍伐 1 棵油棕用于采酒，则需要重新种植 3 棵。官方认为这个人口不多的国家每年要喝掉相当于 30万棵油棕所产的酒。[94]英国官员在地区一级颁布了禁令，利用酋长将其推行。1911 年的一项法令禁止人们在未经允许的情况下"出于任何目的"破坏油棕。[95]

　　然而，棕榈酒是油棕所有者的一项重要经济来源。一些官员认为，采酒禁令"不可能落到实处，并且有违公正"。[96]只要棕榈酒比棕榈油或棕榈仁能够带来更好的回报，农民就会采酒。20

世纪 30 年代，在"黄金海岸"，一棵油棕所产棕榈酒的收入是棕榈油的两倍或三倍。[97] 一位总督打趣说，实施采酒禁令需要"每棵树下都站一名警察"。[98]

1920 年对酒类进口实施的新限制，导致殖民地制止采酒的努力面临更加复杂的局面。这些禁令无意中鼓励了非洲人生产更多的棕榈酒，并将其蒸馏成更烈的酒。博努·基蒂·索达比（Bonou Kiti Sodabi）参加第一次世界大战后，将蒸馏技术从法国带到了达荷美。他和他的兄弟蒸馏出了第一瓶棕榈杜松子酒，结果被政府判处监禁 6 个月。贝宁的酿酒商将其生产的棕榈杜松子酒称作"索达比"，以示对他们的纪念。[99] 斯托奇·詹姆斯·伊索（Stocky James Iso）同样是在国外学会了蒸馏技术，他由于在尼日利亚售卖这一机密也锒铛入狱。[100] 棕榈杜松子酒的流行在一些殖民地引发了一股砍伐油棕的浪潮：一截油棕树干所产的酒大约可以蒸馏出 1 加仑杜松子酒，这意味着每加仑因酒类进口限制而被拒之门外的外国烈酒都会导致一棵油棕的死亡。非洲精英和殖民地官员对蒸馏技术的传播感到绝望，声称这破坏了社会秩序。年轻人公然违抗殖民法令和传统规范，酿造并饮用棕榈杜松子酒。[101] 用一位总督的话来说，他们是在"汲取挑战权威的经验"。[102]

然而，对于希望促进非洲棕榈油出口的欧洲人来说，最大的问题并非采酒或积极除草。一个基本的事实是，棕榈油的收益不如棕榈酒或其他作物。约鲁巴农民在回忆从种植油棕转向可可或可乐果的经历时，对一位采访者说："［生产棕榈油］实在太麻烦了！"[103] 正如一位官员所言，关于油棕改良的科学演示通常使农民认为"这一过程不值得实施"。[104]

殖民压迫与非洲人的反抗

殖民地政府尽力在推广工作——机器、合作社和农艺指导——与监管、税收和压迫之间取得平衡。监管主要是为了杜绝掺假。随着棕榈油进入工业食品体系，品质成为商品的一个重要特征，商品市场依赖于标准的、普遍公认的等级。[105] 装在葫芦里的劣质油和优质软油混合在一起，可能会毁掉整整一大桶棕榈油。然而，生产和监管商品的一致性的负担落在了非洲生产商的身上。

在"棕榈油恶棍"时代，掺假现象很普遍，卖家把泥土、玉米面或芭蕉泥混合在一起，倒入装棕榈油的容器。[106] 谨慎的买家仔细查看沉淀物，并拿起几块硬油放入平底锅中加热，当油脂融化时杂质就会显现。[107] 熟练的桶匠可以把整个大桶拆开，然后设法让其容积变小，从而欺骗那些以为它们是标准大小的欧洲人。[108] 在重装大桶之前，在里面钉入原木而被抓到的骗子不止一人。[109] 在棕榈仁中掺假比较困难，但棕榈壳碎屑和过多的水分很容易造成 1 蒲式耳产生 15% 的损失。[110] 这种欺诈的最终目标是欧洲人，但即使是非洲商人也成为受害者，比如，一位早起的买家发现自己买到的是"上面漂浮着半英寸厚油脂的两罐浑水"。[111]

一位英国作者抱怨道："每一种能够想到的欺骗手段都是用来欺骗你的。"[112] 不过，欧洲人也是骗子。他们用棉布买油，但棉布中掺杂了过量的浆料，以改善其手感和外观；浆料随着第一次洗涤而消失，"新买的棉布一穿就破，这让买主震惊不已"。商人往酒里兑水，并把劣酒掺入好酒。历史学家 A. G. 霍普金斯（A. G. Hopkins）指出："西非的商业活动从来不是最光荣的职业之一，这些花样繁多的欺诈手段进一步破坏了其声誉。"[113]

为应对"掺假浪潮"，拉各斯成为 1889 年首批实行强制性产品检验的殖民地政府之一。[114] 多哥的德国行政当局颁布的第一道法令是强制商人使用标准化容器来装棕榈油。[115] 法国官员禁止卖家进入棕榈油和棕榈仁市场，除非他们的商品经过检查和清洗。[116] 20 世纪 20 年代，非洲各地出台了更具侵入性的法规。在尼日利亚，政府检查员在内地市场巡视，他们的理论是"越接近本地生产商，检查的教育意义就越大"。[117] 一位英国官员呼吁制定更高的标准，他认为"卖家在提供勉强符合标准的产品方面是个老手"。[118]

北方国家的制造商要求进行质量控制和标准化，以促进棕榈油和棕榈仁的商品化，并将其纳入新的工业产品，但受到监管冲击的却是非洲的妇女。商人强迫妇女提供柴火来净化棕榈油。一些妇女被迫"用牙齿咬碎棕榈仁"以证明其品质。在尼日利亚的一个市场，一名官员制定了一项"1 先令测试"，如果锡罐底部的沉积物比 1 先令硬币还厚，那么这罐棕榈油就不能出售。愤怒的妇女们封锁了道路，并向过往车辆勒索过路费，以迫使这名检查员取消该项测试。[119]

除了监管，还有税收。在殖民地时期的非洲，进出口关税往往很高；农民从未见过税吏，但他们从自己的棕榈油所换取的东西以及所购商品的价格中感到了刺痛。[120] 人头税和"茅屋"税另当别论。这些税是按家庭征收的（有时也对家畜和树木征收）。它们服务于财政和意识形态目标。正如尼日利亚总督 F. D. 卢加德（Lugard）所言，公开纳税表明了对殖民统治的服从。[121] 一些行政当局征收——或计划征收——实物税，当局征收棕榈油、棕榈仁或其他农产品以塑造经济活动。[122] 但更多时候，行政当局坚持要现金。这迫使人们卷入出口经济，无论他们喜欢与否。[123] 在法属殖民地，官员还征收"劳务税"（prestation），人们要么从事公共工程服务，要么以现金纳税。[124] 当一个英国商人问一名法国官员，他们是如何促使农民出口这么多棕榈仁时，官员坦率地回答："我们扼住了他们的咽喉。"[125]

所有殖民强国都依靠酋长向村民收税，酋长比来访的官员更了解人民的数量和财富。政府利用给予回扣这种强有力的刺激方式，让酋长征收全部税款欠款（后来是部分）。在达荷美，一名酋长可以保留所征收税款的 3.5%。[126] 在尼日尔河三角洲地区，许多部落从未有过世袭或选举产生的酋长，殖民地官员任命新的"委任酋长"担任这一角色。这些酋长不受人欢迎，他们在最糟糕的时刻——1929 年大萧条前夕——开始征收人头税。

伊博人不情愿地支付了 1928 年的税收，当时一桶 4 加仑容量棕榈油的售价可以付清一个人的税款。[127] 然而，随着世界陷入大萧条，1929 年棕榈油的价格下跌了。爱德华·卡努·乌库（Edward Kanu Uku）回忆道："对于那些已经爬到他们可以随意支配的短梯顶端的人来说，个人权力和影响力的极限现在已经显现出来，并且，棕榈油价格的稳步下跌导致了……普遍的挫折感。"[128] 一首伊博歌曲反映了新税制带来的恐惧：

　　　　　　　缴税的时间快到了！

　　　　　　　缴税的时间快到了！

　　　　　　　没钱的人在哭泣，

　　　　　　　我们将看到白人的战争。[129]

　　村民们纷纷辱骂负责征税的"委任酋长"，但大多数人平静地缴纳了。[130]

　　然而，尼日利亚殖民统治者在 1929 年底犯了一个严重的错误，他们把女性纳入了税收评估。[131] 当一名"委任酋长"的书记员试图统计家庭人口时，一个名叫恩瓦耶鲁瓦（Nwanyeruwa）的尼瓦-伊博族妇女挑战了他的权威以及向女性征税的主意。成千上万名妇女聚集起来声援恩瓦耶鲁瓦，并包围了这位酋长的宅院。一名英国官员把象征着权威的"委任酋长"的帽子交给了这群妇女，并指责酋长挑起了事端，但为时已晚。[132] 抗议者在伊博地区及其他地区游行示威。妇女们先是摧毁了法院大楼、"委任酋长"和政府职员的住宅，然后向欧洲人的企业进军。当爱德华·卡努·乌库试图让愤怒的人群冷静下来时，人们"斥责他是被政府收买的叛徒，一个背叛人民的人"。[133] 在阿巴（Aba），殖民地军队向示威者开火，造成至少 55 名妇女死亡，许多人受伤。1929 年底，抗议活动很快土崩瓦解。怀恨在心的殖民地官员对与这场"妇女战争"有牵连的村庄征收罚款，并焚毁了抗命不从的村庄。

　　调查人员找到了导致这场"妇女战争"爆发的诸多原因，其中包括男女活动领域之间的文化差异，以及基督教对家庭结构和社会价值观的影响。[134] 不过，正如一位调查人员所指出的那样，"棕榈油主导了局势，它是经济之轮，乃至是社会之轮转动的轴心"。随着大萧条的加剧，人们问道："如果政府不命令商人为我们的棕榈油支付更多的钱，我们如何缴税？我们没有钱，也没有食物，我们会饿死的。"[135]

　　20 世纪 30 年代，尼日利亚和西非爆发了更多的抗议活动，不过其规模都比不上那场"妇女战争"。这些抗议活动的策略之一是"存储"，即非洲人拒绝向欧洲商人出售商品。乌尔赫博生产商组织了两次大规模的棕榈油存储行动：第一次发生在 1934 年，针对的是联合非洲公司为硬油提供的最低价格。联合非洲公司认为，一个乌尔赫博家庭可能要花"五六天生产一桶［4 加仑］棕榈油，其'岸边'价格仅为 11 便士"。[136] 有人因为试图偷卖几桶棕榈油而被其同胞罚了 15 先令。英国官员对这场罢市活动置之不理。联合非洲公司可以等下去，但需要拿钱去买食物的乌尔赫博卖家等不起。发生在 1938 年的一起类似的存储行动也以失败告终。

　　欧洲人抱怨说，存储行动是非理性的爆发，源自那些不懂税收和商品价格背后的经济概念的人。[137] 联合非洲公司甚至在尼日利亚开展宣传活动，强调鲸油和其他脂肪的大量供应使得公司无力提高棕榈油价格。[138] 然而，棕榈油生产者了解的情况比联合非洲公司愿意承认的要多。西非人在 20 世纪 20 年代写过关于"兼并的威胁"的文章，当时多个贸易公司合并为垄断性的联合非洲公司。[139] 生产者也在关注全球市场：1934 年，英国为了压低国内肥皂和人造黄油的价格，购买了一批鲸油，此举"立即在全国［尼日利亚］广为人知"。一位研究人员回忆说："在最偏远的村庄，有人要求我对此作出解释，并说明政府为什么允许这样的事情发生。"[140] 20 世纪 30 年代，生产者——实际上也包括殖民地官员——已非常明白，联合非洲公司和联合利华公司等欧洲公司并未将其非洲供应商的经济福祉真正放在心上。[141]

"发人深思"：出口市场之外

20 世纪 30 年代的危机突显了油棕故事中一个重要但常常被忽视的部分：非洲人作为消费者的角色。殖民地政府关心出口，因为政府可以对其进行测算并征税。档案中关于油棕产业的大多数历史记录都与出口有关。[142] 这就是殖民主义的全部意义：为了母国利益而榨取资源。

许多非洲人致力于出口生产。但是一个典型的棕榈油生产家庭全年可能出售棕榈油、自己消费、购买棕榈油以供消费。我们只能猜测国内市场的规模，但它影响并限制了出口行业的增长。大量棕榈油被用于制作食品、肥皂、照明产品和化妆品。如果 1930 年生活在尼日利亚南部的大约 1000 万人每人每年使用 5 磅肥皂（这个估计可能太低了），那么他们将至少需要 1.1 万吨棕榈油。[143] 从国外进口的产自工厂的肥皂，以及由利华兄弟公司在拉各斯新建的一家工厂生产的肥皂，仅能供应每人 1 磅。[144]

进口的蜡烛和照明灯具产生了反方向的影响——被释放的棕榈油得以出口。从 19 世纪 50 年代开始，硬脂酸蜡烛和软脂酸蜡烛在西非流行起来，取代了富人使用的暗淡的棕榈油灯。19 世纪

90 年代，煤油的出现给更多的消费者带来了明亮的光线，对煤油的持续需求迫使家庭出售棕榈油和棕榈仁。[145] 如果煤油以一比一的比例（这是个武断的估计）取代棕榈油，那么尼日利亚在1930 年的煤油进口量将会使近 2 万吨棕榈油用于其他用途。[146]

然而，棕榈油在非洲的最大用途是生产食品。历史学家低估了非洲人消耗的棕榈油量，他们提供的数字低至每人每天 10 克。这对于油棕带来说太少了。在"黄金海岸"，监狱中的囚犯每天单从食物中就可以获取 7 克~13 克，士兵则至少获取 26 克。[147] 从制作食物使用的棕榈油的量来看，历史记载给出的数字为每人每天 22 克~90 克。一份法国报告指出，包括肥皂、照明和化妆品在内的总消耗量为每人每天 180 克，即每年 66 千克。[148] 欧洲观察人士得出的结论是，多哥、达荷美和喀麦隆等地的非洲人消耗的棕榈油大约是他们卖给外国人的 4 倍。[149]

非洲蓬勃发展的港口和集镇为棕榈油创造了大量的新客户。20 世纪 20 年代，一瓶食用棕榈油在尼日利亚的油棕带仅卖 3 便士，但在北部城市卡诺（Kano）却卖到 15 便士。[150] 在"黄金海岸"，食用棕榈油在阿克拉的售价"大约是其出口价格的 3 倍"。一名殖民地官员若有所思地说，这种对比"发人深思"。他估计，一个家庭每周大约用掉半酒瓶棕榈油，并且"使用量受到供应量的限制"。这名官员表示，"在这个巨大且有利可图的市场对他们开放的情况下，油棕的所有者不去努力生产多余的产品用于出口"，这"毫不奇怪"。[151]

国内消费不利于出口市场。但这并非意味着国内消费是机械化的障碍。1914—1915 年，利华兄弟公司在约尼巴拿的失败，部分原因是农民担心该厂不会把棕榈油卖给他们。[152] 在"黄金海岸"，棕榈油种植园管理者有限公司的工厂在当地销售了大量棕榈油，其中，位于布特列（Butre）的工厂终于在 1928 年扭亏为盈，这是因为当地人喜欢它生产的"纯净"棕榈油。[153] 位于布科诺的那家经营失败的工厂原打算一开始就向当地买家出售罐装油，但在倒闭之前，它所生产的棕榈油的游离脂肪酸含量居高不下，未能符合当地的烹饪标准。[154] 法属殖民地的情况与之相似。科特迪瓦和达荷美的工厂几乎卖掉了它们在当地生产的所有棕榈油，只剩下棕榈仁用于出口。[155] 尼日利亚东南部是少数几个持续大量出口棕榈油的地区之一，但即使在那里，国内市场消费的份额才是最大的。20 世纪 30 年代末，英国官员估计，尼日利亚生产的全部棕榈油中的约 65% 被尼日利亚人消费了。[156]

棕榈油出口的增长也面临着生态限制，特别是在尼日尔河三角洲地区。当西非许多地区的农民转而种植更为有利可图的可可树时，该地区仍然固守着油棕产业。这里土壤贫瘠，不适合种植可可或橡胶。土地也变得越来越拥挤：在奥尼查（Onitsha）和奥韦里（Owerri）地区，每平方英里的人口密度高达 500 人，农民被迫保持一半的土地不间断地耕种。据称，20 世纪 30 年代，奥韦里地区的山药种植面积只有 10 年前的一半。[157] 早在 1912 年，尼日利亚农业部长就警告说，尼日尔河三角洲遍布"贫瘠的酸性土壤"，粮食产量很低。他认为，加倍种植油棕是最好的解决办法，粮食供应则依靠其他地区。[158]

档案资料和口述史料表明，油棕及其种植者面临着越来越大的压力。[159] 令人惊讶的是，这个主要的棕榈油出口地区的油棕数量很少。20 世纪早期的一些报告称，阿巴附近地区平均每英亩土地有 6 棵油棕，伊比比奥地区则为每英亩 10 棵。虽然这些数字是油棕林和已开垦农田的平均值，但与一些报告中提及的吸引了诸多特许经营公司的其他地方相比，这个平均值并不高，而后者每英亩拥有数百棵油棕。[160] 正如历史学家基马·科里赫（Chima Korieh）所言，在大萧条时期的经济动荡中，该地区陷入了生态危机，根本没有足够的土地来维持粮食和经济作物的生产。[161]

　　1938 年，对尼日尔河三角洲地区进行的一项调查发现，每个"应纳税男性"拥有 2 英亩~4 英亩土地，但有些人的土地分成多达 7 块独立地块。每块地的平均面积不到半英亩，有的地块只种了两三棵油棕。登记在册的一块地只有 6 英尺宽、20 英尺长。20 世纪 50 年代，一个普通的伊博农民仅剩 1 英亩土地。伊比比奥农民平均拥有 4 块土地，总面积为 1.4 英亩，他们需要经常往返于田地与住所之间。[162] 这种土地匮乏的情况迫使西非油棕研究站（现在的尼日利亚油棕研究所）在 1939 年选址于贝宁，而非东部的油棕带中心地区。该研究站的负责人说："人口如此密集，几乎没有多余的土地。"[163]

　　一位研究人员认为，20 世纪 50 年代，这一地区的"野生"油棕已经非常少，而在人口稠密的地区，它们"已不复存在"。农民往往无视剩下的油棕，因为它们"生长得非常密集，很多不会结果"。[164] 总的来说，土地短缺——也就是油棕短缺——迫使农民小心翼翼地管理自己拥有的资源。一些伊博农民积极修剪油棕，防止它们遮蔽粮食作物，以油棕的缓慢生长来换取更高的粮食产量。[165]

　　税收压力促使尼日利亚的许多社群对公共油棕的采摘进行规范化管理，采摘权与"纳税人名单中某个人的名字"挂钩。[166]反季节采摘会被处以罚金。这些规定确保了富人无法雇用劳动力将棕榈果采摘一空，导致穷人无力纳税。即使是个人所有的油棕也可能在缴税期间被他人采摘。[167]此外，法庭记录显示，年长者经常控诉年轻人非法采摘棕榈果。[168]在一个伊博人村庄，年轻人成功地推翻了一项限制人们只能采摘自家油棕的新规定，这项规定会阻止精力充沛的年轻人积聚财富、博取功名、娶妻纳妾。[169]

　　公共采摘规定反映了许多社群的平等主义政治，它们稍作修改就可应用于新的事情，比如，支付医疗费和学费。一位研究人员指出，在公共采摘期间，"不卖力地采摘"是"一种严重的社会罪行"。[170]随着时间的推移，归村庄所有的油棕的公共权利往往让位于一种要求家庭购买采摘"份额"的模式。妇女和老人可以雇用男人来采摘自己的那份棕榈果。20世纪50年代，发生了更多的变化，当时一些首领干脆接管了公共采摘权，雇用人员采摘棕榈果并在市场上出售，以支付税收和特别项目的费用。[171]

"非常适合和有效"的体系

　　1939年，非洲人向世界供应了大约52万吨棕榈油和棕榈仁油，这个数字是第一次世界大战前的两倍。[172]比属刚果榨油厂和比属刚果的其他公司用机器生产了其中的11万吨，其余则来自小农生产，大多数小农甚至连手动榨油机都没有。关于尼日利亚这个最大的棕榈油出口国，迪克总结道："当地农民已经形成了一个油棕文化体系，这个体系使他们能够以最少的劳动支出获得最大的产出，在应对天然油棕林方面，它非常适合和有效。"[173]

一些英国官员抱怨，英帝国通过抵制种植园，牺牲了"经济发展以换取政治安全"。[174] 1939 年，海利勋爵（Lord Hailey）在其《非洲考察》（African Survey）中警告道："当地人必须从痛苦的经历中认识到，竞争制度对那些不采用最有效的生产技术的人的惩罚是多么严厉"。[175] 正如第七章所示，油棕种植园的高效不可否认。一个面积为 4000 公顷、雇用 1200 人的种植园，出口的棕榈油数量要多于 1930 年整个科特迪瓦的出口量。[176]

然而，英属和法属西非的大多数官员仍然反对种植园。一位英国官员宣称："并非那些消费者——肥皂和人造黄油制造商——认为存在［来自种植园的］'威胁'，而是那些总是试图窃取不属于自己土地的商人。"[177] 非洲的农业技术并不像外国人眼中的那样"原始"或"低效"。欧洲对经济的痴迷意味着重新改造每一公顷土地，尽可能地提高产量；但非洲人适应了这片土地，可以让其劳动产出最大化。[178] 20 世纪 30 年代，殖民统治者发誓"要从当地农民的角度看待一切"[179]。

这意味着要承认许多农民用可可代替油棕会过得更好。这意味着要认识到棕榈酒和棕榈油在国内消费中的重要性。这意味着要接受欧洲对工业脂肪的渴求不能凌驾于非洲人的土地权和生计权之上。与受股东支配的种植园公司不同，小农具有灵活性和适应性。[180] 舍瓦利耶的科学工作推动了特许经营的繁荣，他在1931 年的一篇文章中强调，人比油棕或机器更重要。他指出，在法国本土，粮食生产仍然掌握在农民手中。他们采用了"科学的"技术并改良了品种，他认为，非洲农民迟早会采取同样的做法。他写道："如果我是一个本地人，尽管苏门答腊苦力的安乐生活……令人着迷，但我仍宁愿做一个简单的阿迪克鲁（Adik-rou）农民……在我的土地周围种植几公顷油棕、可可、蔬菜和果树，整天和我的家人一起生活和劳作。"这也许不是最有效的土地利用方式，但在 20 世纪 30 年代动荡的经济环境中，这已足够维持生计。[181]

第七章　东南亚的榨油机

　　非洲的油棕林吸引了梦想快速致富的欧洲实业家，但最终他们颇为失望。尽管非洲小农为世界市场生产了大量的棕榈油和棕榈仁，但廉价的食用油仍然无法轻易获取。许多欧洲人提出的解决方案是种植园，这是一种把土地、作物与人作为单一生产单位来控制的制度。但在殖民统治时期的非洲，种植园很难发展起来：官员对挑起土地冲突持谨慎态度，许多公司也从劳动力成本中吸取了惨痛教训。当非洲人有其他选择的时候，他们根本不会对从事低薪劳动产生兴趣。20世纪20年代，首批成功的油棕种植园反而在遥远的东南亚出现了。

　　沿着马六甲海峡，投资者发现殖民地国家十分愿意提供土地和劳动力，以及一种行之有效的种植园生产模式，这将塑造油棕种植的未来。早在16世纪欧洲人到来之前，马六甲海峡两岸的贸易和农业就已经呈现出一派繁荣景象。肉豆蔻、丁香、甘蔗、咖啡、胡椒、槟榔膏以及许多其他农作物，促使大批本土和外国种植者，利用农场和规模更大的种植园改变了该地区的景观。讲马来语的社群定居在可以种植水稻的沿海地区，后来又有华人移民和其他移民加入其中。居住在内陆森林的民族也推动了经济作物的繁荣，他们将新的作物纳入了森林休耕农业。[1] 19 世纪，当欧洲人——苏门答腊的荷兰人和马来亚的英国人——扩大对该地区的控制时，欧洲资本家创办了自己的种植园。

油棕是该地区的后来者，它是沿着巴西橡胶树（*Hevea brasiliensis*）在东南亚森林中开辟的道路而前进的。从 19 世纪 90 年代开始，这种南美橡胶树引发了一股前所未有的种植热潮。在许多叙述中，橡胶树和油棕种植产业的故事有着共同的童话起源。随机挑选的标本来自遥远的国度。它们在亚洲肥沃的土壤中茁壮成长，摆脱了家乡害虫的侵害。欧洲的资本把丛林变成井然有序的种植园，欧洲的科学则改良了这些植物及收获方式。现代种植园的到来给非洲和美洲依赖野生植物的竞争者带来了厄运。[2]

将东南亚的油棕故事与发生在非洲的一切进行对比，可以清楚地看出，我们不能把种植园的兴起——无论种植的是油棕、橡胶还是其他物种——归结为某种幸运的植物，也不能归结为科学知识或企业家精神。关键在于对人民和土地拥有的权力。在 1941 年之前的几十年里，东南亚种植园之所以成为小农生产的有力竞争对手，得益于征募、管控劳动力的能力，以及大规模改造土地的能力，这在大多数非洲殖民地是不可能实现的，并且，这也为 20 世纪后期更大规模的种植园繁荣奠定了基础。

殖民地种植园制度中的土地和劳动力

种植园不仅是一个大农场。它将种植作物的农艺知识与政治、经济、社会甚至文化工具相结合，这些工具决定了土地的使用方式、使用者和使用条件。种植园模式要求管理者控制自然——通过清除植被"重塑"空间，驱逐生活其中的人类和动物，修整土地、排干积水、实施灌溉，直到它符合一种普遍的模式。[3]

建立种植园是为了提高效率。一小片精耕细作的土地每平方米可能产出更多的食物，但是种植园的组织和技术，使得一群工人种植、照料和收获的作物，要远远多于这些人单打独斗的成果。结果就形成了一种自然中的工厂（factory-in-nature），一些学者称之为"新自然"。然而，种植园从未完全脱离自然。[4] 一个成熟的油棕种植园中的狭长笔直的过道，展示了工作中的秩序和规划，但地面上的杂草、树干上的附生植物、散布在各处的鸟类和动物，以及看不见的微生物提醒我们，大自然从未真正处于人类的控制之下。

创造和利用"新自然"需要一支训练有素的劳动力队伍。正如种植园管理者为了提高效率而挑选种子和安排作物一样，他们也控制着工人的行动。种植园的工作既单调又劳累，很少有人愿意为了薪酬而做。（具有讽刺意味的是，"planter"一词指的是所有者和管理者，而不是那些把种子种在地里的人。）从历史上看，种植园一直是"存在压迫的地方"。[5] 一些学者粉饰其对强迫劳动的依赖，认为这是那个时代习俗的不幸反映，或者是不完善的劳动力市场的产物。他们没有看到一些雇主"更愿意雇用非自由劳动力"。[6] 一些历史学家所说的"种植园综合体"，不仅是作物生长的地方，而且是一种决定如何征调土地、剥削劳动力以及想要达到什么目的的政治制度。[7]

美洲的种植园综合体最初是为了种植另一种需要迅速、大规模加工的作物——甘蔗——而出现的，它依赖的是最不自由的劳动形式，即奴隶制。在殖民地时期的东南亚，种植园依赖的是成千上万名来自爪哇、印度和其他地方的契约苦力。这些失去自由的人清理森林、种植橡胶和油棕，收获果实。在非洲油棕带的大部分地区，如此大规模地招募和管理劳动力根本行不通，如果不采用强制力量，这绝无可能，利华兄弟公司在刚果的经历就是明证。

在首批油棕种植园出现的 10 年之前，成熟的橡胶种植园综合体就已存在，1910 年后，它成为转向油棕种植的种植园主的模仿对象。橡胶树通过英国皇家植物园邱园进入东南亚，这是在大英帝国范围内鉴别和分配橡胶植物的协调努力的一部分（而不是像流行的故事所认为的那样，橡胶树种子是从巴西走私而来的）。[8] 值得注意的是，叶枯病和其他疾病并未跟随巴西橡胶树走出南美洲。在亚洲的种植园中，这种树摆脱了与之竞争的植物及南美洲的病虫害，享受着"生态释放"。欧洲人发现，与对其他可以产生胶乳的植物进行破坏式的"砍倒—采取"法相比，谨慎的采取方式可以让橡胶树常年滴落胶乳。[9] 与此同时，与之竞争的南美种植园——包括亨利·福特在巴西开展的"福特之城"（Fordlandia）大型项目——由于病虫害而纷纷破产。[10]

橡胶树在非洲的环境中同样长势良好，但与油棕特许经营公司一样，橡胶特许经营公司也面临着获取土地和劳动力的难题。[11] 相比之下，在东南亚，殖民地的种植园主认为马六甲海峡两岸遍布无主的土地。英国人称马来半岛的腹地"几乎无人居住"，而荷兰人则将苏门答腊岛东部视为其岛屿帝国的一处

"荒芜角落"。[12] 1870 年，荷属东印度群岛（NEI）的《农业法》将所有未开垦的土地置于政府控制之下；20 世纪 30 年代末，苏门答腊岛上将近 70 万英亩"荒地"掌握在外国种植园公司手中。[13]

在殖民当局名义上与当地国王合作统治的地方，如英国控制的马来联邦（FMS），国家把林地托管给统治者及其人民。[14] 这些统治者是否对森林居民及其土地拥有合法权利并不重要。[15] 欧洲人可以以优厚的条件获得这些"无主""低产"土地：在苏门答腊岛，种植园主可以获得长达 70 年的租期。在霹雳州（Perak），人们对"荒地"——指的是任何不属于城镇、矿区或"马来人占有"的土地——可以得到一份为期 999 年的租约。也许是觉得 1000 年还不够久，英国人将租期延长为永久性的，尽管 1911 年新的条款允许在 30 年后修订租约。[16]

殖民地官员曾试着了解亚洲本土的土地所有权制度，他们这么做只是为了更好地管理、征用土地，并向其征税。英国官员承认森林休耕对于森林人民的重要性，但他们强加给马来亚的土地所有权制度与之完全不相容。只有得到积极耕种的土地，人们才能对其拥有所有权。[17] 虽然马来村庄周围的农田在 1913 年得到了特别保护，但有的族群用于开展森林休耕农业的土地则成为王室领地。[18]

荷兰官员对习惯法也有类似的兴趣，并采取措施将他们认为的"现代"种植园区域与拥有多样化权属制度的"传统"区域分开。[19] 在马六甲海峡两岸，特许经营土地之内往往必须留出土地用于村庄耕种。[20] 然而，承认当地人土地权利的工作与界定边界的工作是互不相容的。[21] 政府和特许经营公司把充满植物、动物和人类活动的土地，分割成静态的矿区、林区与种植园区，并把森林居民限制在"土著保留地"内。[22]

在殖民者眼中，森林休耕往好了说是原始做法，往坏了说是破坏环境。官员还对中国的实业家持批评态度，后者创建的小型种植园在很大程度上推动了 19 世纪的经济作物繁荣：在种植辣椒和甘薯等作物后，他们抛弃了肥力耗尽的土地。这些土地成为"遍布白茅（Imperata cylindrica）的荒地"，种植园主和农业科学家对这种生命力顽强的野草厌恶至极。[23] 在一些马来州，政府要求所有的新特许经营地必须种植"永久性"作物。[24] 20 世纪初，官员以大打折扣的"白茅条款"向欧洲种植园主提供从中国种植园主手中夺取的土地。[25]

在苏门答腊岛东部，欧洲种植园主选择了烟草，因此他们对破坏性的土壤利用活动负有责任。德里（Deli）地区的烟草种植园主采取了工业规模的漂移式耕作，通过烟草和休耕轮作大片土地。[26] 当橡胶树到来时，它"成为许多破产的烟草和咖啡种植园的天赐之物"，这些种植园耗尽了所有易于开垦土地的肥力。[27]

事实上，中国种植园主率先在该地区尝试种植橡胶树，并在新加坡及其周边地区制定了间作方法。[28] 但殖民者对建立当地人拥有的小规模种植园产业不感兴趣：他们希望欧洲资本起主导作用。马来联邦的一位官员称欧洲种植园主是"国家的脊梁……政府应该给予他们最大的鼓励"。[29] 而种植园主得到的不仅是鼓励：官员减少了他们的租金，发放了引进契约劳工的许可证，甚至发放了补贴贷款。[30] 种植园主享有获得新建公路和排水渠沿线土地的特权，并且，他们利用国家修建的公路、铁路和港口将自己的产品运往世界各地。[31] 种植园主确实通过私人资助的机构为农业研究提供了资金，如苏门答腊东海岸橡胶种植园主总协会（AVROS）和马来亚的橡胶种植者协会（RGA），但政府科学家也提供了帮助。在种植园主选择橡胶树和油棕之前，政府研究站已将其引入并开展了研究。[32]

虽然种植园主偶尔会对他们给热带森林带来的破坏感到遗憾，但并不认为种植园对森林生态系统构成了生死存亡的挑战。[33] 在一些地方，土地似乎是无限的：在彭亨（Pahang），1921 年，只有 2.5% 的土地被占领，至少就殖民地记录保管员所说的"占领"而言是这样的。[34] 资本和劳动力———一名种植园主称之为种植园主与森林作战的"军费"———是这一时期限制种植园扩张的真正因素。[35]

无论是巴西橡胶树还是油棕，都没有能力单独入侵东南亚森林。人类通过劳动清除森林、排干沼泽、种植树木、收获产品。种植园生产要求大量劳动者在严格的纪律下工作，以达到最大的效率。一位英国商人坦言："没有强迫就没有效率。"[36] 与非洲人一样，在东南亚，"当地人在保有自身土地所有权的情况下，绝对不会按照种植园主的条件在种植园里工作"。[37] 因此，关键是要找到那些不能作出自由选择的人。在苏门答腊和马来亚，提供这种非自由劳动力的法律和后勤机制已经到位：来自爪哇和印度的苦力世代在这一地区工作，并且，从 19 世纪早期开始，他们已经去遥远的加勒比海地区劳作。

苦力是契约工，然而约束他们的法律合同是如此明显的不公平，而且往往不能得到遵照执行，以致于许多历史学家称这种制度为"新型奴隶制"。[38] 一些工人是自愿报名的，他们听信了招募者的谎言，或者希望情况不会像归来的幸存者所描述的那样糟糕。一些人被招募者所欺骗，或者被债权人以债务奴隶制的形式强迫招募。有些人是从饥荒中被拯救的，还有一些人是被绑架而来的。[39]

种植园主经常克扣契约工人的工资，用于支付食物、住房、衣服、医疗和最终遣返的费用。一位名叫罗斯曼（Roosman，雇主称他为"394 号苦力"）的爪哇人抱怨说，承诺给他每周 2.31 美元的工资是骗人的，因为他的雇主克扣了 1.52 美元。试图逃跑的工人，要么被殖民地政府关进监狱，要么被追踪者抓住，然后由种植园主进行惩罚。雪上加霜的是，逃跑的人还得偿还抓捕费用。[40] 对敢于反抗或试图偷懒之人的惩罚是残忍无情的，有时甚至是致命的。[41] 一首名为《劳动力问题解决了》的打油诗反映了一些种植园主——其中大多数是急于发大财的欧洲年轻人——对劳工的冷酷态度：

> 如果一个苦力侮辱了你，你快快把他抓住，
> 让他把砖头稳稳地举起，搅乱他五脏六腑。[42]

这首打油诗署名"小莎士比亚"，诗的后面还提到了踩踏苦力下体，以及将其抛入沸水。

即使是待遇优厚的工人，在热带环境中也面临着种种危险。海峡种植园有限公司（Straits Plantation Ltd.）报告说，在一个拥

有 516 名工人的种植园中，54 名工人死于 1911 年下半年，另有 19 名死于 1912 年上半年。该公司告诉股东，这种死亡率"在该种植园历史上是前所未有的"，但这还不是最高的数值。[43] 在马来亚，签订契约的印度人的死亡率比一般人高得多，尽管大多数人"正值壮年"。[44] 1918 年（大流感暴发的这一年），马来联邦统计的印度人死亡人数为 2 万人，占印度劳动力总数的 14%。[45] 在海峡对岸的苏门答腊岛，情况可能同样糟糕，甚至更糟。在 19 世纪的最后几十年里，多达四分之一的工人死于劳役。[46] 随着工人们逐渐不再从事土地清理这项工作，死亡率有所下降，并且，许多公司经常用提供医疗服务的承诺来吸引和留住工人。不过，20 世纪 30 年代，荷兰才废除"刑事制裁"，这是一种强迫契约工继续工作的法律。[47]

马来联邦分别于 1910 年、1914 年废除了针对印度人和华人的正式契约，这一方面是因为诸多令人痛心的虐待工人的报道，另一方面是因为快速增多的橡胶种植园，正在以越来越高的工资非法地在彼此之间互挖工人。1910 年以后，许多种植园主转向被称为康卡尼（kangani）的承包商制度，以此来招募和训练来自印度的泰米尔（Tamil）工人。[48] 1900—1940 年，逾 100 万名工人通过康卡尼来到马来亚。[49] 康卡尼支付了工人的路费，因而产生了债务。来自泰米尔村庄的根据性别、阶级、种姓和年龄而形成的社会等级重新出现在种植园中，这可以帮助康卡尼在无须签订契约合同的情况下控制工人。康卡尼可能购买了工人欠下的债务，将债务奴役从印度转移到了马来亚。招募者和"客栈主"使工人处于类似的不自由状态，他们扣留其工资以抵扣交通费、住宿费和伙食费，并且，通常还要偿还工人抽鸦片烟和赌博欠下的债务。[50]

工人们奋起反抗这种压迫。他们跑去可以提供更好的食物、更高工资的竞争对手的种植园，或是留在原地，要么偷盗、大搞破坏，要么消极怠工。[51] 1913 年，马来亚的 350 名男女工人长途跋涉 40 英里向当局控诉管理者将其全部工资用于抵扣伙食费。一位评论员写道："哪一种苦力都不如泰米尔人温顺，这种行为……会导致暴乱。"[52] 的确，包括泰米尔人在内的苦力发起了暴乱。当各州废除契约和对劳工的刑事制裁时，他们的抗议更加激烈。但那些欠雇主债务的人在其合同到期后，往往"别无选择，只能继续留在种植园里，做名义上的'自由'劳工"。在种植园之外，法律和习俗将人们按照种族界限隔离开来。[53] 契约期满后，许多工人只拥有将其劳力卖给新雇主的自由，而无法获得土地进而种植自己的庄稼。[54]

非自由劳工的迁徙带来了深远的影响，在明目张胆的胁迫结束之后很久，种植园里留下了一支劳动力队伍，用一位官员的话说，他们"高效、廉价、温顺"。[55] 正如一名种植园管理者在 1949 年所言，他手下的劳动力是"老牌工人，他们是［创始人的］早期苦力的子孙，干活出色，工价低廉"。[56] 在种植园之外，成功地积聚了资本的移民及其后代作为承包商，为种植园主提供了有价值的服务。承包商可以用比种植园公司低得多的成本清理森林，这主要是因为欧洲监工的工资过高，这些监工的主要任务是监督和惩戒工人（见图片 7.1）。[57]

20 世纪 30 年代，大多数种植园提供了较好的医疗服务，并

图片 7.1 这是种植园主协会（Incorporated Society of Planters）的行业杂志《种植园主》（1931 年）的封面图片，这幅图片描绘的是一名管理者站在一片遍布树桩的地里，背景是苦力正在劳作。

让孩童入学接受教育。[58] 管理人员认识到，采集橡胶、采摘棕榈果这样的工作技术性太强，难以开展有效的培训，因此在商品价格下跌时，虐待或解雇工人会适得其反。正如一位公司董事长所言，残忍对待"苦力"的种植园主，可能导致"与某个多年来一直在我们的种植园中效劳的家族成为陌路，甚至严重地冒犯这个家族"。[59] 离开印度或爪哇的移民有时确实发现，种植园的物质条件比他们离开的地方有所改善。然而，相对较好的待遇并没有消除劳动制度中固有的权力差距。种植园的发展取决于这样一个事实：用行业专家的话来说，廉价劳动力"唾手可得"。[60]

"历史重演"：油棕来到东南亚

1900 年，东南亚种植园综合体的运转部件——土地、劳动力、资本和殖民国家——已经为油棕种植做好了准备。人们通常认为，比利时的种植园主阿德里安·哈利特（Adrien Hallet）在 1911 年发现了油棕的潜在种植价值。根据传统的说法，哈利特的汽车在一条油棕林立的大道上抛锚，此时他发现了装饰性的德里油棕。它们的巨大果束（见图片 7.2）给他留下了深刻印象，于是他立即成立了一家种植园公司，不久之后，他的朋友亨利·福科尼耶（Henri Fauconnier）将首批德里油棕带到了马来亚。[61]

作为一种特殊品种，德里油棕声名卓著。从植物学上讲，德里油棕是硬脑膜型油棕，它的果壳比一般的油棕果壳要薄，并且果束很大。种植在苏门答腊后，它的果实果肉多、油脂含量丰富。苏门答腊东海岸橡胶种植园主总协会会长 A. A. L. 罗格斯（A. A. L. Rutgers）写道，这"不是刻意选择的结果，只是因为苏门答腊的首批油棕种植园主交了好运"。[62] 烟草、茶叶、甘蔗、橡胶、金鸡纳、咖啡和其他外来植物在苏门答腊都生长得非常好，这要归功于"肥沃的土壤、廉价的劳动力和对现代科学的全面应用"。罗格斯坚信油棕也不例外，他宣称，"历史会重演"。[63]

图片 7.2　在苏门答腊的一个种植园中，两名苦力抬着一串重达 76 千克的德里油棕果束。J. W. 迈斯特（J. W. Meijste）摄于约 1921—1922 年。[荷兰皇家东南亚和加勒比研究所（KITLV）107672，转载许可证号 CC-BY 4.0。]

　　油棕在东南亚的故事始于 1848 年来到爪哇的伯伊腾佐格（Buitenzorg，如今被称作 Bogor，即茂物）植物园的 4 棵油棕幼苗。[64] 1850 年，园长约翰内斯·泰斯曼（Johannes Teysmann）

简要地记录了这种植物的到来："油棕来自阿姆斯特丹植物园和波旁岛的 D. T. 普莱斯（Pryce），这种棕榈树产出的油是几内亚海岸的主要商品。"[65] 关于这 4 棵硬脑膜型油棕的来源——它们的遗传物质仍然主宰着世界上的油棕繁殖种群，我们缺乏其他确切的信息。1858 年，泰斯曼再次描述了这 4 棵油棕，并称两棵来自阿姆斯特丹，两棵来自"波旁（或毛里求斯）"，这增加了不确定性。他认为它们或许是不同的品种，或许是成对的雄株和雌株。[66]

20 世纪，罗格斯等科学家对泰斯曼的含糊描述困惑不已，他们认为，这 4 棵油棕来自毛里求斯或留尼汪岛（旧称波旁岛）：两棵于 2 月直接来到爪哇，两棵转道阿姆斯特丹后于 3 月到来。这 4 棵油棕的后代非常相似——与非洲的品种大不相同，因此许多科学家认为它们是一种特殊的品种，可能不是非洲大陆土生土长的植物。半个世纪后，科学家认为，毛里求斯和"波旁"转移了人们的注意力，这仅仅表明从西非某个地点经阿姆斯特丹发出的货物在留尼汪岛停留过。[67]

这些修正性叙述忽视了泰斯曼所说的把"波旁"油棕带来的大卫·坦纳特·普莱斯。[68] 普莱斯是一名巴达维亚（Batavia）①商人，对经济植物学有着浓厚的兴趣。在众多的商业兴趣中，普莱斯曾尝试生产花生油，并于 1862 年将一些棕榈油样品运往澳大利亚的一个展览会。值得注意的是，人们认为普莱斯曾将其他物种连同油棕从"波旁"运到了伯伊腾佐格。[69] 油棕在毛里求斯

———————————

① 今雅加达。——编者注

或留尼汪岛都不是野生的，但毛里求斯的"王家花园"和巨港（Grand Port，之前叫作波旁港）的几处私人住宅种植的油棕至少可以追溯到 1837 年。[70] 我们不清楚这些油棕来自哪里，不过在这个时期，英国人热衷于散播经济作物的种子。[71] 普莱斯很可能从毛里求斯运来了两棵油棕。那两棵"阿姆斯特丹"油棕的来源依然悬而未决。若说它们从毛里求斯经阿姆斯特丹运输过来，不合常理，它们很可能来自荷兰在"黄金海岸"的前哨。[72]

这 4 棵最早的油棕未能存活到今天，迄今为止，对现代德里油棕种群的基因分析只提供了关于其非洲起源的模糊线索。然而，这 4 棵油棕是颇为多产的母株。[73] 它们的种子被广泛种植在爪哇岛及偏远岛屿。泰斯曼拒绝了从非洲进口更多棕榈仁的计划，他指出，从他开展的不受限制的人工授粉实验可以得到丰硕的果实。[74] 荷兰当局敏锐地意识到了欧洲的肥皂和蜡烛产业对棕榈油日益增长的市场需求，因此试图让种植园主和农民都种植油棕。[75] 虽然有些人希望油棕的产量超过当地的椰子树，但泰斯曼认为，新来者"未必"能"与椰子树抗衡"。[76] 椰子油是人们的主食，那些习惯了食用椰子油的人，认为棕榈油给食物增添了"一股令人不快的怪味儿"。[77] 此外，农民和潜在的种植园主在没有机器的情况下难以经济地生产棕榈油。不论农民生产哪种油，当地的肥皂制造商都会购买，但荷属东印度群岛政府在 1865年前后要求停止种植新的油棕，椰子依然是荷属东印度群岛的王牌产品。[78]

英国人对油棕进行的一系列实验也没有取得更好的结果。新加坡植物园（1859 年建立）在 1870 年迎来了油棕，它们可能来自伯伊腾佐格，但并不确定。[79] 1875 年，又有一些油棕从锡兰①来到这里，锡兰的油棕至少可追溯至 1850 年。[80] 在沙捞越（Sarawak），伯德特·库茨夫人（Lady Burdett Coutts）的库普（Quop）庄园在 19 世纪 60 年代就种植了油棕，它们可能源自非洲。这片"极其贫瘠的"土地在 1872 年被卖给了一名种植辣椒的华人种植园主。[81] 几年之后，纳闽（Labuan）总督让邱园从西非运送一批棕榈仁给达特（Daat）小岛上的一名种植园主。这位总督认为，棕榈油"产业可能非常适合"该地区"举止粗鲁、缺乏一技之长的劳动力"。[82] 这些种植于 1877 年的油棕长势良好，但那名种植园主对其失去了兴趣，并让牛群以掉落的棕榈果为食。最终，他用椰子树取代了油棕。[83]

19 世纪 80 年代，在库普庄园进行的一项新实验表明，想要与非洲棕榈油进行竞争是徒劳无益的。英国官员从华人种植园主手中买下了这片庄园，并种下 4 万棵油棕幼苗，开始生产棕榈油。1891 年的一份报告指出，"现在面临的困难是为这种［油］找到市场，在新加坡，人们对其不闻不问，它似乎不为人知"。[84] 运送到英国的一些棕榈油"与拉各斯产的棕榈油相比，反响也不是特别好"。[85] 库普庄园生产的棕榈油成本高昂，更不用说还要将其运输到地球的另一边，它根本无法与非洲产的棕榈油竞争。

1900 年，油棕在新加坡植物园中的最重要用途是作为蕨类植物、兰科植物和其他附生植物的寄主。[86] 在整个地区，种植园主

---

① 今斯里兰卡。——编者注

看重的仅是这种树的外观。1884 年，一名荷兰种植园主写道："我沿着所有的道路种植了非洲油棕，假以时日，这片林中空地将美不胜收。"[87] 在苏门答腊岛东部繁荣的德里烟草带，油棕投下的绿荫覆盖着种植园主修建的道路。他们任由棕榈果腐烂，并用棕榈仁壳铺路。[88]

第一波油棕种植热潮

具有讽刺意味的是，尼日利亚的一位殖民地官员重新激起了东南亚人对油棕的兴趣。沃尔特·埃格顿（Walter Egerton）在 1903 年担任拉各斯总督之前，曾在新加坡和马来亚工作。他寄了一些棕榈仁到新加坡，并"建议那里的总督种上几英亩"。他显然对油棕实验的历史一无所知，因为他对自己的朋友、新加坡植物园园长亨利·里德里（Henry Ridley）说，油棕"比椰子更具价值——这说明了很多问题"。[89] 不久之后，德国科学家保罗·普罗伊斯拜访了里德里。普罗伊斯"看到这种植物在新加坡长得又好又快，很惊讶"。与埃格顿一样，他向里德里保证，"这是一种比椰子更具价值的棕榈树……它是世界上唯一一种不用照管就能连续几十年大获丰收而不减产的植物"。[90] 1908 年，埃格顿又写了一封信，敦促英国在整个帝国推广油棕种植。即使关于油棕特许经营的申请书已经送到了埃格顿在拉各斯的办公桌上，他还是写道："西非最伟大的产品是油棕，这种棕榈树会在全世界的赤道带茁壮生长。"[91]

并非人人都对种植油棕充满热情。马来联邦农业部收到了许多来自非洲的油棕种子，但其专家"不太确定让当地人或华人种植这种作物是否合适"，原因是采摘棕榈果、压榨棕榈油的工作"十分繁重"。他们确信，痴迷于橡胶的种植园主只有"以特惠价格拿到土地"才会种植油棕。[92] 邱园的科学家也持悲观态度，他们认为"西非的棕榈油产业有能力取得更大的发展"。[93]

　　不过，非洲的特许经营热潮让棕榈油一直热度不减。不久，马来亚的种植园主纷纷要求获得油棕种子，1909 年，马来联邦农业部开始分发来自非洲的油棕种子。[94] 1909 年前后，霹雳州的种植园主哈里·达尔比（Harry Darby）从他在尼日利亚的兄弟那里拿到了油棕种子。达尔比称，这些油棕"像在其故乡一样茁壮生长"，并为马来亚的"其他企业提供了许多苗圃"。[95] 1910 年，另一名种植园主在柔佛（Johor）种植了油棕。[96] 在马六甲海峡对岸的苏门答腊，卡尔·沙特（Karl Schadt）追随其在喀麦隆和多哥的德国同胞的脚步，于 1910 年建立了一个油棕种植园。[97] 华人种植园主张阿辉（Tjong A Fie）于 1912 年在苏门答腊的兰邦赛朗（Rambong Sialang）庄园种植了油棕。[98] 但这一趋势并非标志着油棕种植热潮的到来：更多的种植园主开始涉足椰子行业。那些推高棕榈油价格的行业同样需要椰子油，而椰子树是一种经过检验的作物。[99]

　　尽管阿德里安·哈利特并非首个试图在亚洲进行油棕商业化种植的人，但当他在 1911 年加入这场竞争时，带来了技术和资本。哈利特是农业工程师出身，并于 1889 年在刚果自由邦开启了职业生涯。他放弃了其雇主在马特巴（Mateba）岛种植烟草的计划，转而种植油棕。他花了 5 年时间经营这个小型种植园及榨油厂，然后另谋他业，其中最成功的是在法属刚果种植橡胶树。[100]

由于在非洲难以获得土地和劳动力，他来到了东南亚。在帮助比利时和法国投资者投入橡胶和椰子种植热潮的同时，他在该地区站稳了脚跟，并将业务从马来亚拓展至苏门答腊和法属印度支那。[101]

与传言相反，哈利特并非偶然发现德里油棕的。他从来到亚洲之初就打算种植油棕，在一次调查旅行中，他的汽车在德里一条长满油棕的道路上出了故障。1911 年 6 月，他和朋友亨利·福科尼耶一起游览了苏门答腊，其明确的目标是采集棕榈果、榨取棕榈油，并确定哪个品种最适合进行种植园种植。[102] 福科尼耶回忆说："结果远超预期。我们得到的证据表明，苏门答腊的油棕从产量上看比非洲海岸的高得多。"[103]

哈利特达成了一项协议，在德里的烟草种植园种植"行道油棕"（avenue palms）。他在位于亚齐（Aceh）以西的自己的桑盖·利波特（Soengei Lipoet）橡胶种植园的一个苗圃里种下了 5 万颗种子。[104] 在返回欧洲之前，哈利特为一家新成立的油棕公司——苏门答腊榨油厂（Huileries de Sumatra）——买下了德里的波罗拉贾（Poeloe Radja）种植园。[105] 哈利特挖走了身在喀麦隆的德国著名科学家恩斯特·菲肯迪（Ernst Fickendey），让他担任该公司的科学顾问。哈利特的公司董事抱怨说，油棕分散了人们对橡胶的注意力，但他坚定地前行。[106] 福科尼耶将 1911 年采集的一些德里油棕种子带到马来亚，并种在了他的椰子种植园兰道班让（Rantau Panjang），这里现在是哈利特种植园帝国的一部分。

在这一阶段，更多的资金流向了橡胶和椰子种植园，许多种植园主对油棕和棕榈油几乎一无所知。[107] 值得注意的是，欧洲的大型肥皂和人造黄油公司不愿加入哈利特的冒险事业，或是自己从事类似活动。利华兄弟公司已在刚果扎根。尤尔根斯公司拒绝了对苏门答腊的一个占地达 3 万公顷的油棕种植园进行投资的建议，这或许是有史以来最大的油棕种植园。[108]

第一次世界大战打断了种植进程，也阻止了哈利特和其他人购买榨油机。尽管如此，许多种植园及其科学家利用这段时间对油棕展开了研究。菲肯迪发现，苏门答腊岛的油棕生长条件异常良好。这里全年雨水充沛，阳光充足。在西非，雨季往往多云，旱季则不利于油棕生长和结果。[109] 苏门答腊东海岸橡胶种植园主总协会用荷兰语和英语发布了一系列通告，呼吁人们关注新建种植园中油棕的极高产量。[110] 一名种植园主将德里油棕果运到了欧洲（见图片 7.3），声称它们"无比壮美，只有亲眼所见才会相信"。[111] 战争结束时，棕榈油的较高价格以及关于德里油棕产量的引人注目的宣传，为油棕种植热潮的到来奠定了基础。

一本面向种植园主的小册子写道，油棕代表着"一项巨大的产业，巨大的可能性，巨大的犯错机会"。[112] 投资者理应明智地注意到这一警告。战后的油棕种植热潮（1919—1921 年）既狂热，又充满投机性。马来亚的报告称，"在专家指导下的收益比苏门答腊迄今公布的任何记录都要高"，这极大地夸大了这种树的前景。[113] 销售首批棕榈油的种植园吹嘘说，所获利润"自战争爆发以来，已膨胀到无法比拟的程度"。[114] 当 1920 年橡胶价格暴跌时，投资者纷纷转向油棕寻求慰藉。牙直利公司（Guthrie & Co.）是一家在橡胶领域持有大量股份的贸易公司，它试图劝

图片 7.3　完整的及被切开的德里硬脑膜型棕榈果样品。这些样品大约在 1922 年由刘易斯·斯玛特（Lewis Smart）运到了英国，他希望借此为西非的机械化种植园吸引投资者。（本书作者摄。皇家植物园邱园，经济植物藏馆，EBC355558。）

说利华兄弟公司在马来亚购买新的油棕种植园。该公司向利华兄弟公司保证，油棕种植园"如今最值得拥有，若它由一家像利华兄弟这样有地位的公司来经营的话，那就更好了"。[115]

利华兄弟公司没有上钩，这十分明智。1921 年，棕榈油的价格从每吨 55 英镑暴跌至 30 英镑。[116] 为了鼓励对油棕的兴趣，马来联邦的官员以"开拓"条款提供土地，土地租金低廉。[117] 尽管英国官员对油棕持保留态度，但他们担心马来亚过度依赖橡胶。他们和苏门答腊岛的官员一样，欢迎油棕这一新兴产业。但马来联邦的官员也对投机者保持警惕。一位官员在 1920 年警告道："这些要求获得大片土地种植油棕的申请书其实只是幌子，其真正的目的是获取更多的土地种植橡胶树。"他举了一个例子，柔佛的一家公司获得了一大块优质土地用于种植油棕——"几乎是免费授予"，然后将其转让给另一家公司种植橡胶。[118]

福科尼耶和其他种植园主最初试图避免将赌注全部压在油棕上，他们请求官员允许其在油棕林中套种橡胶或椰子，并砍掉利润最低的树种。官员通常坚定地回答"不行"，他们只允许在享受租金折扣的土地上种植非永久性的填闲作物，如木薯或咖啡。[119] 为了获得吉隆坡附近的土地，福科尼耶承诺只种植油棕，若有违背则以没收处理，这是马来联邦对日后油棕特许经营施加的一个条件。[120] 新建的油棕种植园，如哈利特的波罗拉贾种植园，将咖啡与油棕间作种植，这与之前橡胶种植园的做法一样。[121]

种植园主并不满足于低廉的租金和种植填闲作物，他们要求获得其他补贴。哈利特的企业集团大胆地要求马来联邦提供无息贷款，相当于私人资本的一美元换一美元。[122] 其他公司要求提供土壤调查、农艺建议和免费种子。[123] 一名管理者不愿支付27美元的种子费，声称他是在帮官员的忙，"我们正在着手进行一项可能对国家大有裨益的实验"。[124] 但种植园主看到了油棕的巨大价值：橡胶市场的惨淡状况促使许多人进行多样化经营，油棕则颇为吸引人。人们普遍认为它是一种"森林"树木，几乎不需要照料，因为人们认为它生长在非洲的野外。工人和邻近的农民不太可能像偷椰子或橡胶那样偷棕榈果吃，或拿到市场上卖。（偷窃胶乳的现象十分普遍，人们怨声载道。）[125] 1921年以后，尽管棕榈油价格较低，但英国和荷兰官员仍不断收到土地申请。1923年，马来联邦的农业官员抱怨说，这个行业已不值得享受

"开拓"税率。[126]

　　重要的是，种植园主认为油棕不受小农竞争的影响。[127] 来自小农的竞争困扰着橡胶种植园：专家认为杂乱无章的小农地块"对这个行业是一种威胁"，既导致病虫害滋生，又让劣质橡胶充斥市场。20 世纪 20 年代，马来亚三分之一的橡胶来自小农。[128] 人们可以使用简单工具处理胶乳，但生产食用棕榈油需要大型机器和为这些机器提供原料的大型种植园。[129] 一位作者得意地说："这个行业不存在让橡胶行业深受其苦的、来自本土小块地产的竞争，因为小土地所有者在此毫无用武之地。"[130]

　　使用机器的成本反过来又被用来证明大规模征用土地的合理性，在某些情况下，这些土地的规模超出了官员的预期。哈利特的管理人员认为，他们在马来亚得到的一块 2000 英亩的土地太小了，"从经济上来说不适合开发"。他们在机器上的花费以及支付欧洲员工的工资，"只能靠较大的土地面积来支撑"。[131] 规模效益的确存在，但这并非意味着小型种植园难以经营。对于那些使用简单机器、耕种几百英亩土地的种植园主，马来联邦赋予了他们一些特许权。1926 年，一份关于苏门答腊岛种植园的报告指出，"种植园产业必须淘汰较为原始的生产方法"毫无道理。一些种植园主声称市场只需要优质棕榈油，这位作者对此予以驳斥："质量问题是次要的，市场需要大量的低端或中端产品。"[132]

土壤、种子与科学

　　20 世纪 20 年代末，随着黄金地段廉价土地供应的消失，第一波油棕种植浪潮渐趋衰退。没有人知道下一步该往哪里走：一些人声称油棕可以生长在任何地方，另一些人则认为这种树需要"品质一流"的森林土地。许多种植园主开始把采伐过的土地作为特许经营的目标。采伐林木具有双重效用，因为它把土地从"森林"变成"退化"状态，使其适合转让；同时留下了道路，并移除了种植园主无论如何都要花钱清理的树木。[133]

油棕具有的显而易见的多重功能性——以及一些土地不适合种植橡胶的观点——有助于公司获取更多土地。1924年，布鲁克兰橡胶公司（Brooklands Rubber Co.）申请在雪兰莪（Selangor）获得200英亩土地种植油棕，该公司断言，"这片土地是原始丛林，土壤主要为泥炭，不适合种植橡胶"[134]。尚德·霍尔丹公司（Shand Halldane and Co.）也把别无他用的土地用于种植油棕，它在雪兰莪获得了一块3000英亩特许经营地，这块地"由于是丘陵"，不适合种植橡胶。不过，该公司后来改变了主意，请求改种橡胶。[135] 1945年之前，庞大的哈里森–克罗斯菲尔德（Harrisons & Crosfield）种植园集团在马来亚只有一处油棕种植园，事实证明这块土地不适合种植橡胶。[136] 1913年，哈利特请求在雪兰莪获得2000英亩土地，但由于劳资纠纷而遭到否决。他提起上诉后再次遭到否决，理由是这块土地对于种植油棕来说过于优良，应该用来种植橡胶。[137]（"劳资纠纷"或许指的是难以招募到工人。也有可能指的是1912年在福科尼耶的兰道班让种植园，1500名工人举行的罢工活动。[138] 还有可能指的是1913年在苏门答腊哈利特的波罗拉贾种植园发生的一起严重事件，在这起事件中，欧洲管理者开枪打死2人，打伤22人。[139]"劳资纠纷"在种植园并不常见。）

在 1920—1921 年的橡胶危机暴发之前，种植园主仅凭其森林租约就可以获得信贷：人们认为林地天生肥沃，蕴含着巨大价值。随着商品价格暴跌，银行收回了宽松的信贷政策，并迫使种植园主重新评估土地价值。与马来亚的同行一样，苏门答腊的种植园主一直在最优质的土地上种植橡胶，如珍贵的"红土地"（terre rouge）。用油棕取代橡胶绝无可能，种植园主反倒是利用未开发的"预留地"种植油棕。[140]

苏门答腊种植园的预留地大部分是白茅草地，这是烟草种植的遗物。最初，专家认为它毫无价值，"[白茅]的存在是土地贫瘠的明证"。[141] 白茅草地重新变成原始森林可能需要 250 年。[142] 然而，当种植园主证实油棕可以在白茅草地上生长后，扩张的步伐就一发不可收拾。苏门答腊的种植园主清除草地和灌木的速度，比马来亚的同行砍伐原始森林的速度快得多。[143] 从长远来看，消灭白茅的成本并不低，这需要劳动力、拖拉机和化学除草剂。舍瓦利耶警告说，种植在草地上的油棕会比种植在林地上的油棕更快地耗尽养分。这是正确的。[144]

泥炭地——今天引起巨大争议的源泉——给殖民地的种植园主带来了不一样的挑战。泥炭是一种潮湿的、缓慢分解的植物物质的聚集体，在热带森林中可能有几米深。泥炭沼泽被排干后，留下了松散的酸性土壤，包括橡胶在内的大多数作物无法适应这种土壤。不幸的是，对于马来亚的种植园主来说，20 世纪 20 年代末，主要农业区内剩下的土地大多数是"尚未排干的泥炭沼泽"。[145] 1920 年前后，研究人员在苏门答腊武吉拉塔（Bukit Rata）种植园的一个角落里，发现了一些在厚逾 1.5 米的泥炭地上苗壮生长的油棕。根浅的油棕倒了下来，但随着泥炭土的沉降，它们仍能通过俯卧的树干向上生长。[146] 这些发现使苏门答腊和马来亚的专家相信，浅层泥炭地一旦排干，就适合种植油棕。[147] 种植园主在不得已的情况下，将目光瞄准了泥炭地，利用油棕开发其特许经营地内的沼泽。[148]

在这些关于土地的讨论中，欧洲人对待森林就好像它们是无人占用一样。与非洲的情况相似，欧洲专家迟迟没有认识到休耕林的生态动态，将其视为对珍贵木材的威胁。根据殖民地法律，马来亚和苏门答腊的森林居民无权拥有将来用于漂移式耕作的土地。马来联邦的官员指责这些社群制造了大片白茅草地，苏门答腊的官员也发出了类似的抱怨。一份关于彭亨的一处油棕种植园的报告称，这里的土壤"不是很肥沃，过去一直遭到萨凯斯人（Sakais，一个土著群体）的破坏式开发"。[149] 正是由于种植园主的"良好管理"，油棕才苗壮生长。在另一起案例中，由于土著不愿离开，联合苏贝通橡胶公司（United Sua Betong Rubber Co.）放弃了雪兰莪的 1000 英亩土地。官员希望将这个 26 人的社群搬迁到科兰布（Kelambu）森林保护区，但他们不肯放弃已生长 5 年的橡胶树，以及椰子果和椰子树。地方官员提出从特许经营地中划出 15 英亩土地供该社群使用，但这家公司对于与他们共处一地不感兴趣。[150]

尽管在大多数特许经营申请中，森林居民的权利未被提及，但这并不意味着他们不受种植园的影响。许多群体没有留下来奋力夺回他们的土地，而是撤退到森林深处，他们占据的往往是较为贫瘠的土地，从而避免与种植园主以及正在向内陆地区推进的锡矿工人、马来人和华人小土地所有者发生冲突。[151]

选择合适的种子

与流行的说法相反，哈利特和其他种植阶层并非对德里油棕满怀信心，尽管其丰满的果实曾使投资者在 1920 年纷纷涌向苏门答腊和马来亚。专家声称，虽然德里油棕属于优质的硬脑膜型品种，但由于其亲缘关系有限，它们的最大优点是一致性。[152] 然而，这种一致性被夸大了。正如苏门答腊东海岸橡胶种植园主总协会的一名科学家指出，"树木之间的巨大差异"令种植园的参观者"震惊不已"，因为畸形和不育品种杂处其中。[153] 1918—1919 年，罗格斯在苏门答腊所说的德里油棕的惊人产量来自于一些已生长 10~15 年的树木，"并且，这是在清理［修剪］树木后的次年，实施人工授粉 6 个月后采摘的"。罗格斯提醒说："这些数据不能被视为常态化数据。"[154]

然而，罗格斯和其他人把这些数据作为德里硬脑膜型油棕的正常产量进行宣传。[155] 法国专家伊夫·亨利抱怨说，罗格斯的估算"在苏门答腊广为人知，它们在各处被人引用，供人参考，成为计算成熟种植园产量的基础"。种植园的真实产量低于罗格斯的数据，并随着时间的推移呈现出令人担忧的下滑趋势；在亨利看来，它们似乎并不比"非洲的优质成年油棕林"的产量好多少。[156]

随着最初几年大规模种植热情的消退，评论家抱怨说，德里油棕的产量被严重地夸大了。一名评论家嘲讽道："一些兴致盎然的实验家，借助一把小刀、一台天平和少量精挑细选的果实，说服自己相信马来亚种植的油棕所结果实的产油量是西非种植的油棕的两倍。"[157] 德里油棕的平均产油量确实比非洲油棕高，但它们的果仁较小。产油量的差异在很大程度上取决于降雨量和从原始土壤中可获得的新鲜养分，而非遗传特征。[158]

德里硬脑膜型油棕的遗传特征困扰着这种油棕的主要宣传员罗格斯。1848 年到来的油棕真的是非洲油棕吗？它们是随机选择的品种，还是人工选择的品种？这种油棕可能缺乏哪些有价值的特性？在它们的近亲繁殖基因库中可能潜藏着什么问题呢？就连圣西尔（St. Cyr）烟草种植园中为种植德里油棕提供大量种子的"行道油棕"的来源也尚无定论。圣西尔种植园的管理者说，它们来自新加坡（因此不是来自伯伊腾佐格就是来自锡兰），尽管一些荷兰专家坚称它们来自爪哇。[159] 虽然存在这些问题，但罗格斯和苏门答腊东海岸橡胶种植园主总协会敦促各公司不要自行从非洲进口种子。在研究人员找到更好的油棕之前，德里油棕堪称品质优良，"超出平均水平"。[160]

德里硬脑膜型油棕的推广者试图从伯伊腾佐格的 4 棵油棕的后代中培育出一种更好的油棕。在梅当-阿拉（Medang-Ara），编号为"249"的油棕是早期的明星，它每年可以结 11 串大果束。如果这是真的，那么每公顷能够产 6 吨棕榈油。[161] 然而，马来亚的英国专家最初对德里硬脑膜型油棕育种持怀疑态度。他们警告说，不要"允许种植园种植来自苏门答腊的未成熟种子"，而要从尼日利亚采购种子。这些科学家认为，油棕的超长寿命促使人们谨慎行事，"一棵油棕在生长 80 年后才完全成熟，它的寿命是 120 年，因此在从事这个行业时要小心谨慎"。[162] 他们并不明白，影响盈利的主要因素是采摘，而非每棵树的产量。1920 年，马来联邦订购了 100 万颗尼日利亚种子，但由于发芽率较低，行政部门被迫向种植园提供苏门答腊的种子，致使从非洲进口的新种子仅用于实验工作。[163]

1912 年，福科尼耶把来自德里的种子种在了兰道班让种植园。[164] 但他的公司在 1915 年报告说，它"从刚果获得了 26 袋油棕种子，我们正在将它们种在苗圃"，大概就是后来的滕纳马拉姆（Tennamaram）种植园。[165] 滕纳马拉姆种植园的管理者告诉殖民地官员，"据我所知"，这些树来自苏门答腊，[166] 但另一位管理者对此予以反驳。他写道："我们收到的种子来自刚果（比利时）。"[167] 1920 年 11 月，一名官员参观福科尼耶的种植园后，撰写了一篇热情洋溢的报告，称这些已生长 7 年的油棕的"种子是从刚果进口的"。据他观察，"它们和苏门答腊的同龄油棕一样果实累累"。[168] 这种既种植非洲种子又种植德里种子的做法，与哈利特在苏门答腊岛的做法如出一辙。在后来成为种植园集团橡胶金融公司（SOCFIN）的土地上，哈利特种下了大量刚果种子。20 世纪 20 年代末，橡胶金融公司夸耀道，自己所拥有的"数千英亩土地上全部种植着直接从非洲进口的种子"[169]。由于非洲油棕和德里油棕在种植园中"混杂"生长，因此德里品种的性状很可能"被遗传自这种树木的特性所改变"。[170]

橡胶金融公司的专家明白，以那 4 棵样本作为育种计划的基础是荒谬的。他们很乐意把精选的德里种子卖给其他种植园主，由此成为最大的油棕种子经销商，但他们的目标是油多壳薄的软脑膜型油棕，哈利特在非洲的经历让他对其有所了解。[171] 罗格斯也被软脑膜型油棕所吸引。1921 年，他给邱园写信要求得到"一些不太常见的油棕品种"，并强调他想研究软脑膜型油棕。[172]然而，事实证明，软脑膜型油棕难以捉摸（见第五章），直到 20世纪 40 年代末，人们才成功地培育出适合商业种植园的品种。

最后，如果橡胶金融公司和其他公司坚持种植德里油棕，它们本可以赚更多的钱。[173] 然而，英国专家抱怨说，苏门答腊的早期数据"实际上毫无价值"。[174] 由于人们对油棕缺乏足够的了解（至少在欧洲人中间如此），所以殖民地官员和种植园公司倡导的那种科学种植无法实现。苏门答腊东海岸橡胶种植园主总协会为了维护苏门答腊种植园主的利益，在私人庄园秘密地进行了实验，不过无济于事。[175] 在整个 20 世纪 20 年代，八卦消息和流言蜚语既激发了热情，又引发了怀疑。[176] 著名的荷兰研究员P. J. S. 克拉默（Cramer）对苏门答腊东海岸橡胶种植园主总协会严守秘密的做法十分不满，他指出，在非洲，油棕研究是"多方参与的"，并且成果广为分享，提供的信息远远多于有关每公顷产量的报告。[177] 除了哈利特的橡胶金融公司集团，大型种植园公司在将大量资源从橡胶转移到油棕方面，仍然表现得小心谨慎，这反映了油棕作为种植园作物的可行性以及棕榈油作为商品的未来，存在着较大的不确定性。

"把肥料转化为油的机器"：日渐成熟的种植园综合体

20 世纪 20 年代，支撑种植园在苏门答腊和马来亚扩张的核心观点，并非它们能比非洲人生产更多或者更便宜的棕榈油，而是它们能生产更优质的棕榈油。就像非洲的特许经营者一样，种植园主确信现代机器是生产廉价、优质棕榈油的关键。

　　早期的结果并不令人满意。苏门答腊首批种植园生产的棕榈油品质一般，并且有将近25%的棕榈油未被榨取，仅比非洲的手工生产法好一点点。[178] 各种植园对其机器设备的表现讳莫如深，但一位英国访客在1921年说，它们表现得"十分不如人意，以至于根据在此看到的情况提出任何建议毫无意义"。[179] 但随着20世纪20年代早期种植热潮的到来，新型液压机和离心机问世了。不过只有资本最雄厚的种植园才买得起它们：苏门答腊的种植园主"十分羡慕"马来亚的英国资本家，因为后者花费巨资购置了最新的产品。[180]

　　种植园主紧盯着棕榈油的做法，意味着有些时候他们没有剥取棕榈仁。[181] 已成为东南亚棕榈油主要出口地的美国市场对棕榈仁兴趣不大。来自菲律宾的椰子在美国享受优惠关税，从东南亚到欧洲的运输成本也比运自非洲高得多。按重量计算，德里油棕果大约含33%的棕榈油和8%的棕榈仁，但亚洲的棕榈仁出口往往低于这个比例。除了运输方面的不利因素，用于烹煮棕榈果的机器还会把棕榈仁弄脏，这就降低了价值。20世纪30年代，苏门答腊的一些种植园还在把棕榈仁铲进锅炉作为燃料。[182]

　　如果说苏门答腊的公司是在机器设备没有准备到位的情况下就急于种植油棕的话，那么马来亚的公司则与之相反——英国专家强调高效的机器设备是油棕种植园必不可少的要素。一位专栏作家抨击了这种"吉尔伯特式观念"（Gilbertian notion），将其比作"把钱全部［花在］搅乳器上，却缺乏必要的资金制作黄油"。[183] 马来联邦的官员曾采用高科技来解决橡胶加工问题，他们现在把同样的想法应用于油棕。他们鼓励种植园主购买复杂的离心式榨油机，这项技术在 1924 年的温布利展览会上得到了展示，当时，德里油棕果也被运到了现场。[184]

苏门答腊的大多数种植园选择了克虏伯公司或斯托克公司（Stork）生产的榨油机，这种机器采用蛮力而非离心机的巧妙物理原理来榨取棕榈油。菲肯迪与克虏伯公司合作开发了一项工艺，通过两次压榨和苯溶剂浴，可以从棕榈果实中榨出 99% 的油。[185] 种植园主很高兴从这项工艺中得到含有 7% 游离脂肪酸的油，尽管这并不比非洲的软油技术好多少。[186] 使用苯溶剂的高昂成本，以及工人对窒息和爆炸的担心，导致大多数公司放弃了这种方法。[187]

种植园管理者确实逐渐降低了游离脂肪酸水平，这揭示了种植园生产的真正优势：采摘棕榈果的速度和效率。生长在开阔地的油棕的树干又粗又矮，而不是为了获取阳光而长得很高，直插天空。种植园的油棕可以从地面上采摘 20 年之久，省去了缓慢且危险的爬树过程。同样重要的是，苦力为种植园主提供了廉价且纪律性强的劳动力。一名爪哇苦力一天可以砍下 30~70 串果束，他的劳动成本与一名采摘 12 串果束的非洲采摘工相当。[188]

在种植园，采摘后的棕榈果可以更快地运达工厂，避免了产生高游离脂肪酸含量的发酵过程。人们利用公路和有轨电车把棕榈果快速地运到中心工厂，在这里，蒸锅——之后是高压杀菌器——将棕榈果烹煮至完美状态。[189] 1930 年，当首批杀菌器投入使用后，橡胶金融公司生产的棕榈油的游离脂肪酸含量降至 5%，1939 年进一步降至 2.8%，这可以与今天的种植相媲美。[190]

　　然而，机器并不能保证油棕苗壮生长。在贫瘠的土地上，杂乱生长的德里油棕并不比其他品种好。正如一位评论家所言，"这种油棕在苏门答腊几乎随处可见……所结果实根本不值一提，甚至没有装饰性外观"。[191] 一些种植园主认为勤于修剪会刺激结果，另一些人则认为修剪有害树木。马来亚的种植园主由于在修剪方面过于谨慎，所以在种植早期其油棕收获不佳。20 世纪 20 年代，一位访客把尼日利亚人的方法教给了他们，这种方法是通过口耳相传的。[192] 哈利特认识到，修剪和栽培方法是高产的关键。他指出，"亚洲地区尚未学会如何种植这种树，但在尼日利亚、达荷美和科特迪瓦，尽人皆知"。哈利特把非洲而非苏门答腊作为最佳做法的指南，盛赞"非洲土著对油棕的细心呵护"。

　　与油棕苗壮生长有关的更为根本的问题是土壤。早期的种植园主观念陈旧，认为油棕是"森林"树种，没有意识到非洲的轮作休耕对于构建土壤肥力的重要性。[193] 种植园主希望绿肥、叶与茎形成的堆肥足以维持肥力。[194] 但是他们的树木很快就耗尽了地理学家弗朗索瓦·吕夫（François Ruf）所说的"森林租金"：数百年来在森林土壤中积累的营养物质。[195] 种植园以棕榈油和棕榈仁的形式把这些营养物质出口到世界的另一端，而更多的营养物质随着榨油厂的锅炉燃烧果束茎和果仁壳时形成的浓烟而消失不见。[196] 日晒和侵蚀带走的营养物质同样数量可观。早在1920 年，马来联邦农业部就警告说，以前被森林覆盖的土壤正在"迅速失去其原始肥力，因此必须在短期内大规模地采取人工补偿手段"。[197] 不到 10 年，所有的油棕种植园主都转向使用人造肥料来弥补"森林租金"的损失。[198] 1943 年的一份报告称，即便"在苏门答腊岛较肥沃的土地上，人们如今也广泛使用肥料"。在许多种植园主看来，油棕现在只不过是"把肥料转化为油的机器"。[199]

种植园管理者所迷恋的"清理杂草"无助于改善土壤养分。表层土壤从杂草已被清除的土地上不断流失，马来亚和苏门答腊的河流为之堵塞。用于清除白茅草——往往出现在杂草被清除干净的土地上——的除草剂杀死了有用的植物以及人类、牛群，甚至是接触到它的任何东西。[200] 20世纪30年代，当许多橡胶种植园主固执地命令苦力清除杂草时，油棕种植园主意识到了这个错误，转而种植豆科覆盖作物。早期最受欢迎的是巴西含羞草（*Mimosa invisa*），这是一种多刺植物，可以在保护土壤的同时补充氮。苏门答腊东海岸橡胶种植园主总协会和马来联邦在开展了含羞草实验之后，又对豆科的距瓣豆属（*Centrosema*）和葛属（*Pueraria*）植物进行了研究。[201] 实验最终证实，将杂草清除殆尽后，无论看起来多么美观，但在生态上有害无益，马来人和华人小土地所有者经营的橡胶田虽然杂草丛生，但橡胶树长势良好，这从反面印证了这一点。[202]

种植园综合体不再利用东南亚森林的肥力，转而消耗来自遥远生态系统的物质。太平洋上的"鸟粪岛"提供了大量肥料，尤其是磷酸盐。[203] 当这些岛屿上的鸟粪被开采一空，成为被人遗弃的荒岛时，矿工们转向北非和世界其他地区的磷矿，这进一步扩大了种植园的生态足迹。

要想获得较高的产油量，还需要确保油棕免遭来自自然界的威胁。罗格斯得意地称，"很少有热带植物像油棕这样没有病虫害"，这鼓励了早期的种植园主。但他明白，种植园的单一作物是"非自然的聚集"，存在一定风险。[204] 在非洲或其他地方，没有像橡胶树叶枯病这样的病害困扰着油棕，但这种树在亚洲的新环境中还是遇到了各种各样的问题。野猪、老鼠、松鼠和豪猪都喜欢吃油棕幼苗和棕榈果。苏门答腊的一个种植园在 10 天里因豪猪袭击损失了 1 万棵幼苗，野猪又吃掉了 4 万棵。历史学家苏珊·马丁记录了马来亚的一个种植园长期与老鼠搏斗的过程，其中包括一个失败的养猫项目——引进高地梗犬，以及凭借老鼠尾巴领取奖金（这启发了一名投机取巧的承包商在笼子里饲养老鼠）。[205] 油棕林中的工人并不欢迎眼镜蛇这种不速之客，但它们是"捕鼠能手"，种植园主往往对其听之任之。[206]

大象带来的威胁更大，为了吃到油棕嫩茎，它们会冲破电网，甚至用泥土将沟壑填平。[207] 1932 年，大象在一次袭击中摧毁了彭亨的一个种植园中的 2137 棵油棕。[208] 老虎也会潜入种植园，攻击那些在油棕形成的绿荫长廊中独自工作的采摘工。猫科动物还会袭击骡、牛等驮畜。1939 年，吉兰丹（Kelantan）的一个种植园报告说，它的大多数动物被老虎杀死了，少数幸存者身上还留有老虎的抓痕。[209] 然而，没有哪种哺乳动物会对种植园综合体构成存在性威胁，人类可以通过设置陷阱、投毒、射杀等方式解决这些问题。[210]

较小的生物才是更具挑战性的敌人。1928 年，一位专家报告说，"苏门答腊岛的害虫名单已经超过了西非油棕的害虫名单"。[211] 在本地椰子树上觅食的昆虫发现油棕同样美味，于是一些昆虫离开椰子树转而攻击油棕。[212] 种植园主采用了化学战，他们用有毒的杀虫剂喷洒油棕、工人以及种植园里的一切事物。

具有讽刺意味的是，授粉昆虫的缺乏也给种植园带来了问题。早在 1858 年，就有人指出爪哇的油棕结果率较低。泰斯曼成功地对最初的 4 棵油棕进行了人工授粉，但这种做法被人遗忘了：观赏性油棕不需要结果。这一想法在 20 世纪初被"重新发现"，"并被当作一种全新事物来谈论"。[213]

在苏门答腊为哈利特效劳的菲肯迪认识到，在非洲，一种象鼻虫（Elaeidobius kamerunicus）在给油棕授粉方面发挥了重要作用。他发现"在东方没有哪种昆虫取代其位置"。法国研究人员证实，非洲的油棕林"几乎全部是由昆虫授粉的"。[214] 然而，专家警告，不要将象鼻虫引入亚洲：这将"极其危险……因为它有破坏花朵的习惯，任何昆虫都不应引进，除非已对其隐秘的生活习性进行全面调查"。[215] 20 世纪 80 年代初，非洲的象鼻虫才首次来到东南亚。

罗格斯认为，除了人工授粉，别无选择。他说："［在亚洲］油棕的自然授粉远不能令人满意，这从果束上结的果实很少就能看出来。"[216] 工人把带有茴香气味的花粉从雄花上摇落到袋子里，然后挤压一个橡胶球让雌花接受花粉（见图片 7.4）。他们在花上画一个小点，向监工证明任务已经完成。[217] 人工授粉是如此成功和普遍，以致于一些专家后来坚称，油棕"无疑"是依靠风媒传粉的，昆虫扮演的只是次要角色。[218]

与采摘果实一样，授粉依赖廉价劳动力和种植园创造的"新自然"：树干矮小的油棕。油棕长得越高，人工授粉和采摘果实的代价越大，危险程度越高。[219] 1954 年，马来亚油棕种

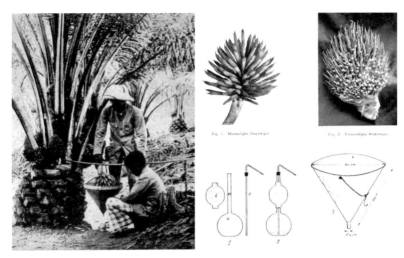

图片 7.4 左图：两名男子从一棵德里硬脑膜型油棕上采集花粉，他们把雄花放在一个漏斗里抖动。引自《油脂》（*Oils and Fats*），大英帝国展览会马来亚系列，标号Ⅵ（1924 年），饰面 18。右上图：油棕雄花（左）和雌花（右）。右下图：一种采集花粉的漏斗（右），一种喷洒花粉的工具（左）。当挤压装在玻璃瓶上的橡胶球时，它将花粉从一个细管中轻轻喷出。[罗格斯等著《油棕调查》（*Investigations on Oilpalms*），彩图 7、插图 3 。]

植园的所有受伤事件中，有四分之一是从树上跌落造成的。人工授粉还带来了另外的代价：它让油棕遭受压力，并加速土壤养分的流失。这两种后果都会导致疾病。20 世纪 20 年代，种植园将"茎腐病""芽腐病""树冠病"等列入了病害目录。病害造成的损失稳步增长：1933 年，马来亚的一个种植园因"果腐病"损失了 40% 的作物。[220] "树冠病"（可能是今天的常见茎腐病）早在 1913 年就在苏门答腊肆虐，并困扰着整个地区的种植园。关于致病原因仍存争议，但近亲繁殖的德里品种特别容易受其侵害。[221]

　　真菌感染，特别是由灵芝菌（Ganoderma）引起的感染，对东南亚的油棕构成了长期威胁。真菌疾病一旦在土壤中形成，就不可能根除。椰子林里经常有灵芝菌寄生其中，改种油棕后会导致新的侵袭。[222] 这种真菌也生长在非洲，1915 年，利华兄弟公司就其"改良型"刚果油棕林遭受致命真菌袭击发出了早期预警。[223] 真菌暴发很少威胁到生物多样性更丰富的非洲油棕林，非洲农民把生长在活着的以及死了的油棕上的真菌当作食物来对待。[224]

　　人类也成为种植园农业带来的新疾病的受害者。除了疟疾和其他蚊媒疾病的常见威胁，油棕种植园还导致了"恙虫病"的暴发。携带恙虫病东方体细菌的老鼠在新种植园周边大量繁殖，并以棕榈果和工人的口粮为食。它们把这种细菌传播给一种恙虫，这种恙虫的数量在幼龄油棕周围的草地中十分庞大。这些恙虫让从事除草、修剪和采摘工作的工人感染了这种细菌。1929 年，马来亚的一个种植园记录了 68 个病例，其中 10 人死亡。然而，随着时间的推移，这种疾病消失了：日趋成年的油棕投下的阴影，抑制了恙虫喜欢的草地的生长。[225]

　　尽管问题越来越多，但 1941 年，油棕种植园的面积还在稳步增长。种植园主可以用更多的土地、劳动力、化学品和机器来解决或缓解几乎任何问题。[226] 然而，油棕种植园绝非不可避免或不可阻挡。种植园主种植橡胶的土地远远多于种植油棕的土地，并且直到第二次世界大战之前，投资者对马来亚和苏门答腊的油棕普遍缺乏热情。

苏门答腊的威胁？

苏门答腊和马来亚的棕榈油出口经历了一个从无到有的过程，并在 20 世纪二三十年代迅速增长。亚历克斯·考恩（Alex Cowan）——他在不久后成为联合非洲公司在非洲所建立种植园的管理者——警告道，"就目前状况而言，西非森林的油棕无法指望自己"抵御这种威胁。[227] 但"苏门答腊的威胁"——一些官员以其来称东南亚的油棕种植产业——在大萧条期间停滞不前。20 世纪 30 年代末，该地区的棕榈油出口量超过了非洲，这是因为非洲人面对棕榈油的超低价格选择了减少出售。[228]

身为资本家的种植园主除了生产棕榈油，别无选择。他们必须从投资中获得回报，随着越来越多油棕结出果实，供过于求，导致价格下跌。1937 年，棕榈油的售价不到 1929 年的 40%（见图表 7.1）。苏门答腊的一些种植园破产了。1934—1935 年，柔佛的一个种植园中的工人和机器都无事可做。[229] 哈利特的苏门答腊榨油厂在 1931 年亏损了上百万法郎。[230] 即使是像联合种植园（United Plantations）这样管理良好的种植园集团也只是苟延残喘，股东拿到的股息寥寥无几，这让他们愤怒不已。[231]

种植园主还面临着与 1929 年非洲小农面对的同样的新垄断：联合利华公司。一位作者警告说："我非常担心你们现在要听任他们摆布了"，"如果我能察觉到会出现这样的联合，就绝不会提倡种植油棕"。[232] 哈里森－克罗斯菲尔德种植园集团主席对此表示认同，"只有傻瓜才会在联合利华主导市场时涉足植物油行业"。[233]

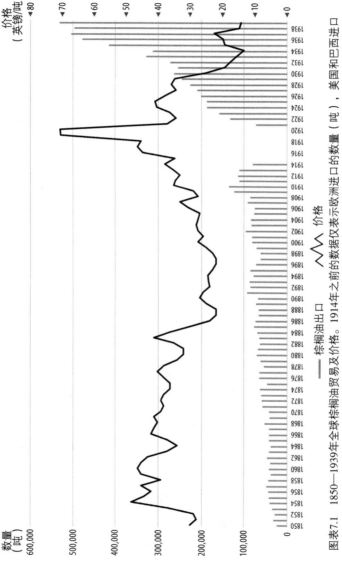

图表7.1　1850—1939年全球棕榈油贸易价格及价格。1914年之前的数据仅表示欧洲进口的数量（吨），美国和巴西西进口的数量没有显示。1921年之后的数据表示从生产国出口的数量（吨）。价格指的是英国的均价（英镑/吨）。数据来自杰克斯（Jacks），奥罗克（O'Rourke）和威廉姆森（Williamson），《商品价格波动性》；国际联盟，《年度统计报告（1922—1939）》；本书图表4.1。

如果联合利华本身还不足以构成威胁，那么种植园主还必须与充斥着关税、配额和氢化鲸油等新加入者的混乱市场作斗争。[234] 1934 年，包括联合利华在内的英国公司，利用油脂价格的 "逐底竞争"，购买了比 20 世纪 20 年代末多 6 倍的鲸油和多 10 倍的大豆。各种植园从美国得到了一些慰藉，当苏门答腊的棕榈油进入市场时，美国的制造商购买了很大一部分。但为了保护国内生产商，美国在 1934 年对苏门答腊棕榈油征收了高额关税。以 20 世纪 30 年代末的价格计算，这些关税几乎相当于棕榈油市场价值的 100%。[235] 最重要的是，美国中西部的干旱迫使农民 "大规模地宰杀濒临饿死的牲畜"，这破坏了棕榈仁和其他油籽的全球市场。[236] 在销售到美国的苏门答腊棕榈油中，超过 60% 被用于生产肥皂和镀锡铁，其余的则变成起酥油和烘焙油，这只是因为干旱导致棉籽油和其他国内油脂价格飙升。低游离脂肪酸的食用棕榈油是廉价的替代品，而非首选商品。[237]

尽管如此，种植园制度还是挺了过来。1937 年，哈利特的苏门答腊榨油厂再次支付了可观的股息。[238] 尽管各家公司受益于棕榈油价格的小幅回升，但大幅削减成本最终收效明显。大萧条给了各家公司削减工资和裁撤工人的借口，包括高薪的欧洲管理人员。但裁员对苦力阶层影响最大。马来亚种植园 "遣返" 了三分之一的印度劳动力。东苏门答腊的苦力数量从 1930 年的 33.6 万人锐减至 1934 年的 16 万人。此时，荷兰人已经废除了契约和所有与之相关的家长式束缚，种植园主得以自由地将身无分文的工人赶回爪哇。这个 "精心挑选的过程确保了只留下最值得信赖的、最温顺的、最勤劳的已婚男女"。对于这些留下的工人来说，幸运的是没有失业，但要服从严格的纪律。[239]

1932 年，马来亚的种植园主成立了棕榈油生产者协会，以促使殖民地政府维护其利益。1934 年，协会要求获得低息或无息贷款，以及出口津贴。一些公司辩称，它们"没有种植其他作物"。帝国政府同意鼓励棕榈油消费并削减土地租金，但警告说，种植园主"必须资助研究工作"以维持该产业。[240]

非洲油棕产业的一些支持者预言，他们的种植园竞争对手终将走向灭亡。他们指出，在非洲，"当地农民……仅凭经验，经过几代人已形成一套非常高效的油棕文化体系，他们收获的棕榈果产量，即便不能完全与苏门答腊种植园的产量相当，也可以与之媲美"。[241] 英国的顶级殖民地农业专家弗兰克·斯托克代尔（Frank Stockdale）在 1938 年的马来联邦之行中，并未参观油棕种植园。他认为，考虑到土壤肥力的下降和种植橡胶的小农所取得的成就，种植油棕是一个糟糕的选择。油棕仅是他鼓励小农种植的几种作物之一。[242] 官方刊物《马来亚农业杂志》（*Malayan Agricultural Journal*）曾在 20 世纪 20 年代大肆宣扬最先进的离心萃取设备的到来，如今则为不起眼的杜赫舍尔螺旋榨油机打起了广告。[243]

尽管当地人讨厌食用棕榈油阻碍了小农种植油棕，但 20 世纪 30 年代末，官员将油棕视为该地区一种可行的小农作物。一些种植园呼吁那些主动种植油棕的小农把棕榈果卖给种植园的工厂。[244] 种植园制度存在的最重要理由——只有由大型种植园供应的大型榨油厂才能向世界市场提供所需的食用脂肪——正在崩塌。

第八章　从殖民主义到自主发展

　　给油棕产业带来下一次重大变革的是第二次世界大战的余波，而非战争本身。1945 年，世界显然需要更多的食物。[1] 油脂的匮乏尤其可怕，在一位官员看来，这是一种"世界性紧缺状态"。[2] 亚洲的私人种植园中的大片土地种植了油棕，但在日军侵略占领之下，这一地区的基础设施遭到了严重破坏。尽管撒哈拉以南的非洲殖民地没有直接受到敌人行动的影响，但英国粮食部官员对殖民地政府没有从非洲榨取更多的棕榈油深感愤怒。一位官员宣称，他坚信殖民地官员"无法证明他们究竟干了什么事情"。[3] 英国官员的指责忽视了非洲的男人、女人、孩童为生产棕榈油和"粉碎棕榈壳、粉碎希特勒"——这是一条激励民众的宣传语——付出的艰辛努力。[4] 不过，关于殖民政策，他说得有道理：遍及非洲的机械化和"树木改良"工程在大英帝国收效甚微。法国的记录也好不到哪里去。非洲人出售了大量棕榈仁和棕榈油，但从数量上看，其增长速度似乎不足以满足战后的市场需求。

　　战前，大多数殖民政策制定者认为，最好的政策是允许"当地人'按照自己的路线发展'"。利华在非洲的得力助手 T. M.

诺克斯（Knox）认为，这些政策源于"对所谓的当地人简单生活的眷恋"。在他看来，这些政策"致使非洲人永远生活在相对贫困之中，这已成为一种命运"。[5] 一些官员公然采取种族主义立场，指责非洲人"不愿采用改良后的农业生产方法"。[6] 艾伦·皮姆爵士（Sir Alan Pim）将比属刚果和比属刚果榨油厂的强制性种植政策奉为榜样。"我们应该牵着［非洲农民］的手，对他们说：'拿起你们的锄头''耕种你们的田地'。"皮姆写道。[7] 他批评了关于土地所有制和种植园的殖民政策，宣称，"必须改革当地制度，而非像至圣所一样加以保留"。[8] 尼日利亚的战时总督发出了类似的抱怨，他写道，对当地人拥有"不可置疑的"土地权利的尊重，已经"变成近乎狂热的灵物崇拜"。[9] 官员更关心欧洲人造黄油的价格，而非殖民地的福祉，他们要求在种植园和更深程度的机械化方面进行"大胆的实验"。[10]

殖民地官员反驳说，除了满足出口需求，新计划还要给农民带来好处。[11] 一位官员抱怨说，尼日利亚的棕榈油生产者"得到的价格，无法让他摆脱极低的生活水平"。"尼日利亚东部的农民是大英帝国中生活水平最低的人群之一，人们不应该一本正经地提议让他们给英国人提供食品补贴。"他写道。[12] 非洲的精英也附和道，殖民地人民需要看到真正的经济改善。退伍军人是一个特别令人关注的问题。幻想破灭的士兵可能煽动叛乱反抗殖民统治，事实的确如此。[13] 在马来亚这样的亚洲殖民地，变革同样迫在眉睫，从 1948 年持续到 1960 年的"紧急状态"强化了这一事实。

英国和法国在战后采取了一切手段推动油棕产业的发展，在种植园生产可行的地方，就支持种植园；若不可行，就与农民合作。英国的殖民地开发公司（CDC）与法国的经济和社会发展投资基金会（FIDES）等新机构承诺在殖民地投资，并为食用脂肪项目拨付巨额资金。[14] 正如这些组织的名称所表明的那样，战后的政策制定者将殖民主义重新命名和包装为一个新事物：发展。[15] 他们为振兴油棕产业而创造的工具和政策，在接下来的半个世纪里，塑造了三大洲的油棕景观。

战后的东南亚种植园

东南亚种植园的状况在 1945 年时十分糟糕。1942 年，面临日军入侵，马来亚的大多数种植园主加入了英军的撤退行列，他们在逃跑时破坏了设备。苏门答腊的许多种植园主留了下来，他们在余下的战争岁月里被关进了集中营。在这两个地方，日军强迫苦力回去工作。这些入侵者最关心的是橡胶，但他们也看到了棕榈油的用途。他们敦促当地人用棕榈油制作肥皂和润滑油，并将其作为柴油的替代品。占领军政府最不受欢迎的举措之一是推广"红色医用棕榈油"，这是一种富含维生素 A 的未经精炼的油，从学童到战俘，每人每天都被迫服用一勺，这让人们一辈子厌恶红色棕榈油。[16]

1945 年 8 月日本无条件投降，这使马来亚和苏门答腊免于遭受盟军的毁灭性攻占。英国人很快重新占领了马来亚，种植园主也回到了自己的土地上。大多数人希望政府赔偿他们遭到毁坏的机器设备，许多公司要求获得重建拨款，以及令投降的日军进行强制劳动。他们还希望当恢复生产时，棕榈油和棕榈仁能够卖上高价。[17]

他们的所有诉求没有得到满足。英国粮食部以低于市场价格的固定价格征用了种植园所能生产的每一克脂肪。政府的唯一让步是提供低息贷款。[18] 殖民地官员不希望种植园倒闭，但也没有兴趣帮助它们扩张。官员否决了新的土地申请，殖民地开发公司也断然拒绝向种植园主提供贷款。一位历史学家指出，官员"在为英国资本主义提供服务方面表现糟糕"，这是因为他们主要关心的是马来亚农民和日益壮大的民族主义运动。[19]

种植园还是恢复了生机。1947 年，联合利华公司在马来亚买下了一大片地产，并指出粮食部想要看到"英国［公司］在推动油脂产量增长方面发挥影响"。[20] 其他种植园计划在 20 世纪 50 年代逐步扩展到其保留土地，它们并未被 1948 年爆发的革命所吓倒。[21] 种植园主对粮食部提供的较低的收购价格抱怨不已，但当 1953 年英国结束其垄断性收购制度时，令他们猝不及防。战前成立的一个出售棕榈油的合作社在 1957 年由于价格波动而寿终正寝了，该合作社也曾用于管理向粮食部销售物资的工作。[22]

与马来亚的种植园相比，苏门答腊的种植园的境况比较糟糕。随着战争的进行，日本当局命令工人种植粮食作物，并砍倒老树以腾出空间。饥肠辘辘的工人们主动将幼树拔除。战争结束时，苏门答腊大约 16% 的油棕已被砍伐。[23] 日本投降后，印度尼西亚民族主义者宣布独立，并与试图重新实施殖民统治的荷兰军队爆发了血腥冲突。当欧洲人回到这片土地上时，他们发现"旧的社会秩序被摧毁了"。民族主义和共产主义组织者已经建立起新的"工会、农民组织和政党，它们准备向种植园主的权利发起挑战"。[24]

1949 年，当荷兰承认印度尼西亚赢得独立战争时，种植园主发现自己的地位更加脆弱了。左右两派政客都呼吁驱逐外国资本家，没收种植园。新政府中的温和派采取了谨慎的立场，希望既安抚农民和工人，又不会吓跑重建和发展所需的外国资本。[25]

苏门答腊的工会组织了怠工和罢工活动，导致许多种植园的棕榈果要么发酵、要么腐烂。[26] 1952 年，政府试图驱逐占领丹戎莫拉瓦（Tanjung Morawa）烟草种植园（哈利特的汽车抛锚的著名地点）的工人，这引发了抗议和骚乱。在整个 20 世纪 50 年代，人们继续侵占土地，甚至改变灌溉水渠的流向，使其淹没油棕种植园的同时浇灌他们的粮食作物。安·斯托勒（Ann Stoler）对曾经的种植园工人的采访显示，"为了彻底断绝与［种植园］公司的关系"，许多人选择了占领它们。[27] 然而，随着 1958 年荷兰人财产的国有化，官方对罢工和占领活动逐渐失去了耐心。如今，政府成为种植园的主要所有者，因而也成为有组织的劳工和占领派的反对者。[28] 此外，许多工会和农民激进分子与共产党过从甚密，这引起了政府中的中间派和右翼分子的怀疑。1965—1966 年的血腥"清洗"，消灭了苏门答腊激进劳工组织的大部分剩余力量。[29]

如果政治灾难对亚洲种植园的打击还不够的话，专家又对广泛蔓延的真菌病害发出了警告。一名种植园主私下坦言，他的种植园面临的"最大问题"是灵芝菌，这种真菌"无法从土壤中根除，并会被带到重新种植的地方"。[30] 1946 年的一份报告警告说，灵芝菌引发的病害无法治愈，并且"这片土地在未来几年将不适合种植油棕"。面对这种新的环境现实，油棕种植园的经济寿命可能只有 20 年，这迫使种植园主重新思考他们的计划。对种植园主来说更糟糕的是，专家从镰刀菌（Fusarium）中发现了更多的真菌威胁。[31] 其中一种镰刀菌会引起"巴拿马病"，这种枯萎病正在稳步地摧毁拉丁美洲的香蕉种植园，并已蔓延到非洲。[32] 对付这两种真菌的最实际办法是毁掉树木，然后种些别的东西。

为了躲避病害，种植园主需要更多的土地。马来亚的种植园继续在其保留地上种植作物，但它们发现政府（尤其是在 1957 年马来亚联合邦宣布独立之后）并不急于向外国公司出让新的土地；政府想保护林木，并为小农保留优质的农业用地。[33] 许多公司还在现有的种植园中发现了种植油棕的新土地。在早期的橡胶繁荣时期，渴望土地的种植园主砍掉了椰子树和油棕，转而种植橡胶。20 世纪 50 年代，橡胶价格开始下跌，这是由于合成橡胶产量的日益增长。[34] 种植园管理者也开始更多地在泥炭地上种植油棕。20 世纪 70 年代，掌握了新技术及化学肥料的种植园主，可以在曾经被认为不适合任何作物生长的深层泥炭地上种植油棕。[35] 在东南亚及其他地区，向深层泥炭地进军，开辟了沼泽林地的新疆域。

然而，油棕本身对种植园综合体构成了最严重的自然挑战。战争结束时，马来亚和苏门答腊的大多数油棕的树龄超过了 20 年。尽管种植园中的油棕普遍树干低矮，但对于站在地上收获来说，它们还是长得太高了。工人在修剪、授粉和收获的时候经常从梯子上摔下来。平均每一年，马来亚油棕种植园每 1000 名工人中发生 32 起严重事故，橡胶种植园则是 8 起。1946 年，埃尔米纳（Elmina）种植园（20 世纪 20 年代一个备受吹捧的现代种植园）的所有者告诉官员，由于"油脂严重短缺"，他们将再收获两年油棕，但又辩称，这些树太高了，不可能无限期地收获。他们请求在油棕林中种植橡胶，并指出，由于战时施肥较少，导致"土壤贫瘠"。种植园主哀叹道："油棕从土壤中榨取了太多的养分。"[36] 然而，尽管存在土壤枯竭、树木老化以及廉价土地和劳动力方面的政治形势日益严峻等问题，但战后的种植园综合体在 20 世纪 50 年代末比 50 年代初发展壮大了，这主要归功于使棕榈油变得比以往任何时候都便宜的新技术。

晚近的殖民地科学与油棕的未来

20 世纪五六十年代，技术变革的浪潮席卷了种植业。一些技术创新相对简单，导致成本节约日趋显著；另一些创新则是革命性的，改造了处于种植园中心地位的树木。与首次种植热潮时期科学研究严守秘密不同的是，战后时期殖民地和私人研究网络之间自由交流频繁，在整个行业中传播植物、工具和"最佳做法"。[37]

最简单的发明之一———一种用来修剪树木和采摘棕榈果的长杆镰刀（pole-knife）——的起源并不为人所知。它或许源自用于收获椰子和可可的类似工具。20 世纪 50 年代，尽管使用细长且不稳定的杆子需要力量和"一种技能"，但是长杆镰刀在马来亚的种植园中流行开来。长杆镰刀使收获成为一项技术性工作，提高了那些使用它的人的地位和工资，并使收获日益成为专属男性的工作。[38]

化学肥料也帮助公司从老龄油棕林中榨取利润。随着科学家对油棕的生长需求了解得越来越多，种植园主为了保持棕榈果产量，不断地施用越来越多的肥料，并在通常使用的氮、磷和钾混合物中添加硼等微量营养素。除草剂在削减工资方面尤为重要。除草往往由女性完成，一般来说，这是种植园花费最多的单一工资项目。配备除草剂喷雾器的少数劳动力，可以使一个种植园"以最小的代价清除白茅"。一家公司保证说，"一棵草都不会留下"。[39] 总而言之，新型化学品、长杆镰刀和"合理化的"劳动程序帮助种植园削减了三分之一的劳动力。[40]

最具革命性的变化是油棕本身。战后时期对于科学家来说是一个激动人心的时代：正如一位研究人员所说，他们的目标是"把油棕作为一种植物进行基础研究"，而不是把重点放在种植园或小农种植的具体问题上。[41] F. W. 图维（Toovey）是英国在尼日利亚设立的油棕研究站的负责人，他认为，"生产在很大程度上依赖于一种未经选择的野生植物，显然不符合尼日利亚的最大利益"。[42] 受比属刚果国家农业研究所的影响，图维在政府资助下扩大了油棕研究站，并于 1952 年将其变成西非油棕研究所［WAIFOR，现在的尼日利亚油棕研究所（NIFOR）］。[43] 法国创建了一个新的油暨含油物质研究所（IRHO）来研究油棕和其他作物。财力雄厚的私营公司，如橡胶金融公司、牙直利、联合果品和联合利华，也扩大了自己的研究项目。

比属刚果国家农业研究所的研究人员掀起了第一波创新浪潮，他们关于软脑膜型油棕的研究成果广为传播。通过将硬脑膜型与假型杂交，他们每次都能得到软脑膜型，避免了早期由软脑膜型杂交产生的不育假型和厚壳硬脑膜型后代。这种新树种有望将产量提高到每公顷 4 吨。[44] 一位种植园主讲述了一个惊险的故事：他把假型油棕花粉伪装成面粉从苏门答腊岛走私出来。但大多数的交流比较平淡无奇。[45] 这是一个跨殖民地的——很快将是后殖民时期——科学交流时代，不再被欧洲研究所与殖民地前哨站之间的自上而下的关系所主导。思想、标本和科学家在国家与帝国之间流动。[46] 从 1946 年开始，油暨含油物质研究所利用来自比属刚果国家农业研究所、橡胶金融公司在马来亚种植园的专业知识和植物标本，领导了一项大规模的育种"国际实验"。[47]正如苏珊·马丁所言，这项科学事业的成功取决于"种植园主愿意与国家支持的研究人员合作，交流研究成果，出售甚至赠送他们的重要的花粉和幼苗"。[48]

德里硬脑膜型油棕及其硕大的果束已不再是舞台上的主角。[49] 科学家认识到了扩大种植基因库、寻找新的非洲标本以及探索与美洲油棕（*E. melanococca*，现在的 *E. oleifera*）杂交的重要性。高产只是种植园主目标的一部分，油棕还必须易于收获。马来亚的科学家利用一种低矮的油棕解决了这个问题。[50] 低矮油棕在 20 世纪 20 年代首次被发现，但到 30 年代末，研究人员将注意力集中在了埃尔米纳种植园的一株标本上。这棵名为"低矮E206"的油棕树干异常粗壮，并且比德里硬脑膜型油棕矮小得多。"低矮 E206"在战争期间死亡，但其后代活了下来。20 世纪50 年代中期，研究人员将低矮油棕与高产的硬脑膜型油棕杂交，然后又将这种油棕与假型油棕杂交，以获得一种矮小高产的软脑膜型油棕。[51]

软脑膜型棕榈果的物理特性刺激了加工技术的变化，从长远来看，这使种植园主赚了更多的钱。东南亚种植园使用液压机或离心机来加工硬脑膜型棕榈果。棕榈果在榨油机中往往被压榨两三次才能把油全部榨出来，这是一个缓慢的过程。离心机效率更高，但它是精密机器，需要经常维护。1941 年，马亚克（Mayak）油棕种植园的一台使用了 11 年的离心机出现故障并发生爆炸，造成两人死亡。[52] 离心机很难处理软脑膜型棕榈果中的纤维团。事实证明，螺旋榨油机解决了离心机和传统榨油机所面临的问题。自 19 世纪末以来，这种机器用于其他油籽榨油，它用强力螺旋体将物料压在金属筛上。它可以持续地转料、卸料，既节省劳力，又能从软脑膜型棕榈果中榨取 96% 的油而不损坏棕榈仁。[53]

虽然对软脑膜型油棕的研究成效显著，但研究人员也调查了基因异常现象。尽管"覆膜"棕榈果的多余脂肪叶是一种有害的遗传缺陷，但能够产出无色棕榈油的油棕可以给食品公司节省资金。漂白费用昂贵，并且漂白介质中含有大量的油，这些油只能用昂贵的溶剂回收。[54] 官员最终决定，从传统和营养的角度来看，白棕榈油不适合非洲，因为红棕榈油的颜色来自维生素 A。[55]

英国官员听到联合利华和其他集团正在寻找"拥有繁殖所需的最小尺寸的棕榈仁品种"以及无色棕榈油时，并不感到兴奋。联合利华坚持认为，棕榈仁"无法与果肉产出的棕榈油相提并论，并且实际上在油棕种植中有点令人讨厌"。[56] 范德维恩

（Vanderwyen）同样希望自己在比属刚果国家农业研究所开展的
"硬脑膜型×假型"育种项目，可以让作为商业副产品的"棕榈仁
消失"。[57] 考虑到工厂的大部分收入来自果肉产出的棕榈油，那
么分离、干燥和剥取棕榈仁的机器就显得昂贵了。[58]

　　但一些科学家为棕榈仁辩护。图维指出了非洲棕榈仁出口的
庞大规模及其对妇女的重要性。他警告说："如果这种最重要的
贸易消失了，就会出现严重的社会动荡。"[59] 1950 年，非洲出口
的棕榈仁超过 77 万吨，而亚洲仅为 3.2 万吨。10 年后，非洲的
出口量降至 67.9 万吨，而亚洲的出口量仅为这一数字的十分之
一。[60] 在图维的指导下，西非油棕研究所培育了软脑膜型油棕，
以及"硬脑膜型×硬脑膜型"杂交后的新品种，以期找到一种产
油量和产仁量平衡的油棕。油暨含油物质研究所在其育种计划中
对棕榈仁也采取了"谨慎的态度"。[61] 毕竟，在非洲的小农产业
中，大多数棕榈仁是国内棕榈油消费的副产品。棕榈仁贸易利用
了妇女的劳动力，而这些劳动力很难在其他地方发挥作用。[62] 手
工剥取的棕榈仁也比种植园产出的棕榈仁价格贵，后者往往色泽
不佳或是掺杂着棕榈壳和泥土等杂物。最后，棕榈仁是月桂酸的
重要来源，月桂酸则是快速增长的洗涤剂市场的必要成分，而椰
子油是唯一可行的替代品（见第九章）。[63]

　　除了为棕榈仁辩护，这些创新对小农有什么好处呢？当纳姆
迪·阿齐克韦（Nnamdi Azikiwe，后来担任尼日利亚第一任总统）
在 1955 年与科学家谈论改革小农部门时，他们带来了不好的消
息：硬油完蛋了，低品质的动物油脂几乎已经"卖不出去了"。
如果小农想要与种植园竞争，就必须提高其所生产的棕榈油的品

质和数量。[64] 在整个西非，殖民地官员大力推广机械化、树木改良以及全新的油棕种植方式等。其中最重要的战略是"核心种植园暨小农"模式，该模式将"种植园管理制度的优点及一致的标准和做法"与农民农业生产的"社会吸引力"结合起来。[65] 这一模式承诺让农民留在土地上，同时提供出口市场所需的高产量和高品质棕榈油。在 20 世纪余下的时间里，这个模式塑造了非洲、甚至亚洲和拉丁美洲的油棕产业。

在殖民后期的西非由国家主导的发展

"核心种植园暨小农"模式是殖民地发展思想的一个高潮：它把新的作物、新的工作方式，甚至是新人强加在土地上，几乎不考虑地方性知识和生态。[66] "核心种植园暨小农"模式的核心是一个"核心"种植园，它在经营上与其他种植园一样，但周围是种植同样作物的小农，他们通常是移民。与种植香蕉和甘蔗的类似安排一样，同一家工厂加工来自"核心"种植园和小农收获的棕榈果。核心种植园起到了保险的作用，如果小农不能交货，它可以维持榨油厂的运转。除了购买棕榈果，种植园还规定小农如何种植作物，并为他们提供指示、幼苗和化学肥料。

"核心种植园暨小农"模式在油棕产业的早期应用可以追溯到 20 世纪 20 年代，但在塞拉利昂的马桑基进行的第一次全面实验已于 1941 年取消。联合非洲公司在 1944 年的一份备忘录中重新提出了这一想法，它建议在国家、联合非洲公司与小农之间建立"三方联合"。国家提供土地和资金。联合非洲公司开发和管理土地，并雇用移民劳工（最好是复员军人和来自人口稠密地区的移民），而劳工将对部分土地拥有各种权利。联合非洲公司宣称，"确定无疑的是，如果种植园想取得成功，就不能由非洲人来经营"。唯一有能力经营这样一个项目的公司当然是联合非洲公司。公司的花费将由管理费负担，而联合非洲公司的所有人联合利华公司，将通过向市场投放更多的棕榈油和棕榈仁获利。移民"实际上是唯一的所有人，并从企业为自己攫取全部利润［扣除联合非洲公司的费用］"。[67]

联合非洲公司的种植园主管亚历克斯·考恩一直认为种植园和小农可以共存。考恩说，任何"了解非洲人的人都不应怀疑，一旦向他们明确了其真正利益所在，他们就会追逐"。他补充道："然而，为他们指明道路是一项明确的责任。"[68] 联合非洲公司设想，移民将在非洲各地传播"种植园方法和良好农业实践的福音"，进而取得殖民地专家40多年来从未取得过的成就。[69]

英国殖民部拒绝了这一提议，坚称它优先考虑的是"天然油棕"。[70] 然而，联合非洲公司并没有放弃这个想法。[71] 他们修改了备忘录，并于1948年将其发表在《非洲事务》（*African Affairs*）杂志上。联合非洲公司私下告诉殖民地官员，他们别无选择。如果尼日利亚（迄今为止非洲最大的出口国）在与日渐崛起的亚洲种植园的竞争中失去棕榈油和棕榈仁市场，将"导致当地经济的崩溃，进而引发三四百万人陷于饥荒"。[72] 一些行政官员对此表示赞同，认为要在现代化与"饥荒"之间作出选择。[73]

这种说法并非夸张。在尼日利亚东南部，人口压力迫使农民显著地改变做法，包括缩短休耕时间和实施新的产权安排。随着富有的土地所有者种植新的油棕并将其作为私有财产，油棕归公共所有的习俗逐渐瓦解。[74] 贫困家庭利用棕榈油和棕榈仁换取现金以购买食物。一位地理学家指出，"在人口密集地区，对这种树的依赖程度是传统农作物种植崩溃的可靠指标"。[75] 西非油棕研究所的负责人说，通过无情地根除杂草和疏伐低产油棕，在油棕林中"密集地种植粮食作物"已经完成了"树木改良"工作。[76]

虽然英国殖民部否决了联合非洲公司的提议，但该公司已经赢得了一个重要的盟友：殖民地开发公司。然而，对于殖民地开发公司和"核心种植园暨小农"模式而言，1947 年的"巴门达-克罗斯河-卡拉巴尔"（Bamenda-Cross River-Calabar，BCC）计划，对于油棕产业来说并非一个好兆头。[77] 该计划是为了满足尼日利亚复员军人和无地农民"对土地的渴求"。[78] 每名男性移民可得到 5 英亩土地种植油棕，以及另外的 12 英亩土地种植粮食作物和建造房屋。然而，移民对殖民地开发公司管理人员提出的纪律要求十分不满，他们更愿意在种植油棕之前确保获得粮食。在126 个家庭中，殖民地开发公司发现仅有 11 个家庭"对各方面都很满意"。[79] 殖民地开发公司很快放弃了整个项目，将其移交给地方政府作为标准种植园开发。[80]

殖民地开发公司把失败归咎于参与者，而不是"核心种植园暨小农"模式。尼日利亚的"核心种植园暨小农"模式面对着一份"采购清单"，但在 1950 年出现了新的政治现实：掌权的是尼日利亚人，而非英国官员。[81] 尼日利亚东部区的政客嘲笑"核心种植园暨小农"模式是一种倒退。他们想要最先进的种植园和新型机器来推动工业革命，随着"巴门达-克罗斯河-卡拉巴尔"计划和殖民地开发公司的其他几个项目走向失败，政客们带着资金一拥而进。[82] 他们兜里有钱可花，因为 1949 年帝国政府决定保留战时的销售局。销售局垄断了农产品的销售，将支付给农民的固定价格与世界市场价格之间的差额据为己有。这些收入本应用于稳定物价和资助发展项目。[83] 尼日利亚的政客"准确地看到了［这笔钱］可用于……争取更大政治权力的斗争"。[84] 1947—1954 年，当局在种植园和其他新项目上花费了逾 800 万英镑，这些钱来自出售棕榈油和棕榈仁的收入；并在研究工作上花费了近250 万英镑，这远远超过了战前政府对油棕的资金投入。[85] 实际上，政客向小农征税以资助种植园，这一策略在 1955 年得到了世界银行的热烈支持。[86]

民族主义政治家也支持一项新的"先锋榨油机"（Pioneer Oil Mill）计划。先锋榨油机是由联合非洲公司设计的离心机设备，由棕榈壳和其他副产品提供动力。为了应对 20 世纪 30 年代独立经营的工厂的最终倒闭，人们认为，在由政府官员或农民合作社管理的小农地区，运营成本应该很低。[87] 尼日利亚政界人士将这些机器视为通往现代化的另一条道路，他们委托制作了一部名为《邀你致富》（Invitation to Wealth）的影片，以吸引尼日利亚资本家购买这些机器。[88] 这是一项规模更大战略的一部分，该战略旨在用各种机器取代家庭棕榈油生产，从表面上看这是为了提高产量和出口收入，但也是为了解放劳动力，促进新产业的发展。

在殖民地的监督下，首批先锋榨油机在没有配备棕榈仁剥取机的情况下发货了。管理人员让妇女按照其丈夫运送来的棕榈果数量，按比例购买需要手工剥取的棕榈仁。[89] 他们担心先锋榨油机"会打击家庭经济的根基"，这种担心是正确的。[90] 当男人把棕榈果卖给工厂时，妇女强烈抗议。[91] 努加（Nwga）的妇女告诉官员，丈夫若是不把妻子应得的棕榈仁和未精炼的棕榈油给她，那么就构成"离婚的正当理由"。[92] 一些抗议集中在工厂污水对水体的污染。最大规模的抗议爆发于 1948 年，原因是工厂工人破坏了一名妇女的木薯田，数百名妇女摧毁了工厂建筑，然后烧毁当地法院，并冲击警察局。政府作出了让步，将工厂搬迁至真正需要它们的社群。[93]

然而，抗议女性提出了不同于以往的诉求。一些女性提议，其中一台先锋榨油机"由她们所有和经营，男性则充当领薪工人"。政府拒绝了这一提议。[94] 许多抗议活动的目的是反对"政府控制，［而非］机械化本身"。[95] 还有一些抗议——男性也加入其中——为了捍卫手工榨油机所有者的利益，他们担心自己的投资付诸东流。[96] 1950—1951 年，东部区政府拒绝了 3500 多份购买手动榨油机的贷款申请，政府坚持认为最好把钱花在先锋榨油机上：这是一种"造福整个社会"而非单个榨油机所有者的工具。[97]

由于越来越多的工厂归当地企业家所有或由政府委员会管理，抗议运动逐渐失败。[98] 一名为女性抗议者辩护的律师贾贾·瓦楚库（Jaja Wachukwu），买下的正是其客户反对的那家工厂。在另一个社群，男人们组织起来合作经营一家自己和妻子曾抗议的工厂。[99] 1953 年初，尼日利亚已有 78 台先锋榨油机投入使用，另外订购了 86 台。

然而，官方对种植园和机器的热情并不恰当。事实证明，

"传统"产业配合手工榨油机，具有显著的适应性。20世纪60年代中期，尼日利亚大约40%的棕榈油仍然不是用机器榨取的。手工操作的榨油机榨取了全国50%的棕榈油，剩余部分则来自先锋榨油机。花在这些先锋榨油机上的230万英镑可以购买很多手工榨油机和炊具。[100] 与欧洲专家和尼日利亚政客的预测相反，小农提高了棕榈油品质。在出口的棕榈油中，"特级"棕榈油（非常适合生产人造黄油）的占比从1954年的60%上升到1963年的将近90%，此时先锋榨油机生产的棕榈油仅占13%。这一切发生的同时，尼日利亚除了养活了迅速增长的国内人口，还将棕榈油和棕榈仁的出口量增加了1倍。[101]

国内市场是这个故事的中心。手工榨油机的操作者生产的棕榈油既用于本地消费，又用于出口。与先锋榨油机的所有者相比，他们支付的棕榈果价格较高。其结果是，他们获得了大量棕榈果。[102] 法国人发现喀麦隆的情况与之类似，农民"把最好的果束留作己用，把最差的卖给榨油厂"。[103] 许多农民称，由于当地和全球软油价格居高不下，他们"从未有过这么好的日子"。硬油在市场上消失不见了，部分原因是销售局对劣质棕榈油设定了惩罚性价格。[104] 当地商人仔细地检验棕榈油品质，甚至在偏远村庄购买实验室器材，检测游离脂肪酸含量。[105] 尽管土地严重短缺，但尼日利亚小农油棕部门的表现远超预期，"核心种植园暨小农"项目和先锋榨油机的贡献微乎其微。

法属西非种植油棕农民的经历与之相似，但存在着一个重要的差异：从殖民时代后期到取得独立，战略和制度更具连续性。我们之所以将注意力集中于西非，部分原因是法属赤道非洲的油棕项目表现得相当令人失望：20 世纪 30 年代种植园中的数千公顷油棕，在 1950 年时要么已遭遗弃，要么毁于大火；并且，小农对"树木改良"以及将棕榈果送往配备了新型蒸汽榨油机和手工榨油机的榨油厂根本不感兴趣。[106]

一位法国专家指出，"油棕无疑是非洲人的财富之源"。但他问道："为什么当地人丢掉了爬树的习惯，只是偶尔采摘几串果束？很简单，因为他认为这不赚钱。"在他看来，解决之道在于通过一项"协调政策"，以提升棕榈油的品质和产量，从而增加收入。[107] 这一政策看起来很像英国的"核心种植园暨小农"模式。被种植园环绕的现代工厂和"改良后的"小块农田，构成了油暨含油物质研究所的"棕榈油"计划（Plan "Huile de palme"）的核心。"棕榈油"计划于 1948 年出台，它利用经济和社会发展投资基金会的资金，在科特迪瓦、达荷美、多哥和喀麦隆建造了8 座新工厂。[108]

油暨含油物质研究所在达荷美投入了大量资金，而这里和多哥一样，是西非油棕带中最不适合经营油棕的地区。原因很简单：对于大多数家庭来说，"棕榈油［和棕榈仁］仍然是主要的收入来源"。[109] 达荷美没有其他主要出口产品。达荷美的精英欢迎这些工厂，因为它们有望刺激人们重新种植油棕并带来新的农业生产方法，但农民——尤其是妇女——对其热情不高。[110] 这些工厂会让妇女失去棕榈仁以及宝贵的棕榈丝和棕榈壳，而后两者可以作为燃料出售。妇女抗议不断，男人也不把棕榈果卖给工厂，这给法国的规划者造成了一种"心理上的冲击"。一些官员提出将这些设施改造成果汁厂或椰子烘干室。[111]

　　为缓和紧张局面，工厂的管理人员最终向妇女提供了一些棕榈壳和棕榈丝。[112] 当通往工厂的道路终于开通时，卡车运输有助于赢得农民的支持。这些卡车收购棕榈果并付给农民现金，免去了农民长途运输水果的麻烦。然而，这种新做法将女性劳动力完全排除在这个行业之外。1954 年，达荷美的工厂和法属西非的其他几家工厂达到了最大产能。[113] 但这些机器无法改变达荷美的干燥气候，这使得每棵树的产油量相对较低。法国专家对于农民在油棕上采酒而非收获棕榈果的做法十分愤怒。1954 年，"油棕林改造部门"开始严厉打击采酒行为；巡逻人员抓获采酒者后，采取镇压和教育双管齐下的手段，既惩罚他们，又向他们宣讲科学农业的好处。[114]

　　如果法国官员担心采酒者会破坏一些地区本应生产棕榈油的油棕，那么他们在其他地区发现了相反的问题：农民不愿砍掉硬脑膜型油棕，转而种植软脑膜型油棕。[115] 由于缺乏爬树工，这些树龄较大的油棕往往无人采摘。1946 年，法国废除了强制劳动，导致爬树工短缺问题加剧，但这也反映了整个西非的一个更大的趋势。有机会接受教育、工作前景更好的年轻人认为没有理由从事爬树这种辛苦、地位低下的工作。[116] 妇女也拒绝在不领薪水的情况下将棕榈果搬运至收购点：许多妇女历来通过劳动换取棕榈仁，但如今棕榈仁已归工厂经营者所有。[117]

　　尽管存在劳工问题，但法国殖民当局还是成功地在油暨含油物质研究所、经济和社会发展投资基金会和欧洲公司等殖民地组织与民族主义政治家之间建立了联系。科特迪瓦就是最好的例子。一批科特迪瓦种植园主在战争结束时积累了可观的财富，其中主要来自可可和咖啡。他们购买拖拉机和其他机械，攫取大片土地，并雇用移民劳工，最终赢得了反对欧洲种植园主的政治斗争。[118] 当这些精英在 1960 年领导科特迪瓦取得独立时，他们与前殖民强国保持着密切的联系。在油暨含油物质研究所、欧洲发展基金（前身是经济和社会发展投资基金会）和世界银行的帮助下，科特迪瓦政府在 1963 年启动了一项雄心勃勃的与"核心种植园暨小农"计划类似的项目来发展油棕产业。[119] 此时，科特迪瓦还是棕榈油进口国，但这项油棕计划很快就扭转了局面。1970 年，该国出口了 10 万吨棕榈油和棕榈仁。[120] 批评人士指责总统乌弗埃-博瓦尼（Houphouët-Boigny）和科特迪瓦精英支持"新殖民主义"，但这种合作关系带来了实实在在的经济成果，尽管未必惠及最贫困的农民。[121]

古来的"核心种植园暨小农"模式

当科特迪瓦启动其宏大的"核心种植园暨小农"型计划时，该模式已被视作一种巨大的成功：不是在非洲，而是在亚洲。殖民地开发公司在尼日利亚遭遇失败后，于 1950 年将一个新项目提上日程：古来油棕种植园（Kulai Oil Palm Estate，KOPE）。古来油棕种植园是位于柔佛的一个小型种植园，面积仅为 1772 英亩，在战争期间被华人老板遗弃。这与殖民地开发公司最初在马来亚寻找的占地 1 万英亩的种植园相去甚远，但它有两个重要特点：大片的成熟油棕林和低廉的价格。殖民地开发公司将其视作一个现成的"核心"，可以让小农移居在周围。

急于让"核心"运转起来，因此殖民地开发公司推迟了邀请小农来到种植园，而是集中精力扩大种植园和建造一个最先进的榨油厂。[122] 殖民地官员对此表示怀疑。他们喜欢小农参与的想法，但希望尽早推行，而非延后。1950 年，关于如何将小农整合到"核心"周围、留出多少土地用于种植粮食作物以及建造房屋、甚至是殖民地开发公司愿意为哪些项目提供资金，该公司都未制定任何计划。殖民地开发公司似乎缺乏"制定油棕产业长期发展计划的任何想法"。[123]

对于殖民地开发公司来说，幸运的是，公司不必知道自己在做什么。根据公司章程，英国殖民部和财政部都不能"对该项目的商业内容提出疑问，这属于殖民地开发公司的权限范围"。[124]如果殖民地开发公司说这是个好主意，殖民部就得相信。1950年，殖民地开发公司已经从诸多失败案例中汲取了一些教训，如"巴门达-克罗斯河-卡拉巴尔"计划。其中最重要的教训是没有聘请专业的管理者。殖民地开发公司为古来油棕种植园选择了牙直利公司，将管理工作分包给这家历史悠久的公司，这就像几十年前，投资者利用牙直利这样的"代理公司"经营种植园一样。[125]

1952 年，当殖民地开发公司向英国财政部申请更多资金以扩大古来油棕种植园时，"牙直利的稳定影响力"是其获得资金的决定性因素。殖民地官员仍然心存疑虑：牙直利是"一家高效的公司"，但它"并不关心这项计划的整体经济状况，也不承担风险"。牙直利不愿购买殖民地开发公司所主持项目的股票，事实上，它拒绝了直接收购古来油棕种植园的提议。一些大公司——牙直利、哈里森-克罗斯菲尔德、联合利华和橡胶金融公司——

也拒绝了殖民地开发公司先前提出的共同经营古来油棕种植园的建议。尽管如此，官员坚持认为，牙直利是"远东地区的领导者之一，相信它会以最高的效率经营这样一个项目"。[126]

殖民地官员继续推动小农进入古来油棕种植园。在他们看来，帮助小农是殖民地开发公司的"唯一正当理由"，因为它"从事的这项商业活动完全可以由私人企业开展"。[127] 然而，牙直利公司的经理 W. A. 吉布森（Gibson）并不急于让移民到来。1954 年，投入生产的土地为 1283 英亩，另有 3083 英亩土地种上了油棕。这一年，该种植园出售了逾 650 吨棕榈油。吉布森估计，到 1963 年，这个种植园将实现利润 15.6 万英镑。他在经营方面手段严苛，比如，1953 年，两名当地妇女因偷窃价值 3 美元的棕榈果而遭到起诉，并被处以 100 美元的罚款。她们称"这些棕榈果毫无价值，采集的目的是将其用作燃料"。[128] 总而言之，殖民地开发公司认为吉布森的工作取得了了不起的成就，特别是在"暴力活动持续不断的背景之下"。[129]

正是所谓的"暴力活动"给了殖民地开发公司继续推迟小农涉足该项目的借口。马来亚的共产党抗击了日军，像越南的共产党一样，他们又向卷土重来的欧洲人发起了新的战斗，因为这些殖民者显然不会很快离开。英国人称这场从 1948 年持续至 1960 年的战争为"紧急状态"。首当其冲的是欧洲种植园主，游击队员经常袭击种植园的工作人员，破坏设备，毁坏种植园的树木。[130] 作为回应，英国向该国派出了大量军队。殖民地军队发放身份证，设置道路检查站，实施宵禁，并强迫"林中居民"搬出森林进入设防的村庄。这些定居点的四周满是铁丝网和武装警卫，游击队员被拒之门外，同时村民被困在其中。飞机向森林中的游击队员藏身点投掷炸弹并喷洒落叶剂，导致森林植被和粮食作物一并遭到毁灭。据称，饥饿的游击队员在战争期间只得手工捣碎偷来的棕榈果来生产食用棕榈油。[131]

在古来油棕种植园，吉布森躲过了"匪徒们"的一系列袭击。他努力找到足够的工人来维持种植园的运转，尽管殖民地开发公司解释说："出于安全考虑，有必要将所有劳动力安置在一个四周有铁丝网的集中点"。[132] 这里并不适合家庭移居项目的开展。但英国官员坚持认为，殖民地开发公司的整个想法是错误的：安置小农将向世人证明，殖民政权并非单纯地剥削马来亚，而是在给予人民土地和现代企业的股份。一位殖民地官员写道："这是一种发展模式……正是因为当前的政治局面，才需要这种发展给马来亚带来稳定。"[133]

1954 年 7 月，游击队员在一次有针对性的伏击中杀害了吉布森及殖民地开发公司的另一名雇员，由此可见，当时社会有多么动荡。[134] 他们已在 3 月份杀死了种植园里的一名工头。[135] 1956 年，一名职员在一次突袭中遇害；1957 年，一名助理经理在一次枪击中幸免于难。[136] 种植园也面临着内部问题。1956 年，工人举行了两个月的罢工；1959 年，他们又举行了一次罢工，原因是一些工会组织者被指控"行为不端"而遭解雇。[137] 1954 年，马来亚的地方劳工组织成立了全国工会，但他们没有走上苏门答腊的工会组织所走的更为激进的道路。[138]

此外，殖民地开发公司在 1950 年提出的关于古来油棕种植园的提议在马来亚其他地区引发了讨论。1952 年，马来亚乡村产业发展局（Rural Industrial Development Authority，RIDA）的官员审视了将油棕作为一种小农作物的可行性。可行之处在于油棕是一种粮食作物——可能适合马来亚人——并且它可以在较为贫瘠的土地上生长。与往常一样，问题在于采摘和加工棕榈果。如果小农将其出售给种植园的工厂，那么他们"就会受到种植园的摆布"。[139] 反过来，同情种植园主的官员认为，小农是工业的"负担"。战前，政府实际上不鼓励小农种植和销售作物给附近的种植园。彭亨的一种"种植园—小农"模式招致了"无尽的麻烦"，尽管这种模式在雪兰莪"运作良好"。[140] 欧洲的种植园主指责小农生产质量控制不力、生产过剩、环境管理不善。他们在战前对种植橡胶的小农提出了同样的指责。此外，他们坚持认为，由于棕榈果需要尽快采摘和加工，所以油棕极其适合种植园种植。[141] 种植园主还抱怨道，农民自行从种植园的苗圃里取走幼苗，并偷窃棕榈果，然后再卖给种植园。[142]

1962 年，牙直利公司的董事长还在敦促马来亚人相信种植园模式。但种植园主没有如愿以偿。[143] 雪兰莪的马来领导人对有关油棕种植的"核心种植园暨小农"模式充满热情。一位领导人说，这是"改善马来人经济和社会福祉的最佳方法"。[144] 1955 年，世界银行的一份报告公开支持"核心种植园暨小农"模式，这大大鼓舞了马来亚的民族主义政治家。[145] 当年晚些时候，马来民族统一机构（United Malay National Organization）同意推行一项以小农为中心的协调一致的、国家支持的土地开发战略。次年，联合邦土地开发局（FELDA）成立。[146]

1957 年，马来亚宣布脱离英国独立时，联合邦土地开发局和其他州及联合邦机构正筹备在全国各地建立小农定居点的宏大计划。殖民地开发公司在古来油棕种植园新建的棕榈油工厂即将完工。古来终于为小农做好了准备。不过，殖民地开发公司必须决定指望谁。最初，公司希望移民能够拥有 50 英亩甚至 250 英亩土地。这些富有的农民将成为工厂的股东，利用他们的影响力在邻居中强制执行质量标准。官员希望，他们也能更好地了解自己在国际市场上的地位，在棕榈油价格暴跌时，遏制抛弃油棕的冲动。[147]

殖民地开发公司最终将"小块儿农田"限定在了一个较为适度的范围：12 英亩。殖民地开发公司的一名雇员写道："超过这个土地范围的任何一个占用者都必须是雇用劳工的雇主。"[148]　正如 1959 年柔佛的首席部长哈吉·哈桑·本·尤努斯（Haji Hassan bin Yunus）在关于"开启古来油棕种植园小农阶段"的演讲中所说，目标是"满足'小人物'对土地的需求"。部长讲话结束后，挥舞着砍刀和斧头的移民"开始向丛林进军……砍倒并焚毁树木"。一家报纸夸耀道，移民正在将 5000 英亩"曾是该州最严重的'恐怖分子'聚集地"变成一种发展模式。[149]

在古来，共有 455 个家庭申请了首批 300 块土地；大多数被选中的家庭是马来人，尽管政府承诺不会排斥华人和印度人家庭。管理人员"根据年龄、家庭规模、身体状况和农业背景"挑选移民。政府向移民承诺，他们很快就能自给自足，并指出，"棕榈油市场……一直很稳定"。[150]　每个家庭获得了 12 英亩土地用于种植油棕，此外还有宅基地和园地（后来缩减到总计 5 公顷）。移民还可以获得现金贷款，并有机会凭借每英亩油棕购买

50 美元的工厂股份。最重要的是，政府保证将很快兴建"一所学校、供水设施、一所医院、多家商店和一座清真寺"。1962 年，殖民地开发公司推出了一个 5000 英亩的扩建项目，名为"古来二号"，并计划将其扩展至 2 万英亩。[151]

　　一位来访的种植园主承认，古来油棕种植园的劳动条件和住房"优于附近的种植园"。他认为整个项目"听起来有点不可思议"，但得出的结论是，殖民地开发公司愿意付出任何代价以保证这个项目正常运作。[152] 该项目的确运作良好：1969 年，它已经让殖民地开发公司收回了投资，并成为数百个马来西亚家庭的安身之所。[153] 古来油棕种植园充当了联合邦土地开发局新的油棕种植计划的苗圃，并且培养了一代工程师和农业生产管理者。[154]

帝国末期的油棕

　　如果说马来亚和科特迪瓦的油棕产业通过"核心种植园暨小农"型计划，相对平稳地从殖民时期过渡到后殖民时期的话，那么其他热带地区的情况就不一样了。印度尼西亚是首个摆脱殖民统治获得独立的油棕产业发达国家。正如本章开头所述，民族主义者等人发起了针对外国种植园的罢工和土地占领运动。苏加诺（Sukarno）政府没收了荷兰人的财产，并强迫其他全部种植园将其三分之一的土地上交农业部。[155] 政府要求幸存的公司将利润再投资于该国，并用印尼人取代外籍员工。[156] 1958 年，苏加诺在一场境外势力支持的政变中幸免于难，之后，他对外国公司采取了更严厉的手段，并没收了英国和其他外国资产。[157] 他针对马来西亚及其英国支持者的"对抗"政策在 20 世纪 60 年代升级为武装冲突。[158] 1965 年，苏哈托（Suharto）发动政变推翻苏加诺后，对抗并未平息，但这致使政府坚定地站在了右翼立场。在随后的"清洗"中，大量嫌疑分子被屠杀。当时，美国政府认为印度尼西亚在"冷战"中处于"正确"的一方，于是指使国际货币基金组织和世界银行提供贷款，重建该国。[159] 联合利华、哈里森-克罗斯菲尔德和其他几家大公司与苏哈托政府达成协议，它们卷土重来。[160] 随之而来的油棕种植热潮将在第十章、第十一章论述。

虽然马来西亚的一些政治家谈到了国有化，但政府允许大公司保留其财产。[161] 哈里森-克罗斯菲尔德公司的一名负责人指出，他之所以决定用油棕取代原有的橡胶，是因为独立后的马来西亚是"一个渴望获得外国投资的友好国家"。[162] 哈里森-克罗斯菲尔德公司和其他公司采取了一种渐进的马来西亚化政策，欧洲员工退休后就雇用马来西亚人。[163]

然而，哈里森-克罗斯菲尔德公司并不完全相信其种植园是安全无虞的。一名主管警告说："类似印度尼西亚的情况哪一天出现在这个国家［马来西亚］，并非不可想象的。"哈里森-克罗斯菲尔德公司考虑在昆士兰种植油棕，这样做，种植园就可以规避澳大利亚对进口油脂征收的"高额关税"。该公司最终认为，这种做法会带来极高的劳动力成本。[164] 1967 年，哈里森-克罗斯菲尔德公司决定与澳大利亚在巴布亚新几内亚领地的政府成立合资企业。[165]

联合利华公司也在为种植园寻找安全的避风港，1950 年，它提议在所罗门群岛的科隆班加拉（Kolombangara）岛开展一个"核心种植园暨小农"项目。英国的殖民地官员强烈反对这一计划，因为它可能让"苦力贸易"死灰复燃，并使工人陷入债务奴役。一位官员警告说，不要让联合利华公司的"触角"进一步深入太平洋，他还指出，该公司通过联合非洲公司"控制"着非洲贸易。[166]

　　然而，联合利华公司在非洲的强势地位并不能阻止国有化。在夸梅·恩克鲁玛（Kwame Nkrumah）统治时期，加纳（1957年独立）坚决反对外资控股，转而推广新型国有种植园。[167] 这些"国有农场"包括几个油棕项目，但它们表现糟糕。联合利华公司在加纳的种植园是从联合非洲公司收购的多家公司那里继承而来的，它们几乎不盈利。一个种植园仍在使用1918年的老式离心机。由于面临费用、产权纠纷以及与当地农民的冲突等诸多问题，联合利华公司将种植园卖给了加纳政府。[168] 然而，国有农场无法填补棕榈油产量上的差距，20世纪60年代初，加纳加入了塞拉利昂和科特迪瓦的行列，成为非洲的棕榈油进口国。

　　尼日利亚在1960年独立后，继续推行国家主导的发展计划。东部区当局承诺要进行一场"农业革命"。[169] 传统农业正面临严峻局面：曾经长达10年的休耕周期已缩短至4年甚至更短。研究人员警告说："在一些不可能休耕的地方，问题越来越严重，土壤肥力已完全耗尽。"尼日利亚的计划是发展各种形式的"现代科学农业"。尼日利亚人想从殖民地开发公司获得资金，也渴望从世界银行、福特基金会和美国"和平队"（Peace Corps）获得新援助。[170]

外国专家警告道，新型国家支持的种植园将"在社会和经济体系中产生深远的变化"，并粉碎土地公有制。[171] 对于尼日利亚政客来说，这种结果是必要之恶。殖民地开发公司中的批评人士抨击了民族主义者的"盲目自信"，以及他们对殖民地"核心种植园暨小农"模式的渐进主义所表现出的蔑视之情。[172] 规划者将农民推到一边，以获得大片土地，但由于对拖拉机和其他机械的严重依赖，种植园项目未能创造出接近预期的就业机会。种植园中的男性工人占比极高，种植园只雇用女性从事低薪的季节性工作，比如除草。[173]

外国专家支持尼日利亚种植低矮的软脑膜型油棕，这种油棕既能提高产量，又能免去寻找熟练爬树工的麻烦。[174] 研究人员将软脑膜型油棕比作正在改变亚洲农业面貌的"神奇"水稻品种，他们预测非洲农民也会获得类似的好处。[175] 重要的是，尼日利亚的农业官员从殖民时期的失败中吸取了教训：尽管他们要求农民砍掉老龄油棕，但他们会提供津贴以弥补幼龄油棕走向成熟时损失的收入。他们还允许农民在一排排油棕之间种植粮食作物。[176] 然而，大多数援助只提供给至少拥有 5 英亩土地的农民。因此，主要受益者不是贫苦农民，而是酋长和居住在城镇的地主。对于越来越多缺乏足够土地的农民来说，重新种植的油棕林提供的工作机会屈指可数。[177]

1966 年底，尼日利亚东部至少有 5 万英亩"半野生"油棕已经按照"科学"路线重新种植。政府希望到 20 世纪 60 年代末再重新种植 59 万英亩，并新栽油棕 31.5 万英亩，使其总覆盖面积是马来西亚油棕种植园的两倍。[178] 农民获得了高产的幼苗、化肥、杀虫剂及现金。然而，农业专业知识难以满足需求：尼日利亚每 5 万人中只有 1 名技术人员。在美国，每 300 个农民中就有 1 名。[179]

世界银行为这种重新种植提供了大量资金，但它警告说，新的油棕对尼日利亚棕榈油出口不会有多大帮助：不断增加的国内消费预计将消耗掉几乎所有新生产的棕榈油。[180] 不管怎样，这一尝试在 1967 年戛然而止，当时东部区脱离尼日利亚，一场血腥内战随之爆发。战争一直持续至 1970 年初，整个油棕带的基础设施和油棕林遭到摧毁。在成千上万名战争受害者中，S. C. 纳瓦茨（Nwanze）是首位担任尼日利亚油棕研究所所长的尼日利亚人。[181] 联邦政府对东部区的封锁造成了饥荒，难民被迫砍伐油棕改种粮食作物。[182] 20 世纪 70 年代中期，当世界银行资助的项目恢复时，尼日利亚的油棕产业可谓一团糟，该国已成为食用油净进口国。

战争还摧毁了非洲的另一个棕榈油出口大国刚果。在整个 20 世纪 50 年代，联合利华公司的比属刚果榨油厂还在经营，其他欧洲公司拥有的特许经营权依然有效，它们用软脑膜型油棕种植园取代"天然"油棕林。[183] 殖民地政府还加紧从农民那里榨取棕榈油，近 10% 的人口被重新安置在道路和市场中心附近的小块儿土地上。这些土著农民家庭可以获得培训、种子、化学品和工具，但大多数家庭只是"因为殖民地政府想让他们去"而已。这个项目"极其不受欢迎"，并随着 1960 年刚果独立而夭折。[184]

不过，1945 年以后，刚果的棕榈油和棕榈仁出口在小农户和大公司中间增长强劲。这种情况对比属刚果榨油厂来说是一个可喜的变化，在此之前，它是一家"惨遭失败"的公司，没有发放过一次分红。比属刚果榨油厂与殖民地政府签订的条约，迫使它需要承担社会再生产的支出——确保工人及其家庭吃得饱、住得好、有学可上、有医可看，此外，还要承担维护油棕林、采摘棕榈果的支出。1933 年的一项研究表明，哈利特的苏门答腊种植园每年为每吨棕榈油投入 32 英镑，比属刚果榨油厂则为 58 英镑。[185] 战争结束后，比属刚果榨油厂开始表现得更像一家典型的种植园公司，它减少了工人的福利，并涉足橡胶和可可行业。[186]

　　比属刚果榨油厂和比利时当局对非洲的民族主义满不在乎。当比属刚果榨油厂在 1958 年首次任命刚果人担任管理者时，它考虑的是金钱而非政治：该公司付给非洲人的薪水远远低于付给欧洲人的。[187] 刚果在 1960 年的迅速独立让比属刚果榨油厂和其他许多公司大吃一惊。在刚果首任总理帕特里斯·卢蒙巴（Patrice Lumumba）被推翻和谋杀后，刚果进入了政治动荡时期。① 欧洲人带着种族主义的眼光轻蔑地说："整片富饶的土地必将再次沦为丛林。"[188] 然而，对于比属刚果榨油厂来说，20 世纪 60 年代竟然是大好时光，尽管其他特许经营公司纷纷倒闭。与比利时人开办的公司相比，比属刚果榨油厂更受欢迎，这归功于它提供的服务和津贴。一名公司主管指出，1964 年在卢蒙巴主义者的宣传下拿起武器的皮埃尔·穆里勒（Pierre Mulele）宣称，"只要他还具有影响力，比属刚果榨油厂的设备就不会遭到破坏"。穆里勒

---

　　①　比属刚果于 1960 年 6 月 30 日宣告独立，卡萨武布当选总统，卢蒙巴为总理，定国名刚果共和国，简称"刚果（利）"。——编者注

在投身政治和游击战争之前，曾是比属刚果榨油厂的一名实习生，也是其中"最聪明的学生"。不管刚果相互敌对的政客的话语中的民族主义色彩多么浓厚，他们都"无意杀死这只产金蛋的鹅"。[189]

无论有没有战争，油棕种植园模式的未来在帝国末期始终是一个悬而未决的问题。马来西亚的种植园由于大量种植软脑膜型油棕，产量有望大幅增长。喀麦隆独立后，联合利华公司在这里的种植园发展良好，该公司盈利颇丰，其雇员也对优渥的待遇心满意足。[190] 但无论在哪里，种植园模式都依赖廉价的土地和劳动力，这些条件最初是在殖民统治下才成为可能的。印度尼西亚将种植园国有化的决定引发了整个行业的担忧，人们担心其他国家会步其后尘。在刚果（改名为扎伊尔共和国），蒙博托（Mobutu）于 1973 年没收了外国种植园，这是刚果油棕产业急剧衰退的开始。即使是在善待企业的马来西亚，政府也明确表示将为小农留出更多的土地，并通过购买股份的方式实现种植园公司本土化。

正如第九章所示，1950 年以后，种植园和小农定居点的发展得益于不断扩大的世界市场。棕榈油依然是廉价的替代品，但随着有关不同油脂对健康影响的争论一直持续到 20 世纪后期，其物理特性再次变得重要起来。棕榈油的廉价性激发了化学家寻找新的方法来使用它，利用它改造产业，并创造似乎具有无限潜力的新市场。

第九章　工业新领域

"珍贵的礼物"、储气罐和类人猿：棕榈油的工业新领域

油棕首次作为一种商品真正地始于 19 世纪，当时非洲农民开发油棕以满足蓬勃发展的世界市场的需要。尽管这种贸易在西非的故事中很重要，但它只是欧洲工业化故事的边缘部分。过去没有人需要棕榈油肥皂或蜡烛。棕榈油的颜色和气味——曾经在欧洲备受推崇的品质——在工业产品中消失不见了，人们偶尔强调这种油脂的非洲起源，只不过是一种营销策略。棕榈油是其他物质的廉价替代品，而它也会被替代。

油棕的第二种作用是作为工业食品的供应者，它在这方面不可或缺。世界人口从 1900 年的 16 亿激增到 1960 年的 30 亿，1999 年则达到 60 亿。"绿色革命"让不断增长的人口既吃得饱又吃得好，有关这场革命的论述主要集中在大米、小麦等粮食作物，但油脂产量的提高也是这个故事中重要的但往往未受到重视的部分。自 1970 年以来，种植油料作物的新增耕地面积是种植谷物的 3 倍。[1] 油棕每公顷的产油量是其他油脂来源的 10 倍，因此它在养活世界人口方面发挥了至关重要的作用。

　　人们变得越来越富有，而人们越富有，消耗的脂肪就越多。从 1967 年到 1999 年，每人每天平均消耗的膳食脂肪从 20 克增加到 53 克。北美和西欧地区的人们堪称全世界的饕餮，他们将本已很高的消费量又提升了逾 20%。在此期间，亚洲和拉丁美洲的人们摄入的脂肪远远超过了其祖父母。非洲是这一趋势的唯一例外：人均脂肪消费量停滞不前，甚至下降了。[2]

　　面对这些事实，油棕——更具体地说是提供高产量食用级棕榈油的油棕种植园综合体——似乎是不可或缺的，甚至是必不可少的。但棕榈油究竟是一些辩护者所说的"赠予世界的珍贵礼物"，还是社会学家贾森·摩尔（Jason Moore）所说的耗费巨大的生态和人力成本、榨取自世界经济边缘地区的"廉价食物"呢？[3] 本书的前半部分考察了世界范围内与油棕共生的人们的生活方式的变化。本章回到消费者身上，追溯了棕榈油在全球化的世界经济中偶有曲折的发展道路。它为后续章节探讨生产成本和收益奠定了基础。

　　棕榈油在 20 世纪满足了许多需求，但并不是每个人都想要它。油棕在全球经济和食品体系中的地位最终取决于一系列政治和文化选择。美国在 20 世纪六七十年代鼓励油棕种植，后来转而反对棕榈油，但在 20 世纪 90 年代和 21 世纪初又间接推动了油棕种植。富裕国家的工业消费者将棕榈油视为终端消费者日益排斥的动物脂肪的无形替代品，但在 20 世纪 80 年代，由于出现了食用棕榈油会导致心脏病的相关争论，许多公司纷纷将之弃用。10 年后，反式脂肪酸引发的新一轮恐慌，促使制造商竞相重新使用棕榈油。在食品行业之外，随着许多行业举起"绿色"证书以安抚消费者和政府监管机构，棕榈油和棕榈仁油从石油产品手中夺取了市场份额，并进入燃料等新领域。

正如本章最后一节所述，棕榈油仍然是一种有争议的商品。种植园综合体的批评者指出，棕榈油在食品和工业产品中的隐蔽性，致使制造商得以诱骗消费者参与到热带地区的森林砍伐和环境破坏之中。与此同时，产业努力将棕榈油重塑为可持续性商品，恰恰受到了一个令棕榈油极具吸引力的因素的阻碍：廉价。

工业食品体系中的脂肪

20 世纪 50 年代，一个综合性工业食品体系在全球范围内出现。高度机械化的农场供养了大量生产加工食品的产业，这些加工食品甚至开始进入高度工业化的北方国家以外的消费者市场。[4] 从早期人造黄油的繁荣开始，棕榈油在这个体系中发挥了关键作用，但战后的技术发展确保了棕榈油的地位。溶剂、离心机、真空泵和一系列其他机器和技术将棕榈油转化为精细加工品。坚硬的棕榈硬脂可能变成烛用蜡或"林王油"（vanaspati）的组成部分。液态棕榈油可能会变成一种用于炒菜或制作沙拉酱的金色油脂。较硬的"棕榈油中间馏分"可以在巧克力中取代可可脂。[5] 终端消费者从未见过、闻过或尝过这些脂肪。制造商之所以选择它们是因为便宜，并且它们可以很好地取代较为昂贵的脂肪（可可脂）或是在文化上不受欢迎的脂肪（猪油、牛油、鲸油）。

联合利华的一位负责人称，公司"一直致力于少用供应短缺的油脂，多用容易获取的油脂"。然而，完全的可互换性从来都是不现实的。消费者不会轻易接受人造黄油的新口感或是肥皂的不同起泡性，即使这意味着更便宜的产品。[6] 制造商可以利用氢化作用将液态油脂变成他们想要的任何脂肪，但这需要专门的机器。氢化的成本促使许多欧洲制造商在 20 世纪 50 年代采用棕榈油，而美国公司却越来越依赖氢化棉籽油和大豆油。[7]

正如历史学家苏珊·马丁所言，精炼、漂白和除臭（RBD）棕榈油变成"一块空白画布，制造商可以在上面创作想要的图画"。[8] 食品技术人员生产的酥饼数日之内依旧香酥可口，粉末可以作为"奶油"搅拌到咖啡中，在货架上可以存放数月的盒装饼干粉和蛋糕粉——制作饼干和蛋糕时只需加入牛奶和鸡蛋即可，仅需一杯热水就可以享用的方便面，人们再也不需要用油搅拌的花生酱：这些都是现代方便食品的奇迹，通过精炼、分馏和氢化棕榈油等脂肪而成为可能。[9]

人类学家克洛德·列维-斯特劳斯（Claude Lévi-Strauss）认为，食物要想好吃，吃之前得"好好思考一番"。然而，棕榈油在工业食品中的隐蔽性意味着大多数消费者从来没有机会去思考。制造商喜欢这种方式。正如一位人造黄油推广者所言，人造黄油"看着好看，吃着好吃，经济实惠……这就是他们需要知道的关于这种产品的全部信息"。[10] 如果包装上有成分表，棕榈油就会以"植物油"的形式出现。它可能出现在人造黄油、薯片，甚至冰淇淋中。[11] 棕榈油在这些食品中以新的、非天然的形式出现，模糊了"食品"与"化学品"之间的界限。[12] 没有人会在超市买棕榈精或甘油二酯，但人们还是会在包装食品中吃到它们。

在战后的几十年里，棕榈油对于试图取代动物脂肪的制造商来说变得尤为重要。尽管在工业食品中，动物脂肪和植物脂肪一样是看不见的，但广告商经常提醒消费者，全植物产品干净纯洁，这种模式可以追溯到 19 世纪 90 年代最早的全植物起酥油和"坚果酱"。1950 年，"液态牛油"（oleo oil）几乎从人造黄油（oleomargarine）中消失（带有前缀"oleo"）了，它已沦为廉价的标牌，通常与全植物产品在同一家工厂生产。西方消费者不愿看到自己吃的是经过处理的牛、猪和鲸鱼，无论最终产品在味道和气味方面是多么不明显。[13] 在人造黄油和烘焙食品中，棕榈油的优点是具有北方国家常用脂肪——如猪油和黄油——的可塑性，几乎或根本不需要氢化。椰子油和棕榈仁油又硬又脆，而其他大多数植物油流动性太强。[14] 食品制造商还认识到，他们可以向遵守犹太人和穆斯林饮食戒律的消费者出售不含动物脂肪的新型人造黄油和混合肥皂。动物脂肪潜伏在各种超市产品中，用棕榈油（或氢化油）取代它们是一种简单的解决办法。[15]

随着棕榈油渗透到全球南方，特别是亚洲的食品市场，它依然具有隐蔽性。[16] 不过，棕榈油消费的巨大增长出现得较晚，始于 20 世纪 80 年代。这并非人口增长的直接产物，而是与财富增长有关。有钱的消费者喜欢工业食品，棕榈油是制作方便面和油炸零食的最佳脂肪。它所含的甘油三酯非常适合抗氧化，并且它所含的亚麻酸非常少，而亚麻酸是受热油脂产生异味的罪魁祸首。这些特性使得由棕榈油制成的产品保质期更长，不易腐败变质。与此同时，精炼棕榈油取代了椰子油和当地人喜欢的其他油脂，成为一种万能的家用油。一位研究人员称其为一场发生在亚洲工厂和厨房储物柜的"棕榈油革命"。[17]

　　但这场"革命"要求棕榈油隐身。未经精炼的棕榈油和所有食物一样，很难被人立即接受。欧洲殖民者最初以为苦力会用棕榈油取代椰子油，但工人和管理者都觉得这种东西倒胃口。殖民时期曾有人用棕榈油煎鸡蛋，结果这道菜上面覆盖着"一层深橙色的薄膜，让人联想到清漆或地板抛光剂"，并且味道"不太好"。马来西亚人直到20世纪60年代才开始食用该国快速发展的种植园生产的棕榈油，这要归功于国内炼油厂去除了棕榈油的色泽和味道。精炼、漂白和除臭棕榈油像以前在北方国家一样，进入马来西亚的食品行业，大多数食品标签都懒得标示这种东西。[18]一位商人在解释自己的公司从椰子油转向棕榈油时表示，"我们悄悄地做了这件事……消费者不仅没有反对，而且事实上还越来越喜欢这种做法"。[19]类似的故事也在印度尼西亚上演，截至2010年，棕榈油占该国国内脂肪消费量的94%。[20]椰子油成本的飙升——主要由小农种植——意味着人们别无选择，只能食用包装食品和食用油中的棕榈油产品。一项由政府支持的宣传活动大肆宣扬"金色"棕榈油（精炼棕榈油）的优点，称它既经济实惠又益于健康。在公众视线之外，精炼、漂白和除臭棕榈油在面包房和方便面工厂里顺利地取代了椰子油和其他脂肪。[21]

　　然而，在日益壮大的油棕种植帝国之外，棕榈油在日常饮食中的地位就不那么确定了。联合利华的一位专家在1963年警告说："未来在很大程度上掌握在美国政府手中。"美国人不生产一滴棕榈油，但美国政府在发展中国家销售廉价大豆油和棉籽油的政策，对市场和饮食方式产生了巨大的影响。一方面，倾销美国产的脂肪缓解了美国生产过剩的问题，并摧毁了外来竞争对手，如棕榈油；另一方面，大量廉价脂肪创造了新的习惯和进口依赖。20 世纪 60 年代，人们吃着用获得补贴的大豆油制成的咖喱、面条和薯条，当美国产的油脂消失时，他们不会放弃这些食品。作为第二便宜的东西，种植园产的棕榈油继续在全球范围内占领这个"新的、永久的油脂市场"。[22]

印度为油棕种植者提供了最大的新兴市场。全球食品系统错综复杂的生态联系意味着，2015 年，印度将成为全球最大的棕榈油消费国。

棕榈油在 20 世纪二三十年代首次进入印度市场。一些棕榈油最终被制成肥皂，但其最主要的用途是制作林王油（植物酥油）。印度奶农和倡导"纯洁"食品的活动人士强烈反对这种由各种氢化脂肪——包括鲸油和牛油——制成的东西，这与北方国家反对人造黄油如出一辙。[23] 与人造黄油一样，这个名字也是一种妥协，标志着林王油是一种新产品，而非假冒的酥油。联合利华在印度的子公司于 20 世纪 30 年代中期开始在印度国内生产林王油，并推出了广受欢迎的"达尔达"（Dalda）品牌。按照北方国家的营销模式，它被装在密封的罐子里出售，罐子上贴着印有棕榈树的标签，并吹嘘干净卫生，全部是植物成分。在食谱、街头宣传和印刷广告的助力下，"达尔达"畅销于整个南亚次大陆。在一部宣传片中，一位糟糕的婚礼主持人用一罐"达尔达"，让那些以为自己一直在享用酥油大餐的宾客大吃一惊。[24]

1947 年，随着印度获得独立，批评人士再次攻击林王油，质疑食用这种用进口脂肪制成的食物不是爱国行为。莫罕达斯·甘地（Mohandas Gandhi）认为，它给小农和乳制品工业带来了伤害；他还推动了一项备受争议的研究，该研究发现林王油不含任何维生素。[25] 奶牛保护联盟接手了这项事业，将使用林王油视作对奶牛开战。他们认为，林王油减少了对黄油和酥油的需求，并可能隐含遭屠宰动物的脂肪。（20 世纪 80 年代，有传言说一名进口商用牛油制作林王油，这引发了全国的愤怒，导致林王油的销售额下降了 30%。[26]）尽管抨击声四起，但在国内强大的油料产业和氢化产业的支持下，林王油取得了胜利。正如《印度时报》（*Times of India*）所言，"没有哪个国家的人民能够负担得起主要从乳制品中摄取脂肪"。[27]

然而，对印度小麦产量产生巨大影响的"绿色革命"并未惠及油料作物。20 世纪 80 年代，尽管人均消费量远低于地区平均水平，但印度家庭在脂肪上的花费高达收入的 7%。[28] 印度不得不购买越来越多的进口脂肪。20 世纪 90 年代，世界贸易组织的规定迫使印度结束了国家垄断，降低了进口关税，这导致印度的棕榈油进口激增，最终成为最大的棕榈油进口国。[29] 在中央政府的支持下，印度各邦和企业最近推出了油棕种植计划，希望结束该国对进口的依赖。批评人士警告称，这有可能重演东南亚种植园扩张造成的极其严重的错误和不公。[30]

1950 年以后，非洲人也成为工业形式棕榈油的消费者，并参与到一个既销售包装艳丽的肥皂和人造黄油，又承诺带来现代化和更美好生活的经济体系之中。宣传广告很少提及这些原材料是非洲人亲手收获的，然后再由欧洲人拥有的工厂加工。[31] 在这个工业体系之外，非洲人继续消费大量手工压榨的棕榈油，不过专家只能猜测其规模：1981 年的一份报告显示，"野生"油棕林供应了非洲约 80% 的棕榈油消费量，每年逾 100 万吨。[32] 西非常见的硬脑膜型棕榈果在每公顷产油量方面不如软脑膜型棕榈果，但大多数人称，硬脑膜型棕榈果榨的油味道更好，颜色也更诱人。消费者认为，硬脑膜型棕榈果榨的油所含"脂肪"少于软脑膜型棕榈果榨的油。与工厂生产的榨取自软脑膜型棕榈果的棕榈油相比，硬脑膜型棕榈果生产者采用的榨油法榨出的棕榈油含有更多的油精（原因可能是植物本身的差异），这使其流动性更好，口感也不同。[33]

2001 年，研究人员在科特迪瓦进行的一项研究发现，近三分之一的家庭甚至不认为精炼棕榈油是棕榈油，将其视为花生油。每个家庭平均每年消费 72 升精炼油，而消费的"红色"棕榈油仅为 17 升。大多数消费者坚持认为，未经精炼的红油是最好的，但精炼油的价格只有它的一半，这要归功于从东南亚进口的大量棕榈油。[34] 随着非洲人摄入更多的脂肪和加工食品，种植园棕榈油的消耗量增加似乎是不可避免的。尽管如此，在非洲的油棕带，商人通过在市场上销售装满手工制作棕榈油的小瓶子而赚得盆满钵满，甚至将其出口到欧洲和北美以满足侨民社区的需要。[35] 但是，即使是这个利基市场，也面临来自种植园的威胁，因为种植园出售榨取自软脑膜型棕榈果的未经漂白的棕榈油，并打出"带你回家的品牌"这样的宣传口号。[36]

"注入美国人的饮食"：油之战

1959 年，美国取消了对棕榈油的进口关税，但美国的政策间接抑制了其他地区的棕榈油销售。根据《480 公法》（1954 年），即众所周知的"粮食换和平"计划，美国政府向"冷战"盟国提供免费或大幅折扣的粮食。氢化棉籽油和大豆油大量涌入巴基斯坦等国，美国市场上的过剩油脂源源流出，棕榈油等竞争对手的价格持续走低。20 世纪 70 年代，美国农民拥有世界油籽市场 70% 以上的份额。[37]

1972 年之后，美国突然成为棕榈油和椰子油的主要进口国，美国的豆农对此深感震惊。这极好地说明了食用油脂工业与经济和生态的长期联系。动物脂肪的产量正在下降，这是为了应对美国人对肉类口味的变化以及对牛油和猪油需求的减少，从而培育瘦肉品种的结果。与此同时，1972—1973 年大豆价格居高不下，促使美国和巴西农民大量种植大豆。随后的产量过剩压低了大豆价格，许多农民在下一季转而种植玉米。1974 年的潮湿天气和早霜加剧了大豆产量的下降。美国大豆产量下降了 20%，大豆油价格随之飙升。大豆油价格在战后首次超过了棕榈油。[38]

为了对抗棕榈油，豆农把目标对准了发展援助。大肆宣扬的马来西亚增卡三角地（Jengka Triangle）项目（见第十章）引发了公众对油棕产业的关注，美国农民质问为什么"它们"（实际上是世界银行和其他国际机构）给竞争对手提供廉价贷款。1976 年，一名国会议员提议禁止美国援助任何棕榈油项目，这引发了一系列听证会。一位参议员说自己在"找棕榈油的麻烦……看看我们能否阻止棕榈油的泛滥，因为如果我不这样做，他们会把我赶出明尼苏达州"。[39] 这项禁令提案在美国国会以微弱的差距未获通过。另一项关于对冷轧和镀锡以外用途的棕榈油重新征收关税的议案也失败了。还有一项将使棕榈油承受高昂的卫生检查、标签设置成本的议案同样以失败告终。[40]

随着来自大豆行业的压力越来越大，美国农业部派遣专家前往马来西亚调查棕榈油快速崛起的原因。他们的预测发人深省：马来西亚准备大规模扩张，未来只需要 3% 的产量供应国内消费。专家指出，油棕是一项长期投资，并警告说，种植园和小农在转换作物之前，"他们的生产利润将承受异常巨大的压力"。[41]

事实证明，美国政界人士不愿通过一项彻底禁止为棕榈油提供融资的禁令，不过他们同意了一项决议，呼吁世界银行把重点放在解决发展中国家的营养不良问题上，而非推动向富裕国家出口棕榈油。[42] 最终，国会通过了一项法案，扩大美国在发展贷款方面的投资，而官方立场是反对可能与美国农民竞争的棕榈油、柑橘和糖类项目。[43] 世界银行的官员礼貌地无视了美国的要求，认为农业游说团体会失去兴趣。他们还指出，美国农业部预测 20 世纪 80 年代将出现全球食用油短缺，因此强调需要更多而非更少的棕榈油。[44]

在 1976 年的听证会上，得克萨斯州的一位国会议员戏剧性地提出了豆农攻击棕榈油的第二个原因：心血管健康。他说："今天早上，我一边喝着热牛奶，吃着葡萄干吐司和白吐司，一边想着这场听证会，当我开始涂人造黄油时，有点儿不安。这种人造黄油里含有什么呢？是不是含有棕榈油？"他接着说："为什么在喝低脂牛奶，吃富含不饱和脂肪酸的食物时，要把这种危险的油——我这样认为——注入美国人的饮食呢？"[45] 这位国会议员将棕榈油与一场酝酿已久的有关脂肪摄入在动脉硬化中所起作用的争论联系了起来。

动脉硬化是一种斑块阻碍血液在动脉中流动所引发的疾病，起初，医生认为胆固醇是战后动脉硬化流行的罪魁祸首。20 世纪 50 年代末，许多人开始怀疑真正的病因是饱和脂肪酸。[46] 一位科学家指出，有足够的证据表明脂肪摄入与心血管疾病息息相关，但他补充道，"真正的争议在于摄入哪种脂肪"。他说："工农业利益的压力就从这里开始。"[47] 蛋类、奶类和肉类的游说团体与植物油生产商就饱和脂肪酸问题展开了残酷的媒体斗争，每一方都声称自己有科学依据。营销人员没有等待科学解决，他们滥用新的研究发现来兜售产品，并贬低竞争对手。有几家公司通过药店和医院开出处方来销售其全植物、富含不饱和脂肪酸的人造黄油，作为治疗高胆固醇的药物（其中一个品牌叫"Em-dee"）。[48] 广告商无视政府的警告，即"非专业人员没有资格"使用"不饱和"或"不含胆固醇"的食品标签来治疗疾病。[49]

科学家和监管机构未能给出明确指引，再加上标签设置规定没有得到严格执行，导致混乱加剧。博人眼球的报道大肆吹捧将引发饮食革命的又一种"脂肪杀手"或"神奇食物"。[50] 一位研究人员（由肉类行业资助）称："那些认为科学家是冷静、机敏、安静的隐士，并根据所有证据作出正确决定的公民，一定会对目前饮食—心脏问题的混乱状态感到困惑。混乱和分歧无处不在。"[51] 1976 年，美国食品和药物管理局（FDA）要求制造商必须明确指出哪些脂肪实际上是"植物油"或"起酥油"，这是大豆游说团体的一个主要目标。但食品和药物管理局允许制造商列出所有可能的成分：他们可以使用氢化大豆油一个月，然后在无须更改标签的情况下，下个月换成棕榈油或牛油。这些"和/或"标签规则使除最忠实的消费者之外的所有人无法了解其成分，并让制造商享受互换脂肪带来的灵活性。

工业食品中牛油和猪油的消失，意味着在对饱和脂肪酸的攻击中，"热带油"——椰子油、棕榈油和棕榈仁油——将首当其冲。当时，美国进口的大部分棕榈油用于起酥油，以取代牛油。但是马来西亚的炼油厂已经开始销售棕榈油精（palm olein），这对大豆油、棉籽油、花生油和菜籽油等液态油是一种威胁，而这些油一直是美国和欧洲农民的可靠市场。[52] 专家预测，由于世界对肉类需求的快速增长——这反过来将导致更多的油籽生产用于动物饲料，而这会带来作为副产品的油脂——20 世纪 90 年代将出现油脂供过于求的局面。[53]

美国的豆农抱怨说，棕榈油进口商滥用了"植物油的美名"，由于消费者往往将不饱和脂肪酸与植物油、饱和脂肪酸和动物油联系在一起，因此进口商利用了这一点。棕榈油的饱和脂肪酸含量虽然低于椰子油和棕榈仁油，但明显高于大豆油。[54] 这场酝酿已久的战争在 1986 年迎来了大爆发，当时，美国大豆协会（ASA）利用媒体发起进攻，旨在将"热带油"一劳永逸地逐出美国市场（见图片 9.1）。美国大豆协会号召农民支持这场运动，声称棕榈油进口"从每个美国豆农的口袋里拿走了 1465 美元"。[55] 这场运动一方面把目标对准制造商，迫使他们放弃"不健康的"饱和脂肪酸；另一方面把目标直接对准消费者，警告他们，许多公司在流行食品中"暗藏"不健康脂肪。豆农集会上分发的一份文件写道："我们希望利用热带脂肪问题为我们谋利，尽可能地榨取其价值。"[56]

图片 9.1 　一名打扮成热带种植园主的男子坐在一个标有"棕榈油"字样的大桶旁边，这是 20 世纪 80 年代末，美国大豆协会反对进口"热带油"运动的一部分。宣传语是"见见那个想让你破产的人吧"。[《大豆文摘》（*Soybean Digest*），1986 年 3 月。]

在接下来的 3 年里，游说团体、医生、食品公司以及棕榈油生产商的代表，在媒体和国会听证会上就"热带油"问题相互攻击。印度尼西亚大使指责脂肪标签提案是"一种变相的、纯粹的保护主义形式"，这一提案旨在羞辱公司进而促使其放弃棕榈油。马来西亚大使也警告说，失望的油棕小农可能会接受共产主义，菲律宾椰子行业代表对此表示赞同。[57] 马来西亚的许多组织发起了一场双管齐下的反击，它们向公开指责棕榈油的健康声明发起挑战，同时将棕榈油产业描绘成与娇生惯养、享受国家补贴的大豆行业作斗争的自由市场上的新贵。[58] 食品公司也怒不可遏：棕榈油和椰子油在食品中益处良多。它们让麦片在牛奶中保持松脆的口感，它们延长了夹馅面包的保质期。20 世纪 80 年代，"热带油"只占美国人脂肪摄入量的 3.5%。[59]

然而，美国大豆协会"十分清楚健康问题的情感力量"。[60]我清楚地记得，我的母亲在超市里不买我喜欢吃的饼干，认为它们含有危险的"热带油"。我家并非唯一一个不吃棕榈油的家庭。尽管一开始美国的人均棕榈油消费量就很少，但在美国大豆协会发起这场运动之后，它又下降了 41%。1989 年底，各公司主动将"热带油"从其产品中去除，并在新标签上大肆宣传。美国大豆协会发起的这场运动对大豆价格没有持久的影响，但对棕榈油和椰子油出口商的打击是"毁灭性的"。[61] 初榨棕榈油的价格并没有在一夜之间暴跌，但在 2001 年，其价格只有 20 世纪 80 年代末的一半。当然，美国的"油之战"并非造成棕榈油危机的唯一原因：加拿大的一种备受欢迎的新型菜籽油的到来（"芥花籽油"），以及美国、阿根廷和巴西蓬勃发展的大豆生产，使世界市场上充斥着油脂。

然而，关于脂肪的战争并没有结束。一个名为"公共利益科学中心"的游说团体，对用大豆油与其他油的部分氢化混合物取代热带油表示庆贺。[62] 部分氢化将一些脂肪酸转化为饱和形式，但将另一些转化为反式脂肪酸。反式脂肪酸通常只存在于细菌和反刍动物的肠道中，它们在食物中仍然是不饱和脂肪酸，但表现得更像饱和脂肪酸。它们让部分氢化大豆油模仿棕榈油的物理特性，并让标签上的饱和脂肪酸含量明显减少。正如公共健康倡导者大卫·施利弗（David Schliefer）指出的那样，早在 20 世纪 50 年代，科学家就质疑反式脂肪酸的安全性。食品工业聘用的专家对研究人员进行恐吓，并试图阻止有关摄入反式脂肪酸可能危害健康的研究。[63] 然而，20 世纪 90 年代，新的研究表明，反式脂肪酸与心血管疾病之间存在着惊人的联系。1994 年，公共利益科学中心要求对反式脂肪酸进行监管，它改变了立场。

一名食品公司的员工告诉施利弗："我们花了 100 万美元……证明科学是正确的，接下来我们必须做点什么。"[64] 这意味着要重新制定从人造黄油、冰淇淋到盒装蛋糕粉等所有东西的配方。反式脂肪酸问题不仅是北方国家的问题。由于美国政府慷慨地提供了大量棉籽油和大豆油，全球南方国家的人们也在各种产品中摄入了反式脂肪酸。甚至棕榈油也被部分氢化，从而获得优质的口感和合适的熔点，特别是在林王油中。研究人员检测的一些林王油样品的反式脂肪酸含量超过 50%，这个数字高得令人震惊。[65]

棕榈油成为大多数食品中最经济的反式脂肪酸替代品。马来西亚棕榈油研究所（PORIM；现在的马来西亚棕榈油委员会，MPOB）在 20 世纪八九十年代资助了挑战反式脂肪酸、捍卫棕榈油的研究，为这一转变奠定了基础。1991 年，K. C. 海耶斯（Hayes）博士及其同事在美国发表论文称，单不饱和脂肪酸、多不饱和脂肪酸以及饱和脂肪酸的混合物可以降低猴子体内的"坏"胆固醇（LDL）水平，并提高"好"胆固醇（HDL）水平。不久之后，马来西亚棕榈油研究所邀请这些科学家来到马来西亚。他们与马来西亚的同事合作进行人体实验，并为一种降低胆固醇的人造黄油配方申请了专利，这种配方是用如今被称作"棕榈果油"和其他脂肪制成的。海耶斯回忆了当时食品行业的典型反应——"天哪！这是一种热带油，绝不会在美国销售。"但打上了"智能平衡"烙印的人造黄油卖得很好，并且随着媒体上出现越来越多关于反式脂肪酸的新闻，人造黄油的市场份额飙升。[66]

此时此刻，棕榈油的固有属性——而不仅仅是它的价格——至关重要。由于饱和脂肪酸和不饱和脂肪酸含量平衡，精炼、漂白和除臭棕榈油可以取代烘焙食品和油炸食品中的部分氢化脂肪。1994 年，联合利华下令其工厂停止使用反式脂肪酸，重新配制了 600 多种用于消费品的混合脂肪。经过几个月的筹划，该公司在 1995 年的某一天，用棕榈油或棕榈仁油取代了所有部分氢化脂肪。[67] 联合利华走在了监管机构的前面，但其他公司，比如巴尔的摩一家生产当地美食"伯杰饼干"（Berger Cookie）的小面包店，眼见食品和药物管理局规定的 2018 年逐步淘汰反式脂肪酸的日期不断逼近，陷入了绝望。店主试图重新配制配方，但发现结果"令人难以接受……口感变了。这是一种完全不同的产品"。禁令生效后，面包师惊讶地发现，在没有任何宣传的情况下，他们的供应商已经用"棕榈起酥油"取代了饼干的乳脂软糖配料中的反式脂肪酸。面包店及其顾客甚至没有注意到。[68]

大豆游说团体对"热带油"的胜利转瞬即逝。21 世纪初，世界各地的监管机构彻底禁止了反式脂肪酸。由于消费者不愿重新食用动物脂肪，棕榈油成了唯一经济有效的解决办法。[69] 马来西亚的营销人员还利用了全球北方国家对转基因食品日益增长的焦虑。棕榈油和棕榈油精取代了转基因大豆油和菜籽油，成为寻求"天然"或"非转基因"标签的品牌。[70] 马来西亚棕榈油委员会继续在世界各地宣扬棕榈油有益健康的观点，并用广告宣传和临床研究驳斥人们脑海中挥之不去的棕榈油有害健康的观念。世界卫生组织的怀疑论者仍然呼吁限制饱和脂肪酸的摄入，他们将马来西亚棕榈油委员会的做法比作烟草行业对吸烟的辩护。[71] 但无论健康与否，棕榈油都会留在食品体系中。

营建新市场：油脂化学品与农业燃料

20 世纪八九十年代，马来西亚的公司和机构在扩大棕榈油全球市场方面发挥了关键作用。马来西亚棕榈油研究所鼓励世界各地的制造商转向棕榈油，并指出，制造商可以通过宣扬标签内容——全植物、不含胆固醇、"天然"、非转基因等——而获益。[72] 不含任何动物脂肪的清真棕榈油，不仅可生产食品，而且可用作确保食品安全的机器润滑油，吸引了面向穆斯林客户的公司。[73]

马来西亚政府还将棕榈油应用于外交，发展中国家可以赊购棕榈油。[74] 1994 年，该国从俄罗斯购买了一批米格-29 喷气式飞机，以棕榈油支付了其总价的 20%。2003 年，马来西亚用棕榈油购买了更多的喷气式飞机。2009 年，它与俄罗斯和印度进行谈判以购买更多的飞机，条件是对方承诺购买棕榈油。[75] 马来西亚还将棕榈油作为海外开发项目的一种融资形式。一项未获成功的提议呼吁用棕榈油为伊斯坦布尔的第三座博斯普鲁斯海峡大桥融资：土耳其的合作伙伴将在土耳其出售棕榈油以筹集资金，随后再偿还马来西亚。诸如此类的一揽子计划旨在缓解东南亚的供应过剩压力，并抵制葵花籽油和菜籽油等竞争商品。[76] 然而，在政治上使用棕榈油具有两面性。马来西亚可以与其外交伙伴创造对棕榈油的新需求，但由于市场上还有许多其他油品，所以这些合作伙伴并不受制于马来西亚供应商。因与马来西亚政府的政治争端，印度政府在 2019—2020 年大幅削减了棕榈油的进口许可证，以此作为报复。

马来西亚棕榈油研究所及日后的马来西亚棕榈油委员会支持的研究还创造了油脂化学品的新市场，尤其是生物柴油，这为马来西亚出口的大量棕榈油带来了新的需求。欧洲和美国的肥皂制造商在 19 世纪末开创了油脂化学工业，当时他们完善了从脂肪中分离脂肪酸和甘油的方法。甘油及其衍生品最终出现在树脂、口香糖、炸药和烟草中（作为甜味剂）。其他用途包括香肠肠衣、纤维素薄膜、垫圈、胶水、糖果和纸张。[77] 化学家还发现了脂肪酸的更多用途。20 世纪中期，肥皂和蜡烛消耗了大部分的脂肪酸供应，但是从脂肪酸衍生的一类新的化学物质——表面活性剂——"几乎在整个工业化学领域"得到应用。[78] 表面活性剂改变了分子间相互作用的方式。它们帮助水去除织物或盘子上的污渍。它们使洗澡水起泡。在采矿时，表面活性剂能分离轻矿物和重矿物。非洲中部的大型矿山仍然使用棕榈油来提取铜和钴。[79] 纺织品和皮革制造商使用表面活性剂将染料和油脂涂抹在材料上，并渗透入材料。其他表面活性剂起到乳化剂的作用，使沙拉酱和口红等产品黏稠。

　　大多数人不知道 20 世纪 20 年代棕榈仁在他们洗碗时使用的泡沫粉中有多么重要，也不知道 20 世纪 30 年代棕榈仁在他们倒入新型电动洗衣机的泡沫粉中有多么重要。早期的洗衣片和洗衣粉仍然依赖肥皂（一种简单的表面活性剂），但它们利用了棕榈仁油中月桂酸的特殊性质。月桂酸肥皂能够溶于冷水和富含矿物质的水，其他肥皂则不能，这个过程会产生大量的泡沫，消费者错误地将其与清洁能力联系在一起。在制作肥皂时，多种油脂可以取代棕榈油，但棕榈仁和椰子是月桂酸的唯一主要来源。[80]

　　20 世纪 30 年代，化学家已经发明了将脂肪酸转化为脂肪醇的方法，脂肪醇又被制成新的洗涤剂，如月桂醇硫酸钠。这种洗涤剂和其他合成洗涤剂从洗衣皂扩展到洗碗粉和洗发水，在广告轰炸之下，消费者应接不暇。然而，对于油棕产业来说，清洁革命带来的并非全是好消息。用 1 磅棕榈仁油加工的洗涤剂的清洁能力，相当于用 3.5 磅棕榈油加工的普通肥皂的清洁能力。[81] 对油棕产业来说更糟糕的是，化学家很快就用化石燃料合成了洗涤剂。1945 年后，随着石油价格的下跌，天然油脂的前景看起来十分黯淡。[82] 尽管联合利华公司拥有油棕种植园，但在 20 世纪 50 年代，为了谋求生存，也为了抗衡宝洁公司取得巨大成功的"汰渍"洗衣粉，它进军了化石燃料化工领域。[83]

　　正如 1943 年壳牌公司的一则广告所宣称的那样，化学家正在撰写一份新的"自由宪章"——摆脱自然的自由（见图片 9.2）。"当我们可以从树上获得棕榈油和橡胶，从蚕的身上获得丝绸时，自然会收下这些天赐之物。我们不会再那样做了。"壳牌公司声称。壳牌公司生产的石油替代品，在镀锡工艺中取代了棕榈油，

图片 9.2　在这则 1943 年壳牌公司的广告中，油井架上长着棕榈叶和果束，并承诺"种植我们自己的油棕"，以应对战时的棕榈油短缺。广告文案声称，化学家正在撰写一份摆脱自然的"自由宪章"，将石油转化为没有"天然棕榈油缺点"的新物质。(本书作者收藏。)

但这种石油替代品，在棕榈油的战时短缺缓解之后就销声匿迹了，然而政府支持的一种牛油替代品最终在 20 世纪 50 年代末将棕榈油挤出了美国镀锡铁行业。不过，每年仍有几千吨棕榈油用于冷轧钢生产。[84]

　　合成洗涤剂是现代化学的奇迹，但它导致了环境问题。石油基洗涤剂不如植物性洗涤剂生物降解得快。20 世纪五六十年代，城市的下水道、污水处理厂和河流中充斥着泡沫。表面活性剂的特性使得洗涤剂如此有效，这为消费者的选择如何影响自然界提供了明显的证据。为了提高洗涤剂的清洁能力而添加的磷酸盐导致了更多的问题，比如导致藻类大量繁殖。制造商指责市政当局没有开发出处理含洗涤剂废水的工具，但欧洲和北美的公众舆论最终迫使制造商改变了配方。大多数国家在 20 世纪 60 年代禁止使用支链烷基苯磺酸盐，这是最常见的化石燃料衍生洗涤剂。[85]

对石油基洗涤剂的抵制给以脂肪为原料的油脂化学品注入了新的生命，同时这得益于 20 世纪 70 年代石油价格的不断上涨。2000 年，棕榈油和椰子油已经夺回了用于洗涤剂和其他产品的 60% 以上的脂肪醇市场份额。[86] 除了价格和监管压力，营销人员还可以吹捧用棕榈油制成的产品含有的 "天然" 或 "植物性" 成分，这也是一大优势。20 世纪 90 年代，出现了以棕榈油为原料的口红和用棕榈仁制成的 "环保型" 洗涤剂，以及用油棕的两种油脂制成的 "绿色" 塑料袋、农业燃料和一系列较为不知名的产品。以棕榈油为原料的表面活性剂的最具讽刺意味的 "绿色" 用途之一是石油钻探和液压破碎。[87]

动物油脂在油脂化学品中仍然很常见：除非某种肥皂特别声称是植物性的，否则它很可能含有动物油脂。但是加工大部分动物油脂的北方国家工厂已不再主宰油脂化学工业。使用棕榈油和棕榈仁油的亚洲生产商如今在产能方面遥遥领先，其中马来西亚起着主导作用。[88] 1979 年，马来西亚建立了第一家油脂化工厂，这是该国旨在为种植园产品增值的更广泛战略的一部分。对未精炼的棕榈油征收出口税，意味着马来西亚的炼油厂和油脂化工厂可以获得大量想要的原材料，并且，免税期的出现也激励了 "先行性"行业建立新工厂。[89] 20 世纪 90 年代和 21 世纪初，欧洲和美国的公司卖掉了大部分油脂化工厂，专注于生产消费品而非中间产品。[90] 马来西亚棕榈油委员会还赞助了一项关键研究，使得棕榈油和棕榈仁油都可以用于生产洗涤剂、织物柔软剂、油墨和其他产品。[91]

马来西亚棕榈油委员会很早就投资了目前油脂化学工业中增长最快的部分：农业燃料。（农业燃料是生物燃料的一个子集，后者包括木材和其他非农业燃料来源。）棕榈油没有被转化为燃料，因为它比石油便宜——事实远非如此。相反，国家对混合或替代生物燃料的要求创造了一个人为的市场。这些政策反过来是由一系列政治诉求推动的：环保活动家要求减少二氧化碳排放的压力，以及棕榈油生产商要求提高消费量和价格的压力。[92]

当然，棕榈油和其他油棕产品作为燃料有着悠久的历史。非洲人的油灯中燃烧的是棕榈油和棕榈仁油，他们还用含油的果实纤维生火。在非洲的油棕带，棕榈壳炭仍然是一种重要的烹饪燃料。自油棕种植园出现以来，榨油厂就一直使用棕榈仁壳和油棕树枝作为锅炉燃料，将种植园的废料转化为能源。20 世纪 20 年代，棕榈油种植园管理者有限公司在"黄金海岸"用纤维饼和棕榈仁壳为蒸汽机车提供动力，比属刚果榨油厂用棕榈油作为内河船只锅炉的燃料油。比利时殖民者悬赏 3 万法郎寻找一种可以用棕榈油驱动的发动机，希望以此缓解砍伐木材作为锅炉燃料而对森林造成的压力。[93]

棕榈油可以用作燃料油，但当它和所有甘油三酸酯燃烧时，会留下烟尘和黏性残留物，从而损坏发动机。在寒冷的天气里，它们也会失去流动性。1937 年，一位比利时科学家通过将棕榈油转化为一种挥发性更强的化学物质棕榈油甲酯（POME），解决了这两个问题。

据称，殖民地官员用这种燃料驾驶一辆公共汽车行驶了 2 万千米。然而，这么做并不划算，这种想法也被弃置了。[94] 20 世纪二三十年代，即使是只能用于制作肥皂的硬棕榈油也比石油值钱。

巴西是第一个向取代石油迈出重要一步的国家，20 世纪 70 年代，随着石油价格飙升，巴西扩大了 1941 年制定的在汽油中添加乙醇的政策，推出了一个新的柴油项目。然而，巴西官员最终依赖该国蓬勃发展的大豆产业和养牛业来获取脂肪酸，而非油棕。[95] 正如一位研究人员在 1980 年指出的那样，一吨棕榈油可以买两吨石油。巴西需要种植超过 500 万公顷油棕来满足其全部柴油需求，覆盖面积超过当时全世界所有的油棕种植园之和。[96] 这还只是巴西的情况。在世界范围内用棕榈油取代石油是非常不切实际的。

20 世纪 90 年代，关于生物燃料的争论仍集中在石油的成本和供应方面——世界距离"石油产量峰值"还有多远。随着人们对二氧化碳排放和气候变化的担忧日益加剧，情况发生了变化。许多国家引入补贴来推广生物燃料，认为其是碳中和的，甚至是碳封存的。哥伦比亚在 21 世纪初制定了一系列积极的生物柴油目标，将全球对"绿色"燃料的兴趣与政治精英支持该国快速增长的油棕种植业的愿望相结合。印度尼西亚、马来西亚和泰国也大力支持生物柴油，提高棕榈油甲酯产量，着眼于出口市场。对于生产国来说，生物柴油市场突显了油棕作为"弹性作物"的潜力。人们创造这个词是用来描述可以根据价格从一个市场转移到另一个截然不同市场的作物，结果是将棕榈油变成一种近似于"通用商品"的东西。[97] 棕榈油长期以来一直在食品与肥皂之间"摇摆"，但油脂化学品和棕榈油甲酯极大地扩大了选择范围。

2009 年，欧盟通过了新的生物燃料法规，为棕榈油甲酯创造了极大的机会。油菜籽、动物脂肪和回收的烹饪油是欧盟生物柴油的主要原料，但棕榈油成为增长最快的原料。由于东南亚和南美洲的大型炼油厂可以将棕榈油"弹性地"用于食品或燃料，所以它们能够迅速抓住这个新市场。2010 年，欧盟进口的棕榈油中只有约 8% 最终成为燃料。在四年的时间里，这一数字飙升至 45%。[98]

一些政治家曾谴责发展农业燃料是激进的环保主义者无事生非，如今他们却将其视为维持现状的一种方式。农业燃料让社会保留了化石燃料的交通工具和基础设施，同时支持了农业综合企业的发展。[99] 但将粮食作物"转化"为燃料会带来一定影响。发生于 2007 年的一系列"生物燃料引发的粮食骚乱"，说明了让富裕国家燃烧粮食作物获取能源具有危险性，尽管在这种情况下应该受到谴责的是乙醇而非棕榈油甲酯。[100] 到目前为止，棕榈油甲酯的主要影响是缓解生产过剩，这是由快速发展的油棕种植业造成的问题。这很可能影响未来的粮食价格。

棕榈油甲酯的支持者认为，油棕种植园捕捉的二氧化碳几乎与天然林一样多，而且棕榈油甲酯实际上是一种碳负性燃料，在种植园中捕捉的二氧化碳多于燃烧棕榈油甲酯释放的二氧化碳。

许多科学家不同意这一观点。一位曾经提倡农业燃料的研究人员现在认为（我们需要注意，这是一项由石油工业资助的研究），如果把农业种植和加工过程中涉及的所有碳排放都计算在内，农业燃料的表现远远低于预期。[101] 棕榈油的数据尤其令人担忧。一项估计认为，泥炭地上的新种植园需要 400 多年来生产棕榈油甲酯，以取代受到扰动的泥炭地释放的碳。[102] 正如第十一章所强调的，一切取决于油棕种植的地点和方式。

作为商品的可持续性

无论是以燃料还是食品的形式，棕榈油都悄无声息地进入了我们的生活。它通过大型油轮运输，按吨出售，这是一种统一商品，即使生产商也无法追溯到某个种植园或某个小农的地块。作为消费者，我们不知道洗发水或人造黄油中的棕榈油来自哪里，是谁种植的，在什么条件下生产的。由于与棕榈油没有任何感官联系——我们在使用的制造产品中看不到它、尝不到它、闻不到它、感觉不到它——我们很难注意到这种油。[103]

从 20 世纪 80 年代开始，环保和人权活动人士试图改变这种状况。反对乱砍滥伐亚马孙森林的运动和印度尼西亚的国内移民计划（第十章）把环境问题推向了前台。热带雨林成为北方国家话语中的"地球之肺"。像红毛猩猩这样的魅力物种是整个热带生物多样性的吉祥物。人类也变成象征物：森林民族有时看起来不过是受到贪婪公司威胁的"高贵的野蛮人"，而非拥有自己的利益和目标的人群。在整个 20 世纪 80、90 年代，环保和人权组织持续地抨击在热带地区发展种植园。[104]

但真正引起全世界注意的是烟雾。1997—1998 年，森林和泥炭地燃烧产生的烟雾笼罩了东南亚，引起了全球对该地区种植园扩张规模的关注。[105] 正如人类学家罗安清（Anna Tsing）所言，大火是一场"能见度危机"。令人窒息的烟雾迫使人们直面长期以来推动该地区滥伐森林的政治和经济力量。棕榈油不再处于隐身状态了。[106]

将森林退化、生物多样性的丧失与气候变化联系起来的激进组织——其总部大多位于北方国家——认为，滥伐热带雨林正威胁着整个地球。活动人士认识到了棕榈油"隐藏于"日常产品中：一家澳大利亚报纸称其为"隐藏在食品中的最邪恶成分"。[107] 一个网站提醒人们注意"购物车里的致命棕榈油"，并坚称"消费者有权知道某种产品中使用的棕榈油是否会导致热带雨林遭到破坏、野生动物遭到屠杀"。[108] 如果红毛猩猩伤心欲绝的照片不能打动读者，那么他们肯定会注意到棕榈油含有大量饱和脂肪酸的警告，"油之战"中的健康声明再次被提起。种植园和食品集团不只是在毁灭森林，它们也在毁灭你。棕榈油的"隐藏名称"名单仍然在社交媒体上广泛流传，它们将棕榈油的许多化学成分——棕榈酸酯、棕榈甘油酯、硬脂酸酯、棕榈醇等——描述为有人企图把无用产品塞入我们身体的一种阴谋。[109]

社交媒体的快速发展为活动人士提供了一个强有力的工具来提高人们的认识。2010 年，绿色和平组织制作了一段广为人知的视频，将目标对准雀巢公司和大型种植园公司金光集团（Sinar Mas）。一名上班族撕开奇巧巧克力（KitKat）的包装纸，取出红毛猩猩的一截手指。同事们惊恐地看着他一口咬下去，鲜血随之喷涌而出。这段视频模仿雀巢公司为奇巧巧克力制作的营销口号，希望观众们，"放过红毛猩猩吧……"。2018 年，英国冰岛连锁超市赢得了一场病毒式广告战，当时监管机构禁止其在电视上播放反棕榈油的广告，结果该广告获得了数百万次在线浏览量。这则动画描述了一只红毛猩猩在一个女孩儿的房间里蹦来蹦去。通过倒叙，这只猩猩分享了一幅令人痛心的景象：机器正在摧毁森林，为种植园让路。这个女孩儿发起了一场抵制棕榈油运动，以保护红毛猩猩仅存的家园。这则广告让人想起另一段广为流传的视频：在一块新砍伐的森林空地上，一只红毛猩猩和一台挖掘机"搏斗"。[110]

正如彼得·多韦涅（Peter Dauvergne）所言，像这样"震撼人心的运动"引发的是愤怒，而不是组织。这些行动成功地让不可见的事物变得可见，并揭露了我们也在可能对遥远人群和地方造成巨大伤害的商品网络中犯下了罪行。但从历史上看，从内疚到付诸行动并不是一个简单的过程。19 世纪 20 年代，废奴主义者抵制"奴隶蔗糖"的行动并没有终结奴隶制，同样，20 世纪 90 年代，活动人士抵制耐克公司的运动并没有终结血汗工厂。[111] 当公司意识到消费者的压力时，通常会用口号和认证程序来回应，而不是系统性地改变生产、购买和销售产品的方式。[112] 简而言之，抵制行动缓和了这个体系中最严重的过火行为，却没有改革使剥削人力和自然资源成为可能的潜在的权力差距。

东南亚油棕产业的代表声称，对环境的担忧只是想掩盖北方国家的保护主义，"欧洲的植物油……无法与棕榈油竞争"。[113] 然而，北方国家的消费者在全球棕榈油需求中所占份额并不大。

抵制行为——比如 2020 年欧盟投票禁止棕榈油甲酯——可以推动价格变化，但不能重组种植园制度的政治经济体系。[114] 正如一家具有环保意识的棕榈油公司的一位负责人所言，"世界其他地方根本不在乎"环境问题。[115]

正如第十一章所示，与棕榈油产业相关的人们非常关心环境问题以及他们与土地、劳工权利的关系。抵制棕榈油对他们毫无益处。显而易见的是，棕榈油和棕榈仁油将成为 21 世纪经济的主要特征。化学继续为棕榈油开辟新市场，并且，贸易自由化——加之全球南方国家收入的增加——意味着，未来将有比以往任何时候更多的人在其生活中依赖棕榈油产品。油棕将为世界提供食品、清洁用品，或许还有燃料。与上个世纪不同的是，它们不会再"隐身"了。北方国家和南方国家的消费者能够获得将自己与种植园和小农联系起来的商品链的相关信息，这种对信息的获取是前所未有的。他们会如何利用这些信息，有待观察。

第十章 油棕的新疆界

"自己家乡的奴隶"

20 世纪 70 年代，世界银行和其他发展组织将油棕视为开发热带地区的完美作物：它能产出急需的食物，并且随着全球棕榈油市场的增长，它有望成为源源不断的现金来源。然而，油棕并非必然带来财富和繁荣。1982 年，菲律宾人民给英联邦开发公司（之前的殖民地开发公司）发了一封紧急信件，恳求该机构停止资助一个新种植园。信件的作者声称，他们误信了"糖衣承诺"，遭到欺骗，签字放弃了自己的土地，并指责种植园管理层试图"使我们成为自己家乡的奴隶"。种植园的安全部队以殴打、强奸和谋杀来回应他们的抗议。[1]

信中所说的是国家开发公司暨菲律宾牙直利公司（NGPI）建立的种植园，得到了英联邦开发公司的资助，牙直利公司与菲律宾政府在棉兰老岛建立了伙伴关系。[2] 国家开发公司暨菲律宾牙直利公司的管理人员雇用了一个名叫"失控"的准军事组织来负责安全。由卡洛斯·拉德莫拉（Carlos Lademora）上校领导的"失控"组织却把时间花在了恐吓和勒索平民上。[3] 起初，农民们的抗议吓跑了在该地区寻找土地的其他种植园公司。国家开发公司暨菲律宾牙直利公司利用拉德莫拉的部下获得了土地所有权。当地一名神父写道："他们随身携带的武器非常清楚地向农民传达了信息。"[4] 在枪口威胁下卖掉土地后，农民们在新种植园找到了工作，"这种日子朝不保夕"。[5] 酋长达图·鲁明塔普（Datu Lumintap）是当地一个流离失所的社群的首领，他质问道："我们该去向何处？英国人肯定不会欢迎我们进入英国，我们到哪里都是不受欢迎的。"[6]

随着这个故事开始吸引英国媒体的关注，英联邦开发公司的一位发言人驳斥了这些控诉，称其为"在大多数地方都会遇到的那种不满"。英联邦开发公司"在这类项目中有着出色的记录"，并且能够在棉兰老岛"作出真正的贡献"。[7] 国家开发公司暨菲律宾牙直利公司的负责人布鲁斯·克鲁（Bruce Clew）坦率地告诉英国官员，"如果没有拉德莫拉的帮助，从不情愿的农民、非法定居者和少数民族部落那里获得土地是不可能的"。当被问及为什么要雇用如此恶毒的暴徒时，克鲁回答说："他们存在。"[8] 克鲁见证了大约 2000 个因这个种植园而丧失家园的家庭成为非法定居者。[9] 在一位官员看来，他是"一个老式种植园主"，对"菲律宾小农的低效表现出相当的蔑视"。这位官员说："即使现在，我也不能说喜欢他的某些做法。"[10]

英国的人道主义活动家也收到了同样令人痛心的信件，信中描述了驱逐、谋杀、酷刑和投放有毒化学品等暴行。[11] 他们与盟友环保人士一致认为，政府支持的投资机构英联邦开发公司正在为剥削菲律宾人、破坏森林提供资助，以满足北方国家消费者的需求（见图片 10.1）。他们对棕榈油最终去向的判断有误：它都是用于国内消费的。但是，他们发起的运动使棕榈油成为诸多在英国和整个北方国家被视作是对环境和人权构成双重威胁的商品之一。[12]

英联邦开发公司认为"失控"组织的暴行是"无关紧要的事情"，但为了平息人们对种植园掠夺土地的愤怒，他们提出了一个已成为英联邦开发公司标志的项目——"核心种植园暨小农"项目。作为这个概念的先驱，英联邦开发公司自诩知道"如何与农村人合作，并帮助他们摆脱贫困"。[13] 英联邦开发公司的负责人德里克·内斯比特（Derek Nesbit）带着英国国会议员飞赴该地区，将井然有序的种植园与森林休耕造成的创痕进行了对比。这些参观者问道，为什么英联邦开发公司不制止这种"刀耕火种"的农业。内斯比特回答说："只要那些对这些国民一无所知的有影响力组织，停止干涉我们的计划，我们就会这么做。"[14] 在稍后的一份报告中，英联邦开发公司断言，种植油棕修复了"先前退化的土地"，并声称，"从生态学角度来说，种植像油棕这样的多年生木本作物的效果与重新造林类似"。[15]

当地活动人士要求英联邦开发公司放弃种植园，为小农开发整个地区，英联邦开发公司反驳，如果没有种植园就不会有小农油棕产业。事实上，他们坚持认为，针对小农的"更为开明的政策"取决于种植园的成功。[16] 当地反对派领袖托恩·兹瓦特（Ton Zwart）神父指出，"核心种植园暨小农"计划会把小农与该公司以及自己无法食用、加工或出售的单一产品捆绑在一起。他说："英联邦开发公司很可能是同类公司中最好的，但它本身就

图片 10.1　在这幅海报（约 1984 年）中，一个身披英国国旗的人正在用刺刀攻击另一个人，它敦促读者"制止这个种植园"！图片下方的文字说，菲律宾的大片土地正在被侵占，用于英联邦开发公司资助的经济作物出口生产。这幅海报宣称，"这就是第三世界国家挨饿的原因"，它还补充道，"你们的税收正在为此买单"。（OD 71/106, TNA. 承蒙英国的菲律宾社会运动惠允而翻印。）

是问题所在。"[17]　在"普遍的担忧气氛"下，这位神父和其他近 700 人签署了反对"核心种植园暨小农"计划的联名信。[18]

　　英联邦开发公司和菲律宾官员私底下认为，拉德莫拉和"失控"组织的行为"让人极为丢脸"。[19] 他们敦促国家开发公司暨菲律宾牙直利公司雇用一支新的安全部队，该公司也同意给人们的土地支付更多的费用。然而，克鲁强迫种植园工人在这笔费用与工作之间作出选择。拉德莫拉的部下仍在种植园周围游荡。工人们报告了恐吓、不公平的工资和不安全的工作环境等情形，特别是那些喷洒化学品的工人。[20] 1983 年，一名男子被谋杀，另有几人遭受酷刑，这很可能是"失控"组织所为。一名英国官员指责克鲁"与拉德莫拉是一丘之貉"。[21]

当 52 公顷油棕被人砍倒，城镇里贴满了反政府海报时，"失控"组织以血腥报复作为回应。[22] 在一个计划开发为种植园的地区，多达 12 名农民被枪杀。[23] 英联邦开发公司坚称，受害者是游击队员，并且，其"开明发展"的模式正是棉兰老岛解决"逐步恶化的局势"所需要的。[24] 然而，无论是"失控"组织还是国家开发公司暨菲律宾牙直利公司的新警卫，都无法将游击队员赶走：1984 年 12 月，游击队员在对种植园的一次大胆突袭中缴获了一些武器并烧毁了几座建筑。[25] 在一场临时审判中躲过了"人民正义"的克鲁称，这次突袭是"游击队员对种植园态度的一种宣泄"。英联邦开发公司怀疑他贿赂了游击队，就像他对拉德莫拉的部下所做的那样。[26] 此时，英联邦开发公司决定撤出棉兰老岛：它拒绝撤回对国家开发公司暨菲律宾牙直利公司的现有贷款，但取消了推广"核心种植园暨小农"计划，等待"政治环境的变化"。[27] 在 12 月的突袭行动之后，政府军大举到来。他们的出现并没有带来和平：1985 年，准军事组织至少杀害了 5 人，其中包括罗格里奥·诺布尔（Rogelio Noble），他既是一名劳工组织者，又是 7 个孩子的父亲，因策划罢工而在家人面前被枪杀。[28] 英联邦开发公司对这起血腥事件置之不理，并在 1987 年的一份报告中宣称，自己和牙直利公司——它很快卖掉了种植园——没有任何不当行为。[29]

并非所有的油棕疆界都是如此充满纷争或血腥。在后殖民时代，油棕种植面积大幅增加：从 1961 年的 360 万公顷增加到 2000 年的 1030 万公顷，2018 年达到 2000 万公顷。[30] 这个新的油棕带在地理和政治方面具有多样性，但国家开发公司暨菲律宾牙直利公司事件突显了油棕是热带地区新历史阶段的关键要素。殖民时代遗留的组织和思想塑造了种植园和小农的未来。前殖民地官员经常充任国际发展机构的工作人员，他们利用旧思想，如"核心种植园暨小农"项目，作为解决发展问题的灵丹妙药。2000 年，英国的英联邦开发公司在至少 13 个油棕项目中持有股份，法国的油暨含油物质研究所在科学和管理方面的影响力同样广泛。[31] 诸如牙直利、橡胶金融公司、联合利华、哈里森－克罗斯菲尔德等殖民时代的公司几乎遍布油棕种植的每一个地方，尽管也有新崛起的竞争对手加入他们。

棉兰老岛的案例还表明，当地条件在塑造结果方面至关重要。尽管 1990 年以前，"冷战"政治给新的油棕项目蒙上了阴影，但在项目规划中，当地需求——尤其是国内对油脂的需求——优先于全球需求。决定油棕种植方式、地点和成本的关键是各国政府，而非国际贷款机构或跨国公司。虽然在全球许多地方，小农和种植园向热带森林和泥炭地深处进发，但在其他地方，他们成功地重新利用了原先的香蕉种植园、牧场和橡胶地，为油棕种植腾出

空间。农村空间的历史、地方和国家机构的力量，以及国家（或
私人）暴力的存在与否，决定了新的油棕景观是像棉兰老岛的国
家开发公司暨菲律宾牙直利公司，还是像哥斯达黎加或泰国的那
种繁荣的小农油棕生产。

第一部分：油棕在亚洲的新、旧疆界

马来西亚的种植园和小农

专家和业内人士经常把马来西亚作为后殖民时期利用油棕发
展经济的典范。在棕榈油出口的资助下，颇具能力的技术官僚监
督农业和工业的发展。1950—1990 年，私营种植园主导的改种软
脑膜型油棕，再加上新的农艺措施，使棕榈油产量翻了两番。[32]
1981 年，种植园主和政府机构合作研究并引进了非洲油棕象鼻
虫，结束了近一个世纪以来对人工授粉的依赖，以及本土昆虫
（最重要的是黄胸蓟马）的平庸表现。[33] 马来西亚政府没有将外
国人拥有的种植园收归国有，而是监督它们逐步出售给土著
（"土地之子"）所有者。[34]

马来西亚的政治精英同时支持关于油棕种植的"小农—移
民"模式，希望"马来的小农经济能够取代外国种植园，成为出
口增长的动力"。[35] 在古来开展的"核心种植园暨小农"实验证
明了该模式的可行性，官员急于将其推广至整个马来西亚。农民
也迫不及待，他们申请加入新的定居点，并写信寻求帮助，以便
从种植橡胶或椰子转向种植油棕。[36] 像联邦土地开发局这样的机
构，为"最优秀的人寻找最好的土地"，把他们认为是"荒废"

的土地善加利用。[37] 然而，联邦土地开发局从一开始就放弃了其项目中的核心种植园。核心种植园挤占了潜在移民的空间，事实证明，移民在交付棕榈果方面比设想的"核心种植园暨小农"模式更可靠。移民没有其他地方可以出售棕榈果，并且，如果不能达到标准，他们将面临被驱逐的命运。[38]

1961 年，联邦土地开发局意识到让挥舞砍刀的移民进军丛林速度慢、成本高。从那时起，承包商开始清理树木，种植作物，为移民建造房屋。移民不再用汗水换来土地，开发成本被计入其债务，他们要用未来的收入偿还。[39] 分配给移民的土地缩减到 4 公顷。单独种植果树的杜顺人（dusun）的土地消失了，取而代之的是更多的油棕。即使是橡胶移民也要在杜顺人的土地上种植油棕，只要附近的工厂能处理这些棕榈果。[40] 最重要的是，联邦土地开发局将土地所有权转换为股份，把土地集中成 80 公顷的单位，由团队经营。

批评人士称，联邦土地开发局对待小农，"就好像他们是商业种植园的契约劳工"。[41] 一位移民未经授权在联邦土地开发局分配的房屋旁建造了一栋附属建筑，为了保持整齐划一，他被迫将其拆除。[42] 移民也对管理纪律满腹牢骚，他们强烈反对从土地所有权到股权的转变。有人说："［总理］敦·拉扎克（Tun Razak）承诺给我们的是土地，不是一张纸。"[43] 但对新制度的不满并没有阻止联邦土地开发局在 20 世纪 70 年代规划了更多的定居点。

最具代表性的项目是 1965 年在彭亨破土动工的庞大的"增卡三角地"项目。这个由世界银行资助的项目预计到 1985 年可容纳 10 万名移民，世界银行和美国官员都认为这是在"冷战"逐步升温的世界一角，展示资本主义发展取得成功的关键一步。[44] 虽然官员将该地区描述为一片无人居住的沼泽和森林，但至少有 110 个土著家庭在该地区生活，75 个人在这个项目实施早期被迫离开家园。他们在定居点没有得到——也有可能是不想要——一处容身之地。[45]

森林不是装备着链锯、推土机和除草剂的承包商的对手。一位记者写道："这些天，增卡的丛林像草丛一样成片倒下。"工人们"几乎是魔法般地把森林向后［推去］，他们边走边采摘果实和兰花，野生动物则纷纷四处逃窜"。敦·拉扎克宣称，"森林必须为发展让路。人民对土地的渴望必须得到满足"。[46] 他毫不避讳地将经济发展与政治联系在一起，他向吉兰丹的选民承诺，如果他们在 1969 年投票支持他的政党，他们将迎来属于自己的"大规模土地开发计划，其规模堪比增卡三角地项目"。[47]

世界银行表示，增卡三角地项目对环境的影响"低于"预期。联邦土地开发局通过覆盖作物和修形来控制土壤侵蚀。新的污水处理系统使棕榈油厂的废水不进入水道。尽管如此，砍伐 10 万公顷森林显然对"野生动物数量的减少带来了相当大的影响"。至少有 24 头大象、40 头森林牛和 5 头苏门答腊犀牛失去了家园。大象对这种入侵没有逆来顺受：一群大象折返吃掉了 7.9 万棵油棕幼苗，在人们付出巨大代价后，它们才得到妥善安置。[48]

20 世纪 80 年代，油棕已经成熟，移民的收入达到了农村贫困水平的 3 倍。种植园和榨油厂经济状况良好。[49] 但批评人士指出，联邦土地开发局"帮助的是受到优待的少数人"，而非最需要帮助的家庭。此外，该项目耗资惊人。这是世界银行有史以来资助的最昂贵的雨水灌溉农业项目，每个家庭达 1.5 万美元。[50] 世界银行的官员并不乐观，他们认为移民的孩子不太可能生活在联邦土地开发局的管教之下。[51] 后来的一项研究得出结论，增卡三角地将"向主要城市中心输出成千上万名年轻人"。[52] 女性只有在结婚的情况下才能分享财富；男性必须结婚才能进入定居点，并且财产所有权保留在男性名下。妇女收集从采摘的果束上掉落的棕榈果，但她们必须与丈夫协商才能通过自己的付出获得收入。[53] 随着移民越来越富有，他们开始从事新的行业，并雇用外来工照料油棕，这是马来西亚小农项目的典型结果。[54]

世界银行和马来西亚的官员经常将联邦土地开发局在西马来西亚开展的工作作为全世界的典范。然而，这种模式从未在其他地方被成功地复制，甚至在东马来西亚也是如此。[55] 联邦土地开发局对于将该模式输出到沙巴（Sabah）或沙捞越并不乐观：它在西马来西亚的做法涉及"安置一群其民族特征和对工作的态度都为人熟知的人"。联邦土地开发局担心，"我们对［东马来西亚］的潜在移民知之甚少"。[56]

东马来西亚的油棕时代始于英国统治后期，当时殖民地开发公司在沙巴的莫士丁（Mostyn）开展了一个项目。随着该项目的成熟，在将种植园出售给"沙巴民众"之前，本应吸收小农加入。[57] 哈里森–克罗斯菲尔德公司与殖民地开发公司在该项目上进行了合作，但它仅出资 5 万英镑，殖民地开发公司则是 150 万英镑。不久之后，联合利华公司在沙巴建立了自己的种植园。[58] 然而，沙巴农民对油棕的热情不高。莫士丁附近的小农追逐的是可可繁荣。有人回忆说："每个咖啡馆……谈论的都是可可种植及其丰厚的回报。"[59]

沙捞越的首个大型油棕项目是由英联邦开发公司支持的另一个"核心种植园暨小农"计划，它于 1968 年启动。[60] 英国官员明确同意为其提供资金，是因为它承诺给小农带来好处，但沙捞越政府很快就放弃了移民应得的部分。[61] 当英联邦开发公司在 1990 年出售其股份时，该项目只是一个掌握在私人所有者——沙捞越油棕有限公司——手中的庞大种植园。20 世纪 80 年代，联邦土地开发局通过一个子公司进入沙捞越时，根本没有提及吸纳小农，并且遭到了达雅克（Dayak）土地所有者的强烈抵制。[62] 联邦土地开发局于 1980 年在沙巴东部一个人口稀少的半岛上启动的"沙哈巴"（Sahabat）项目接纳了小农，它得到了世界银行 7000 万美元的支持。[63] 但这个占地 10 万公顷的项目主要是将森林变成种植园，规划的 13 个村庄中只有 5 个有人移居。[64] 种植园的工作大部分由外来工完成。[65] 事实证明，肇始于古来的以小农为中心的"发展时代"转瞬即逝。

东马来西亚的"核心种植园暨小农"模式的部分问题是重新安置：许多社群对土地的需求不像西马来西亚的同胞那么迫切，并且，西马来西亚人对向东移民的兴趣不大。[66] 不过，沙巴和沙捞越的小农在 20 世纪七八十年代开始种植油棕，尤其是当种植可可的前景因全球价格下跌和具有破坏性的可可豆荚蛀虫的出现而变得暗淡的时候。许多人参与了"就地"开发项目，即国家机构与私营企业合作，将整个村庄并入新的种植园，并把农民变成该项目的小农或股东。这些项目的优势是在传统的土地所有制下运作（或者至少这是官方解释），但事实证明，对传统土地所有制的尊重往往是为了私营企业的利益而出售大片森林的幌子。[67]油棕种植通常紧随伐木业之后，沙巴和沙捞越的精英通过伐木特许权积累了巨额财富。[68]

虽然"冷战"促使美国、世界银行和其他机构对马来西亚棕榈油产业的繁荣发展予以支持，但这一成功取决于马来西亚的特有因素。通过"核心种植园暨小农"项目向小农发放土地的政客，真正感兴趣的是赢得选票，而非对抗遥远的政治对手，并且，小农往往热衷于参与到将他们变成种植油棕的小资本家的项目之中。国家支持的小农与大型种植园公司一道，推动了马来西亚油棕疆界的发展，使其远远超过了私营企业在 1957 年马来西亚独立前所取得的成就。

20 世纪 80 年代中期，马来西亚已成为世界上主要的棕榈油出口国，1980—1990 年，马来西亚的棕榈油产量翻了一番，2000年几乎又翻了一番。然而，这种令人难以置信的增长很快就在马来西亚南部邻国印度尼西亚的更大繁荣面前黯然失色。

印度尼西亚：国内移民与森林疆界

印度尼西亚步马来西亚后尘，走上了国家主导的小农发展道路。虽然印度尼西亚的政客坚称其小农模式的创新性，但实际上这是殖民时代"核心种植园暨小农"概念的翻版。[69]就规模而言，印度尼西亚的油棕项目取得了巨大的成功：其油棕种植面积从 1970 年的 10 万公顷增长至 90 年代初的 100 万公顷，2015 年达到 1000 万公顷。今天，印度尼西亚单一栽培的油棕很可能比非洲所有现存的"野生"油棕之和还要多。[70]

　　印度尼西亚大约 40% 的油棕是由小农以这样或那样的形式持有的，其余的大部分生长于"核心"种植园。[71] 研究人员罗布·克拉姆（Rob Cramb）和约翰·麦卡锡（John McCarthy）认为，选择"核心种植园暨小农"模式并非出于理想主义或对小农农业的信仰。相反，它反映了一系列因素的共同作用，"资源有限的发展型国家的利益、需要获得土地的种植园公司、希望改善生计但缺乏资金和技术的小农户，以及促进基础广泛的经济增长的捐助机构"[72]。这些捐助发挥了重要的作用。世界银行针对印度尼西亚的油棕产业投资了超过 5 亿美元，帮助重新安置数万人种植油棕，除此之外，它还资助了橡胶、可可和水稻等项目。这比世界银行在非洲、拉丁美洲和亚洲其他地区所有油棕项目上的投资总和还要多。[73]

　　根据世界银行的一份报告，印度尼西亚的两大重要资源是"爪哇的劳动力和其他岛屿上未开发的土地"。[74] 独立之后，政府开启了一项"国内移民"计划，将爪哇农民安置在苏门答腊、加里曼丹（婆罗洲）和其他岛屿。[75] 苏哈托在 1965 年政变后将印度尼西亚置于"冷战"的"右翼"一方，世界银行随之为其提供资金，用于雄心勃勃的新项目，其中包括油棕种植园。从苏门答腊殖民公司手中夺取的现有种植园是首批资助目标，但世界银行官员敦促印尼官员效仿马来西亚的做法，在苏门答腊和加里曼丹利用"核心种植园暨小农"模式的油棕定居点，开展新的国内移民计划。[76] 从印度尼西亚的角度来看，小农的参与为国有公司征用土地提供了正当理由。这也确保了世界银行资金的持续流动。然而，20 世纪 80 年代末，印度尼西亚越来越多地将新的定居点委托给私人公司，创建了"由苏哈托的政治、军事和企业盟友控制的大型企业集团"。[77]

苏哈托政权（1966—1998 年）推广油棕有两个目的。第一，让印尼消费者享有价格低廉的食品，特别是烹饪油。[78] 第二，它旨在将"荒废的"土地转化为生产性资产。由于预料到遭受环保人士的批评，印尼官员以及一些世界银行官员辩称，种植园实际上对环境无害。他们声称，"土著刀耕火种的耕作方式比砍伐森林单一种植油棕更具破坏性"，这与殖民者的观点遥相呼应。[79] 规划者希望爪哇移民能够给偏远岛屿带来永续农业和"绿色革命"所需的工具。[80] 正如一位科学家指出的，"移民并不喜欢森林。森林对于大多数爪哇人来说是陌生的，它被认为是精灵、鬼魂和害虫的渊薮。因此，他们很高兴看到它被砍伐"。[81]

国内移民和种植园扩张导致其所到之处冲突不断。[82] 荷兰人在殖民时代从未进行过全国范围的土地登记，印尼政府发现"空闲"土地上通常有人居住。有时，公司和官员与当地人达成协议，让他们出售土地或将他们接纳为小农。一些农民发现，自己的农场和树木在"既没有得到同意，又没有得到补偿"的情况下，就被纳入了"核心种植园暨小农"项目。[83] 有时，得到军方支持的开发商直接拿走土地。正如人类学家罗安清所言，20 世纪 70 年代至 80 年代兴起的政府支持的商业部门，成为"一个掠夺者……它诞生于裙带关系、国际金融与军事力量的结合，并以从农村社区非法掠夺的廉价资源为生"。[84] 国内移民工程总造价超过 70 亿美元，这为贪腐提供了无限的机会。外国贷款机构对金钱是如何"凭空消失"的惊诧不已。[85]

苏哈托政权压制了大多数反对国内移民和发展种植园的声音，但它无法阻止所有抗议活动。在苏门答腊发生的一起事件中，军队在有关土地的冲突中杀死了 100 多个移民：这些移民想要肥沃的山坡，而非分配给他们的山谷。就在几天前，另一个项目中的移民用剑和矛赶走了种植园工人。[86]

生活在森林中的社群往往能最真切地感受油棕扩张的影响。与马来西亚的森林民族一样，印度尼西亚的森林民族通常也没有正式的土地所有权。[87] 20 世纪 80 年代，一些官员——包括移民部长——采取了明确的沙文主义立场，他们信誓旦旦地称，"不同民族最终会因为融合而消失"，从而形成"一种人"。[88] 印尼官方承认了习惯法（adat），但习惯法并不能保证人们能够切实地保护其土地免遭有权有势的官员、商人或自己社群中精英分子的掠夺。[89]

苏门答腊的一个由世界银行资助的油棕项目将目标对准了奥兰林巴（Orang Rimba）人的土地。尽管他们在 1984 年"请求免受侵扰"，但政府为了一个种植油棕的"核心种植园暨小农"项目，占领了他们的森林。[90] 当奥兰林巴代表提出抗议时，他们被告知"找苏哈托去诉说"。[91] 尽管世界银行出台了保护土著的新规定，但它对奥兰林巴人的抗议置之不理。[92] 世界银行建议将他们安置在附近的森林保护区 [今天的武吉杜阿贝拉斯国家公园（Bukit Duabelas National Park）]，即使这样，20 世纪 90 年代，由于伐木者和捕猎者大肆掠夺资源，他们的生活还是受到了威胁。一项研究预测，奥兰林巴人将很快"像马来西亚半岛的森林民族一样……被油棕包围"，失去寻找食物和开展森林休耕农业的空间。[93]

20 世纪 80 年代，印度尼西亚在伊里安查亚（Irian Jaya，巴布亚省的西部）开展的油棕、橡胶和水稻项目引发了一些十分强烈的抵制。基于对世界银行资助的巴西亚马孙地区定居点的批评，国际非政府组织大力宣传种植园和发展"核心种植园暨小农"模式，与环境退化和森林民族流离失所——往往伴随着暴力——之间的关系。[94] 虽然巴布亚的森林缺乏富有魅力的大型动物，但苏门答腊和加里曼丹的森林是红毛猩猩、苏门答腊虎和苏门答腊犀牛等物种的家园。自 20 世纪 60 年代以来，印度尼西亚的森林砍伐速度惊人，每年大约有 100 万公顷的森林被砍伐，这威胁了这些标志性物种和数百个人类社群的生存。[95] 非政府组织意识到，保护土著的权利就是保护生态系统，反之亦然。

然而，国际活动人士往往仍停留在一位批评人士所称的"红毛猩猩阶段"。[96] 亚洲的大猩猩成为热带生物多样性受到威胁的象征，但对红毛猩猩的关注，往往掩盖了人们之间的利害关系——森林居民、移民、工人和棕榈油消费者。以红毛猩猩为中心的战略在北方国家引起了愤怒，但鲜有实际行动。20 世纪 90 年代和 21 世纪初，油棕产业以前所未有的速度发展，国际压力和国内改革在保护环境和土著免受这种快速增长的影响方面收效甚微。

巴布亚新几内亚

环保人士对巴布亚新几内亚的新兴油棕产业关注较少；如今，它经常被作为妥善解决环境与劳工问题的研究案例而广为宣传。巴布亚新几内亚在 1975 年之前一直是澳大利亚的殖民地。世界银行认为，只要油棕项目是"在有经验的私营企业的商业管理下建立起来的"，那么马来西亚的"核心种植园暨小农"项目就是这个欠发达的农村国家的典范。[97] 1967 年，哈里森-克罗斯菲尔德公司与澳大利亚签署合作协议，在新不列颠岛的霍斯金斯角（Cape Hoskins）开展首个"核心种植园暨小农"项目。

让人们去霍斯金斯角是一件棘手的事情，这涉及安置成千上万名缺乏经济作物种植经验的人。油棕对于每个人来说都是一种陌生的植物。[98] 一位研究早期移民的社会学家指出，他们对这种作物期望甚高，但他提醒道，他们或许会失望。[99] 据哈里森-克罗斯菲尔德公司的一名雇员称，相关人员没有认真考虑过这种迁徙该如何开展，并且移民来自巴布亚新几内亚的众多不同群体，而非像马来西亚或印度尼西亚那样来自较为单一的群体。在早期犯下的其他愚蠢错误中，哈里森-克罗斯菲尔德公司的员工不小心用泄漏的工厂污水和化学品多次点燃了达吉河（Dagi River）。[100]

谣言和阴谋论在移民中散播，最初的几年充满了纷争。宗族正义要求人们为受到攻击的同伴报仇，这导致报复事件无休无止。[101] 1971 年，来自巴布亚的高地人（Highlanders）与图拉族（Tolai）监工彼得·塔维普（Peter Tavip）发生冲突，并用斧头将其砍死。当一支澳大利亚警察部队赶到时，300 人站出来承认这桩罪行，致使调查无法进行。不久之后一名高地人遇害，无人对此感到惊讶，他很可能是报复性杀人的受害者。[102] 其他凶杀事件接踵而至，警察和移民一度用弓箭和枪支互相射击。[103] 移民还与纳卡奈人（Nakanai）冲突不断，后者为该项目出售了土地。

在纳卡奈人中间形成了一个好战的货物崇拜组织，1993 年，一个纳卡奈人群体袭击了种植油棕的小块农田，并驱逐了移民。[104]

随后由世界银行、英联邦开发公司和其他贷款机构在巴布亚新几内亚资助的"核心种植园暨小农"项目也导致了移民与当地人之间的冲突。[105] 文化紧张引发了许多争斗，但更深层次的问题是土地。根据巴布亚新几内亚的法律，习惯上保有的土地不可剥夺，只能出租，以换取馈赠。在轮休农业中，土地赠予的代价很低——大多数地块最多只能使用几年。而油棕实际上是永久性作物，这引发了人们要求归还土地或提高租金的要求。

所有这些问题并非意味着霍斯金斯角、波蓬德塔（Popondetta）或实施"核心种植园暨小农"模式的其他地方的油棕种植注定失败。在 20 世纪 70 年代棕榈油价格居高不下的推动下，哈里森-克罗斯菲尔德公司在霍斯金斯角实行的新管理政策挽救了这项业务。[106] 在整个巴布亚新几内亚，油棕项目给移民带来了现金收入，并为巴布亚新几内亚政府创造了出口收入。移民也没有陷入种族仇恨和暴力冲突的无休止循环。他们拿彼此的"种族中心主义"开玩笑，霍斯金斯角的移民推动管理部门在 1977 年通过了一条法令，移民有权将闹事者驱逐。今天，在民族混杂的社区学校中的孩童，被认为是"油棕（wel pam）部落"的成员。[107]

移民还开展了油棕农艺学实验，他们对不同的方法进行检验，而非听信公司的建议。[108] 许多家庭适应了"核心种植园暨小农"体系的个人主义性质，将油棕工作和收入与传统的分享食物和劳动分开。[109] 公司的管理人员最终放弃了移民点，转而采取类似于在沙巴和沙捞越实施的"就地"开发项目模式。[110] 新不列颠棕榈油有限公司（New Britain Palm Oil Ltd.）是霍斯金斯角的一家种植园公司，它在其"妈妈果实计划"（Mama Lus Frut）中采用了一种极富创新性的方法来解决性别不平等问题。该公司只付钱给男性户主以获取棕榈果，但男人不愿意花时间捡拾从树枝上掉落的棕榈果。他们的妻子对棕榈果收入没有合法要求，但她们可以支配自身劳动。一位妇女质问："我们为什么要帮男人买啤酒？"[111] 有了公司发放的"妈妈卡"，妇女开始直接向工厂出售散装棕榈果。这些钱存入她们的银行账户。男人以棕榈果为酬劳，让妇女从事除草和其他劳动：对于男人来说，棕榈果比现金更容易割舍，因为他们在用钱上面临着巨大的社会压力。尽管巴布亚新几内亚在油棕种植方面的经验远非完美，但它表明，"核心种植园暨小农"模式可以适应与古来试点截然不同的文化和政治环境。

第二部分：拉丁美洲

新兴油棕产业在中美洲和南美洲扎根的原因与马来西亚、印度尼西亚、巴布亚新几内亚种植油棕的原因相同。和东南亚一样，"冷战"是拉丁美洲油棕故事的重要政治背景。国际机构也在其中扮演了类似的角色，不过它们在该地区没有殖民包袱。然而，国家和地方动态在决定油棕生长在何处以及如何快速发展成为一种经济作物方面尤为重要。

今天，该地区最大的棕榈油生产国是哥伦比亚，它在国外专家的支持下，利用国内资本发展了棕榈油产业。与之相对应的是，大型跨国公司联合果品公司（UFC，现在的金吉达公司）负责在中美洲，特别是洪都拉斯和哥斯达黎加引进和推广油棕。在整个地区，新兴油棕项目带来了与亚洲相同的问题：土地纠纷、暴力冲突与环境退化。然而，与亚洲的情况不同，拉丁美洲的油棕产业扎根于一个在有效劳动和农民组织方面有着悠久历史的地区，这限制了公司将种植园强加给社区的能力，并增加了冲突的风险，而这些冲突有时会导致可怕的暴力事件。

中美洲：哥斯达黎加和洪都拉斯

联合果品公司及其竞争对手标准果品公司（Standard Fruit）在 20 世纪的大部分时间里主导了中美洲的经济、政治和景观。香蕉让这两家公司赚了大钱，但对于种植香蕉的地方和人们来说，情况就不一样了。正如联合果品公司的一名员工所言，"像联合果品这样的公司在本土体系中投入和攫取之间的巨大差异"是"革命的催化剂"。[112] 随着工人们动员起来争取更高的工资——有时他们与渴望从种植园和地主手中夺回土地的农民结成联盟，革命随之爆发。

20 世纪 30 年代，香蕉公司拥有超过 100 万公顷土地，部分原因是种植香蕉有利可图，但也因为大自然和它们作对。[113] 由镰刀菌引起的巴拿马病迫使这些公司在该地区的低地森林中实行某种形式的轮作耕种。当镰刀菌毁掉一片土地时，这些公司会收拾好一切，甚至包括铁轨，然后继续前进。[114] 20 世纪 50 年代，巴拿马病几乎摧毁了令人垂涎的大米七香蕉（Gros Michel banana），而另一种病害香蕉黑条叶斑病（由斐济球腔菌引起）正在蔓延。为了防治香蕉黑条叶斑病，许多公司向农田喷洒"波尔多混合剂"。[115] 这种化学物质（硫酸铜和熟石灰）本身并没有剧毒。问题在于，大量喷洒对于遏制香蕉黑条叶斑病是徒劳无益的。据称，喷洒量之大使工人们变成蓝色。反复用含铜溶液给土地消毒，导致其无法种植香蕉或其他粮食作物。[116] 真菌病害和铜污染的双重威胁意味着香蕉是"一种有利可图的临时性作物"。[117]

油棕是少数几种能够耐受高浓度铜的作物之一。联合果品公司从 20 世纪 20 年代开始进行油棕种植试验，这些种子来自非洲和苏门答腊。早期的试验田受到了病害和鼠患的破坏，联合果品公司对这种作物兴趣不大。这种情况在第二次世界大战期间发生了变化，当时联合果品公司响应了美国政府寻求新的棕榈油来源的呼吁。[118] 1945 年，联合果品公司在种植可可和蕉麻的同时种植油棕，为中美洲寻找下一种适合大规模种植的作物。虽然镰刀菌可以攻击油棕，但该公司并不认为这是一种严重威胁。由于油棕不会感染香蕉黑条叶斑病，所以废弃的香蕉地可以被重新利用。联合果品公司甚至可以利用原先转运香蕉串的缆车和电车来运输棕榈果。[119]

20 世纪 50 年代，在美国政府的全力支持下，联合果品公司的多样化经营全面展开。联合果品公司的油棕项目承诺"彻底改变中美洲的植物油状况"，棕榈油的售价只有猪油的一半。[120] 1958 年，该公司在这一地区拥有超过 1.7 万英亩油棕（几乎全部是德里硬脑膜型油棕），但公司越来越不相信油棕是一种未来作物。联合果品公司的可可种植面积是油棕种植面积的 2 倍，甘蔗种植面积是其 5 倍，香蕉种植面积达 14.5 万英亩。[121] 随着种植园的成熟，该公司称，油棕"给当地经济和公司带来的回报低于香蕉业务"，并为其尽可能长期坚持开展香蕉业务的决定进行了辩护。[122]

1960 年，联合果品公司接洽联合利华公司，提出在油棕种植方面进行合作，但后者拒绝了。在这之后，联合果品公司继续种植油棕的速度明显放缓。[123] 该公司意识到，为了在出口市场上与亚洲竞争对手竞争，需要新的软脑膜型油棕和采用螺旋榨油机的榨油厂，但它不愿意独自承担风险。除此之外，联合果品公司还面临着日益严重的劳动力问题。1954 年，洪都拉斯爆发的罢工运动——政府不愿镇压——标志着联合果品公司在中美洲的种植园体系走向终结。[124]

在哥斯达黎加和洪都拉斯，联合果品公司找到了渴望购买棕榈油的客户。一名美国企业家在哥斯达黎加创办的人造黄油公司努马尔（Numar），购买了联合果品公司所能生产的全部棕榈油。努马尔公司在该地区大力推广人造黄油，当地的大多数人对其闻所未闻，或者"认为它是劣质黄油"。努马尔公司每月花费 5000 美元用于广告宣传和烹饪示范，以说服人们购买这种东西。上述做法收效甚好，以致于联合果品公司在 1965 年收购了努马尔公司。[125] 由于严厉的关税，为哥斯达黎加和邻国洪都拉斯的国内市场提供这种食品是有利可图的。但正如历史学家帕特里夏·克莱尔·罗兹（Patricia Clare Rhoades）所言，这些关税让联合果品公司成为"自己受保护贸易的囚徒"。在哥斯达黎加，政府将人造黄油纳入消费品"篮子"，设定价格并限制联合果品公司出口棕榈油的能力。[126] 联合果品公司及其后续公司赚到了钱，但直到 20 世纪 80 年代市场自由化站稳脚跟之前，它们几乎没有动力投资于大规模扩张。

中美洲下一阶段的油棕生产是由农民而非种植园主导的。农民十分渴望得到香蕉公司囤积的土地，于是在 20 世纪 60 年代和 70 年代要求进行土地改革。由于担心古巴革命重演，各国政府试图在不扼杀利润丰厚的种植业的情况下，为农民提供土地。在美国政府的批准和财政支持下，专家提出了现成的"核心种植园暨小农"模式。对于拉丁美洲来说，让小农的经济作物生产与大型工业企业合作共处的想法并不新鲜：香蕉公司经常从小农那里购买水果。一个较为类似的先例是在加勒比部分地区实行的科洛诺（colono）制度，在这种制度下，制糖小农将极易腐烂的作物卖给大型种植园的碾碎厂。[127]

20 世纪五六十年代，洪都拉斯政府没有交出大型种植园，而是鼓励农民向森林和"废弃"土地进军。阿关（Aguán）谷地就是这样的地方，由于巴拿马病大暴发，联合果品公司在 20 世纪 40 年代放弃了这片土地。在美国的资助下，政府重新安置了数千个家庭，并建造了一系列棕榈油厂，为小农合作社服务。移民同意以低价出售棕榈果，以换取棕榈油厂的合作所有权，不过移民在 1980 年罢工后才最终获得控制权。[128]

洪都拉斯的移民发现，虽然他们拥有自己的油棕和棕榈油厂，但由少数有权有势家族经营的公司垄断了下游的炼油和制造产业。这压低了棕榈果价格和移民的利润。[129] 阿关地区也远非天堂。移民在恶劣的条件下建设家园，艰难地度过了 1974 年的破坏性飓风，并偿还了巨额债务。很少有合作社在商业上取得成功，它们被债务以及"盘根错节的贪污和财务造假网络"所困扰。[130]

　　哥斯达黎加在 20 世纪 70 年代也发生了类似的向小农的转变，农民中的激进分子领导了对果品公司空置土地的占领。1975 年，生产棕榈油的合作社达 20 个，成员逾 1000 人，此外还有 350 名独立农民。与世界各地的小农一样，他们喜欢在种植油棕和粮食作物之间达到平衡。农民在油棕下放牛，并且只把一半的土地种上油棕，尽管联合果品公司的继任者、哥斯达黎加的棕榈果垄断买家蒂卡油棕公司（Palma Tica）鼓励他们多种一些。[131] 虽然如今拥有土地的人越来越多，但他们的经济状况并没有多大改善。一些小农在接受了蒂卡油棕公司的油棕幼苗和贷款后，发现自己成为“变相的奴隶”。油棕行业的收入通常低于香蕉繁荣的全盛时期，找到工作的人也较少。在哥斯达黎加的太平洋沿岸地区，20 世纪 50 年代有将近 1.5 万人在联合果品公司的香蕉种植园工作，2003 年仅有 6000 人在油棕种植园工作。[132]

　　南美洲：哥伦比亚的经历

　　与中美洲国家一样，南美洲油棕产业的兴起也是受到粮食安全的推动。20 世纪 50 年代，联合国粮农组织敦促该地区的国家种植油棕，但大多数政府在推广这种作物方面行动迟缓。[133] 然而，在哥伦比亚，不同的因素共同为油棕繁荣创造了条件。尽管环境条件适宜，但在西班牙统治时期以及哥伦比亚独立后，油棕并未在此落地生根。非洲裔哥伦比亚人在哥伦比亚西部的低地地区复制了非洲的“农林”种植系统。一位人类学家说，当他第一次参观他们的农场时，以为自己“进入了雨林”，但油棕不在其中。[134] 相反，非洲裔哥伦比亚人利用了当地的棕榈树，其中包括"植物象牙棕"（象牙椰属），他们为全世界的纽扣工厂采集坚果，并在一个不承认他们正式拥有土地所有权的国家里勉强维持生活。[135]

油棕在 20 世纪初多次进入哥伦比亚。天主教传教士种植了一些油棕作为观赏植物，国家研究站也有试验田。在两次世界大战的间隔期，比利时科学家弗洛伦蒂诺·克拉斯（Florentino Claes）提供了新的种子，并敦促哥伦比亚政府种植油棕。但哥伦比亚政府却钟情于另一种油料作物蓖麻。克拉斯对一位政府部长说，"蓖麻只会让人拉肚子"，这指的是它对消化道的影响。然而他未能成功地将油棕推销出去。[136] 20 世纪 30 年代的一个油棕种植园在 1955 年被砍伐了，并且，联合果品公司放弃了战时的油棕实验，转而种植香蕉。

哥伦比亚企业家莫里斯·古特（Moris Gutt）是 1945 年后油棕产业崛起的关键人物。古特的公司格拉斯科（GRASCO）生产肥皂、人造黄油和化学制品。让他颇为郁闷的是，公司对菲律宾椰子和秘鲁鱼油的依赖。20 世纪 50 年代，哥伦比亚年均进口 5 万吨食用油。[137] 古特向政府寻求帮助，而哥伦比亚则求助于联合国粮农组织。联合国粮农组织反过来在 1958—1959 年派莫里斯·费兰德（Maurice Ferrand，比属刚果油棕产业的资深人士）考察该国。费兰德断言，哥伦比亚的太平洋沿岸地区是"种植油棕的一流地方"。[138] 他认为，让遭受排挤的非洲裔哥伦比亚农民参与油棕种植"具有重大的社会和经济利益"，并建议开展"核心种植园暨小农"项目。[139]

与此同时，古特与油暨含油物质研究所取得联系，后者派遣专家在该国中部选定了一处建立种植园的地方。[140] 古特的"棕榈油工业公司"（Indupalma）位于圣阿尔韦托（San Alberto），它是一个没有小农参与的直营种植园。当地农民控诉，他们在受到欺骗或胁迫的情况下，为这个项目出售了自己的土地。古特聘请了一名原军事指挥官担任经理，据称，此人在拜访土地所有者时，"由两名持枪士兵陪同"。[141] 棕榈油工业公司立即着手将森林和灌木丛改造为科学种植园。油暨含油物质研究所的专家提供了软脑膜型油棕的种子，他们用肥料解决土壤养分不足的问题，并用化学品清除不受欢迎的植物和昆虫。事实证明，令东南亚种植园主深恶痛绝的入侵草种白茅，在"2，4，5-T"（橙剂中的活性成分之一）面前不堪一击。当专家看到甲虫啃食油棕幼苗时，他们就喷洒七氯（如今大多数地方禁止使用）。当毛毛虫爬进果束时，解决办法是空中喷洒西维因粉。用科学和技术武装起来的种植园主认为自己正在赢得一场针对自然的战争。[142]

但事实证明，自然力量是哥伦比亚新兴油棕种植产业的盟友。20 世纪 60 年代末，正当哥伦比亚的油棕逐渐成熟时，廉价的秘鲁鱼油却大有占领该国市场之势。厄尔尼诺现象帮了大忙。1972—1973 年的气候事件几乎摧毁了秘鲁渔业。鱼油从市场上消失了，买家对棕榈油如饥似渴。哥伦比亚政府鼓励建立更多的种植园，并为面积超过 500 公顷的种植园提供补贴。[143] 然而，对于参与费兰德实验的非洲裔哥伦比亚小农来说，棕榈油的高光时刻来得太晚了。1970 年，大多数人已经放弃了油棕，他们等不起油棕成熟。20 世纪 80 年代，小农对哥伦比亚棕榈油的贡献逐渐减少到微不足道的程度。[144]

　　除了与环境作斗争，棕榈油工业公司还要努力控制经营种植园和榨油厂所需的近2000名工人。随着工人加入工会并要求提高工资，该公司转向了不提供福利的分包商。在激烈的争论中，该公司指控工会领导人在1971年谋杀了种植园的一名高管。这是之后一系列谋杀案的先声。最轰动的事件之一是1977年"M-19"运动在波哥大绑架了棕榈油工业公司的经理，以声援工会。该公司最终屈服于工会的要求，取消了分包。[145] 与此同时，据说该公司向准军事组织寻求帮助，公司宣称工会激进分子是游击队的同情者。20世纪八九十年代，将近100名棕榈油工业公司的工人和6名工会主席死于非命。[146]

　　在哥伦比亚引发大量杀戮事件的动因——土地和劳工冲突——并非该国独有。由于油棕种植园的发展损害了小农的利益，危地马拉和洪都拉斯也发生了多起致命的暴力事件。相比之下，哥斯达黎加和厄瓜多尔的小农通常能够保住自己的土地，他们向榨油厂出售棕榈果或加入合作社。在生态或经济方面，油棕并没有引发暴力；相反，油棕产业的到来暴露了农村社区已经存在的紧张和不公。油棕究竟是发展工具还是压迫工具，取决于地方和国家的历史，而非全球的政治和经济力量。

第三部分：非洲的"失败"

　　历史也给后殖民时期非洲的油棕产业发展蒙上了阴影。在许多人看来，这是一个由政治阴谋或腐败导致的失败故事。这片大陆上曾经盛极一时的出口商已消失不见，而东南亚充满活力的竞争对手则占领了世界市场。20世纪80年代是"失去的10年"；

20 世纪末，马来西亚和印度尼西亚的棕榈油出口总值超过了"整个撒哈拉以南非洲所有农产品的出口总值"。[147]

然而，将非洲的油棕产业发展历程视为"创业失败"或"停滞不前"的一个插曲，并没有抓住事实真相。[148] 暴力冲突摧毁了非洲两个最大的棕榈油生产国尼日利亚和刚果的油棕产业。各地人口的大幅增长意味着以前用于出口的棕榈油再也无法走出这片大陆。就像拉丁美洲和亚洲的项目一样，国际资助的项目强调国内粮食安全，这反映了 20 世纪 70 年代主导西方国家援助发展中国家政策的"基本需求战略"。按理说，能吃饱的人不大可能扰乱国际秩序。[149] 外国专家为非洲设计的许多油棕项目失败了——有些甚至是灾难性的——但也不乏成功的故事。大型种植园的确发挥了作用，但事实证明，一旦油棕种植条件变得更加有利，小农就会成为充满活力的企业家。[150]

尼日利亚和刚果

1960 年尼日利亚独立时，它在世界棕榈油出口中所占的份额仍然超过 30%，1967 年内战爆发时，这一数字降至 25%。20 世纪 70 年代，出口几乎降为零，该国开始进口大量植物油以满足国内需求。[151] 1960 年，占据棕榈油出口市场四分之一份额的刚果也遭遇了类似的命运。正如第八章所述，导致这种崩溃的主要原因是政治，而非经济或生态原因。尼日利亚的内战蹂躏了油棕带。成千上万人死于非命，更多的人流离失所。留存下来的为数不多的油棕种植园及榨油厂都被摧毁了，人们砍倒油棕来种植急需的粮食作物。[152]

刚果与闹独立的加丹加省（Katanga）之间的激烈冲突并未对

油棕产业造成直接影响，但 1963—1968 年在奎卢（Kwilu）发生的动乱（造成 6 万~10 万人丧生）与油棕的殖民遗产息息相关。棕榈果采摘工组成了一个有组织的激进军事团体，旨在推翻殖民体系的残余及其带来的经济不平等。这场起义由比属刚果榨油厂的一名原实习生领导，随着移民工人把这场运动从劳动营带到家乡，它在广大地区蔓延开来。[153] 然而，最终失败的奎卢起义和其他类似事件并未导致刚果的棕榈油出口迅速崩溃。真正的崩溃始于 1973 年之后，那一年蒙博托将军将外国种植园收归国有。联合利华和其他欧洲公司失去了种植园，尽管在 1977 年它们收回了一些，但损失已经无法弥补。多年的投资不足和衰退随之而来。[154]

刚果的工作人员努力让比属刚果国家农业研究所设在扬甘比（Yangambi）的研究站维持运转，但他们缺乏资金重启大规模的油棕研究工作。[155] 20 世纪 70 年代末，刚果官员向世界银行寻求帮助，但是世界银行的专家对利华曾觊觎的老龄"油棕林"弃之不理。即使棕榈果价格翻倍，人们也不愿攀爬如此高的树。世界银行敦促刚果政府放弃油棕林以及打理它们的小农（他们可能生产了该国三分之一的棕榈油）。生产棕榈油——以及偿还贷款——的最佳选择是"重建现有的商业油棕种植园"。[156] 外国贷款机构支付了一个耗资近 5000 万美元项目的一半费用，用于在联合利华和其他公司所有的种植园里重新种植油棕。联合利华没有重新种植，而是变卖了其他财产，这些财产可以追溯到利华 1911 年签署的条约。[157] 然而，新型软脑膜型油棕产出的棕榈油不足以满足国内需求，20 世纪 90 年代，刚果已从棕榈油出口国转变为进口国。[158]

　　尼日利亚在复兴油棕产业方面表现得稍好一些，尽管仍不足以阻止进口。1980 年，尼日利亚进口了超过 5 万吨棕榈油，在 1986 年进口禁令生效之前，这一数字翻了两番。20 世纪 90 年代，棕榈油进口量再次激增，因为许多公司规避禁令，进口了初榨棕榈油（而非精炼棕榈油）。[159] 就像在刚果一样，关键问题是把钱花在哪里：种植园还是小农？早在 1965 年，英联邦开发公司已经把对非洲的核心种植园和小农的投资方案分开，并更倾向于资助前者。一位官员称，种植园是"［核心种植园暨小农］项目中更重要的部分"。[160] 世界银行最终支付了小农部分的投资，但对其在尼日利亚的经济价值持悲观态度。[161]

　　世界银行和其他外国贷款机构最终同意为尼日利亚的一个大型"油棕林恢复"项目提供资金，但内战破坏了这些计划。当外国贷款机构在 20 世纪 70 年代中期回到尼日利亚时，它们对油棕已不抱太大期望，而是专注于解决"国内短缺和尼日利亚即将对外国供应的依赖"。[162] 外部注入的资金维持了尼日利亚油棕研究所的运转，该研究所试图通过出售产自试验田的油棕幼苗和棕榈油，自筹经费以开展研究工作，但这无法满足自身的需要。[163] 与此同时，尼日利亚油棕研究所的外派人员已移居马来西亚，在那里，公共和私人研究机构从尼日利亚数十年的经验中获益良多，而尼日利亚油棕研究所的经费则来自销售局对非洲农民征收的税收。[164]

　　20 世纪 70 年代末，世界银行在尼日利亚南部为 4 个小农油棕项目提供了支持。[165] 尼日利亚油棕研究所计划在河流州

（Rivers State）和伊莫州（Imo State）各开展一个油棕项目，呼吁农民使用杂交树种、化肥、杀虫剂、覆盖作物和现代种植园的其他元素。[166] 这两个项目不允许间作，也没有"野生"油棕林的立足之地。[167] 随着项目的开展，尼日利亚油棕研究所抱怨"小农纪律不佳"，敦促政府清除所有老龄油棕并禁止套种粮食作物。[168]

10年后，世界银行将河流州和伊莫州的两个项目的成效进行了对比。尽管核心种植园表现良好，但这两个项目的小农距离棕榈果交付目标还差30%。尼日利亚油棕研究所的专家认为，这表明需要种植园来维持榨油厂的运转。他们还强调了专业管理（如外派）的好处，指责尼日利亚员工效率低下并热衷于政治阴谋。[169] 小农在项目设计方面没有发言权，但他们成功地说服了管理人员和尼日利亚油棕研究所的专家改变一些政策。伊莫州的项目管理人员"不情愿地接受了"农民提出的在油棕林中种植粮食作物的要求。[170]

农民看到了种植多种作物以防范病害、干旱和市场波动的明显好处。[171] 重要的是，伊莫州农民同意砍掉老龄油棕，只要能种植粮食作物。他们还看到了软脑膜型油棕的价值，以致于世界银行在1985年不再提供廉价化肥后，农民继续种植。项目区域之外的农民也种植了软脑膜型油棕幼苗。世界银行官员赞扬了伊莫州农民对油棕表现出的"热情和务实态度"。事实上，他们中的许多人是殖民统治后期植树造林项目的老手，有着关于软脑膜型油棕和"科学农业"的丰富知识。当地棕榈油价格具有吸引力的时候，许多家庭仍然在家中生产棕榈油，但当榨油厂给出的棕榈果价格较高时，他们会将棕榈果卖给榨油厂，甚至在自家田地之外的地方采摘棕榈果。

　　与之相反，河流州项目的里森油棕公司（Risonpalm）禁止间作。其中一个核心种植园的土地来自 11 个社区，社区成员抱怨失去了休耕地和资源丰富的森林。[172] 里森油棕公司的工作人员发现，小农不愿意砍伐老龄油棕，而种植新油棕；除了自家田地上的油棕，他们还可以充分利用"野生"油棕林。里森油棕公司的管理者很快就接受了这个现实。榨油厂的机器是为软脑膜型棕榈果设计的，但当地农民采摘了太多来自油棕林的棕榈果，以至于榨油厂开始接受硬脑膜型棕榈果和软脑膜型棕榈果。[173] 里森油棕公司购置了 30 辆卡车，用于从一片熙熙攘攘的"野生"油棕林收购棕榈果，而预算中的卡车为 2 辆。里森油棕公司还允许农民每交付 20 吨棕榈果就可以购买 1 吨棕榈油，这是因为认识到了妇女在当地市场销售棕榈油获取收入的重要性。[174]

　　无论是积极主动的农民还是因地制宜的管理，都无法保护油棕产业免受尼日利亚盛产的另一种油的影响。石油本可以让尼日利亚富裕起来。然而，它滋养了贪污腐败的精英阶层，并污染了尼日尔河三角洲的大片区域。[175] 由于币值被高估，尼日利亚的出口变得没有竞争力。20 世纪 80 年代，国内工资飙升，年轻人涌入城镇，造成种植园和小农收获油棕所需的劳动力紧缺。[176] 20 世纪 80 年代和 90 年代初，由于政客为如何处理这些负债累累的项目争吵不休，所以核心种植园和它们本应服务的小农被严重地忽视了。

科特迪瓦：关于油棕的成功故事

世界银行和其他国际贷款机构未能重振尼日利亚和刚果的棕榈油出口经济，这导致西方国家越来越认为非洲是一块"没有希望的大陆"。科特迪瓦走的是一条不同的道路。今天，至少有 4 万名经营中小型油棕地块的农民与种植园并肩协作。科特迪瓦的小农生产了该国大约 70% 的工业加工用棕榈果，并利用了 72% 的土地种植油棕。科特迪瓦的小农联手种植园取得了近年来其他非洲国家没有取得的成就：国内棕榈油自给自足，并有大量盈余用于出口。[177]

科特迪瓦在独立后不久就开展了"核心种植园暨小农"型项目，这些项目由油暨含油物质研究所的专家提供指导，并由欧洲和国际贷款机构提供资金。最初的关注点是国内粮食需求，但政府也希望实现出口产业的多样化，当时占据出口主导地位的是可可和咖啡。油棕可以在不适合种植咖啡或可可的土壤上生长，这为经济作物生产开辟了新的土地。[178] 政府的油棕计划希望"工业种植园"能够与被纳入"乡村种植园"的小农合作共处。后者可以获得种植及维护软脑膜型油棕的贷款，并拥有 6 年的宽限期（油棕在第四或第五年结果）。由于政府开放了殖民统治时期的森林保护区，小农和种植园都从国家土地政策中获益良多。政府还"简化了产权"，向"任何将土地用于生产性用途的人"提供牢靠的土地所有权。传统的酋长与政府官员合作，执行新的财产规则。[179]

科特迪瓦最初与两家殖民时代的公司——橡胶金融公司和布洛霍恩公司（Blohorn）——合作经营国有种植园和榨油公司。科特迪瓦政府在 1976 年收购了私人公司，但几年后又邀请它们回来。[180] 油棕计划要求用螺旋榨油机取代殖民时代的液压榨油机，这就需要用软脑膜型油棕取代硬脑膜型油棕。[181] 在油暨含油物质研究所的帮助下，专家确保种植园和小农种植适合当地环境的高产油棕。世界银行、英联邦开发公司、欧盟和法国发展银行都为这些项目提供了资金，目前它们占地超过 25 万公顷。最初的计划是让小农接管种植园，但后来被取消了，取而代之的是雇用劳动力经营它们。[182] 为其中一个项目修建的宽阔平坦的道路，确保了偏远地区的农民可以将产品出售给位于 20 千米之外的"工业种植园"工厂。[183]

小农与国有种植园公司棕榈油开发公司（SODEPALM）之间的关系不够和谐。起初，管理人员禁止间作，但他们很快就放弃了执行该规定。农民像几个世纪以来所做的那样将油棕和粮食作物种植在一起。[184] 棕榈油开发公司还努力说服农民使用化肥。在以往的种植模式中，油棕就是肥料，用有机物质增肥土壤。农民对使用化肥持怀疑态度，因为购买化肥的费用来自其销售棕榈果的收入。然而，根据棕榈果销售合同，他们必须从棕榈油开发公司购买化肥，许多人马上就将化肥转卖了。[185] 尽管如此，国有企业的棕榈果收购价格一直处于相对稳定的状态，使其不受全球市场波动的影响，直至 20 世纪 90 年代政府放开定价。当小农认为价格过低时，他们通常在当地市场出售棕榈果，不过，他们的软脑膜型棕榈果不如硬脑膜型棕榈果受欢迎。[186]

科特迪瓦农民也将棕榈酒视为重要的收入来源。外国专家经常撰文抨击采酒是一种"破坏性"做法，这让人回想起殖民统治时期关于棕榈酒的争论，但农民的行为并非毫无道理。[187] 棕榈酒是一个作物生长周期合理结束的产物，这个周期始于木薯和其他粮食作物，随着树木成熟而转向油棕，最后结束于采酒和土地清理，然后进入下一个周期。[188] 1983 年的一项研究发现，在科特迪瓦砍伐 1 公顷油棕用于采酒，其收入是一年之中依靠棕榈果所获收入的 4 倍，这还不算棕榈果的采摘成本。在尼日利亚东南部等地，人们采用更为良性的采酒方式，棕榈酒被视为永久性"摇钱树"，与棕榈油相比，它能够给树木所有者带来更多收入，并在采酒、运输、销售和蒸馏等方面创造就业机会。[189] 在非洲，棕榈酒仍然是油棕产业的重要组成部分，但遭到外国机构和专家的忽视或强烈反对。

　　油棕带的不均衡发展

　　"核心种植园暨小农"模式在其他国家并未产生奇迹般的效果。20 世纪 80 年代初，在诸多国际贷款机构的资助下，棕榈油开发公司通过一个造价 3700 万美元的项目跨越国界进入利比里亚。马来西亚的一家种植园公司提供了管理人员，一个真正的全球性开发项目就此诞生。但它从一开始就惨遭失败。[190] 全球棕榈油价格暴跌，出口希望破灭。世界银行的专家认识到，对于小农来说，手工生产棕榈油并在当地销售比向工厂出售棕榈果更有利可图。尽管如此，世界银行官员还是抱怨利比里亚人腐败、懒惰，从事着"糟糕的农牧业"。利比里亚政府一直没有机会对此作出回应。正如世界银行的报告简明扼要地指出的那样，"由于持续内战和政府垮台，借款方无法提供［回应］"。[191]

　　塞拉利昂内战（1991—2002 年）也破坏了油棕项目，并造成大量人员丧生。世界银行和英联邦开发公司从 1972 年开始在该国试行"核心种植园暨小农"项目，希望重复利用殖民时代的先锋榨油设备。[192] 英联邦开发公司的专家在设计这个项目时带有殖民时代的深刻印记，其中一些人实际上是原殖民地官员，他们不了解在非洲采摘棕榈果，生产并销售棕榈油的性别经济学。[193] 与利比里亚的情况一样，农民发现，他们在当地销售棕榈果或利用"毫无价值"的家庭劳动力在家中生产棕榈油赚得更多。[194] 男人们告诉研究人员，他们已不知道——或者不再关心——如何攀爬油棕。[195] 当该项目在 20 世纪 80 年代初结束时，世界银行建议塞拉利昂放弃小农，把重点放在种植园上，不过内战的爆发妨碍了这项新工作的开展。[196]

东边的加纳躲过了恐怖的内战。然而，用一位评论家的话说，与科特迪瓦对油棕表现出"宗教般的热忱"相比，加纳的油棕政策"比较反复无常并极为克制"。[197] 加纳的首个重要油棕项目是 1975 年成立的加纳油棕开发公司（GOPDC）。加纳油棕开发公司希望依靠科特迪瓦和油暨含油物质研究所的专业知识，复兴已不复存在的恩克鲁玛时代的"国营农场"。[198] 同年，联合利华公司同意在加纳西南部开展一个类似的项目〔本索（Benso）油棕种植园〕。[199] 早期的移民为了种植粮食作物与加纳油棕开发公司冲突不断，后来该公司放弃了移民安置，转而与"外围种植者"签订合同，这些人是与"核心种植园暨小农"项目没有正式关系的独立小农。[200] 种植园工人和外围种植者共同推动了加纳棕榈油生产的小幅复苏，不过在 1990 年，其产量仍然不能满足国内需求，遑论盈余出口。

喀麦隆在油棕种植方面取得的成就仅次于科特迪瓦。从德国占领时期开始，私营种植园和政府所有的种植园共同供应了国内市场，并在 20 世纪 70 年代创造了可观的出口收入。在世界银行的敦促下，种植园开始接受外围种植者，但与科特迪瓦相比，种植园的热情不高，接受规模也不大。[201] 然而，20 世纪 80 年代，经济和环境问题重创了这个行业。在高薪诱惑下，工人跳槽不断，阻碍了修剪和收获老龄油棕所需的熟练劳动力的发展。[202] 1983 年的干旱导致棕榈油产量大幅下降，20 世纪 80 年代中期，种植园、小农与马来西亚进口棕榈油，三者陷入了价格战。小农赢得了这场战斗，种植园被迫"把自己的农产品在世界市场上抛售，蒙受了巨大的经济损失"。[203] 1990 年，喀麦隆的棕榈油还可以自给自足，但几乎没有剩余可供出口。最大的私营种植园所有者联合利华公司出售了其在喀麦隆的股份，以此作为其种植园所有权战略转移的一部分。[204]

搭建舞台：后殖民时代的发展与增长结构

国家和地方的政治、经济和生态，成就或破坏了一个又一个油棕项目。相隔万里的棉兰老岛和哥伦比亚的农民、工人、种植园主之间的冲突，从表面上看是相似的，但也反映了早在油棕到来之前的历史。当然，将哥斯达黎加的农民激进分子侵占香蕉公司土地的故事，与加里曼丹岛的爪哇移民或尼日利亚小农和国有公司谈判的故事联系起来的，是他们种植的作物，以及使这种作物凌驾于其他作物之上的力量。这种作物可能是可可、咖啡、橡胶、棉花或许多其他种类的经济作物。但对于国家和国际机构的决策者来说，油棕具有特殊的吸引力，因为似乎它的用途广泛。它生长在多种热带土壤类型中，满足了国内迫切的粮食需求，并让人们怀揣出口赚钱的梦想。对于寻找"永久性"作物的规划者来说，这是一种完美的作物，可以让农民——以及本地和外国资本——在一个似乎需求无限的行业中站稳脚跟。

当幼龄油棕整齐地出现在三大洲时，它们总是处在国家的阴影之下。诸多公司确实向外扩张了油棕的疆界，如棉兰老岛的牙直利公司、沙巴和沙捞越的联合利华公司以及其他公司、哥伦比亚中部的棕榈油工业公司，但无论在哪里，政府的作用都很重要。在最基本的层面上，各国继续开放土地用于开发，并对土地进行分类，剥夺森林居民、"擅自占用"土地的农民和其他人的合法权益。"核心种植园暨小农"项目为种植园公司提供了政治保护；对于英联邦开发公司、世界银行和其他贷款机构来说，小农的参与证明了为购置基础设施、榨油设备和苗木提供贷款合情合理，而这本可以由私人资本提供。

总而言之，坚持种植油棕的小农在 20 世纪 80 年代过得相当不错。但是发生在 20 世纪 80 年代末和 90 年代的"新自由主义转向"，导致许多地方的发展出现了明显的倒退。农民失去了补贴贷款和化肥，随着政府实施紧缩计划和贸易自由化，他们还面临着来自进口棕榈油的新威胁。更为不同寻常的是，随着政府以贱价出售资产，国有种植园最终落入私人手中。印度尼西亚的许多国有种植园和"核心种植园暨小农"项目最终落入国内外投资者之手。马来西亚的联邦土地开发局转型为一家全球控股公司，从关注小农发展转变为大型农业综合企业。在非洲，像橡胶金融公司这样的老牌公司——加上总部位于新加坡、雅加达和吉隆坡的新竞争对手——得到了它们在殖民时代从未获得的东西：种植油棕的大片土地的合法所有权。

第十一章　全球化与油棕

　　这是一幅熟悉的景象：在位于刚果的曾是利华兄弟公司特许经营地的几个油棕种植园里，村民们诉说着遭受剥削和土地被抢的悲惨故事。但这是 2019 年，而非 1919 年。在这些土地被占的一个世纪后，它们落入一家总部位于加拿大的农业综合企业费罗尼亚公司（Feronia）之手。在英联邦开发公司和欧洲其他发展银行的资助下，费罗尼亚公司买下了利华兄弟公司打造的刚果帝国的遗产，以"拯救它免于灭绝"。[1] 英联邦开发公司坚称，费罗尼亚公司修整了"遭到严重忽视的树木"，挽救了 8000 个"赤脚"工人的工作岗位，修葺了房屋、医院和其他基础设施。然而，工人和社区成员告诉非政府组织，他们面临着恐吓、欠薪、接触有毒化学品、工厂废水污染水道等情形，并且，还有几桩谋杀案与费罗尼亚公司的种植园密切相关。警察对携带棕榈果的人们进行盘查，指控他们从种植园的树上偷取果实。[2]

　　英联邦开发公司和其他贷款机构称，它们"致力于处理"这些控诉，比如，对一些指控提出怀疑，并承认在其他领域需要改进。然而，费罗尼亚公司及其债权人从未承认刚果活动人士提出的一个基本观点：这些种植园是偷来的财产，建立在 1911 年殖民者未经同意占用的土地上。在对刚果人和国际非政府组织的回复中，英联邦开发公司的昔日宠儿——把土地归还给小农的"核心种植园暨小农"项目——甚至没有被提及。费罗尼亚公司没有投资于改革，而是在 2020 年将种植园卖给了另一家英联邦开发公司支持的公司，后者誓言要继续推进种植园发展。

　　费罗尼亚公司复兴殖民时代的种植园是油棕种植热潮中的众多插曲之一，如今这股热潮已进入第四个 10 年。要公正地描述这段近代历史，还需要撰写另一本书。[3] 1980 年，鲜有油棕的地方——哥伦比亚、泰国、厄瓜多尔、洪都拉斯、危地马拉等等——已经进入了产油大国的行列。本书的最后一章并没有全面回顾油棕的新疆界，而是思考了油棕的过去如何影响了它的未来。可追溯至殖民时代的思想和组织继续塑造着这个行业，但 20 世纪 90 年代的"全球化"时代也带来了重大变化。

　　棕榈油利用了早期的全球化浪潮，这一浪潮可追溯至 500 年前从非洲运来的第一桶棕榈油。19 世纪，长途贸易将非洲的油棕与全球各地的工业和生态联系在一起。殖民时期的种植园综合体使资本、人员、植物，连同棕榈油和棕榈仁，在全球各地之间穿梭。最近的全球化时代在某种程度上是油棕产业重整旗鼓的时代，这出现在后殖民时期由注重发展的国家所主导的一段插曲之后。在这种新的政治和经济背景下，原先的种植园公司变成跨国农业综合企业，曾经由苦力充任的角色被无证移民所取代。随着原材料外流，资本拥入热带地区。

　　当代全球化的一个标志是新自由主义经济改革，它消除了国家对世界经济的干预。这些改革改变了国家、国际组织与小农之间的关系。在世界银行和英联邦开发公司这样的机构中，小农项目的资金被种植园挤占。通过"结构调整计划"（SAPs），世界银行和国际货币基金组织迫使许多国家出售国有种植园。私有化使大片土地落入不负责任的人手中，在许多情况下，这些土地是以发展和粮食安全的名义从社区夺取的。

新自由主义时代的另一个特征是土地改革。这个词语在热带地区有着不同的含义，但趋势是确保土地的个人所有权。在早期的土地改革瓦解了大庄园的地方，如拉丁美洲，新自由主义政策创造了促使种植园复兴的条件。在其他热带地区，土地改革旨在取代传统的权属制度，或使之正规化，开放共有土地供出售和开发。有时，一些社区受益于官方对其所有权的承认，另一些社区则发现自己成为有权有势的公司"掠夺土地"的受害者。

20世纪90年代末，油棕产业的生态影响——它在地球上的"足迹"——开始引起人们的极大关注。种植园单一种植改变了森林和泥炭地，它们向大气中释放了大量的碳。软脑膜型油棕的数量以前所未有的速度增长，威胁着生物多样性。生物多样性的缺乏，尤其是油棕种植园中生物多样性的缺乏，致使毁灭性疾病在21世纪初首次暴发时，该行业遭受了沉重打击。但与前几十年不同的是——当时环境退化没有引起人们注意，也没有引发争论——油棕产业面临着来自全球和地方非政府组织的越来越多的批评。这些组织使用新技术记录和阻止种植园扩张，并为以种植园为中心的油棕的未来寻找替代方案。

私有化与种植园卷土重来

1992 年，联邦土地开发局打破了 30 多年的惯例，在没有招募任何移民从事收获工作的情况下开展了油棕种植。移民安置成本飙升至每个家庭超过 1.9 万美元，并且愿意背井离乡在油棕种植地开启新生活的马来西亚人越来越少。联邦土地开发局继续作为一个机构存在，但其种植园部门涉足了一系列其他投资，包括油脂化学品、酒店以及加拿大油菜种植园等遥远的项目，所有这些投资均由上市的联土全球（Felda Global Ventures，现在只剩下了它）持有。

联邦土地开发局放弃以小农为中心的发展，并回归种植园体系，其实是全球趋势的一部分。[4] 20 世纪 90 年代，印度尼西亚的国家机构也采取了类似的转向私营部门的做法，形成公私合作的伙伴关系，或者利用国家权力向有政治背景的公司授予新的特许权。[5] 最初，印度尼西亚的政策坚持要求新建种植园每拥有 1 公顷种植园土地，就必须给小农预留 4 公顷土地。[6] 后苏哈托时代的政府以经济自由化和政治分权的名义放弃了这一政策，给予较低级别政客更大的权力来授予特许权。[7] 土地分配比例从有利于小农的 1∶4，下降到有利于种植园的 2∶1，然后是 4∶1。[8] 2020 年，印度尼西亚完全放弃了为小农预留土地的要求。

种植园卷土重来有赖于易于获取的土地和劳动力。政府的土地政策（见下文）提供了前者，移民法规的随意执行促成了后者。同样重要的是，整个东南亚的工农业发展迫使越来越多人成为无地者的"后备军"，他们在远离家园的种植园里劳作的情形让人想起殖民时期。[9] 此时，拥有良好住宿条件和社会福利设施的永久性种植园提供的就业机会少之又少，大多数种植园工人是由劳务承包商管理的。工人们几乎没有力量组织工会或更换工作：承包商可能扣押工人的证件，或威胁向当局举报无证工人。[10] 致使殖民时代的工人被束缚在种植园里的债务和胁迫也再次出现：2020 年的一篇报道称，大公司对种植园的债务奴役、雇用童工和暴力惩罚视而不见。[11] 曾经为开发节省劳动力的收获机械所做的努力，除了采摘工具有所改进，并没有取得多大的成果。用无人机施肥或是用激光切割果束的新实验表明，这个行业正在努力克服对廉价劳动力的完全依赖。[12]

在非洲，国家也退出了油棕种植，"结构调整计划"迫使政府出售公共资产并削减小农补贴。跨国公司蜂拥而至，世界银行和其他机构用带有 19 世纪 90 年代烙印的话语称：这是一片不发达的大陆，投资的时机已经成熟。[13] 20 世纪七八十年代，在国家主导开发的名义下，油棕带许多地区的社区同意了（或被迫）放弃土地。现在，这些国有种植园被卖给了外国投资者或国内精英拥有的不负责任的公司。

尼日利亚总统奥巴桑乔（Obasanjo）最终得到了几处油棕地产，其中包括英联邦开发公司在克瓦瀑布（Kwa Falls）地区未能成功开展的"巴门达-克罗斯河-卡拉巴尔"项目的遗产。比利时的热带农业投资公司（SIAT）收购了里森油棕公司以及加纳油棕开发公司。在整个非洲大陆，核心种植园直接变成种植园。在许多情况下，私有化使"小农生产体系被大范围取代"，因为种植园将"非法定居者"赶出了特许经营范围内的"预留"土地。[14]

在尼日利亚的奥科姆（Okomu）油棕种植园（这块土地于 1979 年被征用为国有种植园，并于 1990 年卖给橡胶金融公司），围绕种植园工作和土地的紧张局势在 21 世纪初剧烈爆发，"年轻人" 罢免了酋长，并与种植园安全部队发生了致命冲突。[15] 由于"结构调整计划"削减了化肥和幼苗补贴，这些本应得到原核心种植园服务的小农失去了生计。与此同时，市场自由化政策使来自东南亚的廉价棕榈油如潮水般涌入非洲大陆。[16]

拉丁美洲国家也经历了"结构调整计划"。虽然国有油棕种植园没有走向私有化，但改革削减了对小农的补贴，同时开放了油棕产业以吸引新的投资。军队和警察充当了拥有政治背景的精英的"护卫"，帮助他们获得土地所有权并镇压劳工组织。[17] 不过，并非所有改革都对小农不利。在哥斯达黎加，新自由主义改革时期油棕产业向新进入者开放。放松管制和贸易自由化打破了蒂卡油棕公司（联合果品公司的继任者）在榨油方面的垄断地位，并且，新建榨油厂——包括合作拥有的设施——促使越来越多的农民种植油棕。[18] 放松管制同样为科特迪瓦的小农打开了大门。

国际发展援助、纳税人的钱和小农的汗水帮助在热带地区建立了种植园综合体。然而，总体而言，20 世纪 90 年代的私有化和改革并没有给小农带来多少好处。例如，1996 年，哈里森-克罗斯菲尔德公司以 1.2 亿美元的价格出售了其在新不列颠棕榈油有限公司的股份，但巴布亚新几内亚的农民没有得到任何直接回报。2015 年，当新东家以 17 亿美元的价格将股份出售给森那美集团（Sime Darby）时，小农也没有得到一分钱。[19]

土地改革

国有种植园的私有化为本土公司和跨国公司在油棕带提供了新的立足点。但在许多地方，土地改革产生了更大的影响。在沙捞越和沙巴，随着土地改革开放了森林保护区和传统土地所有制下的土地，种植园在 20 世纪 90 年代和 21 世纪初以惊人的速度增长。一些土著团体以封锁道路和抗议的方式对抗伐木工和种植园开发商，但也有人购买链锯砍伐树木，并种植油棕幼苗。沙捞越的达雅克精英与公司和国家密切合作开发他们的土地。当马来西亚于 2018 年宣布在全国范围内停止新的森林砍伐时，达雅克油棕生产者协会抗议称，传统土地"必须系统开发"。正如该协会主席指出的那样，土地是该社群唯一的资产。[20]

印度尼西亚当局还改革了土地法和土地政策，鼓励国有和私营公司与土地所有者合作，而非引进移民。[21] 最近在加里曼丹岛开展的一项调查发现，虽然人口更密集地区的种植园确实带来了更高的收入，但"边远"社群在移交了传统所有权下的土地之后，往往过得比油棕到来之前要糟糕。[22] 在苏拉威西岛（Sulawesi），签署协议将土地转让出去的农民得到的租金，不及他们耕作自己的小块农田所得收入的 20%。有些人甚至沦为种植园工人。[23]

在其他国家，土地改革朝着不同的方向发展。在菲律宾的国家开发公司暨菲律宾牙直利公司遭受严重挫折几年之后，政府就实施了一项全面的土地改革，将种植园归还当地农民——尽管只是纸面上的，因为他们不得不接受集体所有权，并将土地租赁给该公司。土著马诺博（Manobo）土地所有者被完全排除在外。批评人士认为，这项措施更多的是在打击激进的劳工运动，而非建立农民所有的合作社。这种无效的土地改革导致油棕单一种植仍然存在，并且，2020 年工人还在抗议工作环境、工资和利润分成。准军事组织依然在该地区徘徊，让活动人士"消失"。土地改革将维护和重新种植的成本从公司转移到了工人身上，农民合作社现在面临着艰难的决定，因为他们拥有的 35 年树龄的油棕已长成参天大树。[24]

土地改革在拉丁美洲的油棕种植故事中尤为重要。1992 年，迫于美国和国际贷款机构的压力，洪都拉斯政府修改了土地法，取消了对种植园的限制，并开放了移民安置点土地的出售。随着精英阶层从负债累累的移民手中夺取油棕地，农民合作社的力量逐渐减弱。20 世纪 90 年代中期，阿关地区"遭受了全国最高程度的土地重新集中"。[25] 1998 年，飓风米奇（Mitch）摧毁了油棕，淹没了田地，在这之后，被迫出售土地的情况激增。被排除在油棕合作社管理之外的妇女发现自己失去了园地，因为男人卖掉了土地以换取现金。[26]

21 世纪初，农民激进分子通过占领土地和挑战法律进行反击。尽管棕榈油价格起伏不定，组织者遭到暴力侵害，但合作社仍致力于油棕种植。对于一些人来说，"油棕已经成为发展的标志"。[27] 但是，洪都拉斯土地改革的主要受益者是种植园公司。凭借极高的产量，种植园已使洪都拉斯成为中美洲主要的棕榈油出口国。类似的故事正在危地马拉上演，1996 年，该国旷日持久的内战结束后，立即进行了土地改革。它被称作是一种给予贫困农民所有权和资本的方式，但允许富有的精英阶层购买土地，即使面临持续的所有权纠纷。[28]

在哥伦比亚，"冷战"时期的土地改革在遏制不同政见方面是"无效的尝试"。[29] 随着"禁毒战争"的升级，这些改革一直持续到新自由主义时代。哥伦比亚的油棕贸易组织（哥伦比亚棕榈油生产者协会，FEDEPALMA）提倡小农与种植园之间达成"富有成效的联盟"，以此作为结束内战和涉毒暴力的一种方式。哥伦比亚棕榈油生产者协会主席（后来成为哥伦比亚农业部部长）用马来西亚作了一个不太恰当的类比，"请记住，在非洲油棕出现之前，马来西亚是一个动荡不安的国家，而今天它是一个和平的国家。我们要向马来西亚人学习"。[30]

由于劳动力成本问题以及与工会的长期争端，棕榈油工业公司在20世纪90年代通过新的土地法将整个种植园移交工人。该公司的广告语宣称，"种植油棕的人将收获财富与和平"。[31] 土地改革并没有解决所有的冲突，但随着劳工激进分子、公司与准军事组织之间的敌意减弱，谋杀率显著下降。[32] 此举还为棕榈油工业公司节省了资金，农民需要自己处理收获成本、化肥和重新种植的问题。农民只能将棕榈果卖给棕榈油工业公司的榨油厂，不过他们赢得了在油棕中间种植粮食作物的权利，这削弱了公司对他们的控制。[33]

尽管哥伦比亚官方支持小农，但种植园仍继续扩张，有时这发生在准军事暴力的支持之下。一位农民被告知要卖掉他的土地，"否则我们将从你的遗孀手中购买"。[34] 20世纪90年代后期，土地改革对非洲裔哥伦比亚人的影响尤为恶劣。一项新的法

律授予他们的社区对哥伦比亚西部 450 多万公顷土地拥有合法所
有权，然而，就在"这些权利在纸面上被授予的时候……实际上
它们却消失了"。[35] 哥伦比亚的投资者——包括寻求新的洗钱方
式的贩毒集团——依靠"威胁、有针对性的杀戮、大屠杀以及强
制个人和集体搬迁"来驱逐居民。随后，一些公司在这些偷来的
土地上夸耀道，它们用"油棕取代了杂草"。[36]

　　非洲的土地改革经验仍在不断涌现。早期的改革，如 20 世
纪 70 年代尼日利亚军事政权实施的改革，试图将土地所有权正
规化，并将权力集中在国家手中。新的产权制度烦琐，而且要经
历漫长的法庭斗争；人们继续依靠酋长权威进行土地流转。20 世
纪 90 年代，在世界银行和国际货币基金组织的压力下，越来越
多的国家开始将传统的土地所有权制度正规化，结果不尽相同。
在科特迪瓦，1998 年的一项改革承认土地权完全属于科特迪瓦公
民，推翻了该国大量移民工人及其后代可占有土地的传统做法。
此举引发了一场政变（1999 年）和内战（2002—2004 年）。[37]
世界银行继续敦促非洲各国进行土地改革，认为所有权凭证和地
图将比习惯土地权提供更多的安全保障。

　　习惯土地权远非完美：它受制于有权有势的领袖的一时兴
起，以及性别、阶层和种族的等级制度。但它承认对土地享有的
基本权利，当土地成为市场上的另一种商品时，这种基本权利就
消失了。在许多情况下，土地改革只是为土地掠夺提供了法律掩
护。尽管占地 180 万公顷的"加里曼丹边界油棕大型项目"目前
已经停工，但推土机已经开始在一些庞大的项目上动工，比如伊
里安查亚的占地 28 万公顷的丹那美拉（Tanah Merah）项目，以

及刚果民主共和国亚达玛（Atama）的占地 47 万公顷的项目，这些项目都依赖殖民时期的神话：热带森林是空旷的、无人居住的地方。[38]

生态足迹

新兴种植园热潮对热带地区小农、工人和土著群体的影响主要是地方性的，但油棕种植的生态影响具有全球意义。随着种植园和乱砍滥伐改变热带栖息地，科学家谈到了"物种大灭绝"危机。[39] 当热带森林受到干扰时，植物和土壤中的大量碳会以二氧化碳和甲烷的形式释放出来。正如一份报告所言，"如果热带森林砍伐是一个国家，那么它的（二氧化碳当量）排放量将排在第三位"。[40]

油棕导致的环境代价的最直观表现是大火和烟雾。1997—1998 年，加里曼丹岛 3% 的森林被烧毁，其中许多火灾源于种植园或小农清理土地。[41] 2015—2016 年厄尔尼诺现象出现期间，加里曼丹岛和苏门答腊岛的火灾更为严重，毁于大火的森林面积比 1997—1998 年多 100 万公顷。[42] 这些大火造成的烟雾笼罩了新加坡、吉隆坡和雅加达等地，使得公司办公室、政府部门和数百万名远离油棕疆界的城市消费者承担了森林被毁的代价。油棕并非罪魁祸首：其他行业，尤其是纸浆行业，也要为东南亚的森林砍伐承担责任。在某些情况下，油棕特许权仅仅是砍伐木材的诡计。巴布亚新几内亚的几家伐木公司在获得油棕特许经营权后，会雇用工人照料油棕苗圃，但当木材资源枯竭后，"油棕幼苗就像杂草一样被遗弃了"。[43] 像伐木和纸浆这样的行业应该受到审查和监管，但这并不意味着油棕与森林砍伐毫无关系或是关系不大。

重要的是，许多大火——苏门答腊油棕特许经营地最近记录在案的近90%——烧毁了泥炭地。当泥炭燃烧时，土壤本身也会燃烧，闷烧数周或数月。从短期来看，烟雾会给人们带来诸多麻烦并损害肺部。从长远来看，泥炭燃烧会向大气中释放大量的碳，对全球气候产生重大影响。当它们没有燃烧时，排干的泥炭地仍然会释放大量的碳，因为有机物质在新的含氧环境中分解。油棕是少数几种可以在深层泥炭土壤中生存的经济作物之一。正如海伦娜·瓦尔基（Helena Varkkey）所指出的那样，各公司向泥炭地进军，既是因为新的矿物土壤难以觅得，又是因为泥炭地通常不受传统的土地所有制的制约。[44] 东南亚许多森林民族的烧荒垦田行为仅限于排水较好的土地。在整个热带地区，对于种植园主和小农来说，扩大油棕种植面积的大战略仍然是该行业发展的最大推动力。[45]

但并非所有棕榈油都是森林砍伐的直接产物。在马来西亚，自20世纪50年代以来，在国家重新种植计划的帮助下，数万公顷橡胶地改种油棕。在科特迪瓦和加纳，油棕往往生长在先前为种植可可开垦的土地上；在没有重新砍伐森林的情况下，数百万公顷土地从种植可可改种油棕（不过全世界的巧克力爱好者为此付出了巨大的代价）。[46] 在过去的4个世纪里，拉丁美洲的大片森林因伐木、放牧和种植香蕉而被砍伐，以至于油棕通常无法取代原始森林。在哥伦比亚，一半的油棕生长在以前的牧场上，不到20%的油棕种植在曾经的"天然"草原或森林上。[47] 在墨西哥南部，许多社区认为多叶的油棕种植园在美学和经济方面都比开阔牧场更可取。[48]

　　巴伊亚的非洲裔巴西人与非洲人一样，经常在地块上间作油棕，这促进了生物多样性的保持。[49] 非洲裔哥伦比亚农民也采取类似的策略，在越来越多的种植油棕的农田中重现"原生林或次生林中的异质性和复杂性"。[50] 在全球范围内，小农往往对使用昂贵的化肥和杀虫剂持谨慎态度，他们愿意接受较低的产量，以换取其他作物与油棕间作所提供的粮食安全保障。[51] 对于巴伊亚农民和许多非洲农民来说，生物多样性包括油棕本身。硬脑膜型油棕因其棕榈油味道较好以及抗病性更强而受人推崇。[52]

　　然而，将小农浪漫化为环保卫士有失公允。举例来说，洪都拉斯阿关地区的移民肆无忌惮地清除森林以种植油棕和其他经济作物。[53] 与类似的咖啡或可可农场相比，油棕地块的生物多样性往往较弱，积聚的生物量也较少，并且，与榨油厂签订的合同使得许多小农只种植油棕这一种作物。正如一位哥伦比亚农民所说："油棕独自生长。"[54]

　　油棕的生态足迹也超越了种植园或小农的土地。在许多地区，榨取棕榈油后留下的污水是一个严重的问题。生产 1 吨棕榈油会排放多达 100 吨污水。当榨油厂将污水排入河流或容易发生洪水的处理池时，它们会污染水道，导致下游绵延数英里水道中的鱼类死亡。[55] 在这方面，大型种植园公司走在前列，开发了更好的处理方法。新不列颠棕榈油有限公司——它排放的污水曾将一条河流点燃——是利用污水处理池产生的沼气发电的先驱。

　　大型公司也控制了百草枯等危险杀虫剂的使用。它们不断推

广减少化肥使用和控制径流的最佳做法。它们投资开发新的高产
植物品种，使每公顷土地产出更多的棕榈油。但在单一种植油棕
的情况下，油棕对营养物质的贪婪需求导致了一个长期的问题。
石油化工原料、高耗能的氨厂以及非洲和南美洲的磷矿很少被计
入油棕的生态足迹，但如果没有这些，油棕行业将举步维艰。在
种植油棕和收获棕榈果的总成本中，化肥花费占四分之一甚至
一半。[56]

　　然而，环境并非一种人类可将自身意志强加其上的事物。有
时它会反击。自从一个世纪前苏门答腊开始种植油棕以来，就一
直受到病害困扰。不过，似乎没有任何一种病害能对其构成生存
威胁。这种情况随着 2004—2015 年哥伦比亚大规模暴发的"芽
腐病"（*pudrición del cogollo*，PC）而改变。从 1920 年到 20 世纪
90 年代，芽腐病可能是导致热带地区种植园病害暴发的罪魁祸
首。20 世纪 70 年代，或许由同一种病原体引起的"致死性黄化
病"攻击了巴西帕拉（Pará）州的新兴种植园。[57]

　　哥伦比亚最近暴发的芽腐病是迄今为止最严重的一次，它将
7 万公顷枝繁叶茂的油棕变成一排排触目惊心、直刺苍穹的无头
树干。这次病害使种植者损失了约 2.5 亿美元。[58] 尽管研究人员
曾将这种病害与真菌、细菌和营养缺乏联系起来，但哥伦比亚专
家将此次病害归咎于一种名为棕榈疫霉（*Phytophthora palmivora*）
的微生物。在哥伦比亚，强降雨为棕榈疫霉攻击单一种植的油棕
创造了理想条件，大多数受感染树木死亡。事实证明，最常见的
软脑膜型油棕极易感染芽腐病。在此之后尚无大规模暴发的报
告，但哥伦比亚的芽腐病是对种植园单一栽培所蕴含危险的警

示。一种更为致命的棕榈疫霉或另一种病原体可以在短期内摧毁
世界的种植园产业。气候变化可能也有助于像灵芝菌这样长期存
在的威胁继续兴风作浪。[59]

然而，乐观主义者认为，科学成就可以使油棕的未来更加光
明。植物学家已经花了几十年在野生非洲油棕和美洲油棕种群中
进行有关抗病性状的生物勘探，并且，新品种比早期的软脑膜型
油棕的抗病性更强、产量更高。在具有"绿果种"（virescens）
基因的油棕中，果实在成熟时由绿色变成橙色，从而避免了靠猜
测来采摘。抗旱特性使东南亚的种植园主在遭受较小损失的情况
下度过了 2015—2016 年的厄尔尼诺大暴发。[60] 克隆油棕有望比
传统育种油棕产量更高，不过克隆会带来表现遗传突变的新问
题，这是人们所不愿看到的。[61] 不管怎样，这些创新是服务于种
植园的，很少惠及小农。许多表现优异的杂交品种需要人工授
粉，这又退至早期种植园产业对劳动力的大量需求。

如今仍有数百万名小农和种植园工人依赖棕榈油谋生。敦促
消费者抵制棕榈油的环保运动于他们不利。这还反映了在环境问
题上的一种双重标准：在过去几个世纪里，欧洲和北美的栖息地
遭到破坏是一种沉没成本。与此同时，热带地区的人们被剥夺了
利用自然资源创造财富的同等机会。单一种植油棕无疑是一种高
效的生产棕榈油以及赚钱的方式。油棕约占油料作物种植面积的
5%，但它供应了全球 30%以上的食用油。如果棕榈油就此消失，
取而代之的大豆油所需要的土地面积将是目前油棕所占用土地面
积的 10 倍。我们也不能忘记棕榈仁：它为工业提供了至关重要
的月桂油，弥补了增长缓慢、产量较低的椰子产业。

　　归根结底，将棕榈油与其他油料作物进行一对一地比较并不恰当。油棕不能和油菜或向日葵生长在同一个地方，反之亦然。对于种植大豆的农民来说，油是次要产品。推动大豆产业发展的是对动物饲料的需求，而不是食用油。[62] 当然，土地类型多种多样。加拿大大草原上 10 公顷的油菜与加里曼丹岛泥炭沼泽中 1 公顷的油棕相比，在生物多样性、碳排放和社会影响方面呈现出截然不同的情况。在退化的草场、牧场或原先的橡胶种植园种植油棕，对人类和环境都有好处。[63] 但当油棕取代原始森林，尤其是占领泥炭地时，那就另当别论了。

全球组织与油棕繁荣

　　虽然新自由主义全球化时代给非洲、亚洲和美洲带来了一波种植园发展浪潮，但也赋予了地方活动人士和全球非政府组织反击的力量。在 20 世纪 90 年代和 21 世纪初，北方国家的非政府组织对种植园发展往往表现出片面的、以环境为重的态度。（回想一下第九章末提及的红毛猩猩鲜血淋漓的手指——都是关于环境保护的，没有考虑农民或工人的生计。）但是，一些非政府组织在 21 世纪初改变了做法。[64] 其中一项战略旨在扩大参与规划和实施自上而下政策的"利益相关者"群体。这些项目中最重要的是可持续棕榈油圆桌倡议组织（RSPO），它肇始于 2001—2004 年非政府组织、工业消费者与种植园公司之间举行的一系列会议。[65] 可持续棕榈油圆桌倡议组织制定了"可持续"棕榈油的定义，并启动了一个认证生产者的计划。工业巨头十分重视可持续棕榈油圆桌倡议组织。联合利华、高露洁、宝洁和雀巢等拥有众多消费者的公司都承诺购买"可持续"棕榈油。比如，在雀巢公司 2019 年消耗的棕榈油中，79% 是经过认证的棕榈油。[66]

批评人士认为，这些拥有众多消费者的公司——在过去的半个世纪里，它们几乎回收了全部种植园投资——正在将可持续发展的成本转移到下游。供应商必须达到新的标准，否则就会失去生意。[67] 对于终端消费者来说，经过认证的棕榈油成为一种新商品，饼干包装和洗发水瓶上印着棕榈树图案。评论家奥利弗·派伊（Oliver Pye）称之为"解决结构性、政治性和社会性问题的神奇方法"。[68] 2019 年，尽管全球 19% 的棕榈油国际贸易供应（1450 万吨）获得了可持续棕榈油圆桌倡议组织的认证，但大多数买家不愿意为此支付较高的价格。2013—2018 年，只有一半获得可持续棕榈油圆桌倡议组织认证的棕榈油以高价出售。[69] 虽然抵制和制裁的威胁无疑迫使一些公司签署了协定，但这对推动参与认证计划收效甚微。例如，欧盟制定了关于棕榈油的 100% 可持续目标。2018 年，45 家大型种植园和榨油公司是可持续棕榈油圆桌倡议组织成员，不过只有 25 家达到了大部分的可持续性基本标准。[70]

然而，棕榈油产业的结构使认证变得比较困难。榨油厂从众多种植园和小农那里购买棕榈果，接下来炼油厂将棕榈油装入巨大的油罐。消费者如何确定自己购买的是可持续棕榈油？在雀巢公司 2019 年采购的棕榈油中，只有 62% 可以追溯特定的生产商，这仍是一个了不起成就，因为它从 88 家供应商那里购买了棕榈油，而这些供应商经营着超过 1624 家榨油厂。一些专家看到了区块链技术的巨大潜力，它可以为每一批棕榈油创建安全身份。消费者可以扫描包装上的代码，然后沿着商品链一路追踪棕榈油。[71] 这种技术管理愿景建立在一种假设之上：一旦人们——终端消费者或工业买家——知道这是可持续棕榈油，他们就会花更多的钱购买。但与以种类和风土为卖点的咖啡等产品不同，工业棕榈油是一种毫无特色的商品。通过一种看不见、尝不出或闻不到的东西，人们很难与生产商建立想象中的关系。

　　小农也很可能在追踪和认证制度方面走在后面。检查一个5000公顷的种植园要比拜访1000个每人只拥有5公顷土地的农民简得多。农民也有理由回避认证计划：注册是通往税收之路。[72] 还有一些人缺乏证明土地所有权所必需的凭证。建造安全的化学品储存设施和购买安全设备是另一个障碍。许多农民仍在清理树木以种植新的油棕。可持续棕榈油圆桌倡议组织禁止砍伐森林，也不允许森林休耕，即使在生态可持续的地方也是如此。[73]

　　可持续棕榈油圆桌倡议组织的一些最激烈的批评者认为，它实际上是在为森林砍伐颁发许可证书。那些在加入该组织之前清理土地的人，没有义务将他们的油棕所取代的生态系统恢复原貌。一些研究声称，在保护生物多样性或抑制火灾方面，获得认证的种植园并不比其他种植园表现得更好。[74] 但是，由大型农业综合企业的自愿监管，替换自上而下的监管，被认为是一种不负责任的为所欲为。可持续棕榈油圆桌倡议组织的一位官员直言不讳地说："一家公司的首席执行官不会一觉醒来就想'我怎么才能剥削工人'……小种植商醒来后却会想如何欺负工人。这些是无名的供应商……我担心的就是这些人。这些没有加入这个圆桌倡议组织的人。"[75]

　　不过，这个圆桌倡议组织并非像企业会员制所表现的那样牢固。当一些活动人士通过可持续棕榈油圆桌倡议组织的投诉机制挑战印多福公司（IndoFood）时，该公司完全退出了这个组织。与此同时，当联合利华和雀巢等消费品生产公司放弃"坏"供应商时——往往是大张旗鼓地这么做——它们原先采购的种植园会继续存在并发展壮大。这些公司失去了影响种植园经营的任何权力，而未经认证的棕榈油则通过无数炼油厂和贸易商"泄漏"入市场。[76] 印度尼西亚和马来西亚推出了自己的认证计划，并反对非政府组织制定有关可持续发展的条款，从而进一步削弱了可持续棕榈油圆桌倡议组织的影响力。两国认为，国家机构可以更好地平衡环境保护与棕榈油生产商的利益。[77]

　　然而，非政府组织的故事还有另一面：一种将地方活动人士、非政府组织与全球组织联系起来的新方法。1950 年，当尼日利亚妇女抗议先锋榨油机的到来时，这则新闻通过官方渠道和媒体缓慢传播；一位忧心忡忡的英国议员向殖民部追问细节，却收到了一份粗略的报告。[78] 这件事几乎没有引起英国新闻界的关注。然而，当里森油棕公司在 20 世纪 90 年代准备进入尼日利亚的一片森林保护区时——这里有该国仅存的、完好无损的雨林，尼日利亚和欧洲的非政府组织联合起来。它们共同说服欧盟撤回了对该项目的资助。[79] 虽然很难对私人资本支持的项目施加影响，但许多油棕项目——尤其是非洲的项目——依赖英联邦开发公司等组织提供的资助，这些组织往往承受活动人士施加的压力，后者随时准备用智能手机拍摄的图片和卫星地图，提供有关抢占土地、污染环境和虐待劳工的证据。

在塞拉利昂，一个社区利用当地法院撤销了种植园的一项重要特权。总部位于新加坡的希瓦集团（Siva Group）与酋长和其他土地所有者签署了协议，但一些团体对这些文件和签署者的合法性提出了怀疑。这些土地所有者向纳马蒂（Namati）寻求帮助，后者是一个国际非政府组织，致力于通过法律体系为原告提供指导。2017 年，世界保护雨林运动（World Rainforest Movement）为妇女组织了讲习班，结果形成了一个由妇女领导的地方活动人士联盟。他们一起策划、战斗，并赢得了对种植园的诉讼，夺回了 4.15 万公顷土地。[80]

在与喀麦隆的赫拉克勒斯农场公司（Herakles Farms）有关的一桩案件中，活动人士与全球非政府组织和媒体之间的紧密联系显得尤为重要。这家总部位于美国的公司希望清除 7.3 万公顷"退化"森林，以种植油棕。喀麦隆政府否决了当地人对租约的反对意见，授予赫拉克勒斯农场公司长达 99 年的特许经营权。当地活动人士收集了有关土地掠夺、暴力横行和森林砍伐的素材，将其交给国际非政府组织，从而在各大媒体进行宣传。受到调查的困扰，赫拉克勒斯农场公司在 2015 年暂停了新业务，并接受了更高的租金和大幅缩水的特许经营权。[81]

在东南亚，法律和政策本应保护农民免受掠夺性农业综合企业的侵害。一些活动人士和印度尼西亚的"棕榈油观察"（Sawit Watch）等组织记录了数百起非法破坏森林、侵占土地和侵犯人权的案件，并向其发起挑战。但他们在法律上取得的胜利屈指可数：有关贿赂以及种植园主与军方、警察或犯罪团伙结盟的指控屡见不鲜。[82] 可持续棕榈油圆桌倡议组织为这些活动人士提供了另一条挑战种植园公司的途径，但该组织的公开案件数据库显示，许多案件被踢给了印度尼西亚法院。[83]

拉丁美洲的活动人士也利用可持续棕榈油圆桌倡议组织来挑战油棕种植园，但几个因素限制了它在监管该行业方面的效用。大多数种植园为当地人所有。与政府、军队或准军事组织有联系的国内精英，不会像跨国公司那样面临来自外部股东或政府监管机构的严重压力。另外，与非洲和东南亚大部分地区相比，拉丁美洲油棕行业的扩张伴随着更为明显的暴力。从危地马拉到秘鲁，数十名活动人士在油棕开发区内及周边地区被谋杀。然而，尽管形势严峻，根植于拥有悠久农民（campesino）组织传统的当地非政府组织，对大肆扩张的种植园进行了有效地抵抗。[84] 这些非政府组织占领非法种植园，不断打官司，并呼吁国家和国际机构提供帮助。

哥伦比亚西北部的帕帕亚尔（Papayal）岛提供了一个特别引人注目的案例，突显了非政府组织行动主义的力量及局限性。20世纪90年代，"拉斯帕瓦斯"（Las Pavas）牧牛场被占有该地的毒贩遗弃后，农民激进分子占领了它。2003年，准军事组织将农民赶走，但后者又转身回来，并根据土地改革法申请合法所有权。与此同时，官方所有人将拉斯帕瓦斯卖给了一家油棕公司，该公司借助准军事组织（后来是防暴警察）驱逐了"非法占据者"。[85]

2009年后，农民激进分子再次占领了这片土地，同时向国家法院和国际媒体寻求帮助。此时，消费品品牌"美体小铺"

（Body Shop）是该种植园生产的获得有机认证的棕榈油的主要买家。在北方国家的非政府组织发起抗议活动后，美体小铺放弃了哥伦比亚的供应商。但这是消费者行动主义的极限：该种植园依然存在，仍旧出售棕榈油。真正的行动来自农民在地面上和法庭上向该种植园发起的挑战。他们赢得了法律上的胜利，但到目前为止，该种植园一直无视法院的判决。这个社区仍然处于紧张的对峙之中，人们指责种植园工作人员破坏农民的庄稼和房屋。几名社区领导人出行时都有国家提供的保镖伴行。

区块链的可追溯性或肥皂包装上的可扫描条码对这些农民没有帮助：他们的生存有赖于国家政府采取有效行动。正如人类学家塔妮娅·李（Tania Li）在最近对印度尼西亚种植园的一项研究中所指出的那样，在那些商业和政治精英有权夺取土地、虐待工人和藐视法规的地方，"坏"公司不能被认证为"好"公司。整个治理体系需要改革。[86]

可持续发展的未来

1986 年，在印度尼西亚油棕繁荣的早期阶段，世界银行官员就如何应对反对新建种植园的非政府组织展开了讨论。一位世行官员在一份备忘录中宣称，"森林很重要，印度尼西亚的部落居民很重要，爪哇的 4000 万贫困人口也很重要。所有的发展都需要权衡，尤其是在这个问题上，没有明确的是非对错。只有在尽量减少不利结果的同时，抓住机会努力使利益最大化"。[87]

是利大于弊吗？与苏门答腊的奥兰林巴族一样的人群不会这么认为。被油棕团团包围的奥兰林巴家庭被迫在种植园里寻觅棕榈果并捕猎野猪，而这样的猎人和猎物都不受种植园欢迎。一些人离开了森林，选择在城镇定居。他们的生活方式已被油棕破坏殆尽。[88]

　　但这并非油棕故事的全部。在印度尼西亚和马来西亚，200多万个小农家庭以油棕为生，他们要么独立，要么依附于种植园。并非所有人都很富裕，许多人因为土地、肥料和幼苗而负债累累。[89] 但是有相当一部分人过上了好日子：他们选择了油棕，而不是小农都可以种植的可可、橡胶和其他作物。许多小农想种植更多的油棕，而不是更少。2010 年，尼日利亚的一项调查发现，绝大多数油棕小农生活"舒适"，只有12%的人表示难以养家糊口。至少有180 万名尼日利亚人种植油棕、生产棕榈油或开展棕榈油贸易（政府声称多达 400 万人）。[90] 虽然种植园公司和国际发展机构经常将创造就业机会作为种植园的主要好处，但像尼日利亚这样的国家，至少需要 900 万公顷的新种植园才能与小农部门提供的就业岗位相匹配。

　　非洲和巴伊亚的小农还受益于充满活力的国内棕榈油市场。他们生产的棕榈油几乎没有出口，也没有被纳入官方统计数据，但这是油棕故事的重要组成部分。棕榈酒也是如此：在非洲，种植园常见的做法是先用农药草甘膦喷洒老树，然后将其砍倒，这就浪费了一种重要的资源。在当地生产和销售棕榈油对妇女来说尤为重要。当男人把棕榈果卖给工厂时，妇女就无法为这个家庭取得收入。[91] 新型机器——如不需要捣碎棕榈果的手动式螺旋榨油机——已经帮助小规模生产获得了更高的利润。在利比里亚，一则关于这种机器的广告呼吁："不要把你的母亲和家人送到航脏的乡下土坑辛苦劳作［捣碎棕榈果］。"[92]

　　小规模生产的棕榈油无法满足全球对食品、油脂化学品和生物燃料的需求。不过，这提醒我们，除了种植园生产，还有其他选择，只不过不是更便宜的方法。当布朗纳博士神奇皂（Dr. Bronner's Magic Soaps）这家行事古怪的公司决定为每年所需的几百吨棕榈油寻找一种有机来源时，该公司并没有求助于加入可持续棕榈油圆桌倡议组织的供应商。相反，它在加纳建立了一家子公司，重复20世纪初的独立工厂实验。两者之间的最大不同是：该公司为获得棕榈果不惜一切代价（据总经理称，有时以"疯狂的价格"收购）。它的工厂没有全部采用机械化生产，以最大限度地增加就业，特别是女性就业。该公司为员工提供医疗等社会服务。它确实影响了农民的耕作方式——维持美国农业部的有机认证对该公司来说至关重要——但它并不拥有土地或树木。[93] 高价购买棕榈油是促进小农可持续经营的一个简单方法。可持续棕榈油圆桌倡议组织的拥护者也抨击大公司不愿为"绿色"棕榈油支付更多费用。但是，为棕榈油支付更高的价格与棕榈油存在于众多产品中的原因相悖：廉价性。

　　泰国，这个油棕产业于1980年刚刚起步的国家，为当前世界市场所需的公平发展提供了一条较为现实的途径。今天，泰国是第三大棕榈油出口国，小农生产了大约四分之三的棕榈油。该国现有种植园的面积很小，大多不足1000公顷。许多油棕取代了橡胶树。由于抢购棕榈果的独立榨油厂数量激增，所以讨价还价权掌握在农民手中。[94] 不过，泰国政府在油棕产业中的地位举足轻重。法律法规为农民的土地所有权提供了保障，并限制了种植园的面积。泰国政府大力推广生物柴油，在这方面消耗的棕榈油超过了食品工业。在新冠肺炎大流行期间，政府下令发电厂燃烧初榨棕榈油来取代燃料油，以支撑棕榈油不断下跌的价格。泰国在油棕方面的成功提醒人们，国家主导的发展在过去对种植油棕的小农有所帮助，如今只要措施得当，它还可以发挥作用。

棕榈油星球？

棕榈油在发电站化作从烟囱冒出的缕缕青烟后，电子得以沿着电线传输，这可以说是棕榈油最隐蔽的作用了。对于一种公开开启其全球事业的商品来说——欧洲人将这种珍贵的产品擦在干燥的双手上，并且，在奴隶们被当作牲畜卖掉之前，他们身上也涂抹有这种产品——落得这种命运让人难以置信。油棕对非洲人意义重大，但在 19 世纪，它成为连接非洲劳动力、生态与欧洲工业、消费者的商品链上的第一环，直至日后走向全球。由于棕榈油价格便宜且用途广泛，它在 19 世纪成为一种工业原料。化学技术使它变得更加通用和隐形，导致它在肥皂、蜡烛、镀锡铁和人造黄油中所起的作用鲜为人知。

种植园最终将棕榈油引入了工业食品体系。正如一位顾问所言，油棕变成种植园里的一个化学"反应堆"："你往里面放一些东西，它就会出油。"[95] 随着消费者和企业出于文化、经济和环境等原因，反对以动物或石油为原料的产品，产自遥远地方并转化为诸多全新产品的棕榈油悄无声息地进入了一个又一个行业，获得了市场份额。棕榈油并非总是隐形的，正如围绕饱和脂肪酸的争论所表明的那样，但它仍然是许多公司选择的廉价原料。

由于其生产方式，棕榈油在 21 世纪重新引起了人们的关注。在 20 世纪 80 年代支持环保和人权的相关运动的基础上，活动人士——大部分来自全球北方但并非全部——认定棕榈油是一种破坏性特别大的商品。在他们的话语中，油棕产业蹂躏了热带地区，屠杀了红毛猩猩，这一切都是为了在肥皂和糖果中添加"隐秘"成分。棕榈油被视为存在于某种事物之中，而它本身并不是一种独立存在的事物，这一事实在消费国引发了一种充满敌意、最终毫无益处的叙事。可可、牛肉、咖啡和大豆对热带生态系统也构成了类似的威胁。它们在劳工和土地权利方面都有不光彩的历史。然而，很少有组织呼吁彻底禁止这些东西。棕榈油之所以容易成为攻击目标，正是因为它是一种替代品，一种替代商品。抵制者不去思考棕榈油替代了什么以及为什么替代，这掩盖了导致制造商最初改变选择的原因。

显然，在未来的几十年里，棕榈油的消费量会不断增长，油棕产业会愈发壮大。那么问题来了：壮大到什么程度？呈现出怎样的形态？对地球会产生什么影响？第一个问题取决于农业燃料政策、人口增长和消费者选择，以及其他油料行业的增长情况。一位权威人士预测，2050 年，世界可能需要 2.4 亿吨植物油，大约是目前产量的 2 倍。[96]

最后两个问题取决于农民、政府和企业。在 20 世纪 60 年代的某个时刻，棕榈油确实兑现了发展的承诺。在国际贷款机构和（非洲及亚洲）渴望改变农业生活的新独立政府的支持之下，三大洲的小农都在种植油棕。20 世纪 90 年代，种植园卷土重来扭转了这一趋势。但在种植油棕方面，种植园本身并不比小农更有效率。相反，它们是投资者从土地和劳动力中获取价值的有效方式，比安装机器加工小农的棕榈果更有利可图。虽然种植园如今生产的棕榈油更多，但小农应该受到重视。正如一些作者所言，他们不仅仅是"种植园和国家项目开发的副产品"。[97] 小农是可可、咖啡和其他作物的主要生产者。由于急于种植经济作物，小农累计砍伐的森林比种植园还多。他们本可以种植更多的油棕。他们考虑的不仅是棕榈油的价格，还有它相对于橡胶、可可、咖啡和其他产品——包括非洲人手工榨取的棕榈油和棕榈酒——的价值，这些产品在与工业棕榈油完全不同的商品网络中流通。

如果将来拉丁美洲和非洲的油棕大规模扩张之路效仿的是泰国或科特迪瓦的经验，而非印度尼西亚的例子，那么世界可能会更美好。[98] 但是，油棕种植区的农民并非软弱无力、任人摆布，等待着政府和企业决定其命运。他们正在创造自己的历史，即使面对官方的镇压，仍勇敢地反抗种植园掠夺土地。[99] 消费者对棕榈油的抵制既不能给他们提供帮助，又不能拯救红毛猩猩，更不能保护封存碳的泥炭地。然而，若仅是使用棕榈油，而不去质疑最初将农民和我们的环境置于如此危险境地的结构，这样的盲目消费同样于事无补。

致　谢

　　每一部全球史都是一个社区项目，尽管这本书只冠以一位作者的名字。在过去的 10 年里，我要对四大洲的许多研究人员、档案管理员、图书管理员和其他人表示感谢。我尤其要感谢加纳公共记录和档案管理处、马来西亚国家档案局、英国国家档案馆、皇家植物园邱园、伦敦大都会档案馆、大英图书馆、伦敦大学亚非学院图书馆和档案馆、联合利华艺术、档案和记录管理中心、哈格利博物馆和图书馆、美国国家农业图书馆、康奈尔大学档案馆和图书馆，以及我拜访或收到过资料的其他许多家图书馆和机构的工作人员。

　　我要感谢海名斯公司以及阳光港联合利华艺术、档案和记录管理中心的联合利华藏品室，允许我复印档案资料。作为查阅和复印档案资料的条件，联合利华艺术、档案和记录管理中心的工作人员审读了本书，但他们没有对文本作出评论或要求修改。我还要感谢皇家植物园邱园董事会以及图书馆、档案馆和经济植物藏馆的工作人员，允许我复印他们收藏的文字和图片资料。

　　第七章的初期版本发表在《东南亚研究期刊》2020 年第 4 期第 51 页，题目为《浅浅的根基：东南亚早期的油棕产业，

1848—1940 年》（Shallow Roots：The Early Oil Palm Industry in Southeast Asia，1848-1940）。本书其他部分的写作基础是发表在《帝国商品研讨论文集》《非洲经济史》《世界史杂志》《环境史》上的文章。我对这些期刊的编辑和匿名审稿人的意见深表感谢。

我还要感谢北卡罗来纳大学出版社团队。早在动笔之前，布兰登·普罗亚（Brandon Proia）帮我厘清了思路。在美国环境史学会、非洲研究协会、农业史学会和帝国商品研讨会的会议上，我也从同行的批评指导和分享的新作品中受益匪浅。2018 年，大卫·比格斯（David Biggs）在东南亚自然研讨会上对东南亚研究作了热情洋溢的介绍。

若无大量资助，本书背后的研究工作就无法开展。该项目始于 2012 年哈格利博物馆和图书馆的一笔探究性资助，并在 2016 年我担任康奈尔大学人类生态学院院长的家政史研究员期间发展壮大。2018 年，美国哲学学会/英国科学院联合奖学金资助了我在英国的研究工作，除此之外，还有密歇根理工大学提供的卓越研究基金。本书的撰写多亏了康涅狄格大学人文学院提供的一大笔资助。密歇根理工大学批准了我的休假，康涅狄格大学人文学院则在 2018—2019 年接待了我作为讲座学者。感谢迈克尔·林奇（Michael Lynch）、亚历克西斯·博伊兰（Alexis Boylan）、乔安·韦德（Jo-Ann Waide）和纳西娅·赛义迪（Nasya Al-Saidy）在那一年里对我的支持。如果没有那段时间和这个学者共同体，我是不可能写出这本书的。感谢贝蒂（Betty）和肯·梅茨勒（Ken Metzler）让我在康涅狄格度过了一段美好时光。

我要特别感谢卡罗尔·麦克伦南（Carol MacLennan）、南希·

兰斯顿（Nancy Langston）、德里克·拜尔李（Derek Byerlee）和科里·罗斯（Corey Ross）给予的建议和支持。许多同事与我交谈，提出批评意见，并将其研究成果和我分享。他们包括斯蒂芬·巴克利（Stephen Buckley）、菲利普·卡斯（Philip Cass）、保罗·查斯（Paul Chassé）、吉姆·克利福德（Jim Clifford）、马克斯·康特（Max Counter）、罗布·克拉姆博（Rob Cramb）、约翰·加里古斯（John Garrigus）、斯普林·格林尼（Spring Greeney）、安德鲁·哈迪（Andrew Hardy）、安雅·金（Anya King）、凯文·拉纳根（Kevin Lanagan）、乔什·麦克费登（Josh MacFayden）、安东尼·梅德拉诺（Anthony Medrano）、内特·米利特（Nate Mil-let）、马特·米纳切克（Matt Minarchek）、鲁尔·帕根森（Ruel Pagunson）、艾琳·皮施克（Erin Pischke）、詹姆斯·普策尔（James Putzel）、杰弗里·帕基亚姆（Geoffrey Pakiam）、比阿特丽斯·夸希·史密斯（Beatrice Quarshie Smith）、彼得·汤普森（Peter Thompson）、内维尔·特雷法尔牧师（the Rev. Neville Threlfall）、海伦娜·瓦基（Helena Varkkey）、夏奇拉·雅各布（Shakila Yacob），对于那些未能尽述其帮助的人，我深表歉意！赫尔曼·冯·黑塞（Hermann von Hesse）和劳拉·维达尔·基耶萨（Laura Vidal Chiesa）为我提供了研究帮助。詹姆斯·芬斯克（James Fenske）和恩里克·马蒂诺（Enrique Martino）慷慨地和我分享了数字化档案资料。南希·休梅克（Nancy Shoemaker）和我分享了重要的档案笔记，并教我如何用棕榈油制作肥皂。尤其感谢凯斯·沃特金斯（Case Watkins）和我分享了他的作品。他的新书《棕榈油移民：巴伊亚油棕海岸非裔巴西人的地貌与经济》（*Palm Oil Diaspora：Afro-Brazilian Landscapes and Economies on Bahia's Dendê Coast*，剑桥大学出版社，2021年），讲述了巴西种植油棕的全部故事，我在本书中对此则是一笔带过。最后，感谢克莱尔（Clare），感谢她接受了这个项目，感谢她在过去的10年里所付出的一切。

注　释

引言

［1］James Hall, "To Emigrants," 40; "The African Trade," 165; Tindall, *South Carolina Negroes*, 157.

［2］关于油棕的权威著作参见 Corley and Tinker, *Oil Palm*, 但翻看 Hartley 著作的早期版本,可以看到截然不同的历史处理。

［3］关于商品网络,参见 MacFadyen, *Flax Americana*, 16。

［4］该词的定义是一个拥有一定数量土地的家庭,在没有或很少雇用工人的情况下劳作。参见 Clarence-Smith, *Cocoa*, 125。

［5］Borras et al., "Rise of Flex Crops"; Alonso-Fradejas et al., "Inquiring into the Political Economy."

［6］Mosbergen, "Palm Oil Is in Everything."

［7］Lian and Wilcove, "Oil Palm: Disinformation Enables Deforestation," 68.

［8］Teltscher, *Palace of Palms*, 261.

［9］Sime Darby, "Palm Oil Facts and Figures," c. 2015, http://www.simedarby.com/upload/Palm_Oil_Facts_and_Figures.pdf.

［10］Behrendt, Latham, and Northrup, *Diary of Antera Duke*, 267; 关于 9 磅的数据,参见 Sarbah, "Oil Palm." Maier, "Precolonial Palm Oil" 认为 1 加仑重 7.7 磅,但这是美制加仑。

第一章　非洲油棕

［1］Winterbottom, *An Account*, 58.

［2］关于人为的或"技术性"壮丽景象的观点,参见 Nye, *American Technological*

Sublime；关于印度尼西亚的一个种植园的形象描述，参见 Li，" After the Land Grab. "。

[3] Wolf, *Injuries*.

[4] Stumpf, "Biosynthesis of Fatty Acids," 39–41.

[5] Zeven, "On the Origin of the Oil Palm (*Elaeis guineensis* Jacq.)"; Clark, "Pre-historic Populations," 80 – 81; Shaw, " Early Crops in Africa," 113; Wickens, "Prelimi-nary Note. "

[6] Singh et al. , "Oil Palm Genome Sequence Reveals Divergence of Interfertile Species in Old and New Worlds". 关于一种已被揭穿的巴西起源的理论，参见 Cook，"Brazilian Origin. "。

[7] Sarbah, "Oil Palm," 249.

[8] Zeven, "On the Origin of the Oil Palm (*Elaeis guineensis* Jacq.)"; Zeven, *Semi-Wild Oil Palm*; see also Hartley, *Oil Palm*, 1st ed. ; and Corley and Tinker, Oil Palm.

[9] 正如 Zeven 所言，即使沼泽也不能保证是"自然的"。人类改变了水道和地下水位，这意味着一些"沼泽"树木可能只是过去干旱时期的遗迹。Zeven, *Semi-Wild Oil Palm*, 23; Zeven, " The Partial and Complete Domestication of the Oil Palm (*Elaeis guineensis*)". 有关前现代水文工程的例子，参见 Hubbard, *The Sobo*。

[10] Hartley, *Oil Palm*, 2nd ed. , 5.

[11] Translated in Usoro, *Nigerian Oil Palm Industry*, 21–22.

[12] Kone, "Le Palmier à Huile En Côte d'Ivoire. "

[13] Carney and Rosomoff, *Shadow of Slavery*, 6; quoting Frobenius, *Volksdich-tungen aus Oberguinea*, 75.

[14] Afigbo, *Ropes of Sand*, 41, 128.

[15] Shaw, "Early Crops in Africa," 131.

[16] Harris, "Traditional Systems," 351.

[17] Oas, D'Andrea, and Watson, "10,000 Year History of Plant Use at Bosumpra Cave, Ghana"; D'Andrea, Logan, and Watson, "Oil Palm and Prehistoric Subsistence. "黑猩猩确实吃棕榈果，并且还会砸取棕榈仁，但它们可能是从人类那里学来的这项技能。Mercader et al. , "Chimpanzee Sites. "

[18] Sowunmi, "The Significance of the Oil Palm (*Elaeis guineensis* Jacq.) in the Late Holocene Environments of West and West Central Africa. "

[19] Sowunmi, "The Significance of the Oil Palm (*Elaeis guineensis* Jacq.) in the Late Holocene Environments of West and West Central Africa"; Alabi, "Environment and Subsistence of the Early Inhabitants of Coastal Southwestern Nigeria. "

[20] 关于这种典型景观，参见 Harlan, de Wet, and Stemler, "Plant Domestication"；关

于这种评论的摘要，参见 Ickowitz，"Shifting Cultivation"。Fairhead and Leach，*Misreading the African Landscape*；Fairhead and Leach，*Reframing Deforestation*.

[21] Salzmann and Hoelzmann，"The Dahomey Gap"；Maley and Chepstow-Lusty，"*Elaeis guineensis* Fluctuations"；Maley，"Impact of Arid Phases"；Oslisly et al.，"Climatic and Cultural Changes in the West Congo Basin Forests over the Past 5000 Years"；Oslisly and White，"Human Impact"；Flenley and Bush，*Tropical Rain-forest Responses to Climatic Change*，156-58.

[22] Oslisly and White，"Human Impact，"357.

[23] Bostoen，Grollemund，and Koni Muluwa，"Climate-Induced Vegetation Dy-namics and the Bantu Expansion"；Bostoen et al.，"Middle to Late Holocene Paleo-climatic Change and the Early Bantu Expansion in the Rain Forests of Western Central Africa."

[24] Baeke，"Wuli Witchcraft，"38-39.

[25] Zeven，*Semi-Wild Oil Palm*，25.

[26] Fairhead and Leach，*Misreading the African Landscape*；Watkins，"Landscapes and Resistance in the African Diaspora."

[27] "是的，这些国家现在或多或少有了树木，"他们肯定地说，"因为从一开始，我们就通过耕作促进了这些森林的发展；另一方面，我们或我们的祖先创造了各种各样的人工林。"Vanderyst 的叙述，转引自 Spinage，*African Ecology*，348；也见 Vanderyst，"Origine Des Palmeraies"；Vanderyst，"Les Palmeraies. 关于环境衰败论的批判性重新评价，参见 Fairhead and Leach，*Reframing Defores-tation*，17-18 and passim；Richards，*Indigenous Agricultural Revolution*；关于大火，参见 Munier，*Le palmier a huile*，27。

[28] Hellermann，"Reading Farm and Forest，"105-6.

[29] Spinage，*African Ecology*，352.

[30] Zeven，*Semi-Wild Oil Palm*，91-92；Jones，*Slaves to Palm Oil*，48；大多数作者将双绳系统归因于伊比比奥或伊博攀爬者，但它确实出现在其他地方，可能是尼日利亚人带来的。相关例子参见 Bristowe，"Gold Coast Palms."。

[31] Nadel，*Black Byzantium*，72.

[32] Basden，*Among the Ibos*，158-59.

[33] MacCormack，"Control of Land，"36.

[34] Basden，*Niger Ibos*，403.

[35] Chuku，*Igbo Women*，51-52.

[36] Agbasiere，*Women in Igbo Life and Thought*，30.

[37] Moloney，Druce，and Shelley，*Sketch*，42-43.

[38] 关于伊博人的"行事历"，参见 Uzozie，"Tradition and Change，"198；也见 Martin，

Palm Oil and Protest, 22-24; Bay, *Wives of the Leopard*, 196。

[39] Moloney, Druce, and Shelley, *Sketch*, 42-43; Sarbah, "Oil Palm."

[40] Bradbury, *Benin Kingdom*, 135.

[41] 这项数据还不包括采集水和柴火的时间, 记录自达荷美相当独特的油棕林。 Lynn, *Commerce and Economic Change*, 49; Rao, "Changing Position," 22; 关于达荷美的情况, 参见 Reid, "Warrior Aristocrats," 348; 关于其他估计, 参见 Maier, "Precolonial Palm Oil," 15; Forde, "TheRural Economies," 51; Northrup, "Compatibility of the Slave and Palm Oil Trades," 361; Oriji, "A Re-Assessment," 541。

[42] Inikori, "Africa and the Globalization Process."

[43] Junker, *Travels in Africa*, 10-11.

[44] A. Jones, *German Sources*, 52.

[45] "Lagos Palm Oil. (*Elœis guineensis*, Jacq.)," 206.

[46] 相关论述参见 Robins, "Oil Boom."。

[47] Jones, *German Sources*, 33; 关于保护皮肤的当代用法, 参见 Fentiman, "The Anthropology of Oil."

[48] Jones, *German Sources*, 205.

[49] Equiano, *Interesting Narrative*, 17.

[50] Roberts, "Medical Exchange," 489.

[51] Havik, "Hybridising Medicine," 192; Simon, "A Luso-African Formulary of the Late Eighteenth Century," 113.

[52] Bosman, *New and Accurate Description*, 485-86.

[53] Chuku, *Igbo Women*, 53.

[54] Reynolds, *Trade and Economic Change*, 21.

[55] Jones, *German Sources*, 232.

[56] Jones, *German Sources*, 224.

[57] Johnston, *George Grenfell and the Congo*, 742.

[58] Newbury, *British Policy 1786-1874*, 446; Bradbury, *Benin Kingdom*, 135.

[59] Fairhead and Leach, *Misreading the African Landscape*, 183.

[60] 相关例子, 参见 Sato, "Hunting of the Boyela," 11。

[61] Akiga and East, *Akiga's Story*, 95.

[62] Isichei, *Igbo Worlds*, 216-17; Talbot, *Shadow of the Bush*, 271.

[63] Alpern, *Amazons of Black Sparta*, 70; Isichei, *Igbo Worlds*, 102.

[64] L. Wilson, *Krobo People*, 42.

[65] Torday, "Bushongo Mythology". 关于更多未被引用的细节, 参见 Ergo, "Histoire

de l'Elaéiculture," 13-14。

［66］Jones, *German Sources*, 52.

［67］Purchas, *Purchas His Pilgrimes*, 976.

［68］Gruca, van Andel, and Balslev, "Ritual Uses of Palms."

［69］Buckley, *Yoruba Medicine*, 98, 110; see also McKenzie, *Hail Orisha!*

［70］Henderson, *King in Every Man*, 118.

［71］Jones, *German Sources*, 120. 这种做法在散居在外的约鲁巴人中间依然存在, 参见 Parés, Formation of Candomblé, 117。

［72］Pratten, *Man-Leopard Murders*, 59.

［73］Talbot, *Shadow of the Bush*, 130; Agbasiere, *Women in Igbo Life and Thought*.

［74］Basden, *Among the Ibos*, 160; Hofstra, "Social Significance," 114.

［75］Sweet, *Recreating Africa*, 256n53.

［76］Gruca, van Andel, and Balslev, "Ritual Uses of Palms."

［77］See Robins, "Imbibing the Lesson of Defiance."

［78］Friedel, "Sur des matières grasses," 648-50.

［79］Lucas, Ancient Egyptian Materials and Industries, 269, 271.

［80］Banks and Hilditch, "Note on the Composition."

［81］Buckley and Evershed, "Organic Chemistry of Embalming Agents in Phara-onic and Graeco-Roman Mummies," 838.

［82］Kantor, "Plant Ornament," 291.

［83］Hartley, *Oil Palm*, 1st ed.; Hartley cited Raymond, "Oil Palm Industry"; who in turn cited Fickendey, *Die Ölpalme an der Ostküste von Sumatra*, Fickendey who cited Friedel, "Sur des matières grasses."

［84］Berger and Martin, "Palm Oil," 397.

［85］*The Oil Palm*, "History and Origin."

［86］Fife, *Shocking Truth about Palm Oil*, 11.

［87］Hughes, *Natural History of Barbados*, book iv, 112-113.

［88］Winterbottom, *An Account*, 60.

［89］Herodotus, Histories, book 2, chapter 86. 关于这个错误翻译, 参见 MacKendrick and Howe, *Classics in Translation*, vol. 1, 117。The Rawlinson (1860), Macaulay (1890), and Godley (1920)的翻译都用的是 "棕榈酒"。

［90］Diodorus Siculus, *Library of History*, book 1, chapter 91. 另一部希腊语著作《厄立特里亚海航行记》(*the Periplus of the Erythraean Sea*)提到了从东非进口的 "棕榈油", 但这很可能是椰子油。

［91］Copley et al., "Detection of Palm Fruit Lipids"; Ibrahim and Baker, "Medemia

Argun. "

[92] 翻译和背景信息由 Anya King 热心提供。Lewicki 的翻译仅称这种果实"富含油脂"。Lewicki and Johnson, *West African Food in the Middle Ages*, 108; 也见 Shams al-Dīn Muḥammad ibn Abī Ṭālib Dimashqī, *Manuel de la cosmographie du moyen âge*, 341 的翻译。关于"萨马坎达"和西非的地理资源问题，参见 Bühnen, "In Quest of Susu. "。

[93] 一些作者把椰子和油棕搞混了，并错误地称后者在阿拉伯世界众所周知。See Ghesquière, "L'Elaeis guineensis Jacq. est-il africain ou américain?," 341.

[94] Girshick and Thornton, "Civil War in the Kingdom of Benin, 1689–1721," 359.

第二章　早期的接触与交流

[1] Cà da Mosto, *Voyages of Cadamosto*, 42–44.

[2] Pacheco Pereira, *Esmeraldo de Situ Orbis*, 128–29.

[3] Garcia da Orta 描述的"palmitos"可能是棕榈仁，但他认为它们是一种椰子（*Colóquios*, 240）。Clusius 经常被认为是称油棕为"印度坚果树"的人（*Aromatum*, book 1, chapter 123），但他最早的描述是对 da Orta 说法的拉丁语翻译。Clusius 后来不断修正了自己对油棕的描述，但都并非完全正确，在他死后出版的作品中，经人更正，才出现一种准确的描述（*Curae posteriores*, 85）。参见 Opsomer, "Les Premières Descriptions," 他驳斥了 Ghesquière 在"L'Elaeis guineensis Jacq. est-il africain ou américain?"中的说法；也见 Schultes, "Taxonomic, Nomenclatural and Ethnobotanic Notes on Elaeis," 175。

[4] Purchas, *Purchas His Pilgrimes*, pt. 2, 936; 关于科学上的"混乱"，参见 Schiebinger, *Plants and Empire*, 84.

[5] Zeven, *Semi-Wild Oil Palm*, 6–7; 关于欧洲的椰子，参见 Kennedy, "Grip-ping It by the Husk. "

[6] M'Cormac, "On the Oil Called Palm Oil. "

[7] Sloane, *A Voyage to the Islands*, vol. 2, 114.

[8] Blackwell, *Curious Herbal*, vol. 2, plate 363; Madge, "Elizabeth Blackwell – the Forgotten Herbalist?"

[9] Jacquin, *Selectarum stirpium Americanarum historia*, 280–82.

[10] 关于贸易据点，参见 Osei-Tutu and Smith, *Shadows of Empire*.

[11] 相关例子，参见 Law, *The English in West Africa*, 1691–1699, 169, 211, 511.

[12] Law, *The English in West Africa*, 1691–1699, 171.

[13] Bosman 最初的荷兰语表述缺乏诗意："吃着还行"。Bosman, *Nauwkeurig beschryving*, pt. 2, 65; Bosman, *A New and Accurate Description*, 285. 虽然这段话

经常被人认为是 Barbot 说的,但它其实抄袭自 Bosman。

[14] 据说是从一篇约 1600 年的荷兰语文章翻译而来的,参见 Purchas, *Hakluytus Posthumus*, 274.

[15] Atkins, *Voyage to Guinea*, 71.

[16] Donelha, *Account of Sierra Leone*, 81.

[17] Purchas, *Purchas His Pilgrimes*, pt. 1, 416.

[18] Froger, *Relation of a Voyage*, 9.

[19] Law, *The English in West Africa*, 1691-1699, 439-40.

[20] Jones, *German Sources*, 224 and passim; also see Bosman, *A New and Accurate Description*, 286.

[21] Law, *The English in West Africa*, 1691-1699, 6, 322.

[22] Law, *The English in West Africa*, 1691-1699, 444.

[23] 转引自 Winterbottom, *An Account*, 61.

[24] Apeh and Opata, "Oil Palm Wine Economy"; Béhi et al., "Vin de Palme"; Akyeampong, *Drink, Power, and Cultural Change*.

[25] See Klein, *Atlantic Slave Trade*, 7-10.

[26] Manning, *Slavery and African Life*, 3.

[27] Vogt, "Early São Tomé-Principe Slave Trade," 454, 466.

[28] 根据 A. Jones, *Brandenburg Sources*, 195 转述;也见 Zaugg and Koslofsky, "Ship's Surgeon."

[29] Printed in Churchill, *Collection of Voyages*, 234. 打烙印并非普遍做法。一份 1760 年的丹麦记录描述了在奴隶主检查之前,奴隶们会被人剃去毛发并在身上涂抹棕榈油,奴隶主"可能会花四个小时检查一个奴隶"。Rømer, *Reliable Account*, 226.

[30] Dalrymple-Smith and Frankema, "Slave Ship Provisioning."

[31] Aubrey, *Sea-Surgeon*, 127-28, 130.

[32] 转引自 Watkins, "Afro-Brazilian Landscape," 167.

[33] Avity, *Estates, Empires, & Principallities*, 1100.

[34] Carney and Rosomoff, *Shadow of Slavery*, 67; 感谢 Case Watkins 澄清了"coquinho"的意思,这是 Carney 和 Rosomoff 引用的资料中使用的术语(Alencastro, *O trato dos viventes*, 252). 关于另外的例子,参见 Biron, *Curiositez de la nature*, 108-9.

[35] Sloane, *A Voyage to the Islands*, vol. 1, 53.

[36] Barham, *Hortus Americanus*, 130.

[37] Watkins, "Afro-Brazilian Landscape," 144.

[38] Carney and Rosomoff, *Shadow of Slavery*, 9.

[39] Moreau de Saint-Méry, *Description*, vol. 1, 54. John Garrigus 热心地提供了这份参考资料。O. F. Cook 称美洲的大多数奴隶对棕榈油感到陌生，并且也不喜欢它，但这并非事实。Cook, "Oil Palms," 16-18.

[40] P. Thompson, "Henry Drax's Instructions," 586.

[41] Reproduced in Churchill, *Collection of Voyages*, 249.

[42] Ligon, *Barbados*, 69.

[43] P. Thompson, "Henry Drax's Instructions," 601.

[44] Sloane, *A Voyage to the Islands*, vol. 2, 114.

[45] Barham, *Hortus Americanus*, 130.

[46] 关于语言证据，参见 Hall, *Slavery and African Ethnicities*。

[47] 参见 Inikori, "Africa and the Globalization Process," 82；更多描述参见 Inikori, *Africans and the Industrial Revolution*。

[48] Tomich, "Une Petite Guinee"; Handler and Wallman, "Production Activities."

[49] Berlin and Morgan, "Introduction," 9.

[50] Long, *History of Jamaica*, 740.

[51] Roughley, *Jamaica Planter's Guide*, 419-20; Prince, The West Indies, 5; Higman, *Jamaican Food*, 171.

[52] Carney and Rosomoff, Shadow of Slavery; Watkins, "Afro-Brazilian Land-scape," 154, 198.

[53] Hughes, *Natural History of Barbados*, book iv, 111.

[54] Heywood 和 Thornton 将这种事情与安哥拉人联系起来，但该做法在"黄金海岸"也很普遍。*Central Africans*, *Atlantic Creoles*, 92, 292.

[55] Wolsak, "Of Fishpots, Bonnets, and Wine," 55-57.

[56] Ligon, *Barbados*, 77. Case Watkins 认为这种棕榈树是 *Roystonea regia*.

[57] Watkins, "Afro-Brazilian Landscape," 165.

[58] Imray to Hooker, 30 M1855, Director's Correspondence, RBGK, http://plants. jstor. org/stable/10. 5555/al. ap. visual. kmdc1336; and March to Hooker, 20 March 1856, http://plants. jstor. org/stable/10. 5555/al. ap. visual. kmdc1402.

[59] Patiño, "Informacion Preliminar," 10.

[60] 美国植物学家 O. F. Cook 是美洲起源理论的主要支持者。参见 Cook, "Brazilian Origin."。

[61] Watkins, "Afro-Brazilian Landscape," 156-57.

[62] Watkins, "Afro-Brazilian Landscape," 158.

[63] Dampier, Voyage to New Holland, vol. 3, 71.

[64] Carney and Rosomoff, *Shadow of Slavery*, 141；关于在奴隶社会的历史记录中识别

非洲种族的问题,参见 Hall, *Slavery and African Ethnicities*.

［65］Watkins, "Afro-Brazilian Landscape," 199-200.

［66］Murrell, *Afro-Caribbean Religions*.

［67］Parés, *Formation of Candomblé*, 117.

［68］Schwartz, *Slaves, Peasants, and Rebels*, chap. 4.

［69］Carney and Rosomoff, *Shadow of Slavery*, 237n33.

［70］Watkins, "Afro-Brazilian Landscape," 165-66.

［71］Price, "Subsistence on the Plantation Periphery," 112.

［72］Berlin and Morgan, "Introduction."

［73］Georgia Writers' Project—Savannah Unit, *Drums and Shadows*, 52.

［74］Goucher, *Congotay!*, 23.

［75］Bleichmar, "Books, Bodies, and Fields."

［76］A. Jones, *German Sources*, 16.

［77］A. Jones, *German Sources*, 122.

［78］Donelha, *Account of Sierra Leone*, 81.

［79］Havik, "Hybridising Medicine," 197-99.

［80］转引自 Watkins, "Afro-Brazilian Landscape," 168.

［81］W. Smith, *A New Voyage to Guinea*, 163. 这些论述的大部分内容是从其他作者那里抄袭的。

［82］Roberts, "Medical Exchange," 502, 认为欧洲药房里的非洲物品"在很大程度上是更常用试剂的替代品",但正如笔者所言,棕榈油的广泛使用表明情况并非如此。

［83］Biron, *Curiositez de la nature*, 108-9, 使用了"Aouara"这个词,今天指的是一种美洲棕榈。他形容这种棕榈"在非洲比在美洲更常见"。

［84］Atkins, *A Treatise on the Following Chirugical Subjects*, 196, 203, 208.

［85］Chakrabarti, *Materials and Medicine*, 144.

［86］Ligon, *Barbados*, 51.

［87］Schiebinger, *Secret Cures of Slaves*, 42, 47.

［88］Long, *History of Jamaica*, 740.

［89］Handler, "Slave Medicine and Obeah," 59-60.

［90］Voeks, "African Medicine and Magic in the Americas," 66.

［91］Hogarth, *Medicalizing Blackness*, 87; Parrish, *American Curiosity*, 274.

［92］Chakrabarti, *Materials and Medicine*, 153-55; Sheridan, *Doctors and Slaves*, 78-79.

［93］Handler, "Slave Medicine and Obeah," 66-67.

［94］Hogarth, *Medicalizing Blackness*, 88.

［95］Stilliard, "Legitimate Trade," 8.

［96］Kerr, *General History*, 334–35.

［97］J. V., *Golgotha*, 19; Salmon, *Medicina Practica*, 1–2, 38, 108, 116–17; E. R., *Experienced Farrier*, 354.

［98］Harvey, *The Family-Physician, and the House-Apothecary*, 134.

［99］相关例子,参见 *Daily Post*（London）, 4 February 1729.

［100］Behrendt, Latham, and Northrup, *Diary of Antera Duke*, 84n40.

［101］W. Smith, *A New Voyage to Guinea*, 163.

［102］Lewis, *Experimental History*, 472–73.

［103］Pomet, *Compleat History of Drugs*, 136. 这个翻译将法语中的"amande"译成棕榈仁,而实际上当时它指的是棕榈果。

［104］Quincy, *Pharmacopoia*, vol. 1, 237; Lemery, *Traité Universel*, 603; Miller, *Botanicum Officinale*, 326–27.

［105］"Extracts from the Records of Surrey County," 79.

［106］Bancroft, *Natural History of Guiana*, 269.

［107］Lewis, *The New Dispensatory*, 191–92; see also Lewis, *Experimental History*, 472–73.

［108］Dalzel, *History of Dahomey*, xxvi.

［109］*Collecção de Noticias*, vol. 2, 88; Barbot, *Description of the Coasts*, 106. Barbot 的引文很可能是对葡萄牙语资料的润色。

第三章　从"合法贸易"到"瓜分非洲"

［1］Drescher, *Econocide*; Brown, *Moral Capital*; see also Palmer, "How Ideology Works."

［2］House of Lords Deb., 16 May 1806, vol. 7, col. 233.

［3］Behrendt, Latham, and Northrup, *Diary of Antera Duke*, 81.

［4］Brown, "Origins of 'Legitimate Commerce'"; Dalrymple-Smith, "Commercial Transition," chap. 4.

［5］Coleman, *Romantic Colonization*; Brown, *Moral Capital*, 315; Ciment, *Another America*, 82.

［6］MacQueen, *Colonial Controversy*, 110–14.

［7］Fairhead et al., *African-American Exploration*, 129.

［8］"The African Trade," 165.

［9］Fairhead and Leach, *Reframing Deforestation*, chap. 2; Fleur, *Fusion Foodways*.

［10］关于这个争论的演变,参见 Law, *Slave Trade*; Law, Schwarz, and Strickrodt, *Commercial Agriculture*.

［11］Austen, *African Economic History*, 97；这种观点也见于 Hopkins, *Economic History*.

［12］See Lynn, *Commerce and Economic Change*, 46.

［13］Falola, *Colonialism and Violence*, 20.

［14］*Report from the Select Committee on the West Coast of Africa*, pt. 1, 44.

［15］转引自 Stilliard, "Legitimate Trade," 46–47.

［16］Laird, *Narrative of an Expedition*, 106–7.

［17］See Sherwood, *After Abolition*, chap. 1.

［18］Collier to Croker, 12 March 1821, 收录于 *Further Papers Relating to the Slave Trade*, 4–5.

［19］英国要求发行证明木桶用途的债券，但这种方法难以实施。参见 *Correspondence with Foreign Powers*.

［20］"Report of the Case of the Schooner 'Sete de Avril'..." 15 November 1839, in *Correspondence with the British Commissioners*, 123–24；voyages 3090 and 2637 in slavevoyages. org.

［21］Canot, *Captain Canot*, 127.

［22］Canot, *Captain Canot*, 99–100, 126.

［23］*Report from the Select Committee on the West Coast of Africa*, pt. 1, 96.

［24］Reid, "Warrior Aristocrats," 202.

［25］Northrup, "Compatibility of the Slave and Palm Oil Trades," 360.

［26］转引自 Dike, Trade and Politics, 53.

［27］Reid, "Warrior Aristocrats," 201.

［28］Forbes, *Dahomey*, 25.

［29］Forbes, *Dahomey*, 55.

［30］Reid, "Warrior Aristocrats," 346.

［31］*Report from the Select Committee on the West Coast of Africa*, pt. 1, 125.

［32］Law, "Introduction," 10.

［33］Reynolds, "Agricultural Adjustments on the Gold Coast after the End of the Slave Trade, 1807–1874," 317.

［34］Manning, "Slave Trade," 207–10.

［35］Mann, *Lagos*, 24；Falola, *Political Economy*, 115.

［36］Latham, *Old Calabar*, 32–34；Hargreaves, "Political Economy," 34–36；关于独木舟和水文化的概述，参见 Dawson, *Undercurrents of Power*.

［37］Hargreaves, "Political Economy," 95–96, 104, 112–13；G. Jones, *Trading States*, 47；Northrup, "Nineteenth-Century Patterns," 6, 16.

［38］*Report from the Select Committee on the West Coast of Africa*, pt. 1, 34.

［39］Laird, *Narrative of an Expedition*, 341; Lynn, *Commerce and Economic Change*, 29; Nwaubani, "The Political Economy of Aboh, 1830 – 1857," 108; Köler, *Einige Notizen Über Bonny*, 138–40.

［40］Stilliard, "Legitimate Trade," 116; Law, "Introduction," 11.

［41］Dike, *Trade and Politics*, 100; Lynn, *Commerce and Economic Change*, 71.

［42］Hargreaves, "Political Economy," 107; Lynn, *Commerce and Economic Change*, 166.

［43］J. King, "Details of Explorations," 260.

［44］Lynn, *Commerce and Economic Change*, 26.

［45］Lynn, *Commerce and Economic Change*, 91.

［46］J. Adams, *Sketches*, 100–101.

［47］*Report from the Select Committee on the West Coast of Africa*, pt. 2, 115.

［48］Carnes, *Journal*, 267.

［49］See Strickrodt, *Afro-European Trade*.

［50］Reid, "Warrior Aristocrats," 158.

［51］关于一份购物单，参见 J. Adams, *Sketches*, 100 – 101; Lynn, "Liverpool and Africa."

［52］Bold, *Merchant's and Mariner's African Guide*, 82, 85.

［53］*Report from the Select Committee on Africa (Western Coast)*, 196; Strickrodt, *Afro-European Trade*, 216; Sanders, "Palm Oil Production," 62; Lynn, *Commerce and Economic Change*, 56.

［54］Cruickshank, *Eighteen Years on the Gold Coast of Africa*, 43–44.

［55］Agiri, "Aspects of Socio-Economic Changes," 469.

［56］Hogendorn and Johnson, *The Shell Money of the Slave Trade*, 73.

［57］Lovejoy and Richardson, "'This Horrid Hole'"; see the example in Langdon, "Three Voyages."

［58］William Oates, "First Voyage to Bonny," 10 October 1853, D_O – 17, Merseyside Maritime Museum, accessed through *Slavery, Abolition and Social Justice* database.

［59］Hargreaves, "Political Economy," 94.

［60］转引自 Simmons, "Ethnographic Sketch," 5.

［61］Lovejoy and Richardson, "From Slaves to Palm Oil."

［62］Dike, *Trade and Politics*, 161–62; Noah, "Political History"; Nair, *Politics and Society*, 15.

［63］Harvey, "Chopping Oil in West Africa."

［64］Dike, *Trade and Politics*, 109.

[65] Dike, *Trade and Politics*; Johnston, "British West Africa," 108; Newell, "Dirty Whites."

[66] Waddell, *Twenty-Nine Years*, 261; see also Lynn, *Commerce and Economic Change*, 89-90.

[67] Dike, *Trade and Politics*, 110.

[68] Dike, *Trade and Politics*, 111.

[69] Stilliard, "Legitimate Trade," 127.

[70] Lovejoy, *Transformations in Slavery*, chap. 8.

[71] See Law, "'There's Nothing Grows in the West Indies but Will Grow Here.'"

[72] 转引自 Sherwood, After Abolition, 121.

[73] Sutton, "Commerical Agriculture," 464; Mann, *Lagos*, 133-35; Falola, *Political Economy*, 97-98.

[74] Lynn, *Commerce and Economic Change*, 51-52

[75] 转引自 L. Wilson, *Krobo People*, 94.

[76] Sutton, "Commerical Agriculture," 468.

[77] Maier, "Precolonial Palm Oil," 12.

[78] Manning, "Slave Trade," 221.

[79] Obichere, "Women and Slavery in the Kingdom of Dahomey," 16.

[80] Reid, "Warrior Aristocrats," 420-21; Manning, *Dahomey*, 13.

[81] 转引自 Shields, "Women Slaves," 186.

[82] 转引自 Law, "Trade and Gender in Yorubaland and Dahomey," 199.

[83] Ohadike, *Anioma*, 186.

[84] *Report from the Select Committee on the West Coast of Africa*, pt. 1, 90.

[85] Northrup, "Nineteenth-Century Patterns," 9.

[86] Lovejoy, *Transformations in Slavery*, 184.

[87] *Report from the Select Committee on Africa (Western Coast)*, 91.

[88] Shields, "Women Slaves," 187.

[89] Lynn, *Commerce and Economic Change*, 54.

[90] S. Martin, "Slaves, Igbo Women, and Palm Oil," 181.

[91] Korieh, "The Nineteenth Century Commercial Transition in West Africa," 607; Ukegbu, "Nigerian Oil Palm Industry," 49.

[92] O'Hear, "Enslavement of Yoruba," 64-65; Johnson and Johnson, *The History of the Yorubas*, 324-25; McIntosh, *Yoruba Women*, 133.

[93] *Report from the Select Committee on Africa (Western Coast)*, 358.

[94] "Lagos Palm Oil. (*Elaeis guineensis*, Jacq.)," 207; 相关论述参见 Mann, *Lagos*,

133-35.

[95] Shields, "Women Slaves," 194; Robin Law 同意男性奴隶在达荷美生产棕榈油的说法，但只引用了女性劳动力在约鲁巴地区生产棕榈油的证据。Law, "Trade and Gender in Yorubaland and Dahomey," 205-7.

[96] Shields, "Palm Oil and Power," 97-98.

[97] Nelson, Congo Basin, 36.

[98] Report from the Select Committee on the West Coast of Africa, pt. 1, 50.

[99] 转引自 Shields, "Women Slaves," 194.

[100] Mann, "Owners, Slaves," 149.

[101] Delaney, Official Report, 36.

[102] Hargreaves, "Political Economy," 97.

[103] Shields, "Palm Oil and Power," 74; McIntosh, Yoruba Women, 134.

[104] Crow, Captain Hugh Crow, 197.

[105] G. Jones, Slaves to Palm Oil, 47-48.

[106] 以下文章的描述可供对比，Addison, "Palm Nut Tree"; Ukegbu, "Nigerian Oil Palm Industry," 52-53; S. Martin, "Slaves, Igbo Women, and Palm Oil," 182; S. Martin, "Gender and Innovation," 419.

[107] Dop and Robinson, Travel Sketches from Liberia, 509.

[108] Cowan, Liberia, 101.

[109] Lynn, Commerce and Economic Change, 49; Zeven 给出的数字高达 630 个工作日。Semi-Wild Oil Palm, 94.

[110] Maier, "Precolonial Palm Oil," 15.

[111] Ukegbu, "Nigerian Oil Palm Industry," 45, 58-60; S. Martin, "Gender and Innovation"; Maier, "Precolonial Palm Oil."

[112] Farquhar, Oil Palm, 30; Lynn, Commerce and Economic Change, 49-50.

[113] Lynn, Commerce and Economic Change, 56-57.

[114] Chuku, Igbo Women, 52-53.

[115] 转引自 Maier, "Precolonial Palm Oil," 14.

[116] Farquhar, Oil Palm, 30.

[117] Law, "Wheeled Transport in Pre-Colonial West Africa," 255.

[118] Obichere, "Women and Slavery in the Kingdom of Dahomey," 8.

[119] Holman, Travels, 402.

[120] Knapp, Chemical Technology, 430; see also Muspratt, Chemistry, 618.

[121] Baikie, Narrative, 301.

[122] Köler, Einige Notizen Über Bonny, 151; Cole, Life in the Niger, 16-17.

[123] "Lagos Palm Oil. (*Elaeis guineensis*, Jacq.), " 205-6.

[124] 1877 年"黄金海岸"报告, 转载于 Moloney, Druce, and Shelley, *Sketch*, 47.

[125] 相关例子, 参见 Maier, "Precolonial Palm Oil," 6, 22.

[126] S. Martin, *Palm Oil and Protest*, 33-34.

[127] Brannt, *Animal and Vegetable Fats*, 336.

[128] Whitford, *Trading Life in Western and Central Africa*, 94.

[129] Morel, *Affairs of West Africa*, 79.

[130] Mockler-Ferryman, *British Nigeria*; 但这是基于 Moloney, Druce, and Shelley, *Sketch*.

[131] Moloney, Druce, and Shelley, *Sketch*, 57.

[132] Schnapper, *La politique et le commerce*, 121; Chevalier, *Documents surle palmier à huile*, 15.

[133] Demeur, "To John Demeur"; *Patents for Inventions*, 69.

[134] Fyfe, "Charles Heddle"; Fyfe, *Sierra Leone*, 258; Brooks, "Peanuts and Colonialism," 48; Johnston 认为, 1850 年, 一个不知姓名的利比里亚人出口了第一批棕榈仁, 但他没有提供确凿的信息。*Liberia*, 405.

[135] Mitchell, "Trade Routes."

[136] Fyfe, "Charles Heddle," 235.

[137] Heddle to Baikie, 8 May 1857, in *Reports made for the Year 1856 to the Secretary of State*, 179-81.

[138] Fyfe, "Charles Heddle," 241-42.

[139] Cowan, *Liberia*, 102.

[140] N. Richardson, *Liberia's Past and Present*, 249-50.

[141] Delaney 把 Herring 误以为是"Herron." Delaney, *Official Report*, 32.

[142] N. Richardson, *Liberia's Past and Present*, 249-50; see also Herring's obituary in *Sierra Leone Weekly News*, 7 September 1895, 12.

[143] Cowan, *Liberia*, 102.

[144] Moloney, Druce, and Shelley, *Sketch*, 65.

[145] S. Martin, *Palm Oil and Protest*, 47.

[146] Manning, *Dahomey*, 99.

[147] Lynn, *Commerce and Economic Change*, 124.

[148] Grace, *Domestic Slavery in West Africa*, 12-13.

[149] Manning, "Slave Trade," 210; Cochard et al., "Geographic and Genetic Structure of African Oil Palm Diversity Suggests New Approaches to Breeding."

[150] *Report from the Select Committee on the West Coast of Africa*, pt. 1, 34.

[151] *Report from the Select Committee on the West Coast of Africa*, pt. 1, 225.

[152] *Report from the Select Committee on the West Coast of Africa*, pt 1, 340.

[153] *Report from the Select Committee on the West Coast of Africa*, pt. 1, 249.

[154] Lynn, *Commerce and Economic Change*, 55.

[155] Fairhead and Leach, *Reframing Deforestation*.

[156] Burton, *Abeokuta and the Camaroons Mountains*, 263-64.

[157] See Spinage, *African Ecology*; Mccann, "Climate and Causation."

[158] L. Wilson, "Bloodless Conquest"; Reid, "Warrior Aristocrats," 211.

[159] *Report from the Select Committee on the West Coast of Africa*, pt. 1, 169.

[160] *Report from the Select Committee on Africa (Western Coast)*, 141.

[161] Manning, Dahomey, 98；关于照片，参见 Sarbah, "Oil Palm"; Adam, *Le palmier à huile*.

[162] 转引自 L. Wilson, *Krobo People*, 78.

[163] 转引自 L. Wilson, *Krobo People*, 81.

[164] Field, "Agricultural System"; L. *Wilson, Krobo People*, 72-73.

[165] Getz, *Slavery and Reform*, 59-62.

[166] Hamilton, *Excelsior*, 339.

[167] Sarbah, *Fanti Customary Laws*, 69-70, 153-56.

[168] Lloyd, "Problems of Tenancy," 96-97; Johnson and Johnson, *The History of the Yorubas*, 95-96, 329; Fenske, "Land Abundance and Economic Institutions."

[169] Delaney, *Official Report*, 32.

[170] Shields, "Palm Oil and Power," 164-65.

[171] Mann, "Owners, Slaves," 149.

[172] Forbes, *Dahomey*, 27.

[173] Bay, *Wives of the Leopard*, 1.

[174] Ross, "Career of Domingo Martinez," 80; Bay, *Wives of the Leopard*, 171.

[175] Juhé-Beaulaton, "La palmeraie du Sud Bénin"; Soumonni, "Dahomean Eco-nomic Policy."

[176] Stilliard, "Legitimate Trade," 56; Lynn, *Commerce and Economic Change*, 43.

[177] Guézo, "Impact of British Abolition," 147.

[178] Soumonni, "Compatibility of the Slave and Palm Oil Trades," 83.

[179] Alpern, "Dahomey's Royal Road," 17-18; Dissou, *Économie de la culture*, 45; Reid, "Warrior Aristocrats," 164-65.

[180] Manning, *Dahomey*, 80；不过 Wartena 的批判性评论，参见 Wartena, "Making a Living," chap. 6.

［181］Burton, *Mission to Gelele*, 128; Skertchly, *Dahomey as It Is*, 16.

［182］转引自 Law, "Trade and Gender in Yorubaland and Dahomey," 198-99.

［183］Burton, *Mission to Gelele*, 237; Dissou, *Économie de la culture*, 47; Wartena, "Making a Living," 267.

［184］Hallett, *Niger Journal*, 296.

［185］*Report from the Select Committee on the West Coast of Africa*, pt. 1, 334.

［186］Partridge, *Cross River Natives*, 143.

［187］Ukegbu, "Nigerian Oil Palm Industry," 31-32.

［188］Thomas, *Anthropological Report*, 96; 关于约鲁巴人的习俗, 参见 Ukegbu, "Nigerian Palm Oil Industry," 37.

［189］S. Martin, "Slaves, Igbo Women, and Palm Oil," 186.

［190］关于公共所有权的破坏, 参见 Oriji, "A Re-Assessment," 539-47; S. Martin, *Palm Oil and Protest*, 82; 关于强化, 参见 Green, *Ibo Village Affairs*, 133; Bradbury, *Benin Kingdom*, 23.

［191］Chubb, *Ibo Land Tenure*, 48.

［192］Uchendu, *Igbo of Southeast Nigeria*, 59, 88.

［193］Lynn, *Commerce and Economic Change*, chap. 2; Lovejoy, *Transformations in Slavery*, 187-88.

［194］Hutton, 转引了 *Report from the Select Committee on the West Coast of Africa*, pt. 1, 224 之中一封 1835 年的信件。

［195］Dike and Ekejiuba, *The Aro*, 257.

［196］Ohadike, *Ekumeku Movement*, 31.

［197］Dalrymple-Smith, "Commercial Transition," chap. 6.

［198］Rao, "Changing Position," 12; see also Korieh, *The Land Has Changed*, chap. 1.

［199］Lynn, *Commerce and Economic Change*, 111.

［200］Syfert, "A History of the Liberian Coasting Trade, 1821-1900," 207-11.

［201］Buxton, *The African Slave Trade*, 220.

［202］Burton, *A Mission to Gelele*, 248-49.

［203］In Johnston, "British West Africa," 119.

［204］*Report from the Select Committee on Africa (Western Coast)*, 212; see also Ofonagoro, *Trade and Imperialism*, 13.

［205］Mann, *Lagos*, 92-94.

［206］*Report from the Select Committee of the House of Lords, Appointed to Consider the Best Means Which Great Britain Can Adopt for the Final Extinction of the African Slave Trade*, 547.

[207] Robert S. Smith, *The Lagos Consulate*, 1851 – 1861, 27; Mann, *Lagos*, 44 – 50; Akinjogbin, *War and Peace in Yorubaland*, 1793 – 1893.

[208] Mann, *Lagos*, 99 – 102.

[209] Palmerston, "Minute on Protection of Trade," 22 April 1860, in Newbury, *British Policy 1786 – 1874*, 120; Hopkins, "Economic Imperialism in West Africa," 589.

[210] Biobaku, *Egba*, 67.

[211] Olabimtan, "Townsend, Henry"; Tucker, *Abbeokuta; or, Sunrise within the Tropics*.

[212] 相关例子, 参见 Campbell, *A Few Facts*, 14 – 15; Vincent, "Cotton Growing in Southern Nigeria."

[213] Campbell, *A Pilgrimage to My Motherland*, 83; Ogunremi, "Economic Development and Warfare."

[214] Johnson and Johnson, *The History of the Yorubas*, 490 – 91; Biobaku, *Sources of Yoruba History*, 245.

[215] See Falola, "Yoruba Toll System"; Agiri, "Aspects of Socio-Economic Changes"; Aw, "Militarism and Economic Development."

[216] Hopkins, "Economic Imperialism in West Africa," 595; but see Law, "Crisis of Adaptation"; Falola, *Political Economy*.

[217] Moody, *Palm Tree*, 144.

[218] Crowther, *The River Niger*, 18; Mann, *Lagos*, 164 – 67, 213.

[219] Getz, *Slavery and Reform*, 125 – 27; Mann, *Lagos*.

[220] Shields, "Palm Oil and Power," 111 – 12.

[221] Oroge, "Institution of Slavery," 202, 390.

[222] Ohadike, *Ekumeku Movement*, 75; Ohadike, *Anioma*, 197.

[223] Mackeown, *Twenty-Five Years in Qua Iboe*, 95 – 96.

[224] Hubbard, *The Sobo*, 283.

[225] 转引自 Dike, *Trade and Politics*, 85.

[226] Stilliard, "Legitimate Trade," 55 – 56.

[227] Dike, *Trade and Politics*, 87.

[228] Nair, *Politics and Society*, 90 – 94.

[229] Nair, *Politics and Society*, 93.

[230] Lynn, "Factionalism, Imperialism and the Making and Breaking of Bonny Kingship c. 1830 – 1885," 179.

[231] Lynn, "Factionalism, Imperialism and the Making and Breaking of Bonny Kingship c. 1830 – 1885," 183; Dike, *Trade and Politics*, 144.

[232] Pepple, Brief Statement.

［233］G. Jones, *Trading States*, 121-27.

［234］Dike, *Trade and Politics*.

［235］Dike, *Trade and Politics*, 107; Nair, "Trade in Southern Nigeria," 429.

［236］Flint, *Sir George Goldie*, 20-21.

［237］转引自 Nair, "Trade in Southern Nigeria," 429.

［238］Dike, *Trade and Politics*, 115; Lynn, *Commerce and Economic Change*, 109-16, 146.

［239］Flint, *Sir George Goldie*, 29.

［240］Lynn, *Commerce and Economic Change*, 147-50.

［241］关于这场学术辩论的回顾,参见 Cain and Hopkins, *British Imperialism*。

［242］See Flint, *Sir George Goldie*; Crowder, *West Africa under Colonial Rule*.

［243］Hopkins, "Economic Imperialism in West Africa," 601-3.

［244］Ayandele, *Ijebu of Yorubaland*, chap. 1; Crowder, *West Africa under Colonial Rule*, 126.

［245］Akintoye, "The British and the 1877-93 War," 287-88.

［246］Gueye and Boahen, "African Initiatives and Resistance," 127-29.

［247］Rudin, *Germans in the Cameroons*, 77, 259; see also Austen and Derrick, *Middlemen of the Cameroons Rivers*.

［248］Dike, *Trade and Politics*, 183-84;不过,关于贾贾身世的修正性叙述,参见 Hargreave, "Political Economy," 102.

［249］Flint, *Sir George Goldie*, 27.

［250］Dike, *Trade and Politics*, 188-98; Hargreaves, "Political Economy."

［251］Dike, *Trade and Politics*, 215-16; Lynn, *Commerce and Economic Change*, 141, 180; Hargreaves, "Political Economy," 289.

［252］Crowder, West Africa under Colonial Rule, 120-21.

［253］Alagoa, *Small Brave City-State*, 91-116.

［254］转引自 Anene, *Southern Nigeria*, 171.

［255］Falola, *Colonialism and Violence*, 9-11.

［256］Belloc and Blackwood, *Modern Traveller*, 41.

［257］Stilliard, "Legitimate Trade," 58;类似的错误看法,参见 McPhee, *Economic Revolution*, 32; Hopkins, "An Economic History of Lagos, 1880-1914," 18.

［258］"A Mine of Palm-Oil," *The Colonies and India*, 20 Sept 1879, 9.

［259］Jamieson, *Western Central Africa*, 24.

［260］Gertzel, "Commercial Organization," 289.

［261］Mockler-Ferryman and Day, *Up the Niger*, 257.

[262]Hopkins,"Economic Imperialism in West Africa,"591-92.

第四章　油棕与工业革命

[1]"霍克"号运货单，1777，D/DAV/11/5/1，Merseyside Maritime archives；slavevoyages. org voyage 91739.

[2]Pory, *Geographical Historie*,42 对非洲的介绍；Boyle, *General Heads*, 74. 虽然有部分资料提到肥皂是商品，但不清楚是用于出口还是用于非洲地区贸易。相关例子，参见 Mentelle, *Cosmographie Élémentaire*, 314.

[3]W. Smith, *A New Voyage to Guinea*, 241.

[4]Barbot, *Description*, 106.

[5]Purdy, *Memoir*, 106.

[6]Naismith, *Observations on the Different Breeds*, 44; Wadström, *Essay on Colonization*, 31; J. Burke, *British Husbandry*, vol. 2, 476-77; Norris, *Memoirs of the Reign of Bossa Ahádee*, 146.

[7]Gittins, "Soapmaking in Britain, 1824-1851," 35.

[8]该配方需要 1120 磅动物油脂和 336 磅松香，最后加入 20 磅棕榈油。Carmichael, *Treatise on Soap-Making*, 57; 也见 Aikin and Aikin, *Dictionary of Chemistry*, vol. 2, 331 之中的配方。今天的松香比 19 世纪气味刺鼻的松香更纯净。参见 Ure, *Dictionary*, 1144.

[9]Gittins, "Soapmaking in Britain, 1824-1851," 31.

[10]Samuel Berry 为"棕榈油肥皂"做的广告，*Morning Post*, 5 January 1804.

[11]Morfit, *Chemistry Applied*, 220, 98; "Johnstone's Royal Patent Windsor Soap," *La Belle assemblée*; or, *Bell's Court and Fashionable Magazine* 16 (1817), 21.

[12]Lewkowitsch, *Cantor Lectures*, 18; Leicester, *Background of Chemistry*, 174. Carl Scheele 在 1779 年发现甘油是脂肪的一种成分，但他英年早逝(可能是化学中毒)。Lennartson, *The Chemical Works of Carl Wilhelm Scheele*, 79.

[13]Dijkstra, "How Chevreul (1786-1889) Based His Conclusions on His Analyti-cal Results"; Wisniak, "Edmond Frémy." 谢弗勒尔发现的"十七酸"主要是棕榈酸。参见 Parnell, *Applied Chemistry*, 311.

[14]Zallen, *American Lucifers: The Dark History of Artificial Light*, 51; Robins, "Oil Boom"; *Musson, Enterprise in Soap and Chemicals*, 23.

[15]Lynn, *Commerce and Economic Change*, 28; Cameron et al., "Improved Method"; Kurten, *Art of Manufacturing Soaps*, 99-100; Morfit, *Chemistry Applied*.

[16]J. Anderson, *Barilla Question*, 24.

[17]"Report of a Survey and Enquiry into the Manufacture of Soap in the Coun-try directed

to be made by the Honorable Boards order of 5th September 1837," CUST 119/409, TNA. 感谢 Nancy Shoemaker 给我提供了这份文件。

[18]Gittins, "Soapmaking in Britain, 1824–1851," 34.

[19]Lynn, "Liverpool and Africa."

[20]African Institution, *3rd Report*, 12, 26–27, 31–32.

[21]Sherlock and Towne, *Duties, Drawbacks, and Bounties*, 43; *Customs Tariffs of the United Kingdom*.

[22]动物油脂的关税从 1823 年的 4 先令(英国人船上的油脂为 3 先令 2 便士)降至 1846 年的 1 先令 6 便士(来自英国领地的为 1 便士),1860 年免税。

[23]"Substitute for Tallow," *Glamorgan, Monmouth, and Brecon Gazette and Mer-thyr Guardian*, 26 December 1840. 关于商人们的说辞,参见 Sherwood, *After Abolition*.

[24]Association of London and Country Soap Manufacturers, *Case of the Soap Du-ties*, 18; "Diplomacy and Commerce No. IV," 34.

[25]Association of London and Country Soap Manufacturers, *Case of the Soap Du-ties*, 1.

[26]由于逃税,实际数据可能要高得多。监狱囚犯每年得到 11 磅的肥皂配给! G. Wilson, *On the Stearic Candle*, 66; 也见 Association of London and Country Soap Manufacturers, *Case of the Soap Duties*; Gittins, "Soapmaking in Britain, 1824–1851."

[27]Metropolitan Working Classes' Association for Improving the Public Health, *Bathing and Personal Cleanliness*; *A Circular Addressed by the Soap Manufacturers*, 11; Musson, *Enterprise in Soap and Chemicals*, 26.

[28]Soames, "The Soap Duty," 10.

[29]McClintock, *Imperial Leather*, 208.

[30]*Report from the Select Committee on the West Coast of Africa*, pt. 1, 214.

[31]Crowther, *Charge Delivered*, 15.

[32]Simmonds, *Commercial Products of the Vegetable Kingdom*, 527.

[33]"Cheerily, Cheerily," 26.

[34]See Vos, "Coffee, Cash, and Consumption."

[35]棕榈仁油可与椰子油互换。C. Wilson, *History of Unilever*, vol. 1, 31.

[36]Musson, Enterprise in Soap and Chemicals, 84; Lewis, So Clean, chap. 2.

[37]Fouque, *Histoire raissonée du commerce de Marseille*, 154–61; Masson, *Marseille et la colonisation française*, 372; Schnapper, *La politique et commerce*, 121–24; Soumonni, "Compatibility of the Slave and Palm Oil Trades";关于法国的工业化进程,参见 M. Smith, *The Emergence of Modern Business Enterprise in France*, 1800–1930, 283–84.

[38]"Memorial of the Citizens of New Bedford Praying That the Duty on Foreign Tallow,

Olive, and Palm Oil, &c., May Not Be Repealed." 22nd Congress first ses-sion, HR doc 123, 21 February 1832.

［39］作为一项收入措施，1846 年重新征税，从价税率为 10%。

［40］Schisgall, *Eyes on Tomorrow*, 11; Lief, *It Floats*, 28, 50; Greeney, "When Laundry Detergent Was Edible."

［41］G. Wilson, *On the Stearic Candle*, 5.

［42］Forbes, *Early Petroleum History*, 146; Irwin, "Spermaceti Candle," 48; Zallen, *American Lucifers: The Dark History of Artificial Light*.

［43］Manicler, "Patent 6121, 2 June 1831," 240.

［44］不饱和脂肪酸会使蜡烛变软成为流体，甘油燃烧则会产生难闻的气味。

［45］Whorton, *The Arsenic Century*, chap. 7; 若想了解人们为什么关心烟雾、"烛花"、"忽明忽暗"，参见 Bowers, *Lengthening the Day*; Dillon, *Artificial Sunshine*。

［46］Advertisement, *Cardiff and Merthyr Guardian*, 26 November 1859, 1; see also "Candles, Slavery and War," 279.

［47］"Manufactures of Price's," *Chemist and Drugist*, 67.

［48］G. Wilson, "Manufactures," 141; G. Wilson, *On the Stearic Candle*; "Composi-tion and Spermaceti Candles."

［49］Fraser, "Candlemaking," 161; 1844 年，该公司为检举侵犯专利者提供奖励"50 英镑奖励"，*Justice of the Peace*, 8, no. 31（3 August 1844），528. Fouqet and Pearson, "Seven Centuries"; "A History of Price's Candles."

［50］G. Wilson, "Manufactures," 150; Lamborn, *Modern Soaps, Candles and Glyc-erin*, 446.

［51］"New Price's Patent Candle Co.," *The Standard*（London），1 May 1852, 1; Hat-ton, "Price's Patent Candle Company," 407.

［52］See Latham, "Palm Oil Exports from Calabar."

［53］"Investigations in Connection with the African Palm Oil Industry," 389; Mus-son, *Enterprise in Soap and Chemicals*, 90; 有关各种棕榈油的杂质、熔点和游离脂肪酸含量的详细图表，参见 Benedikt, *Chemical Analysis*, 429.

［54］Price's Patent Candle Company, "Letter... to the Board of Directors," 18.

［55］"The Training Schools of Price's Patent Candle Company," 106.

［56］Zallen, "American Lucifers: Makers and Masters," 53.

［57］Bede, "Literature," 190; 可与 Teltscher 的解读作个比较，参见 *Palace of Palms*, 257-62.

［58］Fraser, "Candlemaking," 170.

［59］G. Wilson, *On the Stearic Candle*, 34.

［60］G. Wilson, "Manufactures," 154; Clapp, *An Environmental History of Britain since the Industrial Revolution*, 228.

［61］Musson, *Enterprise in Soap and Chemicals*, 215.

［62］相关例子，参见 Mathe‑Shires, "Lagos Colony"; 可对比 Austen, "Distorted Theme," 274; Butt, "James Young," 51.

［63］引自 Murfitt, "English Patent System," 216; "To Thomas Motley"; Booth, "Patent Axle‑Grease and Lubricating Fluid, No. 6814"; Smiles, *Memoir of the Late Henry Booth*, 43.

［64］Browne, "Car Axle‑Boxes," 389; "Unguents," 410; Laucks, *Commercial Oils*, 87.

［65］"Railway and Waggon Grease."

［66］McPhee 认为 1865 年铁路部门的需求量是 1.3 万吨（McPhee, *Economic Revolution*, 31），但我未能找到他所引用的 Spon's *Dictionary* 的版本。我使用的数据引自 Spon's *Dictionary* 的其他版本，源自 T. Richardson and Watts, *Chemical Technology*, 744‑47。

［67］Russell and Hudson, *Early Railway Chemistry and Its Legacy*, 18; "Design and Construction," 286.

［68］Gibbins, *Britain's Railways*, 50.

［69］"Railway Grease," 134; see also "The Bubble of the Age," 11.

［70］Watson, *The Reasoning Power in Animals*, 294; 几乎相同的描述，参见 "Railway Theft Extraordinaire," *Liverpool Mercury*, 18 March 1853.

［71］Dickens, "Our Oil‑Flasks," 262.

［72］Maclean, *British Railway System*, 77.

［73］关于这个主题的论著越来越多，但特别值得关注的是 MacFadyen, *Flax Americana*; Cushman, *Guano*; Evans, *Bound in Twine*; Moore, *Capitalism*.

［74］See Zeide, *Canned*。

［75］"The Palm‑Oil Districts of Africa," 26.

［76］Minchinton, *British Tinplate*, chap. 1.

［77］Dunbar, *Tin‑Plate Industry*, 10‑11.

［78］William Williams and Thomas Hay, 1834 patent for "improvements in pre‑paring certain metal...," *London Journal of Arts and Sciences* 7 (1836), 130‑38; Lynn, *Commerce and Economic Change*, 117, 130.

［79］Flower, *A History of the Trade in Tin*, 169.

［80］Bailey, *Industrial Oil*, 433.

［81］Letter to editor, *Western Mail*, 17 March 1874, 5.

［82］Swank, *All about Tinplates*, 14.

[83] *Report of the Departmental Committee on Compensation*, 3849 – 3917; Minchinton, *British Tinplate*, 123.

[84] *Forty – Fourth Annual Report on Alkali*, 30; Dunbar, *Tin – Plate Industry*, 45; J. Jones, *Tinplate Industry*, 259–60.

[85] Lynn 低估了棕榈油在镀锡行业中的持续使用,参见 *Commerce and Economic Change*, 117; J. Jones, *Tinplate Industry*, 17–18; Hammond, "Manufac-ture of Tin-Plates."

[86] 小型工厂通常继续使用棕榈油和较旧的机器,一些大型工厂在贸易低迷时期会从助溶剂转向棕榈油。"American Tariff Bill," *South Wales Daily News*, 18 August 1894, 6; "The Quality of Tin Roofs."

[87] Swansea Chamber of Commerce and Jones, *Commercial Year Book*, 104; Camp, "Relation of the Iron and Steel Industries," 702.

[88] Pantzaris, *Pocketbook*, 148; Stepina and Vesely, *Lubricants and Special Flu – ids*, 619; Nurul, Syahrullail, and Teng, "Alternative Lubricants."

[89] Lynn, *Commerce and Economic Change*, 111–14.

[90] 对有关石油的大量文献的简明处理,参见 Ross, *Ecology and Power*, chap. 6.

[91] Headrick, "Botany, Chemistry, and Tropical Development"; C. Jones, *Routes of Power*, 115; Lynn, *Commerce and Economic Change*, 117.

[92] Lewkowitsch, *Chemical Technology*, vol. 3, 285; McGucken, *Biodegradable*, chap. 1.

[93] PPCC advertisement, 1884, Evanion Collection of ephemera, Evan. 4318, British Library (http://www. bl. uk/onlinegallery/onlineex/evancoll/a/014eva000000000u04318000. html).

[94] Fouqet and Pearson, "Seven Centuries," 171; Zallen, *American Lucifers: The Dark History of Artificial Light*.

[95] Wynter, "Candle Making," 80; Newman 称,1870 年,普莱斯专利蜡烛公司生产的蜡烛中的 12% 使用石蜡,1900 年这一比例增至 90%; Newman, *Battersea's Global Reach*, 28.

[96] W. Smith, "Report on Section III," 633; Malden, *The Victoria History of the County of Surrey*, 408; Pantzaris, *Pocketbook*, 145.

[97] Burton, *Abeokuta and the Camaroons Mountains*, 324.

[98] Moloney, Druce, and Shelley, *Sketch*, 35.

[99] Simmonds, *Commercial Products of the Vegetable Kingdom*, 525.

[100] Read, *Negro Problem Solved*, 169.

[101] "Liberian Invention and Manufacture," *The Friend* 23, no. 50 (1850): 397.

［102］Olukoju，*"Liverpool" of West Africa*，51.

［103］Aitken，"Feeding Stuffs，" 37；Coleman，*Cattle*，54；"Palm Kernel Meal. "

［104］Henriques and Warde，"Fuelling the English Breakfast"；Lampe and Sharp，*A Land of Milk and Butter*，chaps. 6–7.

［105］Snodgrass，*Margarine*，125；Commercial Manufacturing Company，*Brief History*；see also Clayton，*Margarine*，1–2；Howard，"Margarine Industry"；Stuyven–berg，*Margarine*.

［106］Spiekermann，"Redefining Food，" 11；Cohen，*Pure Adulteration*，chap. 4.

［107］Lewkowitsch，*Cantor Lectures*，18.

［108］Talbot，*Oil Conquest*，214–15；Unilever Art，Archives & Records Management，"Loders & Nucoline Ltd. "

［109］Talbot，*Oil Conquest*，208.

［110］H. Smith and Pape，*Consols of the East*，169.

［111］W. Williams，"Chemistry of Cookery，" 104；Brannt，*Animal and Vegetable Fats*，334；KG Berger，"Lewkowitsch Memorial Lecture，" box 2/1987，Lewkowitsch papers，Hagley Museum and Library，Wilmington，DE.

［112］"Adulteration of Butter，" *Liverpool Daily Post*，28 April，1862.

［113］Skertchly，*Dahomey As It Is*，34；Simmons and Mitchell，*Edible Fats and Oils*，92，126. 化学家找到了一种鉴别人造黄油中的棕榈油的方法。相关例子,参见 Lewkowitsch，*Chemical Technology*.

［114］E. R. Bolton in Rutgers，LePlae，and Tingey，*Oil Palms and Their Fruit*，34；Berger and Martin，"Palm Oil，" 405. 1909 年,英国从欧洲进口了约 3,000 吨精炼棕榈油。Simmons and Mitchell，*Edible Fats and Oils*，137–38.

［115］Hunt，"Raw Materials，" 38；Boldingh，"Margarine. "

［116］Robins，"Oil Boom. "

［117］List and Jackson，"Battle over Hydrogenation"；Schleifer，"The Perfect Solu–tion"；Snodgrass，*Margarine*.

［118］Hoover，"The Popular Cooking Fat in Austria. "

［119］转引自 USDA，*Inventory of Seeds and Plants Imported*，5.

［120］"Palm Oil Cannot Be Used，" Omaha Daily Bee，12 August 1902；Howard，"Margarine Industry，" 124，271；"Palm Oil in Margarine"；M. P. C. ，"The Palm Oil Question，" *Country Gentleman*，25 May 1905.

［121］Howard，"Margarine Industry，" 124；see Cliff v. United States，195 U. S. 159 (1904) and Moxley v. Hertz，216 U. S. 344 (1909)；"Butterine Company in Trouble，"*American Food Journal* 9 no. 9 (1914)：571；Eddy，"Something New. "

[122] Theodoridis, Warde, and Kander, "Trade and Overcoming Land Constraints"; Warde, "Trees, Trade and Textiles."

[123] Chambers, "The Light Question," 295.

[124] G. Wilson, "Manufactures," 153.

[125] Spinage, *African Ecology*, 152；相关论述，参见 Mccann, "Climate and Causation"; Rönnbäck, *Labour and Living Standards.*

[126] Theodoridis, "Ecological Footprint"；这个估计是每英亩 800 磅。与之相对的是，AJ Walker (DC Birim) to Comm. Eastern Province, 22 August 1921, ADM 11/1/1241, PRAAD-Accra 中是 108 加仑（约 950 磅）。

[127] 数据基于 Clifford, "London's Soap Industry."

[128] Lund, "Fats and Oils," 35.

[129] Kiple, *Movable Feast*, 216−23.

[130] Jones to Kew, 3 August 1938, "Oil Palm and Oil Producing Nuts and Seeds," PRO 5/0/1, RBGK.

[131] C. Wilson, *History of Unilever*, vol. 2, 177.

[132] 卫宝肥皂广告，参见 *Liberty Magazine*, 17 April 1926, 39.

[133] 广告，*Women's Home Companion*, July 1912, 47.

[134] 棕榄公司广告，1938, Duke University Libraries digital repository, https://repository. duke. edu/dc/adaccess/BH1277；也见 "A Day in the Palmolive Factory," Palmolive, Milwaukee, MI, ca. 1925. PAM 2009. 162, Hagley pamphlet col-lection, Wilmington, DE.

[135] 该数据对应的时期是 1827 年至 1850 年。在计算这些数据时，Inikori 排除了短暂的鸟粪繁荣期（1844 年至 1845 年）："West Africa's Seaborne Trade," 58.

[136] Austen, "Distorted Theme," 274.

第五章　油棕林中的机器

[1] C. Wilson, *History of Unilever*, vol. 2, 107.

[2] Calvert, *Togoland*, 40.

[3] 转引自 Billows and Beckwith, Consols of the West Coast, 7.

[4] "The African Oil Palm Industry. III. Machinery," 63; Fickendey, "Über Die Ver-wendungsfähigkeit Des Palmöls Als Speisefett."

[5] Robins, "Smallholders and Machines," 73.

[6] Chinery, *West African Slavery*, 5.

[7] 参见 Robins, "Smallholders and Machines"；相关例子，参见 Shields, "Palm Oil and Power."

［8］Veeser, "Forgotten Instrument," 1147.

［9］关于皇家尼日尔公司和征服尼日利亚,参见 Flint, Sir George Goldie;关于法属刚果和比属刚果,参见 Coquery-Vidrovitch, Congo, vol. 1.

［10］Boss, "Scramble for Palms"; Cushman, Guano, 101 - 8; Ramamurthy, Imperial Persuaders, 53.

［11］Adam, Le palmier à huile, 258.

［12］面向投资者的指南有 Adam, Le palmier à huile; Billows and Beckwith, Consols of the West Coast; Milligan, Oil Palm; Belfort and Hoyer, Coconuts; Newland, Planting, Cultivation and Expression;相关信件,参见 CO 879/115/8, TNA.

［13］Daniel, Le palmier à huile au Dahomey, 6, 26.

［14］Hubert, Le palmier à huile, 267-73.

［15］Oloruntimehin, "French Estate"; Clozel, "Land Tenure among the Natives of the Ivory Coast."

［16］"La Question Des Palmeraies," 8.

［17］"La Question Des Palmeraies," 3-6.

［18］"The Dahomey Oil Palm," 28; Henry, "L'exploitation Du Palmier á Huile," 312-14;另一个事例,参见 Manning, Dahomey, 174.

［19］Henry, "L'exploitation Du Palmier á Huile," 318-22; Brocard, "Afrique Occidentale Francaise," 240.

［20］Committee on Edible and Oil-Producing Nuts and Seeds, Minutes of Evidence, 5417-18, 5597-98.

［21］Committee on Edible and Oil-Producing Nuts and Seeds, Minutes of Evidence, 5609, 5633-35.

［22］Committee on Edible and Oil-Producing Nuts and Seeds, Minutes of Evidence, 5432, 5438-41, 5567.

［23］Buell, Native Problem, vol. 2, 23.

［24］See Coquery-Vidrovitch, Congo, vol. 1, 10-11.

［25］C. Wilson, History of Unilever, vol. 1, 179; Coquery-Vidrovitch 给出的数据为9.2万英镑。Coquery-Vidrovitch, Congo, vol. 2, chap. 14, quote on p. 333.

［26］"History of Compagnie Propretaire du Kouilou Niari CPKN," UAC/1/11/14/1/37/49, UARM.

［27］Henry, "L'exploitation Du Palmier á Huile," 368.

［28］See Van Pelt, "Oil Palm"; Chevalier, "Le Palmier à huile à la Côte d'Ivoire."

［29］W. D. Smith, German Colonial Empire, chaps. 5-6.

［30］Müllendorff, "Development of German West Africa," 74.

[31] Rudin, *Germans in the Cameroons*, 260-61; Müllendorff, "Development of German West Africa," 77; "An Imperial Industry," 329-30.

[32] Chevalier, *Documents sur le palmier à huile*, 91.

[33] Rudin, *Germans in the Cameroons*, 260.

[34] Rudin, *Germans in the Cameroons*, 261.

[35] Bederman, "Plantation Agriculture in Victoria Division, West Cameroon,"354.

[36] Ven, "Jurgens [Hzn.], Antonius Johannes (1867-1945)"; C. Wilson, *History of Unilever*, vol. 2, 108.

[37] Lawrance, *Locality, Mobility, and "Nation,"* 31; see also A. Jones and Sebald, *African Family Archive*; Bay and Mann, *Rethinking the African Diaspora*.

[38] Zimmerman, "German Alabama," 1391.

[39] "The African Oil Palm Industry. III. Machinery," 68; Lewkowitsch, *Chemical Technology*, 536; 对这种机器的全面描述, 参见 ADM 39/5/6, PRAAD-Accra.

[40] Agu Plantation to DC Ho, 15 July 1919, ADM 39/5/8, PRAAD-Accra.

[41] Letter, "King Kofi and his people, Leleklele and his people," 24 August 1914, and DC Agu to Lome, 30 October 1914, ADM 36/5/6, PRAAD-Accra.

[42] Agu Manager to Controlling Officer German Firms, ca. 1919, ADM 39/5/8, PRAAD-Accra.

[43] Committee on Edible and Oil-Producing Nuts and Seeds, *Minutes of Evidence*, 1784-92.

[44] 利华被迫离开英属西非的说法最初是由利华自己构建的, 后来由 Nworah 重述, "Lever's West African Concessions"; 关于这一叙述的最近例子, 参见 Phillips, *Enigma of Colonialism*; S. Martin, *Palm Oil and Protest*, 60-66; Berger and Martin, "Palm Oil," 398.

[45] Davies, *Trade Makers*, 140-43; Boss, "Scramble for Palms."

[46] Lever Bros. to CO, 7 July 1908, in *West Africa: Correspondence Respecting the Grant of Exclusive Rights*.

[47] Nworah, "Lever's West African Concessions," 250.

[48] Gov. Sierra Leone to Lever Bros., 2 January 1909, in *West Africa: Correspon-dence Respecting the Grant of Exclusive Rights*.

[49] Clifford to Sec. State for Colonies, 17 February 1913, CO 879/115/8, TNA.

[50] 这些公司是 APOL, Brunner Mond, Crosfield, and Gossage. 这些种植园(at Winneba, Butre [or Sese], Dixcove, Akwida, and Elmina)在 1914 年合并为棕榈油种植园管理者有限公司。参见 BT 31/41073 and BT 31/41074, TNA, and POEM property correspondence, UAC/2/34/AY/2/1/1, UARM.

[51] Committee on Edible and Oil-Producing Nuts and Seeds, *Minutes of Evidence*, 2493.

[52] Davies, *Trade Makers*, 140-43.

[53] Lever Bros. to CO, 3 October 1911, in *West Africa: Correspondence Regarding the Grant of Exclusive Rights*.

[54] Sec. State to Gov. Gold Coast, 6 January 1912, *West Africa: Correspondence Respecting the Grant of Exclusive Rights*.

[55] "Elmina," *Gold Coast Leader*, 28 July 1911.

[56] "Frank Friend," *Sierra Leone Guardian*, 14 April 1911.

[57] 参见上面引用的 Trevor 的证词, Leighton correspondence in CO 879/115/8, TNA and POEM records in BT 31/41073-41074, TNA.

[58] Correspondence in CO 879/115/8, TNA and Boss, "Scramble for Palms," 45; Musson, *Enterprise in Soap and Chemicals*, 256.

[59] TH Maskey to Gov. Sierra Leone, 15 May 1914 and Merewether to Sec State, 30 March 1914, CO 879/115/8, TNA.

[60] Slater to Amery, 28 September 1925, CO 267/631/13, TNA.

[61] Anonymous, "Oil Palm," 76; 但相关反驳参见 Addison, "Palm Nut Tree," 13.

[62] Report, enclosed in Slater to Amery, 28 September 1925, CO 267/631/13, TNA.

[63] Correspondence and enclosures in ADM 11/1/1034 and in ADM 11/1/1751, PRAAD-Accra.

[64] Anonymous, "Oil Palm," 76.

[65] Addison, "Palm Nut Tree," 13.

[66] West Africa. *Palm Oil and Palm Kernels*, 64.

[67] Phillips, *Enigma of Colonialism*, 95; Udo, "Plantation Agriculture"; Commit-tee on Improved and Increased Production of Palm Oil and Palm Kernels in West Africa, *Palm Oil*.

[68] Hancock, *Commonwealth Affairs*, vol. 2, pt. 1, 192-94; see Carland, *Colonial Office and Nigeria*; Hyam, *Understanding the British Empire*.

[69] Harding, memorandum, 20 September 1924, in West Africa Confidential Print no. 1113, CO 879/122/4, TNA.

[70] 转引自 Phillips, Enigma of Colonialism, 97.

[71] 克利福德建议仿照英国棉花种植协会成立一个"棕榈油协会"。Meredith, "Government and Decline," 315. 该协会是一个"半慈善"性机构, 在大英帝国建造和经营棉纺纱厂。参见 Robins, *Cotton and Race*.

[72] G. G. Auchinleck, "*The Plantation Oil-Palm Industry in the East*," in CO 96/670/4, TNA.

[73] Ormsby-Gore to Flood, 18 January 1927, minute on Auchileck's report, CO 96/670/4, TNA.

[74] "Report on the Eastern Province of the Gold Coast Colony for 1937-38," 264, Provincial Development Book (Eastern Province), ADM 29/5/2, PRAAD-Accra.

[75] [illegible] to Snelling, Niger Company, 18 March 1929, CO 96/690/15, TNA.

[76] Phillips, *Enigma of Colonialism*, 102.

[77] Enclosures and correspondence, 1929, CO 96/690/15, TNA.

[78] Hancock, *Commonwealth Affairs*, vol. 2, pt. 1, 192.

[79] Agricultural Department report for 1930-31, ADM 5/1/92, and 1937-38, ADM5/1/101, PRAAD-Accra.

[80] Correspondence and memorandums, "Sierra Leone Oil Palm Industry, 1927," CO 267/619/6, TNA.

[81] Gov. to Sec. State, 8 October 1940, CO 267/675/4.

[82] Aubrey Cooke, minute on "Palm oil: Nigeria," 12 March 1929, CO 583/168/11; Faulkner, confidential report to Chief Secretary, Lagos, 6 September 1929, CO583/168/11; Correspondence in "Palm Oil Industry: Nigeria, 1930," CO 583/170/5, TNA.

[83] Correspondence, 1934-35, in CO 267/623/4, TNA；苏门答腊"德里"种子的糟糕表现导致人们猜测该品种"可能不是起源于西非"。OPRS annual report, 13 February 1942, CO 852/437/4, TNA.

[84] Correspondence, 1934-35, in CO 267/623/4, TNA; and Hancock, *Common-wealth Affairs*, vol. 2, pt. 1, 191-92.

[85] Nicolaï, "Le Congo," 3.

[86] Vansina, *Being Colonized*, 8-9.

[87] Nicolaï, "Le Congo," 3.

[88] See Hochschild, *King Leopold's Ghost*; Pavlakis, *British Humanitarianism and the Congo Reform Movement*, 1896-1913.

[89] Fieldhouse, *Unilever Overseas*, 500.

[90] Sidney Edkins, "Notes on the History of the H. C. B. ," UAC/1/11/14/1/11, UARM. 1910 年，利华曾要求皇家植物园邱园推荐一名林木勘测员，以便更好地了解油棕的数量，但他并没有雇用邱园推荐的人。Lever Bros. to RBGK, 7 February 1910, Southern Nigeria: Agricultural Department 1899-1917, MR/499, f97, RBGK.

[91] Lever to Kew, 7 February 1910, MR/499, RBGK.

[92] LePlae, "Oil Palm Groves," 9.

［93］转引自"La Question Des Palmeraies," 8.

［94］Fieldhouse, *Unilever Overseas*, 502.

［95］Marchal, *Lord Leverhulme's Ghosts*, 3.

［96］转引自 Knox, *Coming Clean*, 174.

［97］Sidney Edkins, "Notes on the History of the H. C. B.," UAC/1/11/14/1/11, UARM.

［98］Leverhulme, *Leverhulme*, 173.

［99］LePlae, "Oil Palm Groves," 14.

［100］Sidney Edkins, "Notes on the History of the H. C. B.," UAC/1/11/14/1/11, UARM.

［101］Martin, "Visit to Yangambi," 12 March 1942, UAC/2/36/5/1/2/1, UARM.

［102］LePlae, "Oil Palm Groves," 10.

［103］Letter from C. Malet, *Planter* 11, no. 2 (September 1930), 37–38.

［104］Fieldhouse, *Unilever Overseas*, 523.

［105］Ministère des colonies, *Le palmier a huile*, 6.

［106］Sidney Edkins, "Notes on the History of the H. C. B.," UAC/1/11/14/1/11, UARM.

［107］LePlae, "Oil Palm Groves," 13–14.

［108］Clement, "The Land Tenure System in the Congo," 91.

［109］Fieldhouse, *Unilever Overseas*, 503–6.

［110］Sidney Edkins, "Notes on the History of the H. C. B.," UAC/1/11/14/1/11, UARM.

［111］Sidney Edkins, "Notes on the History of the H. C. B.," UAC/1/11/14/1/11, UARM.

［112］刚果历史上的人口统计数据争议很大；参见 Sanderson, "Le Congo belge"; Marchal, *Lord Leverhulme's Ghosts*.

［113］Marchal, *Lord Leverhulme's Ghosts*, 10.

［114］C. Wilson, *History of Unilever*, vol. 1, 176.

［115］Fieldhouse, *Unilever Overseas*, 512.

［116］Marchal, *Lord Leverhulme's Ghosts*, 63–64.

［117］Marchal, *Lord Leverhulme's Ghosts*, 12.

［118］Marchal, *Lord Leverhulme's Ghosts*, 6–7.

［119］Nelson, *Congo Basin*, 141; Northrup, *Bend in the River*, 99–100.

［120］转引自 Buell, *Native Problem*, vol. 2, 542.

［121］Fieldhouse, *Unilever Overseas*, 514.

[122] Marchal, *Lord Leverhulme's Ghosts*, 140.

[123] Fieldhouse, *Unilever Overseas*, 512.

[124] Marchal, *Lord Leverhulme's Ghosts*, 175.

[125] Vanderyst, "La Récolte," 26–28; Harms, *River of Wealth*, 55.

[126] 文中是"53 英尺"，但这肯定是错的。Committee on Edible and Oil-Producing Nuts and Seeds, Minutes of Evidence, 5560–61.

[127] Vanderyst, "La Récolte."

[128] Vanderyst, "La Récolte," 30–31.

[129] Marchal, *Lord Leverhulme's Ghosts*, 67.

[130] Nelson, *Congo Basin*, 141.

[131] Jewsiewicki, "African Peasants," 62.

[132] 典型的定额是每周 36 束。Nelson, *Congo Basin*, 142.

[133] Marchal, *Lord Leverhulme's Ghosts*, 142.

[134] 转引自 Jewsiewicki, "African Peasants," 62.

[135] Marchal, *Lord Leverhulme's Ghosts*, 29, 31; Houben and Seibert, "(Un) Freedom," 185.

[136] 转引自 Jewsiewicki, "African Peasants," 62.

[137] LePlae, "Agriculture in the Belgian Congo," 63.

[138] Leplae, 转引自 Nelson, *Congo Basin*, 125.

[139] Nelson, *Congo Basin*, 162.

[140] Vansina, *Being Colonized*, 215.

[141] Sidney Edkins, "Notes on the History of the H. C. B.," UAC/1/11/14/1/11, UARM.

[142] Sidney Edkins, "Notes on the History of the H. C. B.," UAC/1/11/14/1/11, UARM.

[143] Marchal, *Lord Leverhulme's Ghosts*, 158–59, 163.

[144] Fieldhouse, *Unilever Overseas*, 514.

[145] Nelson, *Congo Basin*, 187; Henriet, "'Elusive Natives.'"

[146] See Seibert, "More Continuity Than Change"; and Nelson, *Congo Basin*.

[147] Leverhulme, *Leverhulme*, 173.

[148] Nelson, *Congo Basin*, 20; 关于人造林,也见 Munier, Le palmier a huile, 17.

[149] Vanderyst, "Origine Des Palmeraies"; Vanderyst, "Les Palmeraies"; Zeven, *Semi-Wild Oil Palm*, 30; see also M. Vanderwyen in "Benin 1949 Conference," CO852/1156/6, TNA.

[150] Weeks, *Among the Primitive Bakongo*, 97; Duchesne, "Du Droit Des Indigènes Sur

Les Palmeraies Naturelles. "

[151] Bakulu, "History of Oil Palm Use. "

[152] Vanderyst, "Origine Des Palmeraies," 75.

[153] 参见 Fairhead and Leach, *Reframing Deforestation*, 尤其是关于利比里亚和加纳的章节。关于气候和农业,参见 Fleur, *Fusion Foodways*.

[154] G. Thompson, *Palm Land*, 219.

[155] Juhé-Beaulaton, "La palmeraie du Sud Bénin"; and see Fairhead and Leach, *Reframing Deforestation*.

[156] See Dudgeon, *Agricultural and Forest Products*; Farquhar, *Oil Palm*; Unwin, *West African Forests and Forestry*.

[157] 转引自 Vanderyst, "Les Palmeraies," 122.

[158] Chevalier, *Documents sur le palmier à huile*, 84-85.

[159] Chevalier, *Documents sur le palmier à huile*, 91.

[160] Zeven, *Semi-Wild Oil Palm*, 21, 49-51.

[161] Marvin Miracle 从民族志文献中收集了许多油棕种植的例子,他指出油棕种植模式随着棕榈油、棕榈酒和其他产品的市场变化而改变。参见 Miracle, *Agriculture in the Congo Basin*.

[162] Hellermann, "Reading Farm and Forest"; H. Thompson, "The Forests of Southern Nigeria," 129; 关于伊博地区 1900 年之前的例子,参见 Isichei, *Igbo Worlds*, 204, 208, 210, 230, 243, 274.

[163] McEwan, "Representing West African Forests," 16.

[164] Giles-Vernick, *Cutting the Vines of the Past*, chap. 6.

[165] Uzozie, "Tradition and Change," 161.

[166] Watkins, "Afro-Brazilian Landscape," 12.

[167] Vanderwyen, 转引自"Benin 1949 Oil Palm Research Conference," typescript, CO 852/1156/6, TNA.

[168] Marchal, *Lord Leverhulme's Ghosts*, 83.

[169] Morel, *Black Man's Burden*, 125-26, 186.

第六章　殖民统治下的非洲小农

[1] W. F. Hutchinson, "Report of the Commission on Economic Agriculture in the Gold Coast," 54-55, 1889, ADM 5/3/7, PRAAD-Accra.

[2] Farquhar, *Oil Palm*.

[3] Tingey, "Transporting Oil Palm Fruit," 24.

[4] W. F. Hutchinson, "Report of the Commission on Economic Agriculture in the Gold

Coast," 54-55, 1889, ADM 5/3/7, PRAAD-Accra; Billows and Beckwith, *Consols of the West Coast*, 25; Mba, *Nigerian Women Mobilized*, 74.

[5] Quoted in Ukegbu, "Nigerian Oil Palm Industry," 182.

[6] Farquhar, *Oil Palm*, 29; Meredith, "Government and Decline," 321-22.

[7] Scott, "Production for Trade," 228; Faulker 和 Mackie 认为可以从棕榈果中榨取 55%~65% 的硬油,与之相对应的是,榨取 55% 的软油。*West African Agriculture*, 101.

[8] R. Coull, report enclosed in Agricultural Department report 1923-1924, ADM5/1/81, PRAAD-Accra.

[9] Esuman-Gwira 在一些资料中被错误地拼写为 "Gwina" 或 "Gvira"。

[10] Sarbah, "Oil Palm," 243; Committee on Edible and Oil-Producing Nuts and Seeds, *Minutes of Evidence*, 192 see also Sarbah to Secretary for Native Affairs, 28 November 1908, ADM 11/1/223, PRAAD-Accra.

[11] Robins, "Smallholders and Machines," 81-83; Meredith, "Government and Decline," 322; 关于各种机器的详细描述,参见 Ukegbu, "Nigerian Oil Palm Industry," 210-23.

[12] Committee on Edible and Oil-Producing Nuts and Seeds, *Minutes of Evidence*, 192.

[13] LePlae, *Palmier à Huile*, 66.

[14] Faulkner and Mackie, *West African Agriculture*, 6.

[15] Robins, "Smallholders and Machines"; S. Martin, Palm Oil and Protest, 64; 一名熟练的剥取工一天可以剥取一蒲式耳 (48~68 磅,取决于计量标准)。Addison, "Palm Nut Tree (*Elaeis guineensis*)," 18.

[16] Agricultural Department Report for 1916, ADM 5/1/73, PRAAD-Accra.

[17] O. T. Faulkner to Ormsby-Gore, 8 February 1928, CO 583/155/14, TNA.

[18] Zeven, *Semi-Wild Oil Palm*, 93; Forde, "Rural Economies," 51.

[19] Leis, "Palm Oil, Illicit Gin, and the Moral Order of the Ijaw," 830; Hofstra, "Social Significance," 108.

[20] Uzozie, "Tradition and Change," 425.

[21] Sarbah, "Oil Palm."

[22] Nwokeji, "The Slave Emancipation Problematic," 330-31; 相关讨论,参见 Imbua, "Anti-Pawning Campaign." S. Martin 指出尽管该法律于 1915 年被废除,但奴隶贸易在尼日利亚东部一直持续到 20 世纪 30 年代,参见 *Palm Oil and Protest*, 43.

[23] Manning, "Economic History," 54, 139-40; Wartena, "Making a Living."

[24] 口头证据,参见 Ukegbu, "Nigerian Oil Palm Industry," 90-92; Isichei, *Igbo Worlds*, 83.

[25] Uku, *Seeds in the Palm*, 62.

[26] Otite, "Rural Migrants as Catalysts in Rural Development," 228; Hubbard, *The Sobo*, 44; Ekeh, *History of the Urhobo People*.

[27] "Dika Nuts," 22; Usoro, *Nigerian Oil Palm Industry*, 93.

[28] Pratten, *Man-Leopard Murders*, 124.

[29] Committee on Edible and Oil-Producing Nuts and Seeds, *Minutes of Evidence*, 2080.

[30] Korieh, *The Land Has Changed*, 114.

[31] Scott, "Production for Trade," 236; Ukegbu, "Nigerian Oil Palm Industry," 231.

[32] A. Martin, *Oil Palm Economy*, 12.

[33] Barnes, *Mechanical Processes for the Extraction of Oil*, 6, 19.

[34] 关于炊具,参见 Osborn, "Bauxite to Cooking Pots."

[35] Chevalier, "Le Palmier à huile à la Côte d'Ivoire," 221.

[36] Chuku, *Igbo Women*, 93; Chima Korieh 回忆了自己小时候用手剥取棕榈仁的经历,称之为"孩童时期我最讨厌做的事情"。参见 *The Land Has Changed*, 83.

[37] Agricultural Department Report for 1937–1938, 8, ADM 5/1/101, PRAAD-Accra. 杜赫舍尔榨油机将手柄转到螺纹轴上,而其他设计则将轴转向压在松动的板上。

[38] Report, Agricultural Investigation Station, Cape Coast, 21 September 1936, ADM 31/1/11, PRAAD–Accra; W. Miller, "Economic Analysis," 47; Meredith, "Government and Decline," 323.

[39] Leis, "Palm Oil, Illicit Gin, and the Moral Order of the Ijaw," 831–32; see also Ukegbu, "Nigerian Oil Palm Industry," 235.

[40] Suret-Canale, *French Colonialism*, 226; Mondon, "Côte d'Ivoire," 84–85.

[41] Strickland, *Report on the Introduction of Co-Operative Societies into Nigeria*, 233; Pratten, *Man-Leopard Murders*, 185n68.

[42] Strickland, *Report on the Introduction of Co-Operative Societies into Nigeria*, 234.

[43] Chuku, *Igbo Women*, 91.

[44] 一桶 7 便士的价格比 1937 年棕榈油出口价格(一桶约 4 先令 4 便士)的 10% 稍高。S. Martin, *Palm Oil and Protest*, 65, 146; and see A. F. B. Bridges, "Report of Oil Palm Survey, Ibo, Ibibio and Cross River Areas," June 1937, Mss. Afr. S 697 (1), Rhodes House, Oxford. Enrique Martino 热心地提供了这份文件的电子版。

[45] Ukegbu, "Nigerian Oil Palm Industry," 69–70; 但 W. Miller, "Economic Analysis," chap. 3 辩称用头搬运效率很高。

[46] Chuku, *Igbo Women*, 153–56.

[47] S. Martin, *Palm Oil and Protest*, 85; Chuku, *Igbo Women*; Korieh, *The Land Has Changed*, 116–17.

[48] Bauer, *West African Trade*, 24-25; Mba, *Nigerian Women Mobilized*, 47.

[49] Usoro, *Nigerian Oil Palm Industry*, 26; Dyke, *Report*, 4.

[50] Company of African Merchants, Liverpool, to RBGK, 25 February 1910, ECB/8/1, RBGK.

[51] Chevalier, *Documents sur le palmier à huile*, 44-45.

[52] "Investigations in Connection with the African Palm Oil Industry," 365.

[53] Sarbah, "Oil Palm," 236.

[54] "The Varieties of the Oil Palm in West Africa. (, Jacq.)"; 参见 1914 年版的更新, "The Varieties of Oil-Palm in West Africa. (*Elaeis guineensis*, Jacq.)"; and "The West African Oil Palm. (*Elaeis guineensis*, Jacq.)."

[55] Tudhope to Imperial Institute, 7 May 1909, ADM 11/1/107, PRAAD-Accra; see also Janssens, "Le Palmier a Huile Au District Du Kasai," 32.

[56] Hofstra, "Social Significance," 116; Houard, Castelli, and Lavergne, *Contribution à l'étude Du Palmier à Huile*, 5.

[57] Rudin, *Germans in the Cameroons*, 260.

[58] Gascon, Noiret, and Meunier, "Oil Palm," 481.

[59] Chevalier, *Documents sur le palmier à huile*, 45.

[60] 甜菜、棉花和油棕的比较,参见 Zimmerman, *Alabamain in Africa*.

[61] Praid to Sec. State for Colonies, 18 February 1908, ADM 11/1/1144, PRAAD-Accra.

[62] 来自"黄金海岸"、达荷美和喀麦隆的报告,参见"The Varieties of the Oil Palm in West Africa. (*Elaeis guineensis*, Jacq.)."

[63] Unwin, *West African Forests and Forestry*, 466-67.

[64] Vaderwyen in "Benin 1949 Oil Palm Conference," CO 852/1156/6, TNA.

[65] Zeven, *Semi-Wild Oil Palm*, 20.

[66] Unwin, *West African Forests and Forestry*, 466-67; Zeven, *Semi-Wild Oil Palm*, 31.

[67] "The Varieties of the Oil Palm in West Africa. (*Elaeis guineensis*, Jacq.)," 45.

[68] Farquhar, *Oil Palm*, 29.

[69] Chevalier, *Documents sur le palmier à huile*, 73.

[70] Beccari, *Contributo Alla Conoscenza Della Palma a Olio*; Burkill and Birstwistle, *Dictionary*, 911; Schultes, "Taxonomic, Nomenclatural and Ethnobotanic Notes on Elaeis," 174. 欧洲人对"覆膜"棕榈果极感兴趣,它曾被称作 *E. poissonii*,但如今被认为是油棕的变种。非洲人认为这种覆膜油棕用处不大。

[71] Unwin, *West African Forests and Forestry*, 467; 关于降雨量和油棕产品出口之间关系的详细分析,参见 Manning, *Dahomey*, 101-3.

[72] D. Prain to Under Sec for Colonies, 24 July 1917, MR/446, RBGK; Dir. of Agriculture to Sec. Native Affairs, 3 March 1910, ADM 11/1/1144, PRAAD-Accra.

[73] 法国公司抗议它们的钱用在了棕榈油上, 因为它们依赖花生油。政府最终提供了大部分资金。Bonneuil, "Mise En Valeur," 47.

[74] Royal Botanic Gardens, Kew, *Useful Plants of Nigeria*, 736.

[75] 在"The Emergence of an Export Cluster"这篇文章中, 与东南亚相比, Giacomin 夸大了非洲科学的"隔阂"。非洲的研究人员在期刊上发表文章, 并组织了几次跨殖民地会议。

[76] Beirnaert, "Que Pouvons-Nous Attendre Des Palmeraies Ameliorees Du Congo Belge?," 49; Beirnaert and Vanderweyen, *Contribution à l'étude genetique*.

[77] Marchal, *Lord Leverhulme's Ghosts*, 199-200.

[78] Chevalier, "Le Palmier à huile à la Côte d'Ivoire," 228-29.

[79] Suret-Canale, *French Colonialism*, 226; "Dahomey," 94-95.

[80] Dept of Agr. Pamphlet No. 7, 30 April 1926; memo, 20 February 1926, ADM36/1/11, PRAAD-Accra; "Scheme of Plantation Work in Connection with Oil Palms to be Undertaken by the Government to Stimulate Production of Palm Products," August 1923, MR1440, RBGK.

[81] *Despatches Relating to the Sierra Leone Oil Palm Industry*, 28, 39.

[82] See Richards, *Indigenous Agricultural Revolution*; Mouser et al., "Commodity and Anti-Commodity."

[83] West Africa Commission, "Technical Report," 37; A. Martin, *Oil Palm Economy*, 10.

[84] Kilby, *Industrialization in an Open Economy*, 142.

[85] N. C. Hollins, report on Masanki, 5 September 1935, CO 267/651/11, TNA.

[86] Faulkner and Mackie, *West African Agriculture*, 100; Udom, "Nigerian Government Policy."

[87] LePlae, *Palmier à Huile*, 8, 61-63.

[88] Dyke, Report, 4; 关于早期的例子, 参见 Committee on Edible and Oil-Producing Nuts and Seeds, *Minutes of Evidence*, 764-66; and "Recent Progress in Agriculture" (1914), 130.

[89] 这部分基于 Robins, "Imbibing the Lesson of Defiance."

[90] Daniel, *Le palmier à huile au Dahomey*, 3; G. Thompson, *Palm Land*, 219.

[91] "Guinée Française," 70; Brouwers, "Rural People's Response," 71.

[92] Forde, "Land and Labour in a Cross River Village, Southern Nigeria," 42; Robins, "Imbibing the Lesson of Defiance."

[93] Adam, *Le palmier à huile*, 227-29.

[94] Knoll, *Togo under Imperial Germany*, 143; Rudin, *Germans in the Cameroons*, 259.

[95] "Recent Progress in Agriculture" (1911), 297.

[96] Agriculture Department annual report for 1922-1923, 10, ADM 5/1/79, PRAAD-Accra.

[97] Robins, "Imbibing the Lesson of Defiance."

[98] Slater, "Gold Coast," 347.

[99] Antheaume, "La palmeraie du Mono"; Dissou, *Économie de la culture*, 47; Manning, *Dahomey*, 238.

[100] Heap, "Cooking the Gins"; see also Korieh, "Alcohol and Empire."

[101] See Akyeampong, *Drink, Power, and Cultural Change*; see also the discus-sion in Bersselaar, *King of Drinks*.

[102] Robins, "Imbibing the Lesson of Defiance."

[103] Ukegbu, "Nigerian Oil Palm Industry," 156.

[104] 转引自 Usoro, *Nigerian Oil Palm Industry*, 45; see also Oil Palm Research Station, 2nd Annual Report, 13 February 1942, CO 852/437/4, TNA.

[105] 关于掺假和商品形式,参见 Cohen, *Pure Adulteration*.

[106] Moloney, Druce, and Shelley, *Sketch*, 72.

[107] Stilliard, "Legitimate Trade," 115; Clerk's account in Pedler notes, UAC/1/11/14/1/25, UARM.

[108] G. Jones, *Trading States*, 144.

[109] 参见大英博物馆馆藏图片 "Af, A48.15 https://www. british museum. org/collection/object/EA_Af-A48-15"。这幅图片的说明文字错误地将这种造假的大桶当作雕塑。

[110] Moloney, Druce, and Shelley, *Sketch*, 73; S. Martin, *Palm Oil and Protest*, 111.

[111] Farquhar, *Oil Palm*, 30.

[112] J. Smith, *Trade and Travels*, 200-201.

[113] Ofonagoro, *Trade and Imperialism*, 115; Hopkins, "Economic Imperialism in West Africa," 594.

[114] Olukoju, "Government, the Business Community," 100.

[115] Knoll, *Togo under Imperial Germany*, 141.

[116] Adam, *Le palmier à huile*, 231-42.

[117] Leubuscher, "Marketing Schemes for Native-Grown Produce in African Territories," 167.

[118] "Report by Mr. F. A. Stockdale on his Visit to Nigeria, Gold Coast and Sierra

Leone, October 1935–February 1936." Colonial advisory council of agriculture and animal health, C. A. C. 270, ADM 5/3/30, PRAAD–Accra.

[119] Mba, *Nigerian Women Mobilized*, 47; Chuku, *Igbo Women*, 229.

[120] S. Martin, *Palm Oil and Protest*, 58, 112; Olukoju, *"Liverpool" of West Africa*, 89–91, 183; also see Gardner, *Taxing Colonial Africa*.

[121] 转引自 Korieh, *The Land Has Changed*, 136.

[122] 相关例子, 参见 Lawrance, "En Proie à La Fièvre Du Cacao," 152.

[123] Coquery-Vidrovitch, "French Colonization," 171.

[124] Frankema, "Raising Revenue in the British Empire, 1870–1940," 463; see also Frankema and Waijenburg, "Metropolitan Blueprints of Colonial Taxation?"; Frankema, "Colonial Taxation and Government Spending in British Africa, 1880–1940"; Gardner, *Taxing Colonial Africa*; Afolabi, "Colonial Taxation Policy."

[125] Mellor notes, UAC/1/11/14/1/22, UARM.

[126] Hailey, *An African Survey*, 590.

[127] S. Martin, *Palm Oil and Protest*, 113–17; Korieh, *The Land Has Changed*, chap. 4.

[128] Uku, *Seeds in the Palm*, 94–95.

[129] Ukegbu, "Nigerian Oil Palm Industry," 168.

[130] Falola, *Colonialism and Violence*, 112.

[131] Mba, *Nigerian Women Mobilized*, 75.

[132] 关于这场妇女战争的简要叙述, 参见 Falola, *Colonialism and Violence*, 117–23; 更为详细的分析, 参见 Korieh, *The Land Has Changed*, 126; Chuku, *Igbo Women*; S. Martin, *Palm Oil and Protest*; Mba, *Nigerian Women Mobilized*; Van Allen, "Sitting on a Man."

[133] Uku, *Seeds in the Palm*, 95.

[134] S. Martin, *Palm Oil and Protest*, appendix 14; Korieh, *The Land Has Changed*, 134; Pratten, Man-Leopard Murders, 114–21. 奴隶贸易时代旧货币的持续流通也是一个问题, 因为卖家不能轻易地将这些钱兑换成英国货币。Naanen, "Tax from the Dead."

[135] Leith-Ross, *African Women*, 167.

[136] 乌尔赫博家庭一般由一个丈夫、两个妻子和三个处于工作年龄的孩子构成。Olukoju, "Confronting the Combines," 54.

[137] 相关例子, 参见 Pratten, *Man-Leopard Murders*, 124; Korieh, *The Land Has Changed*.

[138] Olukoju, "Confronting the Combines," 55.

[139] Olukoju, "Nigeria or Lever-Ia?"

[140] Leith-Ross, *African Women*, 62.

[141] Clauson, minute, 1935, CO 852/17/9, TNA; see also CO 554/95/16.

[142] 关于殖民地档案的性质，参见 Stoler, *Along the Archival Grain*.

[143] 根据肥皂类型不同，油制皂的含水量差别很大。这个估计是基于 50% 的含水量，这是典型的软肥皂。硬肥皂含水量较少。

[144] Fieldhouse, *Unilever Overseas*, 340-57.

[145] Manning, *Dahomey*, 102.

[146] Ekundare, *An Economic History of Nigeria*, 1860-1960, 166, 213.

[147] Maier, "Precolonial Palm Oil"; Adam, *Le palmier à huile*, 261; Gold Coast bluebook for 1900, ADM 7/1/34; F. M. Purcell manuscript, ADM 11/1/1294, PRAAD-Accra.

[148] Unwin, *West African Forests and Forestry*, 476; "*Recent Progress in Agriculture*" (1914), 130; Daniel, *Le palmier à huile au Dahomey*.

[149] Hupfeld, "Palm Oil," 762; Daniel, *Le palmier à huile au Dahomey*.

[150] W. G. A. Ormsby-Gore, "Report by The Hon. W. G. A. Ormsby-Gore, MP, on his visit to West Africa during the year 1926," ADM 5/3/24, PRAAD-Accra.

[151] Agricultural Report for 1922-1923, ADM 5/1/79, PRAAD-Accra. 假设是 500 毫升的瓶子，这相当于每个家庭每天 65 克。

[152] Phillips, *Enigma of Colonialism*, 103.

[153] Memo, 13 February 1934, CSO 8/3/3, PRAAD-Accra; Slater to Lord Passfield, 6 September 1929, CO 96/690/15, TNA; and Gold Coast Agriculture Department annual report for 1936-37, ADM 5/1/94, PRAAD-Accra.

[154] Correspondence in POEM: Krobo mill file, UAC/2/4/1/2/4, UARM.

[155] Suret-Canale, "L'industrie Des Oléagineux En A. O. F. ," 286.

[156] Hinds, "Government Policy and the Nigerian Palm Oil Export Industry, 1939-49," 460; *Report of the Mission to Enquire into the Production and Transport of Vegetable Oils*, 35.

[157] Faulkner and Mackie, *West African Agriculture*, 44, 95; West Africa Commission, "Technical Report," 24-25; Korieh, *The Land Has Changed*, 85-90.

[158] Korieh, *The Land Has Changed*, 90.

[159] Compare with S. Martin, *Palm Oil and Protest*, 53.

[160] Lynn, *Commerce and Economic Change*, 34-35; S. Martin, *Palm Oil and Protest*, 46; Fenske, "Imachi Nkwu," 64.

[161] Korieh, The Land Has Changed, 81.

[162] A. F. B. Bridges, "Report of Oil Palm Survey, Ibo, Ibibio and Cross River Areas," June 1937, Mss. Afr. S 697 (1), Rhodes House, Oxford; A. Martin, *Oil Palm Economy*, 7; Wickizer, "The Smallholder in Tropical Export Crop Production," 81–82.

[163] Toovey in "Benin 1949 Oil Palm Research Conference," CO 852/1156/6, TNA.

[164] Chubb, *Ibo Land Tenure*, 50.

[165] Faulkner and Mackie, *West African Agriculture*, 97; Uzozie, "Tradition and Change."

[166] Ukegbu, "Nigerian Oil Palm Industry," 167.

[167] Chubb, *Ibo Land Tenure*, 48.

[168] Fenske, "Imachi Nkwu," 53.

[169] Green, *Ibo Village Affairs*, 133.

[170] A. Martin, *Oil Palm Economy*, 5; Chubb, *Ibo Land Tenure*, 49–50.

[171] Zeven, *Semi-Wild Oil Palm*, 90.

[172] League of Nations, *International Statistical Yearbook*, 1926 and 1939.

[173] Dyke, *Report*, 15.

[174] Phillips, *Enigma of Colonialism*, 106.

[175] Hailey, *An African Survey*, 1404.

[176] Chevalier, "Le Palmier à huile à la Côte d'Ivoire," 228–29.

[177] J. E. W. Flood, minute, 9 May 1927, CO 583/146/9, TNA.

[178] G. Jones, Earth Goddess, 9; 参见 Corey Ross, *Ecology and Power* 对 Jones 和其他作者的批判性评价。

[179] Faulkner and Mackie, *West African Agriculture*, 5–6.

[180] Olukoju, "United Kingdom," 125; Buchanan-Smith to Sec. State for Colonies, 23 November 1934, CO 583/199/8, TNA.

[181] Chevalier, "Le Palmier à huile à la Côte d'Ivoire," 228–29.

第七章　东南亚的榨油机

[1] Colombijn, "Ecological Sustainability"; Kathirithamby-Wells, *Nature and Na-tion*, chap. 1; Peluso and Vandergeest, "Genealogies," 766–67; Dove, *Banana Tree at the Gate*.

[2] See Barlow, *Natural Rubber Industry*, 20; Tate, RGA History, 451.

[3] 参见 Michael Dove, *Banana Tree at the Gate* 的分析, 24; see also Haraway, "Anthropocene, Capitalocene, Plantationocene, Chthulucene"; Ross, "Plantation Paradigm."

［4］See Jorgensen, Jorgensen, and Pritchard, *New Natures*; Uekötter, *Comparing Apples, Oranges, and Cotton*.

［5］Aso, *Rubber and the Making of Vietnam*.

［6］Brass and Bernstein, "Introduction," 9.

［7］Curtin, *Rise and Fall*.

［8］Drabble, *Rubber in Malaya*; Barlow, *Natural Rubber Industry*; Dean, *Brazil and the Strugle for Rubber*; Tully, *The Devil's Milk*.

［9］关于马来亚橡胶产业的教条式描述，参见 Tate, *RGA History*; Barlow, *Natural Rubber Industry*；关于马来亚和其他地区的更多批判性描述，参见 Drabble, *Rubber in Malaya*; Tully, *The Devil's Milk*; and Aso, *Rubber and the Making of Vietnam*, chap. 1.

［10］Ross, *Ecology and Power*, 104; Grandin, *Fordlandia*.

［11］Clarence-Smith, "Rubber Cultivation."

［12］Lees, *Planting Empire*, 43; Breman, *Taming the Coolie Beast*, 16.

［13］Barral, "Paternalistic Supervision," 242.

［14］Nonini, *British Colonial Rule*, 53; White, *Post-Colonial Malaysia*, 85.

［15］See Peluso and Vandergeest, "Genealogies," 787 – 89; Stoler, *Capitalism and Confrontation*, 22–23; Breman, *Taming the Coolie Beast*, 20–28.

［16］Stoler, *Capitalism and Confrontation*, 16; 999 年的租约是由霹雳州在 1879 年提供的；19 世纪 90 年代，永久租约在马来联邦地区变得普遍。Raja, *Economy of Colonial Malaya*, 170, 189; G. Allen and Donnithorne, *Western Enterprise*, 115.

［17］Jomo Kwame Sundaram, *A Question of Class*, 85.

［18］Harper, "The Politics of the Forest in Colonial Malaya," 11; Aiken, "Losing Ground," 171.

［19］Boomgaard, "Land Rights," 484–85.

［20］Pelzer, *Planter and Peasant*, 50–51.

［21］See Hall, Hirsch, and Li, *Powers of Exclusion*.

［22］Cleary, "Plantation Agriculture"; Aiken, "Losing Ground," 161, 170.

［23］相关例子，参见 Burkill's Malayan diary, 1914, BUR/1/5, RBGK.

［24］Jackson, *Planters and Speculators*, 224.

［25］Jackson, *Planters and Speculators*, 9–10, 224.

［26］Pelzer, *Planter and Peasant*, 42–43.

［27］Pelzer, *Planter and Peasant*, 52–53.

［28］Barnard, *Nature's Colony*, 142.

［29］Agriculture report for Lower Perak, 1906, 转引自 Jackson, *Planters and Speculators*,

234.

[30] Suppiah and Raja, *Chettiar Role*, 35; Ross, *Ecology and Power*, 107-8.

[31] Nonini, *British Colonial Rule*, 69; Jomo Kwame Sundaram, Chang, and Khoo, *Deforesting Malaysia*, 66.

[32] Graham, Floering, and Fieldhouse, Modern Plantation, 41.

[33] Fauconnier, *Malaisie*; Székely, *Tropic Fever* 都提到了这些人的自责之情;相关论述,参见 Ross, *Ecology and Power*, 111-14.

[34] Harper, "The Politics of the Forest in Colonial Malaya," 7.

[35] Baxendale, "Plantation Rubber," 186.

[36] "Notes on Mr. Muir's and Mr. Mellor's conversation with Mr. Lunn. Dis-cussion of a Government policy with regard to Palm Plantations and Land tenure." UAC/1/11/14/1/38/113, UARM.

[37] Gordon, "Towards a Model of Asian Plantation Systems," 314; Engerman, "Servants to Slaves," 266.

[38] Li, "The Price of Un/Freedom"; Stoler, *Capitalism and Confrontation*, 8-9;关于苦力的讨论,也见 Lees, *Planting Empire*, 55-59; Bosma, *Making of a Periphery*.

[39] 具体来说,参见 Sandhu, *Indians in Malaya*; Ramasamy, "Labour Control and Labour Resistance"; Breman, Taming the Coolie Beast; Kaur, "Plantation Systems"; Engerman, "Servants to Slaves."

[40] 相关例子来自"Notes on Sapong Enquiry," CO 874/697, TNA.

[41] Breman, *Taming the Coolie Beast*, 32.

[42] Shakespeare Junior, "The Labour Question Solved," *The Planter* 1, vol. 1(1920):9. 9.

[43] 转载自 *Financial Times*, 26 September 1912, in Straits Plantation papers MS37737, LMA.

[44] Chanderbali, "Indian Indenture," 308.

[45] Sandhu, *Indians in Malaya*, 171.

[46] Breman, *Taming the Coolie Beast*, 59. Klaveren 认为这个数字要低一些,但他自己的数据显示,1900 年以前的死亡率高得惊人,例如,1897 年,平均每 1000 人中 60.2 人死亡。Klaveren, "Death among Coolies."

[47] Thee, "Colonial Extraction"; Thee, *Plantation Agriculture*, 40.

[48] Kaur, "Tappers and Weeders"; Ramasamy, "Labour Control and Labour Resistance"; Jain, "Tamilian Labour and Malayan Plantations, 1840-1938."

[49] Sandhu, *Indians in Malaya*, 96.

[50] Barlow, *Natural Rubber Industry*, 46; Gordon, "Contract Labour in Rubber

Plantations. ”

[51] Stoler, *Capitalism and Confrontation*, 25 – 30; Breman, *Taming the Coolie Beast*, chap. 4.

[52] Editorial, *Singapore Free Press and Mercantile Advertiser*, 3 January 1913, 5.

[53] Lees, *Planting Empire*, 47, 189-204; Sandhu, *Indians in Malaya*, 89-93.

[54] See Lim Teck Ghee, *Peasants*; Lees, *Planting Empire*, 47, 204-14; Nonini, *British Colonial Rule*, 52; Suppiah and Raja, *Chettiar Role*.

[55] 转引自 Parmer, *Colonial Labor Policy*, 244.

[56] Golden Hope Minute book, annual general meeting, 27 September 1949, MS37703, LMA.

[57] R. Smith, “Oil Palms,” 221.

[58] S. Martin, *UP Saga*, 82; Lamb, “A Time of Normalcy. ”

[59] Kuala Selangor Rubber Co. Annual General Meeting, 23 June 1925, MS37828-001, LMA.

[60] A. A. Cowan to J. H. Better, 19 April 1926, PRO 5/0/1, RBGK.

[61] Hunger, *Oliepalm*, 266-67; Pelzer, *Planter and Peasant*, 55.

[62] Rutgers, “Cultivation of the Oil Palm,” 2-3.

[63] Rutgers, “African Oil Palm,” 595.

[64] 关于伯伊腾佐格这个植物园的历史，参见 Maat, *Science Cultivating Practice*; Goss, The *Floracrats*.

[65] Hunger, *Oliepalm*, 8.

[66] 来自波旁的两棵是“雄株”，而来自阿姆斯特丹的两棵是“雌株”，原因是开花早。泰斯曼后来观察到所有油棕无论雄雌，都有花朵。Hunger, *Oliepalm*, 11; 以及参见 Cramer, “Oliepalm. ” Corley 和 Tinker 认为这四棵油棕的种子来自非洲，在阿姆斯特丹发芽，参见 2008 年版本 *Oil Palm*, 6; 但在 2015 年版本中（p. 6），他们放弃了这一说法。参见另一个版本 Hartley, *Oil Palm*, 3rd ed. , 20.

[67] Rutgers et al. , *Investigations on Oilpalms*, 1; see also Jagoe, “Deli Oil Palms”; Hardon and Thomas, “Breeding and Selection of Oil Palm in Malaya. ” Cramer 确信泰斯曼说的“波旁”是留尼汪，所加的“或毛里求斯”是错误的。PJS Cramer to Evans, 25 September 1940, PRO 5/0/1, RBGK.

[68] Hunger 在 *Oliepalm* 的 1917 年版本中错误地称他为“D. F. Pryce”，但在 1924 年的增订版中改正了这个错误，并配了一幅照片；关于普莱斯的个人简历，参见 *Bye-Gones*, 289.

[69] De Bruijn Kops, “Notulen van de een en twintigste vergadering der Nederlandsch-Indische Maatschappij van Nijverheid,” 389; Vriese, *Tuinbouw-flora van Nederland*

en zijne overzeesche bezittingen, 125–28; International Exhibition of Australia, *Official Record*, 59.

[70] Cramer, "Oliepalm," 448, 排除了毛里求斯, 但他不知道 1837 年的花园目录 (Bojer, *Hortus Mauritianus*, 304). 在 1801 年和 1822 年关于毛里求斯的记述中没有提到油棕: Vaux, *History of Mauritius*; *A Catalogue of the Exotic Plants Cultivated in the Mauritius*. Hunger 注意到, 1854 年茂物的一份未出版的目录称这些油棕 "ex hort. bot. Amst. et Pryce hort. Bourb.," 这显然证实了不同的来源。Hunger, *Oliepalm*, 10, 34.

[71] 相关例子, 参见 Voigt, *Hortus Suburaanus Calcuttensis*, 643.

[72] 19 世纪 50 年代, 荷属东印度群岛的官员曾给埃尔米纳种植园写信寻求生产棕榈油的建议。Hunger, *Oliepalm*, 21–27.

[73] Corley and Tinker, Oil Palm, 135; Hayati et al., "Genetic Diversity of Oil Palm (*Elaeis guineensis* Jacq.) Germplasm Collections from Africa"; Cochard et al., "Geographic and Genetic Structure of African Oil Palm Diversity Suggests New Approaches to Breeding."

[74] Hunger, *Oliepalm*, 37, 73. 泰斯曼的人工授粉很可能关注的是一棵或两棵亲本油棕, 甚至是一棵自花授粉的油棕, 这进一步减少了基因库; 也见 Hardon and Thomas, "Breeding and Selection of Oil Palm in Malaya."

[75] "Java," *Straits Times*, 21 March 1863, 1.

[76] 转引自 Hunger, *Oliepalm*, vii.

[77] "Uses of Palm Oil in Cooking," *Straits Times*, 21 January 1933, 6.

[78] Hunger, *Oliepalm*, 102, 124–25.

[79] Burkill and Birstwistle, *Dictionary*, 912.

[80] Arthur Hill to Under Sec for Colonies, 27 August 1908, ECB/8/1, RBGK; Bunting, Eaton, and Georgi, "The Oil Palm in Malaya."

[81] "Palm Cultivation in Sarawak" in ECB/8/1, RBGK, and Ooi Keat Gin, "Economic History of Sarawak," 194, 330n22. 这是赞助她的朋友 James Brooke 的项目, 此人是沙捞越的首个 "白人酋长"。1868 年他去世后, 她对这个国家失去了兴趣。

[82] Corely 和 Tinker 称这些油棕来自加纳, 但邱园的信件称提供者是蒙罗维亚的一名收税员。Corley and Tinker, *Oil Palm*, 6; 参见 correspondence in ECB/8/1, RBGK.

[83] Jagoe, "Deli Oil Palms," 5; 参见收录于 "Oil Palm in Labuan" 的信件。

[84] "Palm Cultivation in Sarawak" August 1891, ECB/8/1, RBGK.

[85] "The Oil Palm in Sarawak," *Singapore Free Press and Mercantile Advertiser*, 9 June 1891, 10; *Straits Times*, 16 November 1892, 6; "Sarawak in 1893," *Singapore Free*

Press, 23 January 1894, 11.

[86] Barnard 认为，新加坡植物园在使油棕适应新环境方面做了很多工作，但这种树在该地区生长得非常好，新加坡植物园的工作人员没有增加关于油棕的任何有用的实际应用知识。Barnard, *Nature's Colony*, 87. 也见 "Notes on Products and Soils," *Straits Times*, 13 March 1895, 3.

[87] "Mr. Von Donop in North Borneo," *Straits Times*, 11 June 1884, 10.

[88] G. Allen and Donnithorne, *Western Enterprise*, 140.

[89] Egerton to Thiselton-Dyer, 7 June 1904, Director's Correspondence, RBGK. http://plants. jstor. org/stable/10. 5555/al. ap. visual. kadc1446.

[90] Ridley, "Oil Palm," 37.

[91] Egerton to Lord Crewe, 22 June 1908, 1957/0591061, ANM; "Oil Palms in British Guiana," *Straits Times*, 10 December 1912, 10.

[92] "Oil Palm seeds," ca. 1909, 1957/0615552, ANM; J. B. Carruthers to Kew, 9 January 1909, ECB/8/1, RBGK.

[93] Arthur W. Hill, to Undersec for Colonies, 27 August 1908, 1957/0591061, ANM. See also "African Oil Palm in Malaya," *Malaya Tribune*, 10 February 1914, 10.

[94] FMS Annual Report for 1909, 11, CO1071/236, TNA; *Federated Malay States Agricultural Bulletin*, 1, no. 1 (August 1912), 31.

[95] "Palm Oil from Malaya: Ten Years' Progress," *Straits Times*, 27 June 1929, 9.

[96] Cunyngham-Brown, *The Traders*, 252.

[97] Hunger, *Oliepalm*, 266–67.

[98] T. Fleming to Nickalls, 13 July 1987, MS37394-005, LMA.

[99] *FMS Annual Report for* 1911, 9, CO1071/37, TNA; Pakiam, "Smallholder Involvement," chap. 3; Boss, "Scramble for Palms."

[100] Hallet, "Note Sur Le Palmier a Huile," 279; Fauconnier, "Essais de Culture," 21.

[101] Clarence-Smith, "Rivaud-Hallet Plantation Group."

[102] 哈利特说，当他在东南亚工作时，他很想在种植橡胶的同时种植油棕；Hallet, "Note Sur Le Palmier a Huile," 279. 哈利特的汽车抛锚的确切时间存在争议：Rival 和 Levang 称是 1905 年 (*Palms of Controversies*)；他们可能是受到了 LePlae, *Palmier à Huile* 的误导。哈利特自己的描述表明这次抛锚的时间是 1911 年 (Hunger, *Oliepalm*, 268 进行了转述)，福科尼耶的描述并没有提到这次抛锚，但他坚称 1911 年 6 月自己和哈利特在一起，当时他们在查看棕榈果。

[103] Fauconnier, "Essais de Culture," 21; 可与 Tate, *RGA History*, 452–53 的叙述进行对比。

［104］Van Pelt 认为哈利特最早种植油棕的时间是 1910 年而非 1911 年,但大多数资料记载是 1911 年。参见 Van Pelt, "La Culture et l' Exploitation moderne."

［105］Hunger, *Oliepalm*, 268-69.

［106］Hallet, "Les Plantations d' Elaeis En Malaisie," 47.

［107］相关例子,参见"The Palm Nut Tree," *Straits Times*, 13 December 1913, 7.

［108］See Boss, "Scramble for Palms," 46-50, 54.

［109］Van Pelt, "La Culture et l' Exploitation moderne," 162.

［110］Rutgers, "Crop Records of the Oil Palm"; 参见 Hunger, *Oliepalm* 参考书目。

［111］Lewis Smart in Rutgers, LePlae, and Tingey, *Oil Palms and Their Fruit*, 37.

［112］Milligan, *Oil Palm*.

［113］L. Henderson, "African Oil Palm in Malaya," 53.

［114］"Oil Palms," The Planter 1, no. 2 (1920), 43.

［115］Guthrie to London, 19 November 1920, G/COR/5, SOAS.

［116］W. Wilson, "A Slump Soliloquy," 21.

［117］Minute, 9 October 1920, 1957/0609646, ANM; 一位"对西非有相当了解"的官员表示,他"完全不相信非洲的棕榈油树种植园能够与非洲及其庞大的人口竞争"。"Mr. James, re: residents conference," 30 September 1920, 1957/0213249, ANM.

［118］"Mr. James's report on Resident's Conference, 30.9.1920," 1957/0213249, ANM.

［119］在 20 世纪第一个 10 年,许多油棕种植园间作橡胶和椰子:"通常是椰子受到谴责"。Baxendale, "Plantation Rubber," 185; White, *Post-Colonial Malaysia*, 85; 关于间作例子,参见 Brooklands Estate to DO Talok Datok, 30 June 1925, 1957/0237140; Shand, Halldane and Co correspondence 1926-27, 1957/0242280, ANM.

［120］Fauconnier to Selangor Resident, 21 May 1917, 1957/0195159, ANM.

［121］LePlae, *Palmier à Huile*, 29.

［122］E. L. B. to Resident, Selangor, 28 August 1917, 1957/0604273; African Oil Palms Syndicate to Resident, Kuala Lumpur, 6 July 1917, 1957/0195775, ANM.

［123］Guthrie to Sec. Res. Selangor, 9 June 1920, 1957/0210077, ANM.

［124］Duff Development Co to British Adviser, Kota Bharu, 30 May 1921,1957/0501458, ANM. 这名地区官员同意支付费用,但他指出,"这笔付款不能被视为开创先例"。

［125］相关例子,参见 Federated Malay States Agricultural Bulletin 4, no. 8(May 1916).

［126］C. W. Harrison to Sec. Res. Selangor, 9 October 1923, 1957/0227176, ANM.

［127］Tate, *RGA History*, 451; S. Martin, *UP Saga*, 6.

［128］Grist, "Agricultural Education," 127; Lim Teck Ghee, *Peasants*; Harper, *The End of Empire and the Making of Malaya*, 26; Pelzer, *Planter and Peasant*, 50.

［129］White, *Post-Colonial Malaysia*, 172; A. Booth, *Colonial Legacies*, 58.

［130］Malet, "Palm Oil Planting," 324.

［131］D. O. to Sec. Res Selangor, 20 July 1923, 1957/0227176, ANM.

［132］Auchinleck, *The Plantation Oil-Palm Industry in the East*, 12. 这种说法在多大程度上是正确的,在 20 世纪二三十年代引发了激烈的争论。制造商更喜欢低酸油,因为他们可以从中提取更多的甘油,也因为他们欣赏它的灵活性,但肥皂和其他非食品用途不需要这么高的质量。总而言之,肥皂公司想要最便宜的东西。参见 Olukoju, "United Kingdom."

［133］转引自 DO Kuala Langat, 15 January 1920, 1957/0206789, ANM; 也见 E. Bateson, "Report on Oil Palm Cultivation, British North Borneo," June 1925, CO 874/158, TNA; Rutgers, "Crop Records of the Oil Palm," 248.

［134］DO Kuala Langat to Sec Res Sel, 7 March 1924, 1957/0230161, ANM.

［135］Sec Res Sel to Undersecretary FMS, 22 June 1927, 1957/0242280, ANM.

［136］Pugh, *Great Enterprise*, 156.

［137］Mr. Laurent to D. C. Selangor, 2 August 1918, 1957/0200946; and application file, 1957/0186683W, ANM.

［138］工人们已经六个月没有拿到工资了,并对遭受的苛刻对待怨声载道,这导致了罢工。Ramasamy, "Labour Control and Labour Resistance,"

［139］*Straits Times*, 9 May 1913, 8.

［140］Van Pelt, "La Culture et l'Exploitation moderne," 163-64.

［141］Van Pelt, "La Culture et l'Exploitation moderne," 163.

［142］Ooi Jin-Bee, *Peninsular Malaysia*, 104.

［143］Ministère des colonies, *Le Palmier à Huile*, 6.

［144］Chevalier, "Le Palmier à huile à la Côte d'Ivoire," 225.

［145］DO Kuala Langat to Secretary to Resident Selangor, 15 January 1920, 1957/0206789, ANM.

［146］Van Pelt, "La Culture et l'Exploitation moderne," 163-64.

［147］Draft letter, A. H. Lemon to Chief Secretary, 7 April 1920, 1957/0206789, ANM. 参见 Gladys Frugtniet 的例子,人们认为他的种植园中的沼泽积水太多,连油棕都无法种植。DO Ulu Langat to Sec Res Sel, 16 June 1930, 1957/0267968, ANM.

［148］然而,直到 20 世纪 70 年代末,对泥炭土的大规模开发才开始。Ooi Jin-Bee,

Peninsular Malaysia, 81−82.

[149] H. J. Simpson, State Agricultural Officer, Pahang, "Report by S. A. O. on Dura Oil Palm Estate," 1039/32, 1957/0534106, ANM. 在殖民时代,烧荒垦田往往是社群迁移的原因。Ross, *Ecology and Power*, 291−92.

[150] DO to Sec for Res Selangor, 21 August 1924, United Sua Betong Rubber—Application for Land, 1957/0232106, ANM.

[151] 我查看的申请主要涉及雪兰莪州和彭亨州,关于塞迈族的土地利用和撤退策略,参见 Dentan, Semai, 43;更广泛的讨论,参见 Aiken, "Losing Ground," 172; Gomes, Looking for Money, 179.

[152] Hartley, *Oil Palm*, 2nd ed., 13−14; see also S. Martin, *UP Saga*, 49−50.

[153] Rutgers et al., *Investigations on Oilpalms*, 15, 107. Rutgers 指出,在初期建立的种植园中,一些棕榈果的重量占果束的 70%;但在其他种植园中,它们仅占 32%。

[154] Rutgers et al., *Investigations on Oilpalms*, 103; Rutgers 称,德里油棕比一般的非洲油棕可以多榨出 50% 的油,但福科尼耶将这一估计降至 30%。令他印象深刻的是,东南亚的油棕幼苗早早就结了果。LePlae, *Palmier à Huile*, 26.

[155] 参见 "Cultivation of the African Oil Palm" 的陈述。

[156] Henry, "Documents Sur Le Palmier à Huile à Sumatra," 201−4, 213.

[157] L. Henderson, "African Oil Palm in Malaya," 23.

[158] 罗格斯承认,关于苏门答腊油棕的数据突出了表现最好的油棕,未充分发育的果实被丢弃在果束上,许多关于非洲油棕的报告显示,其产量相当于最好的德里油棕。来自科特迪瓦的一份报告发现,树龄 8 年的"野生"油棕的一串果束结出了 65 公斤棕榈果,与之相对应的是,树龄 20 年的德里油棕的最大一串果束结出了 68 公斤棕榈果。LePlae, *Palmier à Huile*, 33.

[159] Hunger 称,这种来自新加坡的理论"肯定是基于错误的信息"。Hunger, *Oliepalm*, 262−63; Rutgers 表示同意,参见 Rutgers et al., *Investigations on Oilpalms*, 5; Corley and Tinker, *Oil Palm*, 139.

[160] Maas, "Het Planten van Oliepalmen," 499−500.

[161] Ferrand, "L'Avenir Du Palmier à Huile," 224.

[162] DO for Ulu Selangor to Sec res Sel, 21 June 1920, 1957/0211073, ANM. 20 世纪 50 年代,这种树的商业寿命被重新定义为 30 年,在这个时候,种植园中的油棕由于长得太高,没有梯子就无法收获。

[163] Minute, 29 June 1920, 1957/0211073, ANM.

[164] Fauconnier, "Essais de Culture," 21.

[165] 土地申请,参见 Mukim Sengei Tiggi, Selangor, 1915−1918, 1957/0186683W, ANM.

［166］L. P. Jorgenson, 8 September 1920, 1957/0211073, ANM 的信件。

［167］R. Garnier to DO, Kuala Selangor, 20 September 1920, 1957/0211073, ANM. Jagoe 引用未发表的信件,区分了滕纳马拉姆的"别墅花园"(bungalow garden)和严格意义上的种植园,他说"别墅花园"种植的是来自非洲的"最优秀的丛林物种",福科尼耶说其种子来自他的兰道班让种植园中的油棕。Jagoe,"Deli Oil Palms,"7-8.

［168］Oliver Marks to A. B. Voules, 12 November 1920, 1957/0209921, ANM.

［169］Ferrand,"L'Avenir Du Palmier à Huile,"219; Van Pelt 在 1920 年抱怨说,关于油棕育种缺乏有用的"基础工作",他警告说,要警惕橡胶种植园主试图从一个小基因库中培育优良树种时所面临的那种局限性。Van Pelt,"Oil Palm,"102.

［170］Hartley, Oil Palm, 2nd ed. , 196-97.

［171］Henry,"Documents Sur Le Palmier à Huile à Sumatra,"21

［172］Rutgers to RBG Kew, 5 February 1921, MR/446, RBGK.

［173］Van Pelt, La Culture Du Palmier à Huile, 57.

［174］L. Henderson,"African Oil Palm in Malaya,"21.

［175］Sparnaaij,"Bunch Production,"12. A. A. Cowan 在 1926 年抱怨说,虽然他获邀参观了苏门答腊东海岸橡胶种植园主总协会,但种植园往往拒绝让他参观他们的棕榈油工厂。Cowan to J. H. Better, 10 April 1926, PRO 5/0/1, RBGK.

［176］L. Henderson,"African Oil Palm in Malaya,"53.

［177］Cramer,"Comparison between Oilpalms and Coconuts,"342.

［178］Eaton,"Annual Report of the Chemical Division for 1924,"183; Heurn,"De Bereiding van Palmvet,"523.

［179］Milsum,"African Oil Palm,"103.

［180］Maas,"La Culture et la Sélection,"189; and Alex Cowan to Better, 10 April 1926, PRO 5/0/1, RBGK.

［181］L. Henderson,"African Oil Palm in Malaya,"9.

［182］Georgi,"Malayan Palm Kernels,"60; Leubuscher, Processing, 37. 20 世纪 30 年代,亚洲的种植园平均每出口 4.85 吨棕榈油,才出口 1 吨棕榈仁,1939 年这一比例降至 5.3：1,1940 年进一步降至 6：1。(League of Nations, Statistical Yearbook, 1944).

［183］L. Henderson,"African Oil Palm in Malaya,"23; 也见 Straits Times, 12 June 1928, 8。

［184］P. J. Bliek to Lewis Smart, 3 November 1924, MR446 RBGK.

［185］Auchinleck, The Plantation Oil-Palm Industry in the East.

［186］Marsh,"Oil Palm,"315.

［187］一位种植园主对一座使用二硫化碳溶剂（"可恶的东西"）的新工厂感到不安：
　　　（字迹模糊）To J. Crowe, 17 July 1908, MS 37742, LMA.

［188］Milsum, "African Oil Palm," 99.

［189］Blommendaal, "Manufacture of Palm Oil"; "The Palm Oil Factory at Elaeis Estate,
　　　Johore"; Georgi, "Comparison," 117; S. Martin, *UP Saga*, 53-54.

［190］Clarence-Smith, "Rivaud-Hallet Plantation Group," 127-32.

［191］L. Henderson, "African Oil Palm in Malaya," 21.

［192］L. Henderson, "African Oil Palm in Malaya," 23.

［193］相关例子，参见 Malet, letter to editor, *The Planter* 11, no. 2 （September 1930）：
　　　37, and Milligan, *Oil Palm*, 45.

［194］Rutgers et al., *Investigations on Oilpalms*, 41; LePlae, *Palmier à Huile*, 78.

［195］See Ruf, "Agroforests."

［196］Luytjes, "La Situation de La Culture Du Palmier à Huile Sur La Côte Orientale de
　　　Sumatra et Dans La Province d'Atjeh," 241.

［197］*FMS Annual Report for 1920*, 7, CO 1071/236, TNA.

［198］Georgi, "The Removal of Plant Nutrients in Oil Palm Cultivation," 484；最具批判
　　　性的评估来自 Henry, "Documents Sur Le Palmier à Huile à Sumatra," 205. 针对
　　　Henry 报告的反驳并没有驳斥他对土壤肥力的评估，他们坦率地承认，油棕和
　　　其他作物一样是一种经济作物，需要肥料。Ferrand, "L'Avenir Du Palmier à
　　　Huile," 226；Luytjes, "La Situation de La Culture Du Palmier à Huile Sur La Côte
　　　Orientale de Sumatra et Dans La Province d'Atjeh," 241；也见 Beirnaert, "Que
　　　Pouvons-Nous Attendre Des Palmeraies Ameliorees Du Congo Belge?"

［199］West Africa Commission, "Technical Report," 29.

［200］Handover, "The Eradication of Lalang"; Ross, *Ecology and Power*, 111-16; Aso,
　　　Rubber and the Making of Vietnam, 70-71.

［201］Spring, "Cover Crops," 169; Rutgers et al., *Investigations on Oilpalms*, 39；以及
　　　Malayan Agricultural Journal and The Planter 中的大量文章和注释。

［202］See Ross, *Ecology and Power*.

［203］Cushman, *Guano*; Teaiwa, *Consuming Ocean Island*.

［204］Rutgers, "African Oil Palm," 595; Rutgers et al., *Investigations on Oilpalms*, 65；
　　　也见 L. Henderson, "African Oil Palm in Malaya." 在 Mitman, "Reflections on the
　　　Plantationocene" 中，Donna Haraway 称种植园是一种"有利于流行病蔓延"的安
　　　排自然的方式。

［205］Milsum, "African Oil Palm," 103; Rutgers et al., *Investigations on Oilpalms*, 70；
　　　S. Martin, *UP Saga*, 60-61.

[206] Abdullah, *Planter's Tales*, 24.

[207] Abdullah, *Planter's Tales*, 27.

[208] Cumberbatch to Sec Res Pahang, 28 July 1932, 1957/0455331, ANM; *Johore Annual Report for* 1931, 11-12, CO1071/219, TNA.

[209] "Report of visit to Mentara Oil Palm Estate, and two rubber estates in Kelantan, 24.7.39," 1957/0526051, ANM.

[210] Kathirithamby-Wells, *Nature and Nation*, 190-92.

[211] Gater, "Les Insectes," 195.

[212] Gater, "Insects on African Oil-Palms," 250.

[213] Hunger, *Oliepalm*, 37; Rutgers et al., Investigations on Oilpalms, 3.

[214] Milsum, "African Oil Palm," 94; Van Pelt, "Oil Palm," 103.

[215] Gater, "Insects on African Oil-Palms," 254-55.

[216] Rutgers, "Crop Records of the Oil Palm," 251.

[217] Rutgers et al., Investigations on Oilpalms; 参见 Abdullah, Planter's Tales, 46 的描述。

[218] Jagoe, "Observations."

[219] S. Martin, *UP Saga*, 103.

[220] Malet, letter to editor, *The Planter* 10, no. 12 (July 1930): 343; Alston, "Fruit-Rot," 360.

[221] 常见茎腐病可以杀死幼龄油棕，但大多数油棕会在一两年后恢复。Rutgers et al., *Investigations on Oilpalms*, 67-68; Hartley, *Oil Palm*, 3rd ed., 593-94.

[222] Lanagan, *The Palm Oil Industry in West Malaysia*, 4.

[223] Lever Bros to Curator, Kew, 10 May 1915, ECB/8/1, RBGK; "Diseases of the Oil Palm in West Africa."

[224] Dijk, Onguene, and Kuyper, "Knowledge and Utilization of Edible Mush- rooms by Local Populations of the Rain Forest of South Cameroon."

[225] Caption on oil palm photo, Wellcome collection no. 568298i, https://wellcomecollection.org/works/tqah29vc; Kwa, "Environmental Change."

[226] Byerlee, "Fall and Rise."

[227] Cowan to Better, 10 April 1926, PRO 5/0/1, RBGK.

[228] Olukoju, "United Kingdom"; Bacon et al., *World Trade in Agricultural Products*, 300, 304-5.

[229] *Johore Annual Report for* 1935, 20, CO 1071/219, TNA.

[230] "Notre Carnet Financier," *L'Indochine: revue économique d'Extrême-Orient*, no. 140 (July 1932): 144.

[231] S. Martin, *UP Saga*, 63.

[232] Malet, letter to editor, *The Planter* 11, no. 2 (September 1930): 38.

[233] Tate, *RGA History*, 465n23.

[234] 转载自 *Investor's Chronicle*, 14 July 1933, MS37737, LMA.

[235] Allied Sumatran Plantations Ltd. , 13th annual report, 21 June 1939, MS 37946/1, LMA.

[236] South, "Position of Coconut," 423; and "Sorry Predicament of Oil Industries," *Straits Times*, 17 September 1934, 6.

[237] vE. "Expanding N. I. Palm Oil Industry Depends on U. S. ," 154; Freas et al. , *Demand and Price Structure*, 12; United States Tariff Commission, *Summaries of Tariff Information*, 103; S. Martin, *UP Saga*, 209.

[238] Buelens and Frankema, "Colonial Adventures in Tropical Agriculture," table 3.

[239] Stoler, *Capitalism and Confrontation*, 88; Huff, "Entitlements, Destitution, and Emigration in the 1930s Singapore Great Depression," 310; Jomo Kwame Sundaram, *A Question of Class*, 192.

[240] Correspondence, July–September 1934, in 1957/0283442, ANM.

[241] Dyke, *Report*, 6.

[242] Stockdale, "Visit to Malaya," 373.

[243] Milsum and Georgi, "Small Scale Extraction of Palm Oil," 53.

[244] Pakiam, "Smallholder Involvement. "

第八章　从殖民主义到自主发展

[1] Staples, *Birth of Development*, 71–81; 关于美国的战时油脂政策,参见 Prodöhl, "Dinner to Dynamite. "

[2] Minute, ca. 1946, CO 852/603/8, TNA.

[3] Jasper Knight to Eric Roll, 27 January 1947, MAF 83/2195, TNA.

[4] Chuku, " 'Crack Kernels, Crack Hitler. ' "

[5] T. M. Knox, "The Oil Palm Industry," paper to be read at the British Association, Dundee, 4 September 1939, UAC/1/11/14/1/17, UARM.

[6] Creech Jones, "Agricultural Productivity in Africa," 22 February 1947, CO 852/1003/3, TNA.

[7] Pim, *Colonial Agricultural Production*, 128.

[8] Pim, *Colonial Agricultural Production*, 139.

[9] Richards to Trenchard, 28 September 1944, CO 852/604/1, TNA; see also G. H. C. Amos minute, 21 June 1946, MAF 83/1295, TNA.

[10] *Report of the Mission to Enquire into the Production and Transport of Vege-table Oils*; Hodge, *Triumph of the Expert*, chap. 7.

[11] G. H. C. Amos, minute, 21 June 1946, MAF 83/2195, TNA.

[12] Kisch, minute, 18 April 1946, CO 852/604/3, TNA; draft telegram CO 852/604/3; see also CO 852/314/4.

[13] 参见 Azu Mate Kole, Ten-Year Plan for Manya Krobo state 1946-1947, CSO 21/22/181, PRAAD-Accra; 类似的警告, 参见 CO 852/604/3, TNA.

[14] Cowen, "Early Years of the Colonial Development Corporation"; Baring, "Aspects"; V. Thompson and Adloff, "French Economic Policy," 131-32.

[15] Rist, *History of Development*; Leys, *Rise & Fall*.

[16] Kratoska, *The Japanese Occupation of Malaya*, 235; Pakiam, "Why Don't Some Cuisines Travel?"

[17] 联合种植园是个明显的例外, 它立即自费更换了机器。S. Martin, *UP Saga*, 100-101.

[18] White, *End of Empire*, 72-73; 参见 MAF 83/2178, TNA 收录的有关日本投降人员(JSP)的通信。

[19] White, *End of Empire*, 275.

[20] Draft memo in Guthries to Unilever, 23 December 1947, UAC/2/10/M6/1/2/1, UARM.

[21] Elaeis Plantations journal 1949-1957, G/EP/2, SOAS.

[22] Memo from Guthrie & Co., 18 November 1953; Draft memo on "decontrol," 3 December 1953, MAF 83/2178, TNA; White, *Post-Colonial Malaysia*, 169.

[23] Pelzer, *Planter and Peasant*, 123-25.

[24] Pelzer, *Planter and Peasant*, 135; see also Stoler, *Capitalism and Confronta-tion*, chap. 4.

[25] See Pelzer, *Planters against Peasants*, chap. 2.

[26] Stoler, *Capitalism and Confrontation*, 129.

[27] Pelzer, *Planters against Peasants*, 70-73; Stoler, *Capitalism and Confrontation*, 153-57.

[28] Stoler, *Capitalism and Confrontation*, 140.

[29] Stoler, *Capitalism and Confrontation*, 140; 有关国有化之路的叙述, 参见 Lindblad, *Bridges*.

[30] Mr. Hopegood to Nickalls, nd. MS37394/004, LMA.

[31] W. A. Faure to Sir Geoffrey Evans, 10 July 1946; Evans to Faure, 9 July 1946, PRO 5/0/1, RBGK; see also Imperial Mycological Institute to Mr. Cotton, 21 Janu-ary

1941, File 4/L/12A Lever/Unilever, RBGK.

[32] Wardlaw, "Notes on a Visit"；关于镰刀菌和香蕉,参见 Soluri, *Banana Cultures*；关于油棕,参见 Hartley, *Oil Palm*, 3rd ed. , 602–7.

[33] White, *End of Empire*, 200–201.

[34] White, *End of Empire*, chap. 5.

[35] S. Martin, *UP Saga*, 295–304；Mohd Tayeb Dolmat, *Technologies for Planting Oil Palm on Peat*.

[36] Cumberbatch & Co. (agents for Elmina Estate) to Resident Commissioner for Selangor, 14 September 1946, 1957/0303479, ANM.

[37] Giacomin, "The Transformation of the Global Palm Oil Cluster. "

[38] S. Martin, *UP Saga*, 103–4；Ferwerda, "Questions Relevant to Replanting in Oil Palm Cultivation"；and "Report on Oil Palm Estates in Malaya," 1955, 1957/0534468, ANM.

[39] 参见 *Malayan Agricultural Journal*, 1969 年壳牌公司的广告。这则广告宣传的是含有茅草枯这种强力除草剂的"lalang oil"。

[40] Stoler, *Capitalism and Confrontation*, 164.

[41] Tinker, *Life's Adventures*, 49.

[42] Toovey in Benin 1949 Oil Palm Conference, typescript, CO 852/1156/6, TNA.

[43] Tinker, *Life's Adventures*, 49.

[44] M. Cammaerts to Faure, 10 September 1942；De Blanck to J. M. Lenahan, 8 April 1942, UAC/2/36/5/1/2/1, UARM.

[45] S. Martin, *UP Saga*, 149–51 and letters to Far Eastern Economic Review, 4 February and 17 March 1988, in MS37394/004, LMA.

[46] 对比 McCook's "creole science," *States of Nature*, 5.

[47] Gascon, Noiret, and Meunier, "Oil Palm," 489.

[48] S. Martin, *UP Saga*, 142.

[49] Gray, in Benin 1949 Oil Palm Conference, typescript, CO 852/1156/6, TNA.

[50] G. F. Clay, "Report on a Visit to the Belgian Congo and Sierra Leone," 1948, CO 852/1377, TNA.

[51] See "Oil Palm" notes in *Malayan Agricultural Journal* 1951–1955, and Hartley, *Oil Palm*, 3rd ed. , 199–201；Tate, *RGA History*, 461.

[52] T. Parker, report on centrifuges, 8 May 1941, 1957/0679898, ANM；see also files in 1957/0681146.

[53] S. Martin, *UP Saga*, 185–87. 我在这里使用了"expeller"而非"screw",以避免与像杜赫舍尔榨油机这样的手动螺旋压榨机混淆。

[54] Committee minutes, 27 June 1956, and "The Colour and Bleaching of Palm Oil," Oil Palm paper no. 8, AY 3/31, TNA.

[55] G. F. Clay, "Report on a Visit to the Belgian Congo and Sierra Leone," 1948, CO 852/1377, TNA.

[56] G. F. Clay, "Report on a Visit to the Belgian Congo and Sierra Leone," 1948, CO 852/1377, TNA.

[57] Benin 1949 Oil Palm Conference, typescript, CO 852/1156/6; quote from minutes, 22 September 1953, Oil palm subcommittee, AY 3/29, TNA.

[58] D. L. Martin in "Consultative Committee on Oils and Oilseeds: Oil Palm subcommittee," 25 June 1952, AY 3/28, TNA.

[59] Benin 1949 Oil Palm Conference, typescript, CO 852/1156/6, TNA.

[60] *FAO Yearbook of Food and Agricultural Statistics*, Rome: FAO, 1951, 1961. 1960 年后，生产国剥取的棕榈仁数量显著增加，这使得棕榈仁出口数据变得意义不大。

[61] Minutes, 22 September 1953, Oil palm subcommittee, AY 3/29, TNA.

[62] *Report of the Mission to Enquire into the Production and Transport of Vegetable Oils*, 10.

[63] Hanney to Imperial Institute, 14 October 1952, AY 3/29, TNA; and correspondence in AY 3/28.

[64] "Note on the visit of Dr. Azikiwe," Colonial Products Laboratory, 20 Sept 1955, CO 554/1204, TNA.

[65] Graham, Floering, and Fieldhouse, *Modern Plantation*, 99-100.

[66] Dove, *Banana Tree at the Gate*, 28.

[67] "The Future of the Nigerian Oil Industry," UAC, Sep. 1944, CO 852/604/1, TNA; Fieldhouse, *Merchant Capital and Economic Decolonization*, 212-14.

[68] A. Cowan, 摘自 *West African Review*, December 1933, 以及无标题文章, 7 February 1938, UAC/1/11/14/1/78, UARM.

[69] United Africa Company, "The Future of the Nigerian Oil Industry," 50.

[70] 转引自 Ukegbu, "Nigerian Palm Oil Industry," 381-82; 相关论述, 参见 Hinds, "Government Policy and the Nigerian Palm Oil Export Industry, 1939-49."

[71] 对比 Fieldhouse, *Merchant Capital and Economic Decolonization*, 214-15.

[72] E. Hallett to Faure, 7 April 1948, UAC/2/19/1/5/2/1, UARM.

[73] Hinds, "Chiefs and the Making of Industrial Policy," 475.

[74] Morgan, "Farming Practice," 332-33.

[75] Floyd, *Eastern Nigeria*, 191.

[76] Hartley, "Improvement," 67.

[77] Udo, *Geographical Regions of Nigeria*, 94-96; Udo, "Plantation Agriculture."

[78] Ukegbu, "Nigerian Palm Oil Industry," 404.

[79] Gov. Nigeria to Sec. State for Colonies, 22 August 1951; Lyttelton to Johnson, 29 September 1953, CO 554/369, TNA.

[80] Ukegbu, "Nigerian Palm Oil Industry," 405.

[81] Kisch memo, 27 November 1959, CO 852/1614, TNA; see Udo, "Plantation Agriculture"; Ukegbu, "Nigerian Palm Oil Industry," 257-58; Tignor, *Capitalism and Nationalism*, 249; Falola, *Economic Reforms*, 122.

[82] John Barlow to Oliver Lyttleton, 2 May 1952, CO 554/657, TNA.

[83] Ukegbu, "Nigerian Palm Oil Industry," 371.

[84] Meredith, "State Controlled Marketing and Economic 'Development,'" 89; Hinds, "Chiefs and the Making of Industrial Policy"; 关于东部区的销售局,参见 Falola, *Economic Reforms*, 122-40.

[85] 销售局用存款购买英国证券,实际上是利用尼日利亚农民的钱来支撑英国的金融体系。Helleiner, "The Fiscal Role of Marketing Boards," 128, 132; Tignor, *Capitalism and Nationalism*, 219.

[86] Tignor, Capitalism and Nationalism, 251; IBRD, Economic Development of Nigeria; 对销售局最强烈的抨击,参见 Bauer, *West African Trade*.

[87] Nwanze, "Economics"; Kaniki, "Economical Technology"; S. Martin, *Palm Oil and Protest*, 128-29.

[88] "Proposals for the Expansion of the Department of Commerce and Industries, Nigeria," 1949, CO 852/1156/7, TNA; Falola, *Economic Reforms*, 137.

[89] E. V. Rochfort Rae, 14 April 1945, CO 852/604/2; Report from Nigerian Governor to Stanley, Sec State for Colonies, 3 April 1945, CO 852/604/2, TNA.

[90] "Mr. Wilkes' notes," CO 852/514/7, TNA.

[91] Hinds, "Government Policy and the Nigerian Palm Oil Export Industry, 1939-49," 473-74; Ukegbu, "Nigerian Palm Oil Industry," 393-95.

[92] "未精炼的棕榈油"是指第一次撇油操作后剩余的液体和纤维。在这个社群中,男人们拥有最先榨出的棕榈油,但是女人们拥有她们能从剩下的油中提取的任何东西。果肉和棕榈仁壳中的纤维也被用作燃料,并被认为是妻子应得的一部分。Nwabughuogu, "Oil Mill Riots," 75; 关于 Annang/Ibibio 的相关例子,参见 Pratten, *Man-Leopard Murders*, 329.

[93] Nwabughuogu, "Oil Mill Riots," 72; Chuku, *Igbo Women*, 102, 233; Mba, *Nigerian Women Mobilized*, 109-10; see also Oriji, "Igbo Women"; Aghalino, "British Colonial Policies."

[94] Oriji, "Igbo Women," 16.

[95] Mba, *Nigerian Women Mobilized*, 110.

[96] Pratten, *Man-Leopard Murders*, 329.

[97] Usoro, *Nigerian Oil Palm Industry*, 100; Nwabughuogu, "Oil Mill Riots," 77.

[98] J. Macpherson to Sec. State for Colonies, 26 March 1953, CO 554/658, TNA; Oriji, "Igbo Women," 20; Falola, *Economic Reforms*, 127.

[99] Chuku, *Igbo Women*, 102, 233; Mba, *Nigerian Women Mobilized*, 109 – 10; S. Martin, *Palm Oil and Protest*, 132.

[100] Floyd, *Eastern Nigeria*, 191; Kilby, *Industrialization in an Open Economy*, 150.

[101] Kilby, *Industrialization in an Open Economy*, 153 – 55; Helleiner, *Peasant Agriculture*, Table IV-A-8; Onyioha, ENDC Oils.

[102] Kilby, "Reply," 200-201; 参见 W. Miller, "Economic Analysis"中的数据。

[103] Tichit, "L'amélioration," 81.

[104] Ukegbu, "Nigerian Palm Oil Industry," 411 – 12; Kilby, *Industrialization in an Open Economy*, 155.

[105] Ukegbu, "Nigerian Palm Oil Industry," 414-21.

[106] Munier, *Le palmier a huile*, 18, 34, 40.

[107] Leroy, "Rapport sommaire sur une mission en A. O. F. (10 janvier – 10 mars 1957)," 173.

[108] Carrière De Belgarric, "Les huileries de palme du plan," 381; Suret-Canale, "L'industrie Des Oléagineux En A. O. F."

[109] Carrière De Belgarric, "Souhaits de Bienvenu," 10.

[110] V. Thompson and Adloff, *French West Africa*, 387.

[111] Carrière De Belgarric, "Les huileries de palme du plan," 381.

[112] Grivot, *Réactions Dahoméennes*, 47.

[113] Carrière De Belgarric, "Les huileries de palme du plan," 381.

[114] Cognard, "La Palmeraie Du Dahomey," 93, 96.

[115] Dissou, "Développement et mise en valeur," 489; Service agriculture du Côte-d'Ivoire, "Les Travaux d'aménagement," 118; and see Wartena, "Making a Living."

[116] Munier, *Le palmier a huile*, 36, 40-41; 关于尼日利亚的例子，参见 Ukegbu, "Nigerian Palm Oil Industry," 429.

[117] *Conférence Franco-Britannique*, 27; Dumont, *Afrique Noire*, 105.

[118] Rapley, *Ivoirien Capitalism*, 31, 44.

[119] Hartley, *Oil Palm*, 3rd ed., 25; Surre, *L'Institut de Recherches pour les Huiles et*

Oléagineux, 41.

[120] Skinner, *Agricultural Economy*, 19－20; Due, "Agricultural Development in the Ivory Coast and Ghana"; Daddieh, "Contract Farming."

[121] 关于批评,参见 Amin, *Neo-Colonialism*; 关于反驳,参见 Settié, L'ère de l'économie Des Plantations En Côte d'Ivoire.

[122] Minute by Green, 26 September 1950; minute by Emmanuel, 7 October 1950; Willis to Winterbottom, 21 November 1950, CO 717/208/5, TNA.

[123] Minute by Green, 26 September 1950; minute by Emmanuel, 7 and 11 October 1950; Willis to Winterbottom, 21 November 1950, CO 717/208/5, TNA.

[124] Rendell, *History of the CDC*, 7.

[125] Rendell, *History of the CDC*, 26, 37.

[126] Minutes and correspondence, March-June 1952, CO 1022/436, TNA.

[127] Willis to R. L. Sharp, draft letter, 1952, CO 1022/436, TNA.

[128] "Two women stole fruit," *Straits Times*, 6 May 1953, 7.

[129] CDC Application for Capital Sanction in Winterbottom to Willis, 14 March 1952; CDC "Schemes in Operation," 24 April 1954, CO 1022/436, TNA.

[130] 关于紧急状态对种植园影响的简要描述,参见 White, *End of Empire*, 97-124.

[131] "Notes of a talk delivered by Mr. T. M. Walker, Chairman of the board of directors, Guthrie Agency... 11 Oct 1962 to Persatuan Ekonomi Malaya," 1957/0694520, ANM.

[132] Winterbottom to Willis, 15 June 1951; "Labour" memo (n.d.); Willis to Winterbottom, 3 January 1952, CO 717/208/6, TNA.

[133] Winterbottom to Willis, 15 June 1951; minute by Anthony Gann, 5 November 1951; "Labour" memo (n.d.); quote from Willis to Winterbottom, 3 January 1952, CO 717/208/6, TNA.

[134] "Troops hunt killers," *Singapore Free Press*, 26 July 1954, 1. Rendell, *History of the CDC*, 37.

[135] "Dead men hit in first burst," *Straits Times*, 26 July 1954, 1.

[136] "Reds raid estate, kill clerk," *Singapore Free Press*, 5 October 1954, 1; "Planter is shot in estate battle," *Straits Times*, 13 May 1957, 5.

[137] "600 workers back after 2　months," *Straits Times*, 15 July 1956, 15; "Oil palm labourers end strike," Straits Times, 23 September 1959, 9.

[138] Kaur, "Plantation Systems"; Menon and Leggett, "The NUPW in the Nineties."

[139] E. J. H. Berwick, "Preliminary Suggestions for a RIDA Project in Selangor. Oil Palm Smallholdings Run on a Plantation Basis," 4 April 1952, 1985/

0021421, ANM.

[140] Minutes by Othman [Mohamad?], 27 April 1952; Raja Uda, 2 May 1952; and following minutes from colonial officials through 1954, 1985/0021421, ANM.

[141] White, "'Ungentlemanly Capitalism,'" 114-15; White, *Post-Colonial Malaysia*, 173; but see Pakiam, "Smallholder Involvement."

[142] White, *Post-Colonial Malaysia*, 98.

[143] "Notes of a talk delivered by Mr. T. M. Walker, Chairman of the board of directors, Guthrie Agency... 11 Oct 1962 to Persatuan Ekonomi Malaya," 1957/0694520, ANM.

[144] Minutes by Othman [Mohamad?], 27 April 1952; Raja Uda, 2 May 1952; and following minutes from colonial officials through 1954, 1985/0021421, ANM.

[145] IBRD, *Economic Development*, 260.

[146] Lim and Dorall, "Contract Farming," 72-74; Shamsul Bahrin and Lee, FELDA.

[147] Chadwick to R. C. C. Hunt (draft, n. d.), in DO 35/9993, TNA.

[148] Minute by E. N. Larmour, 9 June 1958, DO 35/9993, TNA; Little, *Social Cost*, 57.

[149] "Pioneers start clearing jungle," *Straits Times*, 4 August 1959, 16.

[150] "The Oil Palm Smallholders' Scheme," ca. 1959, in DO 35/9995, TNA.

[151] "Factory shares offer for land scheme settlers," *Straits Times*, 7 Novem-ber 1962, 6.

[152] J. A. E. M. to MacNaghten, 6 September 1961, CLC/B/207/MS40718/001, LMA.

[153] Little, *Social Cost*, 57.

[154] Rendell, *History of the CDC*, 67.

[155] White, "Surviving Sukarno," 1292.

[156] Allied Sumatran Plantations Ltd., Report of the 33rd Annual General Meet-ing, 24 September 1959, MS37946/1, LMA.

[157] Roadnight, *United States Policy*.

[158] Mackie, *Konfrontasi*, 202.

[159] Simpson, *Economists with Guns*, 207-48.

[160] White, "Surviving Sukarno," 1312.

[161] Yacob and Khalid, "Adapt or Divest," 462.

[162] "Company Profile: Harrisons & Crosfield Ltd," June 1977, MS 37397, LMA.

[163] Memo H&C Berhad, 1 April 1967, MS 37736, LMA.

[164] H&C and H&C ANZ correspondence and memos, 1963-1964, MS 37855, LMA.

[165] Longayroux, "Hoskins Oil Palm Project: An Introduction," 1; 相关历史简介, 参见 Koczberski, Gibson, and Curry, *Improving Productivity*; 关于政治背景, 参见 Downs, *Australian Trusteeship*, 331–35, 512–16.

[166] Minutes, 23 May 1950 and following, CO 852/1160/3; and Clay to Hansard, 22 June 1951, CO 852/1160/4, TNA.

[167] Beckman, "Ghana, 1951–78."

[168] POEM property correspondence, UAC/2/34/AY/2/1/1, UARM.

[169] Korieh, *The Land Has Changed*, 200.

[170] 关于英国政策的论述, 参见 C. J. Tredwell to Acting High Commissioner, Lagos, 8 September 1965 and Lagos telegram (unsigned), 31 December 1965; Farm Settlements Scheme, Eastern Nigeria, 29 April 1966, OD 30/56, TNA.

[171] Purvis, "Sources of Growth," 275–76.

[172] McWilliam, *The Development Business*, 91.

[173] Korieh, *The Land Has Changed*, 203, 205.

[174] IBRD, "Economic Growth of Nigeria, Vol. IV," 14, 41.

[175] Purvis, "Sources of Growth," 272.

[176] Purvis, "Sources of Growth," 271.

[177] IBRD, "Economic Growth of Nigeria, Vol. IV," 14.

[178] Laurent, *Tree Crops*, 12, 18.

[179] Stopler, *Inside Independent Nigeria*, 111–12.

[180] IBRD, "Current Economic Position," 21–22.

[181] Onwueme, *Like a Lily among Thorns*, 182.

[182] Korieh, *The Land Has Changed*, 219–24; Western Africa Regional Office, "Rivers State," 2.

[183] De Blank to F. Ferguson, PAMOL, Nigeria, 22 April 1948, UAC/2/36/5/1/2/7; see also correspondence in boxes 4–6, UARM.

[184] Clement, "The Land Tenure System"; Draschouossoff, "Agricultural Change."

[185] Fieldhouse, *Unilever Overseas*, 521–24.

[186] HCB correspondence and memos, UAC 2/36/5/1/2/9, UARM.

[187] Fieldhouse, *Unilever Overseas*, 538–39; Fieldhouse, *Merchant Capital and Economic Decolonization*, 476–77.

[188] C. Wilson, *Unilever 1945–1965*, 215.

[189] Fieldhouse, *Unilever Overseas*, 543.

[190] See Orstom, *Unilever*; Konings, *Unilever Estates*.

第九章　工业新领域

[1] Byerlee, Falcon, and Naylor, *Tropical Oil Crop Revolution*, 6.

[2] *Diet, Nutrition and the Prevention of Chronic Disease*, 17-20; and Food and Agriculture Organization (2020), FAOSTAT database, http://www. fao/org/faostat.

[3] Barani, *Palm Oil*; Moore, *Capitalism*; 更清晰的解释,参见 Patel and Moore, *History of the World in Seven Cheap Things*, 140.

[4] Winson, *Industrial Diet*, 27-28.

[5] Calliauw, "Dry Fractionation"; see also Hayes and Pronczuk, "Replacing Trans Fat."

[6] Tempel, *Raw Materials and Pricing*, 14-15.

[7] 1920 年,成本约为每吨 5 美元,而到了 20 世纪 40 年代,已经降到了成品油价格的 5%~8% 。Corlett, *Economic Development*, 67; Waterman, *Hydrogenation*, 235-36; 关于棕榈油作为替代品,参见 *Production, Properties and Uses*, 15; S. Martin, *UP Saga*.

[8] S. Martin 认为,向隐形、可塑油脂的转变始于 20 世纪 50 年代 (*UP Saga*, 199),但我认为这种转变在 20 世纪 20 年代就开始了, Robins, "Oil Boom" 也持这种观点。

[9] Schleifer, "The Perfect Solution"; R. Allen, "Hydrogenation"; 关于方便食品,参见 Warner, *Pandora's Lunchbox*.

[10] Abbott, "Accomplishments of the Margarine Industry"; see Petrick, "Larding the Larder"; Robins, "Oil Boom."

[11] 关于联合利华公司的例子,参见 G. Jones, Renewing Unilever, 121-51; 关于消费者选择和商品化的讨论,参见 Soluri, *Banana Cultures*, 220-23.

[12] Cohen, "Analysis as Border Patrol."

[13] Nicholls, "Some Economic Aspects of the Margarine Industry"; Hand, "Marketing Health Education"; Hunt, "Raw Materials"; Riepma, "Margarine in Western Europe."

[14] Eckey, *Vegetable Fats and Oils*, 335.

[15] "A Handbook on the Jewish Dietary Laws," Union of Orthodox Jewish Congregations of America, 1954, in box 5, Home Economics pamphlet collection (8006), Cornell University Archives; Horowitz, *Kosher USA*.

[16] Gaskell, "Palm Oil Revolution," 62.

[17] Pantzaris, *Pocketbook*, 88-89, 97; Gaskell, "Palm Oil Revolution."

[18] "Proposals for the Organisation of Palm Fruit Processing by FLDA Smallholders in Malaya," Tropical Products Institute, AY 4/2928, TNA.

[19] Pakiam, "Why Don't Some Cuisines Travel?," 58.

[20] Gaskell, "Palm Oil Revolution," 32.

[21] Gaskell, "Palm Oil Revolution," 39-40.

[22] Faure to Raymond, 18 April 1963, AY 4/2928, TNA; Blume, *Organisational Aspects*, 161.

[23] Ray, "The Body and Its Purity"; see also Hardgrove, "Politics of Ghee"; Knox, *Coming Clean*, 108.

[24] Choudhury, "A Palatable Journey through the Pages"; Pinto, "40 Years Ago... And Now"; Tandon, *Punjabi Saga*, 342–45.

[25] Gandhi, *Diet and Diet Reform*; see also Tandon, *Punjabi Saga*, 391; Mathur, *Vanaspati Industry in India*, 92.

[26] Claiborne, "Dispute over Animal Fat in Cooking Oil Heats Up Indian Poli–tics," *Washington Post*, 18 November, 1983; see also G. Jones, *Renewing Unilever*, 170–71.

[27] Editorial, *Times of India*, 29 July 1949, 6.

[28] 1980 年,人均每天的脂肪消费量低至 10 克。National Nutrition Monitoring Bureau, *Report*; Meenakshi, "Coconuts and Oil Palm in the Indian Oilseeds Economy."

[29] Byerlee, Falcon, and Naylor, *Tropical Oil Crop Revolution*, 118; S. Martin, *UP Saga*, 246.

[30] Sagar et al., "India in the Oil Palm Era"; Schleifer and Sun, "Emerging Mar–kets and Private Governance."

[31] T. Burke, *Lifebuoy Men*, *Lux Women*; Ferme, *The Underneath of Things*, 194.

[32] FAO, "African Small–Scale Palm Oil," 3.

[33] 相关论述,参见 Watkins, "Afro–Brazilian Landscape," 433.

[34] Cheyns, "La consommation urbaine de l'huile de palme rouge en Côte d'Ivoire."

[35] Adjei, "Making of Quality."

[36] Gallegos, "Palm Oil Tensions."

[37] Boutwell et al., *Analysis*, 17–19.

[38] M. Martin, "U. S. Palm Oil Imports."

[39] Joint Conference on H. R. 5262, HRG-1977-CFS-0004, 19 July 1977; 有关拟议禁令的大量外交信函记录,参见 Wikileaks "Kissenger Cables" and "Carter Cables" (http://www. wikileaks. org).

[40] H. R. 12952 (94th Congress); H. R. 14921 (94th Congress); see Yacob, "Government, Business and Lobbyists"; S. Martin, "Edible Oil."

[41] Kevin Lanagan, "Palm Oil Production Costs," presentation to the Agricultural Technical Advisory Council, January 1976, author copy courtesy Kevin Lanagan.

[42] S. Res. 444 (94th Congress).

[43] David Broder, "Palm oil dilutes the issue," Boston Globe, 24 July 1977, A7;

H. R. 5262（95th Congress）.

[44] Deare to FCO 19 October 1976, FCO 24/2296, TNA; Kevin Lanagan, "Palm Oil," *Contribution to International Economic Report of the President*, 1976, author copy.

[45] "Palm Oil Import Review," 农业委员会油籽和水稻小组委员会和棉花小组委员会的听证会, House of Representatives, 94th Congress, 18 March and 15 May 1976.

[46] See Nestle, *Food Politics*; 关于早期作品, 参见 Van Itallie, "Nutritional Re-search in Atherosclerosis; a Progress Report"; Stamler, "Diet and Atherosclerotic Disease"; 关于批判性重新评价, 参见 Werkö, "End of the Road for the Diet-Heart Theory?"; Ramsden et al., "Re-Evaluation of the Traditional Diet-Heart Hypothe-sis"; 关于反向思考, 参见 Steinberg, *The Cholesterol Wars*.

[47] Dr. Barnes quoted in clipping, 11 April 1958, "Cardiac Problems told to 100 Nurses here," box 3, Tompkins County Public Health records（2921）, Cornell Uni-versity Archives.

[48] 参见 Journal of the American Dietetic Association 1950s–1970s 中的广告, 以及 Davids, "Technology as the New Frontier."

[49] K. L. Milstead, "Food Fats and Nutritional Quackery," 30 October 1961, in box 190, American Home Economic Association records, Cornell University Archives.

[50] Wartella, Lichtenstein, and Boon, *Front-of-Package Nutrition*; McNamara, "Palm Oil and Health." 1978 年, 一篇文章的标题写道, "Palm Oil: Unfriendly Fat No. 1"。这篇文章警告说, "在点炸薯条时, 我们中很少有人意识到它们可能是用棕榈油烹饪的"。Lawrence Power, "Palm Oil: Unfriendly Fat No. 1," *Los Angles Times*, 1 October 1978, H8.

[51] George V. Mann, "The Saturated vs. Unsaturated Fats Controversy," 1972, box 2 folder 16, 29-4-2733 Nutritional Sciences Cooperative Extension, Cornell Univer-sity Archives.

[52] M. Martin, "U. S. Palm Oil Imports," 25.

[53] Kwang, "Interchangeability," 9.

[54] "Hearing on Tropical Fats." 美国大豆协会主席说, 制造商 "一直宣传植物油是健康的, 标榜'不含胆固醇, 饱和脂肪含量低, 多元不饱和脂肪含量高'……他们谈论的是大豆油……在大多数消费者的心目中, 植物油和大豆油是同一个术语"。"Escape From Tropical Fats," *Soybean Digest*, June/July 1987, supplement, 2.

[55] "Meet the Man Who's Trying to Put You Out of Business," *Soybean Digest*, March 1986, 49-52.

[56] Quoted by Kurt Berger, Joint Hearing, First Session on H. R. 3232, 10 Septem-ber

1987, 179.

[57] Porter and Vogt, "Labeling of Tropical Oils," 28–29; McNamara, "Palm Oil and Health"; Yacob, "Government, Business and Lobbyists."

[58] Berger, Joint Hearing, First Session on H. R. 3232, 10 September 1987, 180; S. Martin, "Edible Oil," 224–26.

[59] Kris-Etherton and Seligson, "The Heart of the Tropical Oils Issue."

[60] S. Martin, *UP Saga*, 276.

[61] Othman, Houston, and McIntosh, "Health Issue," 215, 222.

[62] Schleifer, "Fear of Frying."

[63] Schleifer, "The Perfect Solution"; Schleifer, "Categories Count." See also McNamara, "Palm Oil and Health," 242–43.

[64] Schleifer, "We Spent a Million Bucks and Then We Had To Do Something."

[65] Shankar and Hawkes, "India Has a Problem with Palm Oil."

[66] 笔者对 K. C. Hayes 的采访, 6 September 2019; 笔者对 Daniel Perlman 的采访, 4 September 2019; Malaysian Palm Oil Board, *Going for Liquid Gold*, 130.

[67] Tullis, "Hooked."

[68] Belt, "Recipe Ruined?"; Meehan, "Berger Cookies."

[69] Coombes, "Trans Fats"; W. Loh, "Trans Fat Reformulation," 99; Klonoff, "Replacements for Trans Fats—Will There Be an Oil Shortage?"; Prodöhl, "Dinner to Dynamite." 酯化脂肪提供了一种选择, 但它们需要复杂的催化或酶促过程。它们对人类健康的影响仍在研究中。Hayes and Pronczuk, "Replacing Trans Fat."

[70] "Project Proposal: Business and Economic Intelligence Centre for the Palm Oil Industry," February 2003, MIER, 2010/0015978, ANM; Malaysian Palm Oil Board, *Going for Liquid Gold*, 129–31.

[71] Kadandale, Marten, and Smith, "Palm Oil Industry."

[72] See Malaysian Palm Oil Board, *Going for Liquid Gold*.

[73] Lam et al., "Malaysian Palm Oil."

[74] Yacob, "Government, Business and Lobbyists," 919.

[75] "Palm oil to help pay for fighter jets as Malaysia barters with Russia," Reuters, 7 June 1994; Adrian David, "Russia offers palm oil defense offset," *New Straits Times*, 29 March 2019.

[76] Khoo Boo Hock, RAM Consultancy, "Financing Projects Overseas with Palm Oil," 2010/0015971, ANM.

[77] Levitt, *Oil, Fat, and Soap*, 141.

［78］Levitt, *Oil, Fat, and Soap*, 151-52.

［79］棕榈油在 20 世纪初被广泛用于矿石"选矿"，但逐渐在大多数地方被更便宜的替代品所取代。Peša, "Between Waste and Profit"; Shengo et al., "Review of the Beneficiation."

［80］Kozlik and Boomgaard, *The Demand for Fats and Oils in the Soap Industry*, 429; Sills and Doty, *Detergents*, 2; C. Wilson, *History of Unilever*, vol. 2, 349.

［81］Sills and Doty, *Detergents*, vi; Corlett, *Economic Development*, 38-45.

［82］Wubs, *International Business and National War Interests*, 130; Baptista and Travis, "I. G. Farben in America"; Puplett, *Synthetic Detergents*, 20-25.

［83］White, *Post-Colonial Malaysia*, 168; G. Jones, *Renewing Unilever*, 22-23. 汰渍洗衣粉是用椰子油或石油制成的，选用哪种油，取决于前者的价格。McGucken, *Biodegradable*, 17.

［84］Fochtman et al., *Animal Fats in Hot Dip Tinning*, i; Yacob, "Government, Business and Lobbyists," 911; *Stockpile Report to the Congress July-December* 1956, 9; *Stockpiling—Palm Oil*; CONGOPALM, *Production, Properties and Uses*, 17.

［85］Schisgall, *Eyes on Tomorrow*, 249-58; McGucken, *Biodegradable*.

［86］Rupilius and Salmiah, "The Changing World of Oleochemicals."

［87］Rabiu, Elias, and Oyekola, "Oleochemicals from Palm Oil for the Petroleum Industry."

［88］See S. Martin, *UP Saga*, 233-34.

［89］MPOB policy paper, 23 November 2001, 2012/0005393, ANM.

［90］Castaneda and Giodano, *Palm Oil Prospects for* 2005, 11; Rasiah, "Explaining Malaysia's Export Expansion."

［91］Malaysian Palm Oil Board, *Going for Liquid Gold*, 147.

［92］Byerlee, Falcon, and Naylor, *Tropical Oil Crop Revolution*, chap. 6.

［93］LePlae, "Oil Palm Groves," 16; Eaton, "A New Fuel"; LePlae, *Palmier à Huile*, 36; De Wildeman, *Remarques a Propos de La Foret Équatoriale Congolaise*, 80-81.

［94］Knothe, "Historical Perspectives"; Knothe, "George Chavanne and the First Biodiesel"; Pioch and Vaitilingom, "Palm Oil and Derivatives."

［95］Brandão and Schoneveld, *The State of Oil Palm Development in the Brazilian Amazon*, 8.

［96］S. Ooi, Nascimento, and Da Silva, "Oil Palm Industry in Brazil," 370.

［97］Taussig, *Palma Africana*, 189; 关于弹性作物，参见 Byerlee, Falcon, and Naylor, *Tropical Oil Crop Revolution*, 135-58; Borras et al., "Rise of Flex Crops."

［98］Neslen, "Leaked Figures Show Spike in Palm Oil Use for Biodiesel in Europe."

[99] Houtart, Agrofuels, ix; also see Meijaard and Sheil, "The Moral Minefield of Ethical Oil Palm and Sustainable Development"; Pye, "Commodifying Sustainability."

[100] Dauvergne and Neville, "The Changing North-South and South-South Po-litical Economy of Biofuels," 1090-91.

[101] Energy Post, "Biofuels Turn Out to Be a Climate Mistake"; DeCicco et al., "Carbon Balance Effects of U. S. Biofuel Production and Use."

[102] Jiwan, "Political Ecology," 61.

[103] Dauvergne, "The Global Politics of the Business of 'Sustainable' Palm Oil," 36.

[104] Dauvergne, *Environmentalism of the Rich*; Dauvergne, "The Global Politics of the Business of 'Sustainable' Palm Oil"; Pye, "Commodifying Sustainability."

[105] Varkkey, *Haze Problem*.

[106] Tsing, *Friction*, 43.

[107] 转引自 Gallegos, "Palm Oil Tensions," 23.

[108] "Deadly Palm Oil in Your Shopping Trolley," Palm Oil Action, 2007 (archived at https://web. archive. org/web/20070624222831/http://
www. palmoilaction. org. au/).

[109] 相关例子,参见 Breyer, "25 Sneaky Names for Palm Oil."

[110] "Watch the Moment an Orangutan Tries to Defend Its Jungle Home Being Destroyed by a Digger," *The Independent*, 7 June 2018, https://www. independent. co. uk/
news/world/asia/orangutan-defends-jungle-home-video-digger-ape-borneo-
indonesia-deforestation-a8387836. html.

[111] 相关例子,参见 Glickman, *Buying Power*.

[112] Dauvergne, *Environmentalism of the Rich*, 120-21.

[113] Barani, *Palm Oil*, 64.

[114] Pye, "Commodifying Sustainability."

[115] Tullis, "Hooked."

第十章 油棕的新疆界

[1] "A thousand workers and farmers in NGPI" to Lord Kindersley, 21 Novem-ber 1982, OD 71/104; typescript in OD 71/115; Thorne, "File notice," 18 August 1986, OD 71/116, TNA.

[2] HC Deb. , 14 February 1984, col. 237. NGPI (也称 NDC-Guthrie) 和 NGEI 是这个项目的两个阶段;我将两者都称为 NGPI。

[3] Kroef, "Private Armies and Extrajudicial Violence in the Philippines," 9.

[4] HC Deb. , 7 December 1982, col. 784.

[5] Sacerdoti and Ocampo, "Guthrie and the Angels"; Priests of the Diocese of Bu-tuan to CDC, 22 November 1982, OD 71/104, TNA.

[6] Untitled clipping and memo by Father Ton Zwart, OD 71/105, TNA.

[7] Marten to Buss, 2 December 1982; Clipping, Sunday Times, 28 November 1982, OD 71/104, TNA.

[8] Brian Eads, " 6 million aid dilemma for UK," *Observer*, 28 November 1982, clipping in OD 71/104, TNA; Sacerdoti and Ocampo, "Guthrie and the Angels."

[9] Coote, "Behind the Palm Trees."

[10] Morgan to Rednall, 14 May 1984 OD 71/107, TNA.

[11] HC Deb., 7 December 1982, col. 777; 也见翻译信件 October 1982, in OD 71/104, TNA.

[12] Father Ton Zwart, "Development for Whom?" 15 September 1983, OD 71/105, TNA.

[13] "Notes for NGPI meeting," ca. 1982, OD 71/104, TNA.

[14] Memo, Derek Nesbit, 19 May 1983, OD 71/105, TNA.

[15] "Brief for Minister for OD to Catholic Herald," 8 October 1986, OD 71/116, TNA.

[16] HC Deb., 7 December 1982, col. 776-777.

[17] Father Ton Zwart, "Development for Whom?" 15 September 1983; "A study of a British financing corporation's investments," 25 August 1983, OD 71/105, TNA.

[18] Father Ton Zwart, "A study of a British financing corporation's investments" 25 August 1983, OD 71/105, TNA.

[19] Report by Peter Meinertzhagen, 15 November 1982, OD 71/104, TNA.

[20] Morgan to Rednall, 10 August 1984, OD 71/107, TNA; Coote, "Behind the Palm Trees."

[21] Thorne to Jones, 31 October 1984, OD 71/108; Graham to Embassy (Manilla), 24 September 1984, OD 71/107, TNA.

[22] A. Thorne to Rednall, 5 October 1983, OD 71/105; Note on HC Debate reprint in OD 71/106, TNA.

[23] HC Deb 14 February 1984, cols. 238-239.

[24] Doyle to Kindersley, 8 September 1983; Meinertzhagen to Doyle, 19 September 1983, OD 71/105, TNA.

[25] "Rebels raid palm oil factory," *Malaya*, 18 December 1984; Thorne to Jones, 21 December 1984, OD 71/108, TNA.

[26] Thorne to Jones, 10 April 1985, OD 71/115, TNA.

[27] Thorne to Carter, 9 November 1984; Morgan to Jones, 29 November 1984, OD 71/108, TNA.

[28] Typescript in OD 71/115; Thorne, "File notice," 18 August 1986, OD 71/116, TNA.

[29] Tyler and Dixie, "Investing in Agribusiness," 24；世界银行的报告对国家开发公司暨菲律宾牙直利公司造成的死亡人数只字不提,只提到了胁迫的"指控"。

[30] Figures for "oil palm fruit, area harvested" 1961–2018, FAOSTAT.

[31] CDC Group. Report and Accounts, 1999. https://assets.cdcgroup.com/wp-content/uploads/1999/06/25150804/Annual-Report-and-Accounts-1999.pdf.

[32] Cramb and McCarthy, "Characterising Oil Palm Production," 29; S. Martin, UP Saga.

[33] S. Martin, *UP Saga*, 294; Tullis, "Hooked."关于象鼻虫和油棕授粉的历史,参见第 7 章。

[34] See Yacob and White, "Unfinished Business."

[35] Kaur, "Plantation Systems," 210; see also De Koninck, "La Paysannerie."

[36] R. A. Pranam to Ministry of Rural Development, 18 July 1962, 1974/0000026; also "Extracts...Assistant Minister's speech," July 1962, 1974/0000026, ANM.

[37] Graham, Floering, and Fieldhouse, Modern Plantation, 110.

[38] Perumal, "Smallholder Crop," 395; Pletcher, "Regulation with Growth," 629. 正如 Drabble 所指出的那样,对移民的发展援助"构成了一系列物质上的帮助,政治精英认为这是向支持者提供资助的一种极其有用的手段";Drabble, *Econo-mic History*, 220. 关于移民反抗的研究,参见 Salleh, "Peasants, Proletarianisation and the State：FELDA Settlers in Pahang";关于马来西亚和印度尼西亚的对比,参见 Barral, "Paternalistic Supervision."

[39] Manshard and Morgan, *Agricultural Expansion and Pioneer Settlements in the Humid Tropics*.

[40] Shamsul Bahrin and Lee, *FELDA*, 38.

[41] A. C. Maby to Mr. West, 12 February 1965, OD 25/83, TNA.

[42] IBRD, "Review of the economic situation," in *Agriculture in West Malaysia*, 10 July 1967, in OD 39/102, TNA.

[43] Talib, *Raja Muhammad Alias：The Architect of Felda*, 91.

[44] 最终的数据是 10 万英亩种植园和 5 万英亩经营木材。Tippetts-Abbett-McCarthy-Stratton, and Hunting Technical Services Ltd., "Jengka Triangle," 14.

[45] World Bank, "The Jengka Triangle," 52–53.

[46] "Big land scheme survey by foreign experts," *Straits Times*, 2 July 1965, 6; quote from "Battle plans for Jengka," *Straits Times*, 1 March 1966, 9.

[47] "Razak makes a new promise at rally," 7 May 1969, 9.

［48］World Bank, "The Jengka Triangle," viii, 51.

［49］World Bank, "The Jengka Triangle," viii.

［50］World Bank, "Malaysia: Jengka Triangle," 20; World Bank, "The Jengka Tri-angle," 10.

［51］World Bank, "The Jengka Triangle," viii.

［52］Shamsul Bahrin, Lee, and Dorall, "The Jengka Triangle: A Report on Research in Progress."

［53］World Bank, "The Jengka Triangle," 29-30; Salleh, "Peasants, Proletarian-isation and the State: FELDA Settlers in Pahang."

［54］Graham, Floering, and Fieldhouse, *Modern Plantation*, 109-10; Cramb and Curry, "Oil Palm and Rural Livelihoods in the Asia-Pacific Region," 228.

［55］Pye, "Commodifying Sustainability"; Lim Teck Ghee and Dorall, "Contract Farming," 110-12; Fold, "Oiling the Palms."

［56］Perumal, "Smallholder Crop," 400.

［57］Report, 8 April 1975, MS 37812, LMA.

［58］"The Guthrie Segama River Estate"; BBT to Bombay Burmah Trading Co., 26 May 1960, CLC/B/207/MS40718/001, LMA; Winterbotham to Willis, 15 June 1951, CO 717/208/6; Minutes for February-May 1952, CO 1022/95; TNA.

［59］Lai, *Glance of Tawau*, 227.

［60］McWilliam, *The Development Business*, 156; Tyler and Dixie, "Investing in Agribusiness"; see also minutes in OD 39/109, TNA.

［61］Cramb and McCarthy, "Characterising Oil Palm Production," 208-9, 229-30; Kaur, *Economic Change in East Malaysia*, 186.

［62］Cramb, "Agrarian Transition," 74.

［63］Sutton, "Agribusiness," 96; World Bank, "Malaysia—Sabah Land Settlement and Environmental Management Project."

［64］Sutton and Buang, "A New Role for Malaysia's FELDA"; Fold, "Oiling the Palms."

［65］Bissonnette and Bernard, "Oil Palm Plantations in Sabah," 130; Cramb, "Re-Inventing Dualism"; Bissonnette and Koninck, "The Return of the Plantation?"

［66］Report to directors, Sabah Plantations Ltd., 28 November 1969, MS37812; Chairman's report, 24 June 1969, MS 37813, LMA; Majid Cooke, "In the Name."

［67］See especially Ngidang, "Contradictions in Land Development Schemes"; Majid Cooke, Toh, and Vaz, "Making an Informed Choice"; McCarthy and Cramb, "Policy Narratives"; V. King, "Models and Realities"; Cramb and McCarthy,

"Characterising Oil Palm Production"; Brookfield, Byron, and Potter, *In Place of the Forest*.

[68] Gunggut et al., "Where Have All the Forests Gone?," 369; Aiken and Leigh, *Vanishing Rain Forests*, 68; Dauvergne, *Shadows in the Forest*, 105.

[69] See Badrun, *Milestone of Change*, 48; Barani, *Palm Oil*.

[70] 非洲油棕林的覆盖面积尚无可靠估计,粗略估计参见 Carrere, "Oil Palm in Africa," 6, Carrere 称不足 700 万公顷。印度尼西亚现在可能有超过 1500 万公顷油棕林。

[71] 正如 Jelsma 等人所言,"小农"对不同的人意味着不同的东西。许多小农对他们的土地没有合法所有权。小农和榨油厂之间的正式合同和非正式关系差别很大,这取决于项目的地点和年代。印度尼西亚已经尝试了核心种植园暨小农模式的几种变体。Jelsma et al., "Unpacking."

[72] Cramb and McCarthy, "Characterising Oil Palm Production," 444.

[73] Teoh, "Key Sustainability Issues," 11.

[74] World Bank, "Nucleus Estate and Smallholders II Project," 6.

[75] 荷兰人在殖民时期就开始了国内移民计划。相关概述参见 Hardjono, *Transmigration*。

[76] Operations Evaluation Department, "Project Performance Audit Report: In-donesia First and Second North Sumatra Estates Projects," 16–17; see also World Bank, "Project Performance Audit Report: Indonesia, Nucleus Estate and Smallhold-ers I, II, and III Projects"; 关于印度尼西亚不断变化的小农政策的综述(以及国家机构、公司和项目的字母缩写指引),参见 Zen et al., "Interventions."。

[77] Tyson, Varkkey, and Choiruzzad, "Deconstructing the Palm Oil Industry Nar-rative in Indonesia," 425; McCarthy and Cramb, "Policy Narratives," 116.

[78] Gaskell, "Palm Oil Revolution," 36–42; Casson, *Hesitant Boom*; Larson, "In-donesia's Palm Oil Subsector."

[79] "Note for Record," MC Wood, 11 November 1988. 世界银行的代表是 Baudelaire. FCO 15/5373, TNA; Peluso, "Plantation and the Mine," 40.

[80] Hardjono, *Transmigration*, 39–40; Secrett, "Environmental Impact," 84.

[81] Whitten, "Indonesia's Transmigration," 243.

[82] See discussion in Gellert, "Palm Oil Expansion."

[83] Lord Avebury to KGW Frost, 29 April 1986, FCO 15/4635, TNA.

[84] Tsing, *Friction*, ix.

[85] J. Malcolm, "Brown envelopes," n. d., FCO 15/5378, TNA.

[86] Reports from White (16 February 1989) and Benjamin (14 February 1989), OD120/

86, TNA.

[87] Colchester, "Struggle for Land," 105.

[88] 转引自 Colchester, "Unity and Diversity," 89.

[89] Szczepanski, "Land Policy"; Acciaioli and Dewi, "Opposition"; P. Anderson, "Free, Prior, and Informed"; 关于全面分析, 参见 Tsing, "Land as Law: Negotiating the Meaning of Property in Indonesia."

[90] World Bank, "Indonesia Impact Evaluation Report: Transmigration I, II, and III," xiii; see also Persoon, "The Kubu and the Outside World (South Sumatra, Indonesia). The Modification of Hunting and Gathering," 516. "Kubu"如今被视为是一种贬称。

[91] Kurniawati, "Losing the Forest."

[92] Fearnside, "Transmigration in Indonesia," 567.

[93] Potter and Lee, *Tree Planting*, 36.

[94] 相关例子, 参见 Secrett, "Environmental Impact"; Colchester, "Struggle for Land."

[95] Secrett, "Environmental Impact," 79.

[96] Pye, "Introduction," 11; Pye, "Biofuel Connection."

[97] 德国殖民者在 19 世纪 90 年代引进了油棕, 但一无所获。Grieve, "Oil Palm Industry"; Longayroux, "Hoskins Oil Palm Project: An Introduction," 1.

[98] Fleming, "The Company View," 10.

[99] Ploeg, "Sociological Aspects," 29, 36-40.

[100] Guy Nickalls 对 Philip McLachan 的采访, MS 37394/006, LMA.

[101] Ploeg, "Sociological Aspects," 29, 36-40, 91.

[102] "300 Highlanders Attack Athlete," *Port Moresby Post-Courier*, 19 March 1971; Ploeg, "Sociological Aspects," 91; 也见 Nickalls 对 McLachan 的采访记录, MS 37394/006, LMA.

[103] "Shots in Kimbe Payback," *Papua New Guinea Post-Courier*, 14 February 1973; Noel Pascoe, "A Second Body Found," *Papua New Guinea Post-Courier*, 15 February 1973.

[104] Woolford, "Trouble Smoulders," 29; Koczberski, Gibson, and Curry, Improv-ing Productivity, 124.

[105] Nancy Sullivan & Associates Ltd., "Welpam Woris," 27.

[106] Hulme, "Economic Appraisal," 332; 关于管理, 参见 Nickalls 对 McLachan 的采访, MS37394/006, LMA.

[107] Ploeg, "Sociological Aspects," 91; Operations Evaluation Department, "New Britain Smallholder," 12-14.

[108] Ploeg, "Sociological Aspects," 100.

[109] Newton, "Feasting for Oil Palm," 71.

[110] Koczberski, Gibson, and Curry, *Improving Productivity*, 12; West, *Dispo-ssession and the Environment*, 82.

[111] Koczberski, "Loose Fruit Mamas," 1177.

[112] McCann, *American Company*, 41.

[113] Edelman and León, "Cycles of Land Grabbing," 1704.

[114] McCann, *American Company*, 33.

[115] 这种硫酸铜和熟石灰的混合物以法国的一个地区命名,在那里它最初被用于保护葡萄藤免受真菌的侵袭,已经被使用了一个多世纪。时至今日,它仍被广泛使用,甚至用于"有机"蔬菜。

[116] Marquardt, "Pesticides, Parakeets, and Unions in the Costa Rican Banana Industry, 1938–1962," 28; Soluri, *Banana Cultures*, 116–27.

[117] Rogers, *Abaca, Cacao, and the African Oil Palm in Costa Rica*, 6.

[118] 战略利益集中在棕榈油在轧钢和镀锡方面的作用,而非食品用途。Crawford, *African Oil Palm*, 2–3; D. Richardson, "Historia."

[119] Patiño, "Informacion Preliminar."

[120] May, *Costa Rica*, 112, 88–89.

[121] May and Plaza Lasso, *United Fruit*, 105.

[122] May and Plaza Lasso, *United Fruit*, 145.

[123] Fieldhouse, *Unilever Overseas*, 547; R. Escobar and Peralta, "Oil Palm Indus-try," 17.

[124] Soluri, *Banana Cultures*, 195–96.

[125] Rhoades, *Pacifico Costarricense*, 174; McCann, *American Company*, 42; Lundberg, *Adventure in Costa Rica*, 203–4.

[126] Rhoades, *Pacifico Costarricense*, 35.

[127] 关于香蕉和蔗糖的文献很多;首先,参见 Soluri, "Bananas before Plantations. Smallholders, Shippers, and Colonial Policy in Jamaica, 1870–1910"; Curry-Machado, "In Cane's Shadow."

[128] 关于阿关项目的概述,参见 *Fomento del Cultivo de la Palma Africana en el Valle del Aguan*; Péhaut, "Le cocotier"; Moll, *The Economics of Oil Palm*, 274–75; 关于批判性分析,参见 Kersson, *Grabbing Power*, 19–20; Fontenay, "Dual Role," 4; León, "Rebellion," chap. 3.

[129] Moll, *The Economics of Oil Palm*, 275; Jung, "African Palm," 63–64.

[130] Edelman and León, "Cycles of Land Grabbing," 1709.

[131] Rhoades, *Pacifico Costarricense*, 77.

[132] Rhoades, *Pacifico Costarricense*, 36, 93-129, 281.

[133] *Report of the FAO Oilseed Mission for Venezuela*; Markley, *Vegetable Oils*, 9-12.

[134] Taussig, *Palma Africana*, 9.

[135] Leal, *Landscapes of Freedom*.

[136] Patiño, "Informacion Preliminar," 11-13; A. Escobar, *Territories of Difference*, 70-71; Díaz, "Palma Africana En La Costa Caribe," 104-6; quote from Ospina Bozzi and Ochoa Jaramillo, *La palma africana en Colombia*, 29.

[137] Ridler, "Import Substitution," 25.

[138] 转引自 A. Escobar, *Territories of Difference*, 70; D. Adams and Herron, *Produccion y Consumo*, 8-10; 关于古特的建议的细节、他与油暨含油物质研究所的联系以及费兰德的考察，参见 "Three propositions," 27 July 1960, Inchape papers, MS 27352, LMA.

[139] A. Escobar, *Territories of Difference*, 78.

[140] Ollagnier, "Coopération française en Colombie"; 哥伦比亚政府也在 20 世纪 50 年代制定了新的规定，鼓励对国内农业发展的投资，这为哥伦比亚的油棕种植热潮提供了资金。Tovar, "Décadas 1960 y 1970," 88.

[141] Forero Rueda, "La Lucha"; quote from Counter, "Land on Trial," chap. 2.

[142] Ollagnier, "Coopération française en Colombie"; Péhaut, "Le cocotier," 80-82.

[143] Moll, *The Economics of Oil Palm*, 255; 更多关于秘鲁渔业的描述，参见 Cushman, Guano.

[144] Ridler, "Import Substitution," 26.

[145] Indupalma, "Nuestra historia"; Ospina Bozzi and Ochoa Jaramillo, *La palma africana en Colombia*, 115-23; 关于工人们的叙述，参见 FUNDESVIC, *Empezó Nuestro Sueño*; FUNDESVIC, *De Siervos a Obreros*.

[146] Forero Rueda, "La Lucha"; Counter, "Land on Trial," chap. 2.

[147] 数据来自 Byerlee, "Learning," 33; 对于"失败"和"成功"的不同理解，参见 Rival and Levang, *Palms of Controversies*, 16; Rasiah, "Explaining Ma-laysia's Export Expansion"; Giacomin, "The Transformation of the Global Palm Oil Cluster."

[148] 相关例子，参见 Kajisa, Maredia, and Boughton, "Transformation."

[149] Lorenzini, *Global Development*, 144 and passim.

[150] Byerlee, Falcon, and Naylor, *Tropical Oil Crop Revolution*, 45.

[151] Olomola, *Financing Oil Palm*, 2.

[152] Moll, *The Economics of Oil Palm*, 216.

[153] Traugott, "The Economic Origins of the Kwilu Rebellion"; De Witte, "The Suppression of the Congo Rebellions and the Rise of Mobutu, 1963-5"; Weigert, "Congo/Zaire"; 也见 Fox, de Craemer, and Ribeaucourt, "The Second Independence"侧重的宗教解释。

[154] Nicolaï, "Le Congo."

[155] See Grossman, "Deep in the Jungle, Scientists Explore the Links between the Congo and Climate Change."

[156] World Bank, "Zaire—Oil Palm Development Project," 1978, 1.

[157] World Bank, "Zaire—Oil Palm Development Project," 1991; G. Jones, *Renew-ing Unilever*, 198-202. 联合利华公司于 2009 年将其在北部种植园的剩余股份出售给了费罗尼亚公司。

[158] 联合国粮农组织没有 20 世纪 80 年代和 90 年代初的数据，但有记录的棕榈油进口始于 1996 年，到 2016 年达到 8.8 万吨。

[159] 联合国粮农组织统计数据库显示，2014 年进口量高达 160 万吨，但美国农业部的生产、供应和分销数据库估计的进口量接近 50 万吨。正如 Byerlee, Falcon, and Naylor 在 *Tropical Oil Crop Revolution* 中指出的那样，联合国粮农组织、美国农业部、经济合作与发展组织的统计数据存在显著差异。

[160] *Burr to Patterson at Treasury*, 17 September 1965, *OD 20/365, TNA*.

[161] IBRD, "Economic Growth of Nigeria, Vol. IV," 19.

[162] Western Africa Regional Office, "Rivers State," 1.

[163] Dada, "African Export Industry," 9.

[164] World Bank, "Project Completion Report, Nigeria"; Olomola, *Financing Oil Palm*; 关于科学家从非洲到亚洲的流动，参见 Giacomin, "The Emergence of an Export Cluster"; and S. Martin, *UP Saga*, 148-54.

[165] Williams, "The World Bank in Rural Nigeria, Revisited," 51-52.

[166] 在小农项目预算中，保护油棕幼苗的铁丝网成本高得令人生疑，占翁多州项目小农服务支出的近 32%。苗木本身占预算的 55%，而肥料只占 8%。Olomola, *Financing Oil Palm*, 25.

[167] Western Africa Regional Office, "Rivers State," annex I.

[168] World Bank, "Supplementary Annexes to the Nigerian Oil Palm Projects Ap-praisal Reports," 11.

[169] World Bank, "Project Completion Report, Nigeria," vii.

[170] World Bank, "Project Completion Report, Nigeria."

[171] Orewa, "Designing Agricultural Development Projects for the Small Scale Farmers," 298.

[172] Gyasi, "RISONPALM," 31－32; Korieh, *The Land Has Changed*, 211－12; see also World Bank, "Implementation Completion Report: Nigeria Tree Crops Project."

[173] Gyasi 指出，土地所有者雇用奥戈尼和伊比比奥工人在油棕林中完成大部分采摘工作。Gyasi, "RISONPALM," 35.

[174] World Bank, "Project Completion Report, Nigeria."

[175] Okonta and Douglas, *Where Vultures Feast*.

[176] Orewa, "Designing Agricultural Development Projects for the Small Scale Farmers"; S. Martin, *Palm Oil and Protest*, 135.

[177] 小农数据来自可持续棕榈油圆桌倡议组织，"Cooperatives in Cote D'ivoire," http://rsep. rspo. org/index. php/oil－palm－smallholder－initiatives－worldwide/item/cooperatives-in-cote-d-ivoire. 由于利用廉价的马来西亚棕榈油，科特迪瓦已经形成了规模可观的再出口贸易，因此计算科特迪瓦的出口量是非常复杂的。See data in MIT's Observatory of Economic Complexity, https://atlas. media. mit. edu/en/.

[178] Moll, *The Economics of Oil Palm*, 191－92; Cheyns, Colin, and Ruf, "Relations Entre Agro-industries," 4.

[179] Daddieh, "Contract Farming," 197.

[180] Moll, *The Economics of Oil Palm*, 191－92; Cheyns, Colin, and Ruf, "Relations Entre Agro-industries," 4.

[181] Jannot, "Emplois, économie, environnement," 394.

[182] Cheyns, Colin, and Ruf, "Relations Entre Agro-industries," 7－8.

[183] Daddieh, "Contract Farming," 198.

[184] Daddieh, "Contract Farming," 208; Cheyns, Colin, and Ruf, "Relations Entre Agro-industries," 28.

[185] Cheyns, Colin, and Ruf, "Relations Entre Agro-industries," 31n2.

[186] Daddieh, "Contract Farming," 206.

[187] Cheyns, Colin, and Ruf, "Relations Entre Agro-industries," 20, 22－23, 31; Béhi et al., "Vin de Palme."

[188] Cheyns and Rafflegeau, "Family Agriculture," 116; Béhi et al., "Vin de Palme"; 关于在类似条件下贝宁的粮食作物——棕榈酒循环的详细分析（国家支持的小农计划）参见 Brouwers, "Rural People's Response."

[189] Apeh and Opata, "Oil Palm Wine Economy."

[190] 关于利比里亚的种植园充满坎坷的历史，参见 Mitman, "Forgotten Paths of Empire"; Atkinson, "Palm Oil in Liberia."

[191] World Bank, "Liberia: Decoris Oil Palm" quotes on pp. iii, iv, 2, and 11.

[192] World Bank, "Sierra Leone Integrated Agricultural Development Project."

[193] World Bank, "Sierra Leone Integrated Agricultural Development Project," annex 8, 2.

[194] 据世界银行估计,农民每吨油可以赚70利昂,而榨油厂每吨油只能赚25利昂。世界银行估计"临界点"是每吨赚40里昂,不过它没有机会对此进行测试。World Bank, "Sierra Leone Integrated Agricultural Development Project," annex 1, 12.

[195] Leach, *Rainforest Relations*, 145, 190–91.

[196] World Bank, "Sierra Leone Eastern Integrated Agricultural Development Project III," 8.

[197] Daddieh, "Contract Farming," 193; Obeng – Odoom, "Understanding Land Reform."

[198] Daddieh, "Contract Farming," 191; Gyasi, "Oil Palm Belt."

[199] Ghana: other group interests, UAC/1/11/14/1/38/98, UARM.

[200] Daddieh, "Contract Farming," 209.

[201] Nkongho, Ndjogui, and Levang, "History of Partnership between Agro – industries and Oil Palm Smallholders in Cameroon"; Nkongho, Feintrenie, and Levang, *The Non–industrial Palm Oil Sector in Cameroon*.

[202] Konings, *Unilever Estates*, 24 – 33; Moll, *The Economics of Oil Palm*, 174; Feintrenie, "Transfer of the Asian Model of Oil Palm Development"; Potter, *Managing Oil Palm Landscapes*, 106 – 12; Nkongho, Ndjogui, and Levang, "History of Partnership between Agro – industries and Oil Palm Smallholders in Cameroon"; Orstom, *Unilever*; World Bank, "Cameroon—Rubber and Oil Palm Projects."

[203] Konings, "Unilever, Contract Farmers and Co – operatives in Cameroon," 120; Konings, *Unilever Estates*.

[204] G. Jones, *Renewing Unilever*, 197–203.

第十一章 全球化与油棕

[1] CDC Group, "A Joint statement from CDC Group, BIO, DEG, and FMO."

[2] Human Rights Watch, "A Dirty Investment"; World Rainforest Movement, "FERONIA in the Democratic Republic of the Congo"; CDC Group, "A Joint State–ment from CDC Group, BIO, DEG and FMO."

[3] 关于最近的油棕种植热潮,参见 Cramb and McCarthy, *Oil Palm Complex*; Potter, *Managing Oil Palm Landscapes*.

［4］Khor，"Felda Case Study"；Fold，"Oiling the Palms"；Byerlee，"Fall and Rise."

［5］Varkkey，*Haze Problem*；McCarthy and Cramb，"Policy Narratives."

［6］World Bank，"Indonesia Impact Evaluation Report：Transmigration," 31.

［7］Fitzherbert et al.，"How Will Oil Palm Expansion Affect Biodiversity?"；Abood et al.，"Relative Contributions of the Logging, Fiber, Oil Palm, and Mining Indus－tries to Forest Loss in Indonesia."

［8］Zen and McCarthy，"Agribusiness," 121－23；Gatto, Wollni, and Qaim，"Oil Palm Boom and Land-Use Dynamics in Indonesia"；Potter and Lee，*Tree Planting*，21.

［9］Saravanamuttu，"Political Economy"；Li，"Intergenerational Displacement in Indonesia's Oil Palm Plantation Zone"；Li，"The Price of Un/Freedom."

［10］Li，"The Price of Un/Freedom"；Saravanamuttu，"Political Economy"；Majid Cooke and Mulia，"Migration and Moral Panic."

［11］Mason and McDowell，"Palm Oil Labor Abuses Linked to World's Top Brands, Banks."

［12］See Saravanamuttu，"Political Economy"；Majid Cooke and Mulia，"Migration and Moral Panic"；相关技术的例子，参见 Malaysian Palm Oil Board, Going for Liquid Gold.

［13］Baglioni and Gibbon，"Land Grabbing."

［14］Dada，"African Export Industry"；Schoneveld，"The Politics of the Forest Fron－tier," 156.

［15］Hellermann，"The Chief, the Youth and the Plantation"；Potter，*Managing Oil Palm Landscapes*，99－102.

［16］Dada，"African Export Industry," 5. 由于东南亚棕榈油的再出口和走私，导致计算该地区的进口量非常复杂。

［17］Kay，"Reflections on Latin American Rural Studies in the Neoliberal Global－ization Period"；Pietilainen and Otero，"Power and Dispossession," 1142.

［18］Rhoades，*Pacifico Costarricense*，36，93－129，281；Beggs and Moore，*Social Landscape of African Oil Palm*.

［19］1996 年出售收入的一部分进入了土地所有者的信托基金。巴布亚新几内亚政府后来改变了关于私有化的想法，收回了该公司的控股权。Curtin，"Privatization Policy," 357；Filer，"Asian Investment in the Rural Industries of Papua New Guinea."

［20］Majid Cooke，"Maps and Counter-Maps"；Cramb and McCarthy，"Character-ising Oil Palm Production," 234；Bujang，"Doppa Disagrees with Kok's Statement to Stop Expansion of Oil Palm Plantations."

[21] Start with McCarthy and Cramb, "Policy Narratives"; and see Majid Cooke, "Vulnerability, Control and Oil Palm in Sarawak"; Majid Cooke, "Maps and Counter-Maps," 276; Cramb and Sujang, "The Mouse Deer and the Crocodile"; F. Loh, "Where Has All the Violence Gone?," 34–37; Cramb and McCarthy, *Oil Palm Complex* 的相关章节。

[22] Santika et al., "Does Oil Palm Agriculture Help Alleviate Poverty?"

[23] Li, "Situating Transmigration," 368.

[24] Putzel, Captive Land, 340–41; Hambloch, "Governance and Land Reform"; B. Miller, "'Killed, Forced, Afraid'"; Panganiban, "Tension Grips Agusan."

[25] Kersson, *Grabbing Power*, 29–30.

[26] See León, "Rebellion," 202–4; Jung, "African Palm."

[27] Edelman and León, "Cycles of Land Grabbing," 1714; Kersson, *Grabbing Power*, 90–99, 106–12.

[28] Pietilainen and Otero, "Power and Dispossession"; Guereña and Zepeda, "Power of Oil Palm"; Hervas, "Land, Development and Contract Farming on the Gua-temalan Oil Palm Frontier."

[29] Taussig, Palma Africana, 23.

[30] 转引自 Reyes, Vargas, and Kaffure, "Estado, Poder y Dominio," 195, 我的翻译；也见 Ospina Bozzi and Ochoa Jaramillo, *La palma africana en Colombia*, 160 中的宣传。

[31] "Indupalma, 50 Años Generando Desarrollo," 22.

[32] Valencia, "Agroindustria y conflicto armado. El caso de la palma de aceite,"182; Rettberg, "Business-Led Peacebuilding."

[33] Marin-Burgos, "Power, Access and Justice," 88; Oslender, *Geographies*, 212; Potter, *Managing Oil Palm Landscapes*, 49.

[34] Grajales, "The Rifle and the Title," 771; Hurtado, Pereira-Villa, and Villa, "Oil Palm Development"; Potter, "Colombia's Oil Palm Development in Times of War and 'Peace.'"

[35] Mingorance, Minelli, and Le Du, *El cultivo de la palma africana en el Chocó*, 55; Chomsky, "Logic of Displacement," 177.

[36] Oslender, Geographies, 210; Grajales, "State Involvement, Land Grabbing and Counter-Insurgency in Colombia," 222; Maher, "Rooted in Violence"; Taussig, *Palma Africana*.

[37] Ouedraogo, Gnisci, and Hitimana, "Land Reform"; Chimhowu, "The 'New' African Customary Land Tenure. Characteristic, Features and Policy Implications of a New

Paradigm."

[38] Dewi, "Reconciling"; Malaysiakini et al., "Secret Deal."

[39] Brook et al., "Momentum Drives the Crash"; Fitzherbert et al., "How Will Oil Palm Expansion Affect Biodiversity?"

[40] World Resources Institute, "By the Numbers."

[41] De Koninck, Bernard, and Bissonnette, "Agricultural Expansion: Focusing on Borneo"; Jim, "The Forest Fires in Indonesia 1997–98"; Varkkey, *Haze Problem.*

[42] Chamorro, Minnemeyer, and Sargent, "Exploring Indonesia's Long and Complicated History of Forest Fires."

[43] Filer, "Why Green Grabs Don't Work in Papua New Guinea," 606; Nelson et al., "Oil Palm and Deforestation in Papua New Guinea."

[44] Varkkey, *Haze Problem*, 51–53.

[45] Potter, "How Can the People's Sovereignty Be Achieved?," 329–30; Schoneveld et al., "Modeling Peat- and Forestland Conversion."

[46] Sayam and Cheyns, "From the Coffee–Cocoa"; Jannot, "Emplois, économie, environnement," 399.

[47] Castiblanco, Etter, and Aide, "Oil Palm Plantations in Colombia."

[48] Wolff, "Economics of Oil Palm"; Castellanos–Navarrete and Jansen, "Oil Palm Expansion without Enclosure"; Pischke, Rouleau, and Halvorsen, "Public Perceptions towards Oil Palm Cultivation in Tabasco, Mexico."

[49] Watkins, "African Oil Palms, Colonial Socioecological Transformation and the Making of an Afro-Brazilian Landscape in Bahia, Brazil"; and see Soluri, "Campesinos."

[50] A. Escobar, Territories of Difference, 82.

[51] Marin–Burgos, Clancy, and Lovett, "Contesting Legitimacy of Voluntary Sustainability Certification Schemes"; Cheyns and Rafflegeau, "Family Agriculture," 115.

[52] Watkins, "Afro-Brazilian Landscape," 424, quote on 425–26.

[53] León, "Rebellion," 122–23; also see Rhoades, *Pacifico Costarricense*, 102, 132.

[54] Marin–Burgos, "Power, Access and Justice," 162; Cheyns, Colin, and Ruf, "Relations Entre Agro-industries," 36.

[55] Turner and Gillbanks, *Oil Palm Cultivation*, 527; Piggott, *Growing Oil Palms*, 123; 关于解决方案，参见 Jiwan, "Political Ecology," 61–65; Rhoades, *Pacifico Costarricense*, 270–73, 290.

[56] Varkkey, Tyson, and Choiruzzad, "Palm Oil Intensification and Expansion in Indonesia and Malaysia."

[57] García and Benítez, "History of Research"; Torres et al., "Bud Rot," 321; Chinchilla, "Many Faces of Spear Rots"; Rhoades, *Pacifico Costarricense*, 82–84.

[58] Torres et al., "Bud Rot."

[59] Paterson, "Ganoderma Boninense Disease of Oil Palm to Significantly Reduce Production"; Paterson and Lima, "Climate Change Affecting Oil Palm Agronomy."

[60] Corley and Tinker, *Oil Palm*; N. Smith et al., *Tropical Forests*, 237; "INDO-NESIA: Palm Oil Production Prospects Dampened by El Niño Drought"; 关于美洲油棕的重要评论, 参见 Taussig, *Palma Africana*.

[61] Soh et al., "Commercial-Scale Propagation," 938–39; Ong-Abdullah et al., "Loss of *Karma* Transposon Methylation Underlies the Mantled Somaclonal Vari-ant of Oil Palm"; see also Chao, "Seed Care in the Palm Oil Sector."

[62] Byerlee, Falcon, and Naylor, *Tropical Oil Crop Revolution*, 133.

[63] Byerlee, Falcon, and Naylor, *Tropical Oil Crop Revolution*, 43, 211–12.

[64] Pye, "Biofuel Connection"; Peluso, Afiff, and Rachman, "Claiming the Grounds for Reform."

[65] McCarthy, "Certifying in Contested Spaces," 1872.

[66] "Palm Oil," https://www.nestle.com/csv/raw-materials/palm-oil.

[67] Dauvergne and Lister, *Eco-Business*, 83–84.

[68] Pye, "Commodifying Sustainability," 222.

[69] RSPO data reported at rspo.org/impacts; Ostfeld et al., "Peeling Back the Label."

[70] Guindon and Dodson, "Palm Oil Assessment Summary—November 2018"; see also Levin et al., "Profitability and Sustainability in Palm Oil Production."

[71] Nikolakis, John, and Krishnan, "How Blockchain Can Shape Sustainable Global Value Chains."

[72] "Minister Allys Oil Palm Smallholders' Fears over Malaysian Sustainable Palm Oil Certification," Malay Mail, 5 August 2019.

[73] See Bose, "Oil Palm Plantations vs. Shifting Cultivation for Indigenous Peoples."

[74] Gatti et al., "Sustainable Palm Oil May Not Be So Sustainable"; Gatti and Ve-lichevskaya, "Certified 'Sustainable' Palm Oil"; Cattau, Marlier, and DeFries, "Ef-fectiveness of RSPO"; but see Morgans et al., "Evaluating the Effectiveness."

[75] Darrel Webber, quoted in Askew, "RSPO CEO Talks"; see also Meijaard and Sheil, "The Moral Minefield of Ethical Oil Palm and Sustainable Development."

[76] 关于作为消费者的制造商, 参见 Robins, "Slave Cocoa and Red Rubber."

[77] Dauvergne, "The Global Politics of the Business of 'Sustainable' Palm Oil," 45; McCarthy, "Certifying in Contested Spaces," 1881.

[78] HC Deb. 13 December 1950, vol. 482 cc1127-8.

[79] Ojo et al., *Oil Palm Plantations*; Schoneveld, "The Politics of the Forest Frontier."

[80] Fallon, "When People Power Meets Litigation."

[81] Badgley, "When Wall Street Went to Africa"; Byerlee, Falcon, and Naylor, *Tropical Oil Crop Revolution*, 52.

[82] Wedel, "When We Lost the Forest"; Jong, "Indonesian Court"; and see Colchester and Jiwan, *Ghosts*, and other reports from Sawit Watch and Forest People's Programme.

[83] 参见数据库 http://www. askrspo. force. com/Complaint; McCarthy, "Certifying in Contested Spaces."

[84] Serrano, "Can Small-Scale Farming Save Oil Palm?"

[85] Marin-Burgos, Clancy, and Lovett, "Contesting Legitimacy of Voluntary Sustainability Certification Schemes"; García Arboleda, *El exterminio*; Taussig, *Palma Africana*.

[86] Li, "After the Land Grab"; Li, "The Price of Un/Freedom."

[87] "Indonesia: Transmigration—World Bank and Survival International," World Bank memo, 15 May 1986, FCO 15/4636, TNA; see also FCO 15/5373.

[88] Prasetijo, "Living without the Forest."

[89] Byerlee, Falcon, and Naylor, *Tropical Oil Crop Revolution*, 195-201; Li, "Social Impacts"; Li, "After the Land Grab."

[90] Ayodele, "African Case Study"; Ayodele et al., "Nigeria."

[91] Bishop, "Ex Post Evaluation of Technology Diffusion in the African Palm Oil Sector," 238; Adjei, "Making of Quality."

[92] "Freedom Mill 2 Liberia Palm Oil Machine holiday promotion 2009," https://www. youtube. com/watch? v=vLt0FTXg2KM; Bishop, "Ex Post Evaluation of Technology Diffusion in the African Palm Oil Sector"; Poku, *Small-Scale Palm Oil Processing in Africa*; Hyman, "An Economic Analysis of Small-Scale Technologies for Palm Oil Extraction in Central and West Africa."

[93] 笔者对 Gero Leson 的采访, 27 August 2019.

[94] Dallinger, "Oil Palm Development," 28, 40; Byerlee, Falcon, and Naylor, *Tropical Oil Crop Revolution*, 198.

[95] Abdullah, *Planter's Tales*, 164.

[96] Corley, "How Much Palm Oil Do We Need?"; Byerlee, Falcon, and Naylor, *Tropical Oil Crop Revolution*, 114, 估计在 2. 17 亿吨至 3. 25 亿吨之间。

[97] Bissonnette and Bernard, "Oil Palm Plantations in Sabah," 130; 关于作为积极行动

者的小农,参见 Byerlee, "Learning"; Byerlee, "Fall and Rise."

[98] See Potter, "Alternative Pathways," 176.

[99] Mukpo, "Industrial Palm Oil." Mongabay 一直在发布活动人士被谋杀的可怕消息:https://news. mongabay. com/list/murdered-activists/.

本书参考文献
请扫码阅读